“十三五”国家重点出版物出版规划项目
现代机械工程系列精品教材
普通高等教育“十一五”国家级规划教材

机械工程概论

第2版

主　编　谢华龙　盛忠起　刘永贤
参　编　许之伟　张耀满　史家顺　杨建宇
　　　　李　飞　程　军　张　禹

主　审　巩亚东

机械工业出版社

本书用于机械工程学科相关专业的学习，是一本用系统工程方法将知识与素质教育集于一体的教科书。全书共分7章，内容包括绪论、机械工程基础、机械设计及现代设计方法、机械制造工艺技术、机械自动化技术、制造过程的生产管理模式、现代机械工程教育。本书对机械工程学科所涉及的知识，特别是机械工程的最新成果进行了阐述，并对今后机械工程学科的发展进行了展望。

图书在版编目（CIP）数据

机械工程概论/谢华龙，盛忠起，刘永贤主编. —2版.—北京：机械工业出版社，2016.1（2025.6 重印）
普通高等教育"十一五"国家级规划教材 普通高等教育"十三五"规划教材
ISBN 978-7-111-52022-1

Ⅰ.①机… Ⅱ.①谢… ②盛… ③刘… Ⅲ.①机械工程-高等学校-教材 Ⅳ.①TH

中国版本图书馆CIP数据核字（2015）第254566号

机械工业出版社（北京市百万庄大街22号 邮政编码100037）
策划编辑：刘小慧 责任编辑：刘小慧 王勇哲 庞 伟 冯 铗
责任校对：纪 敬 封面设计：张 静
责任印制：刘 媛
三河市国英印务有限公司印刷
2025年6月第2版第13次印刷
184mm×260mm·16.5印张·406千字
标准书号：ISBN 978-7-111-52022-1
定价：49.80元

电话服务
客服电话：010-88361066
010-88379833
010-68326294

网络服务
机 工 官 网：www.cmpbook.com
机 工 官 博：weibo.com/cmp1952
金 书 网：www.golden-book.com
机工教育服务网：www.cmpedu.com

前言

PREFACE

本书是一本用系统工程方法将知识与素质教育集于一体的教科书。自2009年9月第1版出版以来，受到全国许多高校师生的欢迎和肯定，但随着机械工程学科的发展，部分内容已经显得陈旧。为了更好地反映机械工程的最新研究进展，结合读者反馈，本次进行了如下修订：删除陈旧内容，更新及增补最新数据资料，如对第7章进行了重新编写；去掉部分理论性强、难以理解的内容，改为通俗易懂的知识表达，如对第3章内容进行了重新组织；增加部分新内容，以扩大知识覆盖面，如增加了微纳米加工技术、机械量测量与检测以及机电控制基础等内容；增加了各章习题及配套教学课件；对全书内容进行了勘误等。

全书共分7章。第1章绪论，介绍了机械工程的基本概念、部分工程名词术语、机械工程发展史、机械工程涵盖的内容、机械工程在国民经济中的地位和作用，以及21世纪机械工程的展望。第2章机械工程基础，介绍了机械工程的基础知识，把机械作为一个系统，从系统出发认识机器，了解机器的用途、功能、性能，机器的组成、机构、形状，制造机器的各类材料以及互换性与公差。第3、4、5、6章对构成机械工程主要内容的四个方面进行了系统叙述，其中，第3章机械设计及现代设计方法，介绍了设计的内容、分类、过程，根据设计的发展介绍了设计理论与方法，并对现代设计技术有重点地进行了分类介绍；第4章机械制造工艺技术，主要介绍了毛坯制造、材料热处理及表面处理技术、零件加工制造及机器装配、机械制造装备；第5章机械自动化技术，从机械装备自动化和生产制造自动化两个方面进行介绍，包括机电一体化基础技术、机械量测量与检测、机电控制基础、数控系统、机器人技术及柔性制造技术；第6章制造过程的生产管理模式，重点介绍了制造业生产管理模式的演变过程及几种先进制造生产模式；第 7 章介绍了现代机械工程教育。

本书对机械工程所涉及的知识，特别是对机械工程的最新成果进行了阐述，并对今后机械工程学科的发展进行了展望，旨在希望初学者能对机械工程建立一个初步概念，对自己所学的专业有所认识，对今后从业的范围能有所了解，激发自己的志趣与热情，增强自信心，热爱专业，明确自己的奋斗目标。

参加本书第 2 版编写的人员有东北大学的谢华龙、盛忠起、刘永贤、许之伟、张耀满、史家顺、杨建宇、程军、张禹，沈阳工业大学的李飞等。谢华龙、盛忠起、刘永贤担任主编。

东北大学博士生导师巩亚东教授担任本书主审。他对本书进行了细致审阅并提出了许多宝贵意见，在此表示衷心感谢。

我们还要感谢有关院校领导，在本书编写过程中自始至终给予的大力支持和帮助，同时要感谢机械工业出版社给予的大力支持、指导与帮助。

书中参考并引用了许多专家和学者的研究成果，在此致以谢意。

鉴于本书涉及的知识面非常广泛，加之编者水平有限，书中难免有欠妥之处，恳请读者提出宝贵意见，以求改进。

编　者

目录 CONTENTS

第1章 绪论

1.1 机械的基本概况

1.1.1 机械的基本名词

机械是人类生产和生活的基本要素之一，是人类物质文明最重要的组成部分。机械的发明是人类区别于动物的一项主要标志，机械技术在整个技术体系中占有基础和核心地位。机械技术与人类社会的历史一样源远流长，它对人类社会生产和经济的发展起着极其重要的作用，是推动人类社会进步的重要因素。

为了更好地学习机械工程技术，首先需要明确机械的概念。其中，机构、机器与机械是机械工程中的基本概念。

1. 机构

机构是由两个以上的构件通过活动连接以实现规定运动的组合体，其各组成部分之间具有一定的相对运动用来传递、转换运动与动力，或实现某种特定的运动。

机构可由刚体组成，也可以由气体、液体以及特定条件下的可变形体和挠性体组成，直接参与运动的变换。

图1-1所示为内燃机机构，活塞2在气缸1内做直线往复运动，通过连杆3带动曲轴4做回转运动，输出动力，同时通过齿轮5、6带动凸轮轴7旋转，由凸轮轴7推动顶杆8做上下运动，开启或关闭进、排气门。

2. 机器

机器是由一个或一个以上的机构组成，具有确定机械运动并完成一定有用工作过程的装置。例如，内燃机、电动机等动力机器将其他能量转换为机械能；机床完成加工；汽车、起重机搬运物料；打印机、绘图仪等处理信息。

3. 机械

机械是机构和机器的总称。

设计机械的目的是完成预定的机械运动及特定的动作。一般来说，每一种复杂机械都由三大部分组成：一是原动部分，它是机械动力的来源；二是工作部分，它处于传动路线的终点，完成机械的预定动作；三是传动部分，它是把原动机件的运动和功率传递给工作部分的

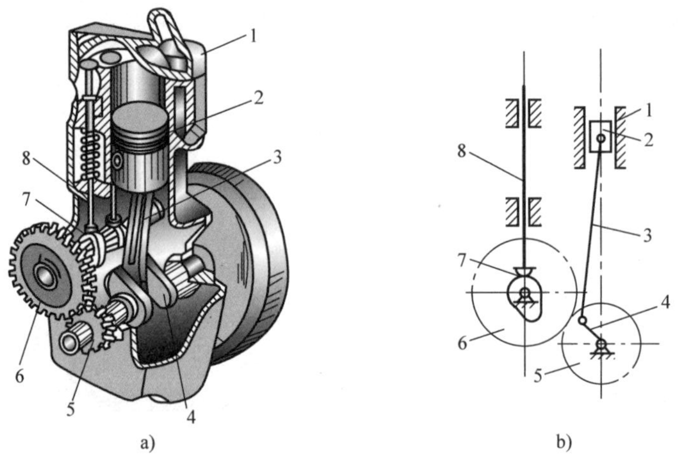

图1-1　内燃机机构
a）模型　b）简图
1—气缸　2—活塞　3—连杆　4—曲轴　5、6—齿轮　7—凸轮轴　8—顶杆

中间环节。现代机械中又增加了第四个部分，即自动控制部分。

机械是由零件、构件和部件组成的。

1）零件。零件分为两类：一类是组成机械的不可拆的基本单元，也是机械制造过程中的单个制件，如齿轮、轴等；另一类则是专用零件，它仅适用于一定类型的机械中，并能表示此种机械的特点，如内燃机曲轴、纺织机械上的纺锭、汽轮机叶片，以及农业机械中耕地的犁、铧等。

2）构件。构件是在机构中组成机构彼此间具有一定相对运动关系的基本单元。如图1-1所示，活塞－连杆－曲柄机构中的构件为活塞、连杆、曲轴。

3）部件。部件是机械的一部分，为可以完成同一功能而在结构上连接在一起、能协同工作的零件的组合体。如图1-2所示，活塞连杆部件由17种零件组成，它的功能就是把活塞的往复运动通过连杆转换为曲轴的旋转运动。

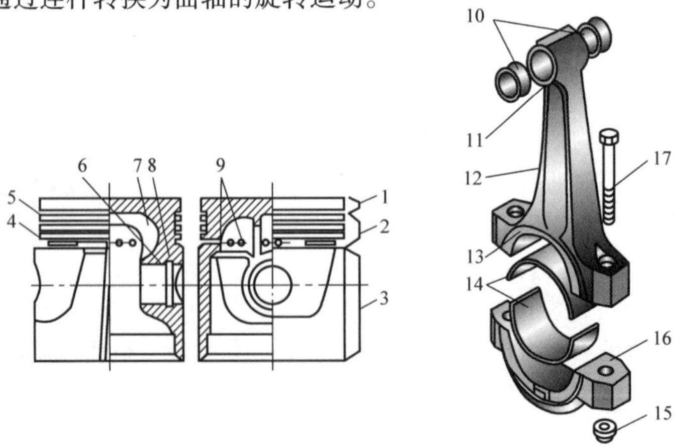

图1-2　活塞与连杆结构
1—顶部　2—环槽部　3—裙部　4—环岸　5—环槽　6—销座　7—加强筋
8—卡环槽　9—泄油孔与泄油槽　10—活塞销套　11—连杆小头　12—连杆身
13—连杆大头　14—连杆轴承　15—连杆螺母　16—连杆轴承盖　17—连杆螺栓

1.1.2　机械的特征及种类

尽管各种机械的构造、性能和用途各异，但从它们的组成和运动形式来看，却有两个共同特征：

1）它们是一种人为的实物构件的组合。

2）它们各部分之间具有确定的相对运动。

机器除了具备上述两个特征外，还必须具备第三个特征：能代替人类完成有用的机械功或转换机械能。所以，机器是能转换机械能或完成有用机械功的机构。

机械的种类繁多，机械制造产品遍及人们的生活、生产、社会活动的方方面面。当今，机械几乎已进入到人类活动的一切领域，从简单小巧的剃须刀到复杂庞大的航天飞机，门类繁多、结构不同、用途各异。机械按功能，可分为动力机械、油料搬运机械、粉碎机械等；按服务的产业，可分为农业机械、矿山机械、纺织机械等；按工作原理，可分为热力机械、流体机械、仿生机械等。

工作原理、功能相同或服务于同一产业的机械有共性的问题和特点，因而机械又出现了各种各样不同的分类体系。分类方法也有多种类别，可根据部分机械在某些方面的类同特性或特征区分类别。例如，希罗将简单机械分为五类：轮与轴、杠杆、滑车、尖劈、螺旋；按马克思对机器系统的分类，机械可分为发动机、传动机构和工作机；刘仙洲在《中国机械工程发明史（第一编）》中将机械分为七类，即：简单机械、发动机或原动机、工作机、传动机、仪表、仅用发动机原理的机械、发电机与电动机。但是，这些按不同方面分成的多种机械类型往往互相交叉、互相重叠。如船用汽轮机是动力机械，也是热力机械、流体机械和涡轮机械，它属于船用动力装置，可能也属于核动力装置。还有一些装置或器械，其组成件间没有相对运动，也没有机械能的转换和利用，如蒸汽发生器、凝汽器、换热器、反应塔、精馏塔、压力容器等，但由于它们是通过机械加工而制成的产品，也被认为属于机械范畴。研究合理分类有知识意义，反而在实用中没有很大的价值。不同的机械，其构造、用途也各不相同，但各种机械又具有共同特征。

考虑到分类的科学性和普适性，以及科学原理应用于多个行业的共性，这里以“大工程”为背景，参照《中国大百科全书·机械工程卷》，采用混合分类法将机械进行分类。具体分类见表1-1。

表1-1　机械的种类

动力机械	原动机	热力发动机（柴油机、汽油机、煤气机）、燃汽轮机、风力机、水力机等
	二次动力机	电动机、电动液压机等
工艺类机械	机床	车床、铣床、刨床、磨床、钻床、镗铣床、拉床、锯床，以及特种加工机床：电火花、超声波、激光束、离子束、电子束、爆炸成形、化学加工（光刻、照相制版）、挤压成形等
	压力加工机械	锻锤、压力机、冲压设备、轧机等
	铸造焊接机械	造型机、焊接机、切割机
	热处理设备	各种热处理装置及热处理成套设备
	起重机械	起重机、吊车等
	交通运输机械	汽车、无轨电车、摩托车、自行车、机车、船舶、输送机、仓储设备、装卸机等
	化工机械	化工反应设备（压力容器等）、物料输送设备（泵、压缩机、通风机、鼓风机）、分离设备（各种塔设备）等

（续）

产业机械	农业机械	耕作机械、水井钻机、种植机械、收获机械、植保机械、施肥机械、农田排灌机械、饲料加工机械、农产品加工机械等
	林业机械	营林机械（挖坑机、作床机、插条机、越苗机、植树机）、伐区作业联合机、林业起重输送机械等
	矿山机械	采掘机械（采掘机械、掘进机械）、采煤机械、石油钻采机械、选矿机械（破碎机械、粉磨机械、筛分机械、分选机械、脱水机械等）
	冶金机械	炼铁机械、炼钢机械、轧钢机械
	纺织机械	纺织机械、织选机械、印染机械等
	工程机械	推土机、挖土机等
	建筑机械	混凝土机等
	食品机械	粮食机械、调味品加工机械、蛋品加工机械、果蔬加工及保鲜机械、制糖机械、制盐机械、罐头机械、酿酒机械、饮料机械、乳制品加工机械、食品和冷冻食品加工机械、包装机械、肉类加工机械等
	轻工机械	烟草机械、印刷机械、饮食炊事机械、制革机械、文体用品机械、橡胶机械、塑料机械等
其他机械		信息机械（计算机、打印机、复印机、传真机、绘图机）、仿生机械、机器人等

1.1.3　制造业与机械工业

1. 制造与制造业

所谓制造，即为人类按照市场需求，运用主观掌握的知识和技能，借助于手工或可以利用的客观物质工具，采用有效的工艺方法和必要的能源，将原材料转化为最终物质产品并投放市场的全过程。制造的概念有广义和狭义之分：狭义的制造指生产车间内与物流有关的加工和装配过程；而广义的制造则包含市场分析、产品设计、工艺设计、生产准备、加工装配、质量保证、生产过程管理、市场营销、售前售后服务，以及报废后的回收处理等整个产品生命周期内一系列相互联系的生产活动。

制造业是指将制造资源，包括物料、设备、工具、资金、技术、信息和人力等，通过制造过程转化为可供人们使用和消费的产品的行业。制造业是所有与制造有关的企业群体的总称。制造业涉及国民经济的许多部门，根据《国民经济行业分类》（GB/T 4754—2002）的规定，我国制造业分为农副食品加工业、食品制造业、饮料制造业等30个种类，见表1-2。

表1-2　我国制造业分类

代码	类别名称	代码	类别名称
13	农副食品加工业	18	纺织服装、鞋、帽制造业
14	食品制造业	19	皮革毛皮羽毛（绒）及其制品业
15	饮料制造业	20	木材加工及木竹藤棕草制品业
16	烟草制品业	21	家具制造业
17	纺织业	22	造纸及纸制品业

（续）

代码	类别名称	代码	类别名称
23	印刷业和记录媒介的复制	33	有色金属冶炼及压延加工业
24	文教体育用品制造业	34	金属制品业
25	石油加工、炼焦及核燃料加工业	35	通用设备制造业
26	化学原料及化学制品制造业	36	专用设备制造业
27	医药制造业	37	交通运输设备制造业
28	化学纤维制造业	39	电气机械及器材制造业
29	橡胶制品业	40	通信设备、计算机及其他电子设备制造业
30	塑料制品业	41	仪器仪表及文化办公用机械制造业
31	非金属矿物制品业	42	工艺品及其他制造业
32	黑色金属冶炼及压延加工业	43	废弃资源和废旧材料回收加工业

2. 机械工业

机械工业是指制造业中从事机械设备或机械装置生产的行业，属于制造业，是制造业的重要组成部分，它与制造业是分不开的，在很多方面往往将机械工业与制造业联系在一起，甚至会把制造业的作用与机械工业的作用看成是一回事。机械工业在国民经济中居主导地位，是工业体系的核心部门。它包括各种机械、工具、机床、仪器及仪表等行业，其作用是为国民经济、国防建设以及科学技术的进步和发展提供先进的手段和装备。人们通常把机械工业称为国民经济的装备部门。

1.2 机械工程的涵义

机械工程以有关的自然科学和技术科学为其理论基础，结合生产实践中积累的实际经验，研究和解决在开发、设计、制造、安装、应用和维修各种机械中的全部理论和技术。它是以机构和机器为基本对象的科学，各类和各种不同机械均属机械工程技术的范畴。

从动态观点看，机械工程又是一个技术过程。它包含了人类的主要技术活动：①发明与革新；②设计与测试；③制造（加工与制作）；④使用与维修。因此，各种机械的发明、设计、加工与制造以及使用与维修均属机械工程技术的范畴。发明和设计包含了更多的智力因素和思想与知识内涵。制造和使用则包含了更多的体力因素和经验与实践的内容。机械加工与制作的对象以及加工制作过程无疑属于机械工程技术的基本内容，因此，某些通过机械加工获得的技术产品，尽管不能看作是机构和机器，也常常被认为属于机械工程的范畴。

机械从构思到实现要经历设计和制造两个性质不同的阶段。按照经历的阶段不同，机械工程科学包含机械学和机械制造两大学科。

机械学是研究机械工程中图形的表示原理和方法，机械中运动和力的变换与传递规律，机械零件与构件中应力、应变和机械的失效，机械中的摩擦行为，设计机械及其系统的过程中思维活动规律及设计手段，机械及其系统与人和环境的相互影响的科学。总之，机械学是对机械及其系统进行功能综合并定量描述与控制其性能的基础技术学科。机械学是把各种信息，经过人的思维和设计，加工成机械制造系统能接受的信息，输入机械制造系统。

机械制造是研究制造系统、制造过程和制造方法的学科。制造过程就是按照给定的信息，利用向制造系统提供的能量，使材料改变成符合预想的机械产品及其系统的过程。

机械工程包括的内容如图1-3所示。

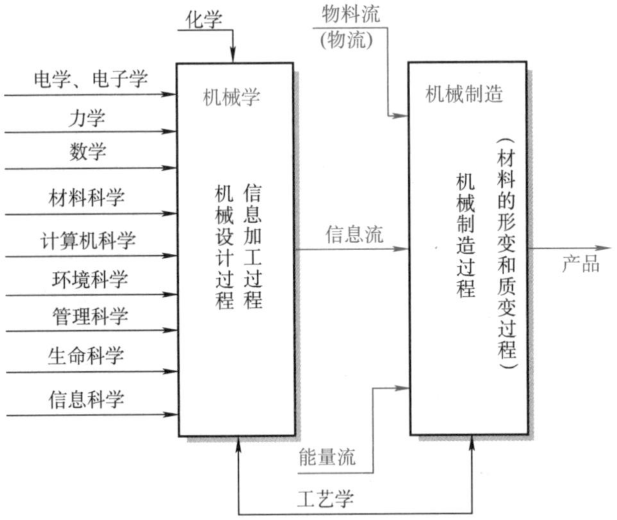

图1-3　机械工程包括的内容

机械工程的服务领域广阔，凡是使用机械、工具以及能源和材料进行生产的部门，都需要机械工程的服务。概括说来，现代机械工程有五大服务领域：①研制和提供能量转换机械，包括将热能、化学能、原子能、电能、流体压力能和天然机械能转换为适合于应用的机械能的各种动力机械，以及将机械能转换为所需要的其他能量（电能、热能、流体压力能、势能等）的能量变换机械；②研制和提供用于生产各种产品的机械，包括应用于第一产业的农、林、牧、渔业机械和矿山机械，以及应用于第二产业的各种重工业机械和轻工业机械；③研制和提供从事各种服务的机械，包括交通运输机械，物料搬运机械，办公机械，医疗器械，通风、采暖和空调设备，防尘、净化、消声等环境保护设备等；④研制和提供家庭和个人生活中应用的机械，如洗衣机、冰箱、钟表、照相机、运动器械等；⑤研制和提供各种军用机械和机械武器。

不论服务于哪一领域，机械工程的工作内容基本相同，按其工作性质可分为以下六个方面：

1）建立和发展可以直接应用于机械工程的工程理论基础。这方面主要有：研究力和运动的工程力学，包括流体力学；研究金属和非金属材料性能及其应用的工程材料学；研究材料在外力作用下的应力、应变等的材料力学；研究热能的产生、传导和转换的燃烧学、传热学和热力学；研究摩擦、磨损和润滑的摩擦学；研究机械中各构件间相对运动的机构学；研究各类有独立功能的机械元件的工作原理、结构、设计和计算的机械原理及机械零件学；研究金属和非金属的成形及切削加工的金属工艺学与非金属工艺学等。

2）研究、设计和发展新的机械产品，不断改进现有机械产品和生产新一代机械产品，以适应当前和将来的需要。这方面包括：调研和预测社会对机械产品新的要求；探索应用机械工程和其他工程技术中出现的新理论、新技术、新材料、新工艺，进行必要的新产品试验、试制、改进、评价、鉴定和定型；分析正在试用的和正式使用的机械存在的缺点、问题和失效情况，并寻求解决措施。

3）机械产品的生产。包括：生产设施的规划和实现；生产计划的制订和生产调度；编制和贯彻制造工艺，设计和制造工具、模具；确定劳动定额和材料定额；组织加工、装配、试车和包装发运；对产品质量进行有效的控制。

4）机械制造企业的经营和管理。机械一般是由许多各具独特成形、加工过程的零件组装而成的复杂制品，生产批量有单件和小批，也有中批、大批，直至大量生产，销售对象遍及全部产业和个人、家庭，而且销售量在社会经济状况的影响下，可能出现很大的波动。因此，机械制造企业的管理和经营特别复杂，企业的生产管理、规划和经营等研究也多始于机械工业。生产工程、工业工程等在成为独立学科之前，都曾是机械工程的分支。

5）机械产品的应用。这方面包括选择、订购、验收、安装、调整、操作、维护、修理和改造各产业所使用的机械和成套机械装备，以保证机械产品在长期使用中的可靠性和经济性。

6）研究机械产品在制造过程中，尤其是在使用中所产生的环境污染和自然资源过度耗费方面的问题及其处理措施。这是现代机械工程的一项特别重要的任务，而且其重要性与日俱增。

一般认为，机械工程涵盖的内容有：①机械设计工程学，主要解决做什么样的机械的问题，包括机械设计理论、方法；②机械制造工程学，主要解决机械怎么做出来的问题，包括制造工艺、方法、自动化、管理等；③机械基础学，主要解决机械的性能是怎么样的问题，包括机构、强度、振动、寿命、摩擦等基础理论。

1.3 机械工程发展

1.3.1 社会发展与机械工程

在人类历史的发展中，发生了几次决定人类命运的大转折，被史学誉为大革命。

第一次发生在大约200万年前，由于自然条件的突然变化，生活在树上的类人猿被迫到陆地上觅食，为了和各种野兽抗争，它们学会了用木棍和石块这些天然工具保卫自己，并用之猎取食物。使用天然工具，锻炼了它们的大脑和手指。

第二次发生在大约50万年前，古猿人学会了制造和使用简单的木制和石制工具，从事劳动，继而发现了火，并学会了钻木取火。烧熟的食物不仅好吃，且利于吸收，为提高他们的体力和智力创造了条件，进而使古猿人的生活质量有了改善和提高。使用工具，携带食物、甚至“抱儿带女”都需要他们的前肢从支撑行走中解脱出来，于是他们从地上站立起来，开启了从古猿到古人类的新纪元。

第三次发生在大约15000年前，古人类学会了制作和使用简单的机械，开始了农耕与畜牧。此后，大约5000年前，古人类进入新石器时代。4000年前发现金属，并学会了冶炼技术，金属器械逐步取代了石制、骨制的器械。继而约2000年前发现了铁金属，进入铁器时代，各种复杂的工具和简单机械相继发明出来。

第四次发生在1750年到1850年之间。1760年，瓦特经过十余年的努力和不断改进，在爱丁堡制造出第一台有实用价值的蒸汽机。1804 年，英国人特莱维茨克发明并制造出第一台蒸汽机车。1830 年，在法国修筑了从圣亚田到里昂的铁路。蒸汽机车与铁路的普及，促进了西方工业生产的发展，促进了西方的机械文明，奠定了现代工业的基础。

在这一阶段，机械及机械制造通过不断扩大的实践，从分散性的、主要依赖工匠们个人才智和手艺的一门技艺，逐渐发展成为一门有理论指导的系统和独立的工程技术。大批的发明家涌现出来。各种专科学校、大学、工厂纷纷建立。机械工业代替了手工业，生产迅速发展。机械工程是促进 18 ~ 19 世纪工业革命以及资本主义大生产的主要技术因素。

第五次是计算机技术导致了一场现代工业革命。进入 20 世纪，计算机的发明与广泛应用，改变了人类传统的生活方式和工作方式。以集成电路为中心的微电子技术的广泛应用，给社会生活和工业结构带来了巨大的影响。机械工程与微处理机结合诞生了“机电一体化”的复合技术，使机械设备的结构、功能和制造技术等提高到了一个新的水平。机械工程学、微电子学和信息科学三者的有机结合，构成了一种优化技术，应用这种技术制造出来的机械产品结构简单、轻巧、省力和高效率，并部分代替了人脑的功能，即实现了人工智能。机电一体化产品必将成为今后机械产品发展的主流。

进入 21 世纪，计算机技术、信息技术、网络技术以及由其带动的相关科学的发展，推动了科学迅速前进，机械工程学也发生了极大变化，制造业发展的重要特性是向全球化、网络化、虚拟化方向发展。

1.3.2 机械工程发展史

关于机械工程发展史，在许多研究机械工程史的著作中将其分为三个阶段：古代机械史、近代机械工程史和现代机械工程史。

1.3.2.1 古代机械史（ancient history of machinery， ~1750 年）

机械始于工具。公元前 3000 年以前（史前期），人类已广泛使用石制和骨制的工具。搬运重物的工具有滚子、撬棒和滑橇等，如古埃及建造金字塔时就已使用这类工具。公元前 3500 年后不久，苏美尔人已有了带轮的车。史前期的重要工具有弓形钻和制陶器用的转台。弓形钻由燧石钻头、钻杆、窝座和弓弦等组成，用来钻孔、扩孔和取火。埃及第三至第六王朝（约公元前 2686 年 ~ 前 2181 年）的早期，开始将牛拉的原始木犁和金属镰刀用于农业。约公元前 2500 年，欧亚之间地区就曾使用两轮和四轮的木质马车。叙利亚在公元前 1200 年制造了磨谷子用的手磨。

在建筑和装运物料过程中，已使用了杠杆、绳索、滚棒和水平槽等简单工具。滑轮最早出现于公元前 8 世纪，亚述人用作城堡上的放箭机构。绞盘最初用在矿井中提取矿砂和从水井中提水。这时，埃及的水钟、虹吸管、鼓风箱和活塞式唧筒等流体机械也得到初步的发展和应用。

公元前 600 年 ~ 公元 400 年的古希腊和古罗马称为古典文化时期，这一时期木工工具有了很大改进，除木工常用的成套工具如斧、弓形锯、弓形钻、铲和凿外，还发展了球形钻、能拔铁钉的羊角锤、伐木用的双人锯等。广泛使用的还有长轴车床和脚踏车床，用来制造家具和车轮辐条。脚踏车床一直延用到中世纪，为近代车床的发展奠定了基础。

约在公元前 1 世纪，古希腊人在手磨的基础上制成了石轮磨。这是机械和机器方面的一个进展。约在同时，古罗马也发展了驴拉磨和类似的石轮磨。

公元400年~1000年的欧洲地区，机械技术的发展因古希腊和古罗马的古典文化的消沉而陷于长期停顿。公元1000年~1500年，随着农业和手工业的发展，意、法、英等国相继兴办大学，发展自然科学和人文科学，培养人才，同时又吸取了当时中国、阿拉伯和波斯帝国的先进科学技术，机械技术开始恢复和发展。西欧开始用煤冶炼生铁，制造了大型铸件。随着水轮机的发展，已有足够的动力来带动用皮革制造的大型风箱，以获得较高的熔化温度，铸造大炮和大钟的作坊逐渐增多，铸件重量渐渐增大。在农业方面创造出装有曲凹面犁板的犁头，以取代罗马时代的尖劈犁头。这个时期还出现了手摇钻，其构造表明曲柄连杆机构的原理已用于机械。加工机械方面出现了大轮盘的车床。12世纪和13世纪后半期，先后出现了装有绳索擒纵机构的原始钟和天平式的钟。天平式的钟是第一种实际应用的机械钟，其中装有时针和秒针，表明时钟齿轮系有了进一步的发展，15世纪在欧洲家庭中已得到较为普遍的应用。

表是1500年前开始制造的。重要的改进是用螺旋弹簧代替重物以产生动力，此外还加了棘轮机构。机械式钟表创造的成功，不仅为现代文明所必需，也推动了精密零件的制造技术。机械式钟表后来又得到全面改进，如单摆式时钟取代了原来的天平式时钟。1676年英国为格林威治天文台制作了摆长不同的两种精密时钟。怀表采用双金属条，解决了平衡轮的温度补偿问题。

公元1500年~1750年，机械技术发展极为迅速。材料方面的进展主要表现在用钢铁、特别是用生铁代替木材制造机器、仪器和工具。同时为了解决采矿中的运输问题，1770年前后，英国发展了马拉有轨货车，先是用木轨，后又换成铁轨。

这一时期工具机也获得不少成就：制造出水力辗轧机械和几种机床，如齿轮切削机床、螺纹车床、小型脚踏砂轮磨床及研磨光学仪器镜片的抛光机等。

在欧洲诞生了工程科学。许多科学家，如牛顿、伽利略、莱布尼兹、玻意耳和胡克等，为新科学奠定了多方面的理论基础。为了鼓励创造发明，意大利和英国分别在1474年和1561年建立了专利机构。17世纪60年代出现了科学学会，如英国皇家学会。英国于1665年开始出版科学报告会文献。法国约于同时建立了法国科学院。俄、德两国也分别于1725年和1770年建立了俄国科学院和柏林科学院。这些学术机构冲破了当时教会的禁锢，展开自由讨论，交流学术观点和实验结果，因而促进了科学技术以及机械工程的发展。

1.3.2.2　近代机械工程史（modern history of mechanical engineering）

在1750年~1900年这一近代历史时期内，机械工程在世界范围内出现了飞速的发展，并获得了广泛的应用。1847年，在英国伯明翰成立了机械工程师学会，机械工程作为工程技术的一个分支得到了正式的承认。后来在世界其他国家也陆续成立了机械工程的行业组织。

在这一历史时期内，世界上发生了引起社会生产巨大变革的工业革命。工业革命首先在英国掀起，后来逐步波及其他各国，前后延续了一个多世纪。工业革命是从出现机器和使用机器开始的。在工业革命中最主要的变革是：

1）用生产能力大和产品质量高的大机器取代手工工具和简陋机械。

2）用蒸汽机和内燃机等无生命动力取代人和牲畜的肌肉动力。

3）用大型的集中的工厂生产系统取代分散的手工业作坊。在这期间，动力机械、生产机械和机械工程理论都获得了飞速发展。

机械工程的发展，在工业革命的进程中起着主干作用。如18世纪中叶以后，英国纺织机械的出现和使用，使纺纱和织布的生产技术迅速提高。蒸汽机的出现和推广使用，不仅促进了当时煤产量的迅速增长，并且使炼铁炉、鼓风机有了机器动力而使铁产量成倍增长，煤和铁的生产发展又推动各行各业的发展。蒸汽机用于交通运输，出现了蒸汽机车、蒸汽轮船等，这反过来又促进了煤、铁工业和其他工业的发展。汽轮机、内燃机和各种机床相继出现。

其中动力机械技术的突破，促进了各技术领域的突飞猛进。第一台有实用意义的蒸汽动力装置是英国的T. 纽科门于1705年制成的大气式蒸汽机，曾在英国的煤矿和金属矿中使用。1712年制成的纽科门蒸汽机，它的蒸汽气缸和抽水缸是分开的。蒸汽通入气缸后在内部喷水使它冷凝，造成气缸内部真空，气缸外的大气压力推动活塞做功，再通过杠杆、链条等机构带动水泵活塞运动。1765年瓦特制作了一台试验性的有分离冷凝器的小型蒸汽机，1781年他又取得双作用式蒸汽机的专利。1776年瓦特与M. 博尔顿合作制造的两台蒸汽机开始运转。到1804年，英国的棉纺织业已普遍采用蒸汽机作为生产动力。

19世纪中期，内燃机问世。第一台在工厂中实际使用的内燃机是1860年法国的勒努瓦制造的无压缩过程的煤气机，其基本结构与当时的蒸汽机相差不多。1862年，法国A. E. B. de罗沙提出四冲程循环的基本原理。1876年，德国N. A. 奥托制成四冲程往复活塞式单缸卧式煤气机，比勒努瓦的煤气机效率更高、功率更大。1878年，英国D. 克拉克制成二冲程循环的内燃机。1892年，德国R. 狄塞尔提出压缩式内燃机原理，为提高内燃机热效率作出了重要贡献。1897年他制成第一台压缩点火式内燃机（柴油机），使用液体燃料，按四冲程原理工作，热效率高于当时其他任何内燃机。早期的压缩式内燃机的转速比较低，进入20世纪后内燃机的转速大幅度提高。

随着发电机和电动机的发明，世界开始进入电气时代。中心发电站迅速兴起，大功率的高速汽轮机应运而生。

1873年，电动机成为机床的动力，开始了电力取代蒸汽动力的时代。最初，电动机安装在机床以外的一定距离处，通过带传动。后来把电动机直接安置在机床本身内部。19世纪末，已有少数机床使用两台或多台电动机，分别驱动主轴和进给机构等。至此，被称为“机械工业的心脏”的机床工业已初具规模。进入20世纪后，迅速发展的汽车工业和后来的飞机工业，又促进了机械制造技术向高精度、大型化、专用化和自动化的方向继续发展。

1.3.2.3 现代机械工程史（contemporary history of mechanical engineering）

20世纪以来，世界机械工程的发展远远超过了上个世纪。尤其是第二次世界大战以后，由于科学技术工作从个人活动走向社会化，科学技术的全面发展，特别是电子技术、核技术和航空航天技术与机械技术的结合，大大促进了机械工程的发展。

第二次世界大战前的40年，机械工程发展的主要特点是：继承19世纪延续下来的传统技术，并不断改进、提高和扩大其应用范围。例如，农业和采矿业的机械化程度有了显著的提高，动力机械功率增大，效率进一步提高，内燃机的应用普及到几乎所有的移动机械。随着工作母机设计水平的提高及新型工具材料和机械式自动化技术的发展，机械制造工艺的水平有了极大的提高。美国人F. W. 泰勒首创的科学管理制度，在20世纪初开始在一些国家广泛推行，对机械工程的发展起了推动作用。

第二次世界大战以后的30年间，机械工程的发展特点是：除原有技术的改进和扩大应用外，与其他科技领域的广泛结合和相互渗透明显加深，形成了机械工程的许多新的分支，机械工程的领域空前扩大，发展速度加快。这个时期，核技术、电子技术、航空航天技术迅速发展。生产和科研工作的系统性、成套性、综合性大大增强。机器的应用几乎遍及所有的生产部门和科研部门，并深入到生活和服务部门。

进入20世纪70年代以后，机械工程与电工、电子、冶金、化学、物理和激光等技术相结合，创造了许多新工艺、新材料和新产品，使机械产品实现了精密化、高效化和制造过程的自动化。

1.3.3　中国机械工程发展

中国的机械工程技术不但历史悠久，而且成就十分辉煌，不仅对中国物质文明和社会经济的发展起到了重要的促进作用，而且对世界技术文明的进步作出了重大贡献。

中国机械工程在漫长的历史进程中自然形成了中国机械史的几个不同时期。从机械的动力、材料、设计、制造、应用和实际效能，以及当时对国家经济所起的作用等来考虑，可以把中国机械史分为四个时期：简单工具时期、古代机械时期、近代机械时期和现代机械时期，每个时期又可分为不同的发展阶段。

1. 简单工具时期

这一时期的时间大体相当于中国历史上的原始社会，即石器时代。这一时期的时间很长，从云南元谋发掘出土的170万年前的古人石制刮削器和尖状器等，一直延续到大约4000多年前。其中，还可将其进一步分为两个阶段：粗制工具阶段和精制工具阶段。

粗制工具阶段相当于旧石器时代。这一阶段的工具主要用捡拾到的石块、木棒、蚌壳和兽骨制作，经过敲砸、粗略修整、磨制和钻孔等，使工具的结构较为合理，使用较为方便。这反映出当时人们已具有初步的生产经验和加工技术。以后种类陆续有所增多，大约在2.8万年前出现了弓箭，生产经验和加工技术逐步有所提高。

精制工具阶段大体相当于新石器时代。这一阶段人们已能利用开采的石料制作各种工具。工具种类有原始刀、斧、犁、锄、锨、凿、锯、钻、铚、矛、网坠、纺轮和滚子等几十种，能够用来从事农业、狩猎、渔业、建筑和纺织等方面的生产劳动。这一阶段后期出现了原始织机和制陶器转轮，后者已具有车削加工机构的雏型。工具一般都经过较为精细的磨削加工，结构合理，表面比较光洁。工具的改进推动了生产力迅速提高，使中国原始社会向奴隶社会发展。

根据这一时期的工具，可看出当时人们已能在生产中利用杠杆、尖劈、惯性、弹力和热胀冷缩等原理，生产知识逐渐丰富，加工能力不断提高。

2. 古代机械时期

这一时期大约从4000多年前直到19世纪40年代，相当于中国历史上的奴隶社会和封建社会两个时代。在此期间，中国古代机械经历了一个“迅速发展—成熟—缓慢前进”的过程。

1）迅速发展阶段。古车的出现和广泛应用可看作是这一时期开始的标志。接着一批古代机械相继出现。古代机械的出现是中国机械发展的一次飞跃。

当时，机械加工方法和工具日渐完善，木材、铜和铁相继得到广泛应用。大约4000年前开始使用畜力拉车，3000年前开始用牛耕地和利用马力。机械的种类由少到多，结构由简到繁，制作技术由粗到精，发展速度加快。尤其是战国时期奴隶制度崩溃，封建制度相继建立，出现了百家争鸣的学术空气，思想活跃，人才辈出，更促使科学技术迅速发展。当时出现的在科学技术史上有重大价值的专著《考工记》，总结了多种手工业的生产经验，是一套手工业生产的技术规范，反映出当时手工业的生产水平。

2）成熟阶段。大约到秦汉时期，中国古代机械的发展已趋于成熟。金属材料的冶炼、铸造和锻造水平都已很高，如利用水排和马排鼓风提高了金属冶炼的炉温和质量；冶铁技术发展很快，并创造了叠铸技术，大大提高了铸造生产率，铁的应用更广。当时不但更充分地利用畜力，而且开始广泛利用水力和风力等来进行农业及其他多种生产。齿轮、绳带和链传动迅速发展，当时的一些机械上已出现了复杂的齿轮传动和自动控制系统。犁也不断得到改进，出现了三脚犁、用于灌溉的连续提水翻车、用于清选粮食的风扇、手摇纺车等。独轮车的出现增大了车辆的适应性。在造船方面，槽、舵和帆等部件逐渐完善，并已能制造高大楼船和战船。更值得一提的是指南车、记里鼓车以及一些精密天文和计时仪器等杰出科技成果的出现。从秦始皇陵出土的铜车马可看出，当时的冷、热加工技术已相当精湛高超了。东汉出现的水力鼓风设备——水排，由水轮、带传动、杆传动和鼓风器等组成，具备了先进机器所必须具有的原动机、传动机构和工作机或工具机三个组成部分。这些发明连同其他机械创造发明，使这个时期形成了中国机械发明的一个高潮，使中国古代机械发展到了世界领先的地位。

此后，中国古代机械仍保持着这样一个高的水平，继续迅速发展。例如，三国时出现了一弩十矢的连弩、发石车、引燃火箭和新型织机；两晋时出现了自动机械磨车、风车、水磨和水碾；南北朝时出现了明轮船，到唐代犁又有重大改进，还出现了垂直提水的水车，在兵器方面则出现了弩车。

到宋、元时，科技发明内容更为丰富，出现了中国古代机械发明的又一个高潮。尤其是在天文仪器方面，出现了莲花漏、水运仪象台、水银浑仪、巨型浑仪、五轮砂漏和简仪等重要发明，使中国的天文仪器达到了前所未有的水平。在苏颂的水运仪象台中已先于世界各国应用了擒纵装置，而郭守敬的简仪中则已应用了滚动支承。火药自宋代开始用于实战，出现了火炮、炮车和喷射火箭等武器。此外，宋代的木风箱、元代的水力大纺车等，也都是具有重要意义的发明。

在从汉到宋的各代中，有十几人研制过指南车。《宋史》中还保存有宋代指南车和记里鼓车内部构造及主要尺寸的记载，给中国机械史研究留下了重要的史料。

这一阶段还出现了一批杰出的科技人才，如张衡、马钧、祖冲之、燕肃、吴德仁、苏颂和郭守敬等，他们都为中国古代机械的发展作出过重要贡献。需要一提的是17世纪宋应星所著的《天工开物》，它总结了中国长期以来的生产经验，成为一本百科全书式的著作，在科技史上占有重要的地位。

在这一阶段，中国创造发明的古代机械种类多、水平高、价值大，处于世界领先的地位，其中一些如兵器、农机、冶金、纺织、陶瓷、造纸和印刷等技术还传到国外，对许多国家文明产生过一定的影响。这是中国机械史上一个成果辉煌和地位重要的阶段。遗憾的是相对这种古代机械繁荣局面而言，留下的史料则过于少了。

3）缓慢前进阶段。至明代，由于封建集权统治进一步加强，既限制了资本主义萌芽的发展，也阻碍了科学技术的前进。直到19世纪40年代的几百年间，在与机械有关的范围内，除兵器和造船方面有较为显著的进展外，其他方面几乎没有出现过价值重大的发明。此时，西方机械科学技术水平已明显超过中国。

在此期间，外国传教士为中国带来西方先进的科学技术。当时出现的机械译著如《远西奇器图说》和《自鸣钟说》等，其所描述的机械已明显超过中国古代机械的水平。然而，由于当时统治集团对西方科学技术的传入采取错误的方针，致使其传播范围很小。除在天文和数学方面有一定影响外，就机械方面而言，当时西方科学技术几乎没有对中国产生明显的影响和实际的效益。从雍正到道光的一百多年间，清朝更采取闭关自守的政策，几乎断绝了西方科学技术的传入，中国机械科学技术与西方的差距越来越大。

3. 近代机械时期

1840 年的鸦片战争打破了清朝闭关自守政策的堡垒，随之开始了中国机械史上的近代机械时期。

当时，清朝统治集团中出现了洋务派，兴起了洋务运动。同时，西方一些发达的资本主义国家疯狂推行经济侵略和军事侵略政策，近代科学技术和近代机械也随同外国势力一起涌入中国。19 世纪中后期，蒸汽机在中国迅速推广，先进的钢铁冶炼技术和大型高炉、转炉、平炉以及锻压、铸造、车削、钻削和螺纹加工等各种近代机械加工设备也相继传入，由此中国开始建立近代机械和兵器制造业，兴建铁路和制造轮船。同时，还传入了纺织、造纸、印刷、卷烟和食品加工等各种机械及生产技术。19 世纪后期还出现了一批民族资产阶级创办的企业。至此，中国机械的面貌改观，近代机械工业在中国出现。

到了 20 世纪，依赖西方的技术和设备，中国近代机械在上述基础上继续发展，机械产品的品种和数量有所增加，其性能和水平有所提高，建厂地区范围也有所扩大。

大约自 19 世纪末起，中国派出了留学生到西方科学技术发达的国家学习，出现了像詹天佑这样卓越的工程技术专家。同时，相继办起了一批高等和中等技术学堂，1905 年废科举、办新学，机械工程教育逐渐有了发展。

20 世纪初，工程技术学会和工程技术期刊也已出现。大约从 19 世纪 60 年代起出现我国学者编写的机械工程著作。在一些企业中，涌现出一批机械工程技术人员和机械工人骨干。这些都对中国近代机械的发展起过一定作用。

可以看出，在这段很短的时间里，中国从古代机械发展到近代机械，由手工业作坊发展到大工厂，由传统生产技术发展到近代生产技术，机械理论与实验研究和机械设计也逐渐增多。从这个过程中，可归纳出以下明显特点：

首先，中国近代机械的发展具有中国半殖民地的社会性质，处处适应帝国主义经济和政治侵略的需要，对帝国主义有很大的依赖性。中国近代机械工业除能制造一些小型和简单的机械设备外，主要围绕组装和修配进行生产，布局、结构和比例都很不合理，科研和设计能力十分薄弱，这些都给以后机械工业和科学技术的发展带来了很不利的影响。

其次，中国科学技术与世界科学技术的关系日益密切，中国科学技术大量吸收了世界科学技术的内容。但在当时世界科学技术的洪流中，中国科学技术一直是跟在西方的后面缓慢前进，在机械方面也未能作出重大贡献。

再次，在此期间，中国依靠西方科学技术发展了近代机械，它与中国古代机械及传统生产技术很少有内在联系。这种情况造成近代和现代的生产设备及生产技术与机械职工队伍的实际情况脱节，也给继承和发扬中国古代机械科技遗产带来困难。

根据以上简述可知，中国近代机械时期时间不长，但它是一个急速变化的时期，是中国机械史上的一个大转折，其成败、得失、经验与教训都是值得加以深入研究的。

4. 现代机械时期

1949年，新中国诞生了。当时，世界上电子、原子能和计算技术等现代科学技术兴起并迅速发展。这两方面的因素推动中国机械进入现代机械时期。在中国共产党的领导下，中国机械工业和科学技术迅速摆脱了对帝国主义的依赖，大力纠正旧中国留下的布局、结构和比例上的不合理现象，建立起独立自主的机械工业。新中国很快就能自己生产飞机、轮船、机车、汽车、机床和各种工程机械等，并进一步建立了门类比较齐全的机械工业体系，为许多工业部门提供成套机械设备，有力地支援了农业、国防工业和尖端科学技术的发展，还生产了一批大型、精密的机械产品。

在我国广大城乡，各行各业许多部门迅速实现机械化，大量繁重的体力劳动被机械代替，机械工业和机械科学技术为新中国的经济建设作出了重大贡献。

新中国的机械工业系统，已形成自己的机械研究、设计和制造力量；在一千多万机械职工队伍中已有五十多万工程技术人员；几百个研究单位、许多工厂企业和高等院校都已具备研究和设计能力；还先后建立了不少现代机械研究中心，解决了机械工业中的许多重大科研课题，很多科研成果和机械产品已经达到或接近国际先进水平；机械产品已出口到一百多个国家和地区，在国际市场上赢得了声誉；紧跟现代科学技术潮流，许多新兴学科和边缘学科也在中国兴起，在某些学科已取得了重大进展。

新中国的机械工程教育蓬勃发展，培养了一大批高质量的高等和中等机械科学技术人才。通过职工培训和业余教育，广大职工进行知识更新，科技水平和文化素养都有所提高，在工作中发挥了更大的作用。

此外，中国机械工程学会和其他学术团体纷纷成立并积极开展工作，国内外学术活动十分活跃；兴办了多种学术期刊和科普期刊，编辑出版了许多教材、专著和科普读物。这些，对机械科学技术水平的提高也起了很大作用。

纵观机械工程的发展历程，制造业与制造技术的发展是由国家政治、经济、社会等多方面的因素决定的。

1.4　机械工业的地位

物质财富是人类社会生存和发展的基础，制造是人类创造物质财富最基本、最重要的手段，尤其在中国这样一个工业化过程尚未完成的发展中大国里，制造业更是社会物质财富的主要来源。

国民经济产业结构中通常有三大产业：第一产业为农业，第二产业为工业，第三产业为服务业。在工业中，又分制造业、建筑业、采掘业以及电力、煤气、水的生产供应业。目前，我国工业在国民经济中所占比例为52%，其中的制造业产值约占工业总产值的45%，制造业是我国创造物质财富的最大产业。

在工业经济时代，一个国家的制造业增长一般高于国内生产总值（GDP）的增长。例如，美国1913~1950年，GDP增长率为2.84%，而制造业增长率为3.39%，制造业的贡献率为23.8%；1950~1980年美国GDP增长率为3.42%，制造业增长为4.78%，其贡献率为

36.5%。再如，我国在1952~1980年，制造业净产值平均增长率为11.5%，比同期的国民收入增长率高5.5%；1985~1995年增长率为13.5%，而同期的GDP增长率为9.9%。我国制造业净产值占国民收入的比例，1952年为9.10%，1990年为45.67%；制造业增加值占GDP的比例，1985年为31.7%，1995年达35.2%。2001年，我国制造业直接创造国民生产总值的1/3，占整个工业生产的4/5，为国家财政提供1/3以上的收入，对出口总额的贡献率达90%。

有人将制造业称之为工业经济年代一个国家经济增长的“发动机”。制造业一方面创造价值，生产物质财富和新的知识；另一方面为国民经济各部门包括国防和科学技术的进步和发展提供各种先进的手段和装备。

机械工业是制造业的主体和重要组成部分。今天，它已经发展成为一个规模庞大、包罗万象的行业。

机械工业是国民经济的基础工业，机械是现代社会进行生产和服务的五大要素（人、资金、能量、材料和机械）之一，几乎所有的现代产业和工程领域都需要应用机械装备，机械工业与运输业、国防工业、能源工业、材料工业、农业、林业和食品工业等领域都有密切关系。机械工业为生产和服务部门提供各种技术装备，直接关系到劳动生产率及国民经济的现代化程度，所以它是国民经济的重要基础，在国民经济各部门中起主导作用。

研究、设计和发展新的机械装备及仪器，以适应当前和将来的社会需要，是机械工业的主要任务。各个产业和工程领域要求机械及其系统性能优良，以便提高能源、材料、劳动和设备的利用率，减少对环境的污染，提高安全性、可靠性和寿命，要求机械及其系统与电子技术相结合，提高自动化程度，提高生产线柔性，以便适应多品种、小批量、常变化的新生产方式。

下面将从几个方面进一步说明机械制造业在国民经济中的地位和作用。

1. 机械制造业是国民经济的“装备部”

机械制造业是国民经济持续发展的基础，担负着为各行业提供装备的重要任务。各行各业离不开装备，装备是人类进行生产实践、科学实验和军事战争的基本工具，装备水平决定各产业部门的技术水平、生产水平、产品质量、生产效率以及国家武装力量水平。人类社会进步离不开装备的进步。装备是科学技术、教育事业和国防现代化的重要物质支撑。装备还是科学技术成果的结晶，是促进传统产业改造升级的根本手段。没有强大的机械制造业，就没有强大的国家和国防，因此机械制造业是国民经济持续发展的基础。

2. 机械制造业是工业的主要组成部分

机械制造业的固定资产、生产产值和职工人数等均占我国工业比重的1/4强。机械制造业除提供生产装备外，还是消费产品的主要生产部门，如轿车、摩托车、家电产品等是社会主要消费产品，它直接影响着人们的生活水平和质量，并占国民经济产值的相当比例。

3. 机械制造业是国家高技术产业的基础和载体，是高科技发展的重要平台

20世纪兴起的核技术、空间技术、信息技术、生物学技术等高新技术无一不是通过制造业的发展而产生并转化为规模生产力的。其直接结果是导致诸如集成电路、电子计算机、移动通讯设备、国际互联网、智能机器人、科学仪器、生物反应器、医疗仪器、核电站、飞机、人造卫星、航天飞机等产品的问世，并由此形成了机械制造业中的高新技术产业，使人类社会的生活方式、生产方式、企业与社会的组织结构与经营管理模式，乃至人们思维方式都产生了深刻变化。正是机械制造业成为所有高新技术得以发展的载体和规模生产力转化的基础和桥梁。

4. 机械制造业是新兴工业化国家的国民经济战略性产业

拥有先进的技术装备才能促进知识经济的发展，才能完成工业和社会的信息化。世界工业发达国家都是通过发展机械制造业而走向富强的。只有发展机械制造业，才能有力地支持其他行业的发展。

5. 机械制造业是国家安全的重要保障，是国防实力的重要保证

机械制造业的发展还可保证就业率的稳定，缓解就业压力，也起着保障社会稳定的政治作用。

综上所述，机械制造业特别是装备制造业是国家的战略性产业，是衡量国家国际竞争力的重要标志，在经济全球化进程中也是决定国家在国际分工中地位的关键。在现存的不平等、不合理的世界秩序中，不能寄幻想于他人，如没有强大的制造业去持续不断地武装包括国防工业在内的各个行业，提升其装备和生产运行水平，就不可能实现新型工业化和可靠的现代化。

1.5 我国机械制造业现状

中国机械制造业主要是1949年后发展起来的。新中国建立后，我国经济取得的巨大成就也是和制造业的进步分不开的。经过几十年的奋斗，我国制造业已经构建了具有相当规模和水平的制造体系，当今中国已成为举世瞩目的制造大国，其显著标志体现在以下几个方面：

1. 机械工业在产能上已稳居世界第一

我国机械制造业总体生产规模不断加大，是包括100多个行业，857万个企业（大型企业占1%）及6万多种产品的门类齐全的工业体系。研究机构IHS发布的一项研究指出，2010年中国的制造业产出占到了全世界19.8%，高于美国的19.4%，这意味着中国已成为全球制造业产出最高的国家。2013年，中国机电产品进出口总额达到2.1万亿美元，与1980年相比，增长了290倍。其中，出口从15.6亿美元增长到1.26万亿美元，占货物贸易出口的比重由8.6%增长到57.0%。据海关统计，2014年我国机电产品进出口总额达2.16万亿美元，增长2.9%；其中出口1.31万亿美元，增长3.6%，占全商品出口总额的55.7%。我国连续5年成为全球第一大机电产品贸易国。2013年，我国发电设备产量1.2亿kW，约占全球总量的60%；造船完工量4534万载重t，占全球比重41%；汽车产量2211.7万辆，占全球比重25%；机床产量95.9万台，占全球比重38%。

2. 提供重大装备的能力不断提高

重大装备的制造能力是体现制造大国的重要标志。我国在提供重大装备方面取得了突破性的进展。主要体现在下面几个方面：

1）生产大型火电、水电、核电成套设备，如华能玉环电厂百万千瓦的超超临界燃煤机组、华电宁夏灵武电厂百万千瓦的超超临界空冷机组、国电泰州电厂百万千瓦的超超临界二次再热技术火电机组、单机容量为100万kW的白鹤滩水电机组、单机容量达81.2万kW的向家坝水电机组、百万千瓦级先进压水堆核电站成套设备。我国已经是世界能源生产和消费

第一大国，也是电力装机和电网规模世界第一的国家。“十一五”以来，我国发电设备年产量占同期世界产量50%以上，对全球发电设备净增量的贡献超过50%，成为世界上最大的发电设备制造国。

2）生产高压大功率输变电设备，如1000kV特高压交流输变电设备、±800kV直流输变电成套设备。

3）生产大型冶金、矿山设备，如年产千万吨级综采成套装备、2000万t级露天矿山开采设备、轴重为30t的重载列车、斗容为75m^{3}的矿用挖掘机、港口装卸成套设备、4万t级吃水运煤船、宝钢湛江钢铁350t氧气转炉、鞍钢5.5m特宽厚板轧机、6000m电驱动沙漠石油钻机、32万t“凯桂”号油轮、1.6万t级自由铸造水压机、8万t级模锻油压机等。

4）生产大型乙烯、化肥、煤化工成套设备，如百万吨乙烯装置所需的关键装备、52万t尿素成套装备、5万t丁腈橡胶装置、大型煤化工所需的120万t活塞推力的往复式压缩机及煤化工水煤浆高、低压隔膜泵等。

5）生产石油开采成套设备、重型机械设备，如海洋石油981深水半潜式钻井平台、3000m深水半潜式钻井平台、宝石机械12000m特深钻井机、井下机器人、2000t履带起重机、湘电220t交流传动电动轮自卸车、SY2000C型200t级履带式液压挖掘机等。

6）生产其他设备，如正负电子对撞机、激光照排设备、先进程控交换机、曙光巨型计算机、和谐号动车组、ARJ21新型支线飞机、超重型数控卧式镗车床、神舟飞船、嫦娥登月探测器、蛟龙号深海潜水器等，不胜枚举。

3. 各具特色的制造业聚集地逐渐形成

珠江三角洲、长江三角洲已成为全球重要的家用电器、电子及通信设备制造聚集地。东北重大成套设备制造聚集地、川陕国防装备制造聚集地等制造中心正稳步地为国民经济和国防建设发挥着不可短缺的作用。其他各具特色的各类制造基地也正在形成。

4. 中国制造业正在成为全球制造和供应基地

仅以机床为例，由于经济高速增长，近年我国机床产值、进口和消费高速增长，连续几年成为世界机床消费和进口第一大国。据美国Gardner出版有限公司统计，2014年28个主要生产国家和地区共生产机床932亿美元，中、日、德三个主要机床生产国共生产机床594亿美元，占所有参与调查的28个国家和地区总产值的64%。其中，中国机床产值为273.6亿美元，约占全球产值的30%，仍是最大的机床制造国，比第四至第十位的韩国、意大利、中国台湾、美国、瑞士、西班牙、奥地利产值之和还高。

据中国机床工具工业协会统计，2014年1～12月，我国机床工具类商品出口总额为116.3亿美元，同比增加22.1%。其中，金属加工机床出口额为34.0亿美元，同比增加18.8%；金属切削机床出口额为22.7亿美元，同比增加20.6%；金属成形机床出口额为11.2亿美元，同比增加15.3%。出口居前三位的分别是切削刀具（26.2亿美元）、金属切削机床（22.7亿美元）、磨料磨具（21.8亿美元）。

近几年，我国自主开发了高速龙门五轴加工中心，以及精密及超精密数控机床和一些成套生产线，并形成一批中档数控机床产业化基地。国产机床数控化率由“十五”末的35.5%提高到“十一五”末的51.9%。中国装备制造业占规模以上工业增加值的比重达到30.4%（2014年），已经奠定了中国制造走向海外的基础。

目前，我国数控机床产品结构不断优化调整，技术水平稳步提高：

1）机床中高档装备水平迅速提升。大型汽车覆盖件自动冲压线等10多类设备已达到国际领先水平，完全可实现进口替代；高速龙门五轴加工中心等20多类产品基本达到国际先进水平，具备替代进口产品的水平；精密卧式加工中心形成具有自主知识产权的和柔性制造系统核心技术；高速、复合等高档数控加工中心已完成阶段性研发，但在功能性、可靠性方面与国际先进水平还存在一定差距。

2）数控系统梯次前移。我国在中高档数控系统研究开发方面取得了长足的进步，2010年以来，已累计在航空航天、能源、船舶、汽车等重点领域实现了3.5万余台国产中高档数控系统配套应用，实现了进口替代。多通道、多轴联动等高性能数控系统系列产品打破国外技术垄断，主要技术指标已基本达到国际主流高档数控系统的水平，实现了为多种高速、精密数控机床配套。高档数控系统在重点军工企业实现小批量应用。开发的标准型数控系统实现了批量生产，国内市场占有率从10%提高到25%，形成了数家产业化生产基地，其中广州数控设备有限公司已形成年产各类数控系统10万台的生产能力，产量位居世界第二。我国数控系统已初步具备与国外同类产品的竞争能力，并实现了数控系统批量出口，2010～2014年累计出口各类数控系统9600余套，其中五轴联动数控系统近700套。

3）功能部件产品的质量水平稳步提高，品种系列不断完善。国产功能部件已实现与机床主机的批量配套；工具产品已经基本具备为汽车行业提供现代切削工具的能力。数控系统、功能部件和工具与数控机床主机的应用示范和批量配套，有助于形成完整的产业链，推动机床产业的结构调整。

以上事实表明，我国机械工业在国民经济发展中占重要的地位，并且也取得了极大的成就和快速的发展。许多经济学家预测，中国将成为继英国、美国和日本后的又一个“世界工厂”。

我国制造业的巨大进步为世人所瞩目。然而，也应清醒地认识到我国制造业发展和世界工业发达国家相比差距很大。虽然我国已成为装备制造业大国，但还不是装备制造业强国，产品技术附加值远不如日本、欧美等。与世界先进水平相比，我国高端装备制造业仍存在较大差距，主要表现在：创新能力薄弱，核心技术和核心关键部件受制于人；基础配套能力发展滞后，装备主机面临“空壳化”；产品可靠性低，产业链高端缺位；产业规模小，市场满足率低；产业体系不健全，相关基础设施、服务体系建设明显滞后等。

2014年，我国高端制造业占规模以上工业增加值的比重仅为10.6%。以数控机床为例，我国中低端数控机床产量大，但80%的高端数控机床要进口，反映国内市场对技术和附加值高的高效、精密和高性能的大型、重型数控机床仍然需要依靠进口解决。2014年我国进口机床在全部机床消费额中的占比为34.0%，较2010年提高0.9个百分点。

制造业人均劳动率低于发达国家，仅为美国的1/23，日本的1/25，德国的1/18。

我国制造业核心技术和重大设备的对外依赖度还很高，在我国全社会固定资产投资中，有2/3的设备投资还是依靠进口，其中光纤制造设备的几乎100%、集成制造电路设备的85%、石油化工装备的80%都是依赖进口。

低档产品低效生产过剩，市场竞争力差，装备制造业的设备利用率低，工艺设备老化、陈旧，产品开发能力弱，周期长（一般18个月）。

管理体制落后，在制造中人的能动性和积极性未能充分发挥。我国企业的管理仍处在经验管理之中，未形成稳定、科学、有效的管理体系。

此外，我国的企业质量观念普遍淡薄，基础研究不足。长期以来，制造企业与制造科技错位严重，存在着重产品、轻基础，重设备、轻工艺的倾向，造成了基础研究薄弱、工艺陈旧落后的困难局面。我国独立拥有知识产权的制造技术与世界工业发达国家比，尚存在15～20年的差距。

要确立我国机械工业在国际上的地位，使国内生产和服务各部门达到高技术水平，必须加强机械工程科学的研究。提高机械工程科学整体的科学水平，机械工业才有坚实基础，才能培养出具有坚实理论基础、掌握先进研究与设计手段的机械工程技术人才。

1.6 21世纪的机械工程

21世纪是高新科学技术的世纪，其标志是高新科学技术及其产业将成为全球的经济核心。据联合国科教科文组织及世界科学界的共识，高新科技领域可以概括为以下十个方面：信息科学技术（包括微电子、光电子科学技术）、生物科学技术（包括生命科学技术）、新能源科学技术（包括核能科学技术）、新材料科学技术（包括纳米科学技术）、环境科学技术（包括地球科学技术）、航空航天科学技术（包括空间和军事科学技术）、海洋科学技术、先进制造科学技术（包括微机械电子系统科学技术）、管理科学技术（包括软科学技术）、认知科学技术（包括人脑和智能系统科学技术）。

未来10～15年，随着空间探索与开发的进展和对宇宙认识的积累，人类对月球、火星的探测，大型空间航天基地和空间太阳能发电站的建立以及各种新型卫星的开发和应用，将成为人类重要的研究方向。专家预测2020年前后，人类将发明可节省大量燃料的离子发动机，采用纳米材料的航天器发射费用可从目前的1万美元/磅降低到200美元/磅，并可制造出成本只有6万美元、大小如一辆小汽车的航天器等；具有更高安全性和舒适性、载客1000人、900km/h、续航能力11000km的被称为“飞行翅膀”的大型客机将问世，军用飞机将获得更好的隐身和机动性能；高速轮轨机车、基于新技术（如磁浮技术等）的新型机车将为人们方便出行开辟新天地；汽车将向清洁能源、轻型化方向发展；新型的、运算更快、更具智能化的量子、神经、生物计算概念机也将与人们见面；随着MEMS技术的发展，各种微飞行器、微机器、微型医用机器人等将不再是科幻作品；仿人智能行走机器人将作为家用电器进入家庭；大量的工业装备与科技手段将有重大的更新和发展。

人们预测，21世纪中叶以前，科学技术的中心是信息科学技术；从21世纪30年代开始，将逐渐转移到生物科学技术；而到21世纪中叶后，将以认知科学技术为中心，把信息科学技术、生物科学技术和系统科学技术结合起来，形成认知科学技术群。

针对21世纪新的挑战，美国麻省理工学院“敏捷性论坛”、“制造先驱者”两个部门，和“实施敏捷制造的技术”项目组共同主持了“下一代制造”研究项目，为21世纪的美国制造业勾画蓝图。“下一代制造”研究认为，21世纪制造业竞争环境的主要特点如下：

1）由于因特网的迅速普及，信息无处不在，无孔不入。获取和应用各种有效信息的能力就成为一个企业的重要竞争优势。

2）信息技术和通信技术的发展使知识和技术更新加速，产品生命周期越来越短，加上生产力的提高，企业的规模将不断缩小，劳动力需求也会减少。

3）推广或获得新技术的途径更加容易，依靠新技术保持竞争优势越来越困难。

4）市场全球化、生产过程全球化、生产设施和知识劳动力的全球化，进一步加深了竞争的激烈性，带来深层次竞争的威胁。

5）发展中国家教育和生活水平的提高，劳动力市场的全球化使制造业正在向发展中国家转移。

6）人类面临环境、生态和资源的危机，必须实行可持续发展策略，开发绿色产品，推行绿色制造。

7）顾客的要求将从单个产品转向问题的解决方案。顾客将越来越多地参与产品的开发。这将迫使企业提高为不同顾客提供不同产品和服务的能力。

这就要求21世纪的机械制造企业必须具备下列属性：顾客响应度、工厂和设备的响应度、人力资源响应度、全球市场响应度、组织响应度和快速响应的企业运作实践和文化。

顾客响应度就是指站在顾客的角度来考虑，提供产品和服务的集成，以解决顾客在产品生命周期内对功能、费用和时间的全面要求。

工厂和设备的响应度是指建立和应用可重构的、可变规模的、有经济效益的制造过程、设备和工厂，使其迅速适应特殊生产的需要。

人力资源响应度是指企业劳动力是知识化员工，他们有能力在变化的工作环境中主动地独立作出各种决策。

全球市场响应度是指企业能预测和响应不断变化的全球市场，并且按照需要进行运作。

组织响应度是指企业将把小组作为一种核心竞争能力。通过小组化的柔性组织获得知识和能力来开发、生产和支持它的产品和服务。

快速响应的运作实践和文化，是指企业将不断发展核心竞争能力、组织结构、企业文化和业务实践的优势。

21世纪的制造业将发生以下改变：

1）从以技术为中心向以人为中心转变，从强调专业化分工向模糊分工和一专多能转变，使全体劳动者的聪明才智和创造性得到充分发挥。

2）从金字塔的多层次生产管理结构向扁平的网络结构转变，减少层次和中间环节，加速信息的传递；从按功能划分的固定组织形式向动态的、自主管理的团队组织形式转变。

3）从传统的顺序工作方式向并行工作方式转变，缩短工作周期，提高工作效率；强调产品和过程的集成，体现快速响应市场的竞争策略。

4）保证在整个产品生命周期内让顾客感到全面满意；提倡和实施清洁制造和绿色制造，保护环境。

现代机械设备及制造技术的发展趋向如图1-4所示。

为了改变我国制造业相对落后的现状，迎接21世纪的发展机遇和挑战，中国制造业应吸收、消化国外新的制造哲理，结合中国实际，寻求中国制造企业的发展道路，特别是应该重视以下四个方面：

1）创新体系和知识供应链的建立。过去我国制造业的发展主要依靠技术引进，缺乏产品和技术的自主开发能力。技术引进并不能保证可持续发展，更无法取得世界领先地位。技术创新体系和知识供应链的建立将有助于从根本上改变这一状况。

2）创新和变革企业管理。传统企业管理是时间管理、成本管理和质量管理，21世纪的企业管理将是创新管理、知识管理和变革管理。

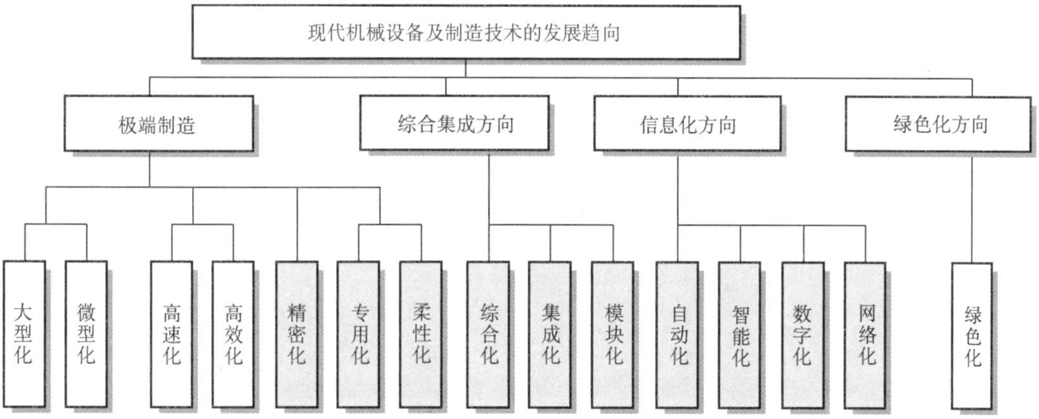

图1-4　现代机械设备及制造技术的发展趋向

3）发展应用跨企业的系统集成方法和技术。因特网的普及实现了空间的扩展和时间的压缩，如何利用全球资源快速响应市场需求成为热点，并导致新的生产模式和企业组织形态的出现。

4）重视新材料、新工艺和新设备的开发应用。产品更新换代的加速、高技术产业的发展、非金属材料和复合材料的广泛应用，使快速原型制造、激光加工、超高速和超精密加工、微细加工等先进工艺和设备占有越来越重要的地位。没有这些工艺技术和装备，就没有21世纪中国制造业的立足之地。

复习思考题

1. 阐述机构、机器及机械的概念。
2. 阐述零件、构件及部件的概念。
3. 一般来说，机械由哪几大部分组成？
4. 机械有哪些常见的分类方式？
5. 从组成和运动形式来看，机械有哪些共同特征？
6. 按工作性质，机械工程的工作内容有哪几个方面？
7. 阐述机械制造业在国民经济中的地位和作用。
8. 21世纪制造业竞争环境的主要特点是什么？
9. 21世纪机械制造企业必须具备哪些属性？
10. 为改变我国制造业相对落后的现状，应重视发展哪些方面？

第2章 机械工程基础

2.1 机械系统及其功能与组成

2.1.1 机械系统

所谓系统，是指具有特定功能的、相互间具有一定联系的许多要素构成的一个整体，即由两个或两个以上的要素组成的具有一定结构和特定功能的整体都是系统。系统本身可分成若干个子系统；子系统里有时还可以分出更小的小子系统；反过来，系统本身还可以作为更大系统的一个子系统。例如，传统全自动机械照相机本身可以看作是由机械、光学、电能及其控制系统组成的一个系统；若把它的机械系统再细分，又可分为相机壳体、光学镜头支承架、胶卷支承架，以及进、退胶卷的传动机构等不同的机械子系统；当把该照相机固定到卫星上，让它随着卫星一起去拍摄卫星所经之处时，则该照相机又是卫星系统中的一个子系统了。

任何机械产品都是由若干个零、部件及装置组成的一个特定系统。机械系统可能是一台机器，如机床、纺织机、收割机等，系统中包含有能量的转换、运动形式的转换等；也可能是一台设备，如化工容器、反应塔、变压器等，系统中主要包含有能量、物料形态与性质的转变；还可能是一台仪器，如应变仪、流量仪、振动试验台等，主要包含了信息与信号的变换。

机械系统不论在工业、农业、国防以及人们的日常生活中都无所不在。图2-1所示为国产红旗HQ3轿车，它既是一种典型的机械产品，也是一种典型的机械系统。由此我们可以知道机械系统应用的广泛性。

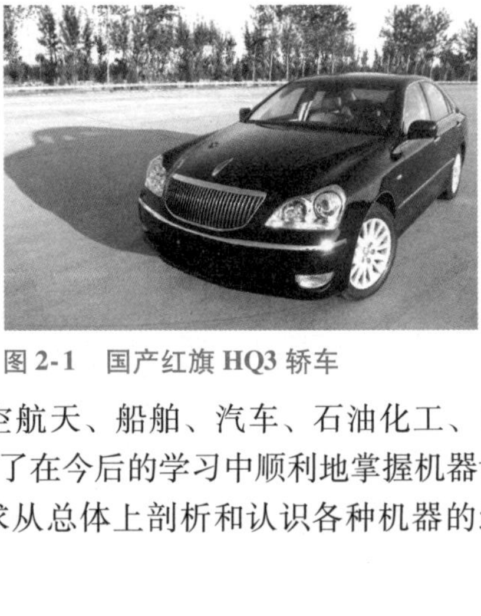

图2-1 国产红旗HQ3轿车

2.1.2 机器的功能与性能

机器是具有一定用途、功能的机械设备或机电一体化设备。它实际上就是一个机械系统。机械工业向国民经济各部门提供各种机器，涉及机械、冶金、航空航天、船舶、汽车、石油化工、电子、日用消费品等各行各业，品种繁多，门类复杂。为了在今后的学习中顺利地掌握机器设计、制造的知识和技能，作为机械入门知识，首先要求从总体上剖析和认识各种机器的组成，明确被认识机器的用途、功能、性能，并从机器结构功能分类和机器制造、装配的角度，剖析机器功能、性能与结构的关系。

1. 机器的功能

任何一种产品的出现总是以社会需要为前提。无需要就无市场，产品也就丧失了存在的价值。所谓需要，即是功能的需要。所谓功能，是某种产品使用中表现出来的具体功用，它首先是以“功能”这个概念体现出来。1947 年美国工程师 L. D.麦尔斯（Miles）在他的《价值工程》一书中首先明确地指出：“顾客购买的不是产品本身，而是产品所具有的功能”，这说明了功能是产品的核心和本质。这句话在美国技术界经过了足足 30 多年才被人们完全理解和接受。尽管如此，在 20 世纪 60 年代，欧、美各国先后开展的设计学研究中，仍把功能这一概念明确地作为设计学的一个基本概念，人们开始意识到，设计的最主要工作并不只是选用某种机械或设计某种结构，更重要的是要进行功能原理的构思。

功能是系统必须实现的任务，每个系统都有自己的功能，如运输工具的功能是运货或运客，电动机的功能是能量转换等。机器功能的分类如图 2-2 所示。

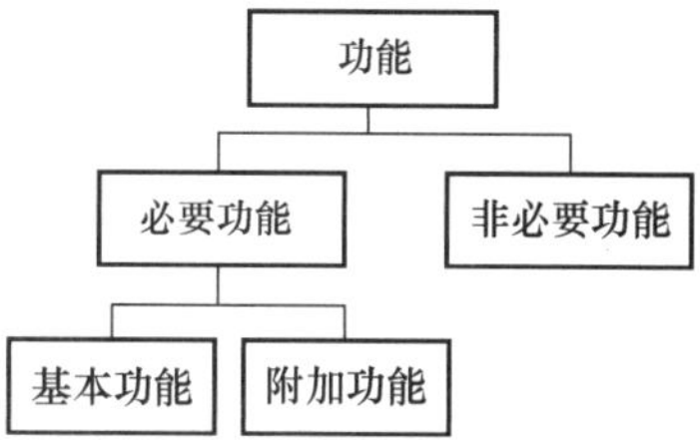

图 2-2　机器功能的分类

在图 2-2 所示的各功能中，基本功能必须保证，且在设计中不能改变，附加功能可随技术条件或结构方式的改变而取舍或改变，而非必要功能可能是设计者主观加上去的，因此可有可无。由于机器的功能总是以成本为代价的，所以设计时应对机器需要哪些必要功能，去掉哪些非必要功能作出明确的决定。下面举例来说明。

图 2-3 所示为一种全自动洗衣机的基本结构图。该设备起动之后，就能自动完成从洗涤到甩干的全部工作，因此其功能可以归纳为以下 4 条：洗涤功能、漂洗功能、脱水功能和自动程序控制功能。

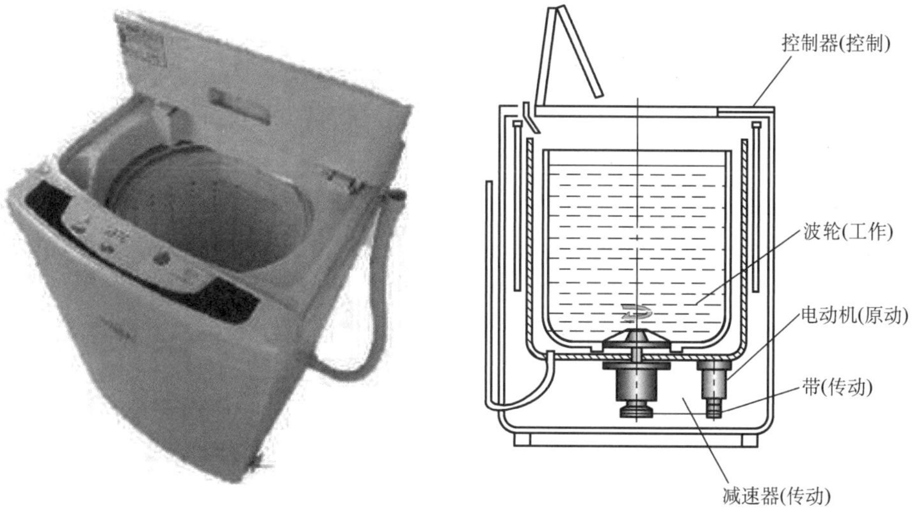

图 2-3　全自动洗衣机的基本结构

很显然，只要以上任何一条功能不存在，就不能成为全自动洗衣机了，因此这些功能属于基本功能。

另外，还有所谓附加功能。例如，设计全自动洗衣机时考虑增加对洗涤用水加热的功能，以提高洗涤效果，这样的功能应该称为“附加功能”。一般来讲，附加功能不会影响产品的正常使用，但可以改善该产品的性能。

2. 机器的规格与性能

同样用途、同样基本功能的机器，还是存在很多差别的。简单归纳起来主要集中在规格与性能的差异上面。而规格与性能也是机器的功能之一。

产品的规格反映了该产品适合的工作能力与范围。例如，同样是载货的汽车，重型车、中型车、轻型车、微型车之间差别很大。重型车可一次运载10t、20t或更重的货物，而微型车最大载重一般不超过1t。因此，不同规格的汽车从汽车的体积、质量、结构和价格上都不会相同。用户购买机器设备时，必须首先明确该设备的规格和工作能力范围，如果选择的规格超过了使用需要，出现“大马拉小车”的问题，必然会增加购置成本和使用成本；而选择的规格小于使用范围，则有些工作不能在这台设备上完成，这也会给用户带来损失。因此，要了解机器，就不要忽视它们在规格上的差异。

产品的性能，粗略地说反映了产品的工作能力与工作质量方面的差异，经常用一系列技术指标将其表现出来。因此设备的规格其实也是工作能力的一种，机器工作时可以提供的功率、力、速度、尺寸范围都反映了机器设备的工作能力。力、速度越大，一般机器设备的工作效率也越高。以汽车为例，除载重外，汽车的动力性（最高车速、最大爬坡度等）也是汽车工作能力的表现。工作质量的内容应视不同机械设备的要求而有不同。例如，反映汽车工作质量的有平顺性（乘坐舒适）、操纵稳定性（便于操纵而不感到紧张疲劳）、制动性（制动有效、不易跑偏以保证安全）、经济性（油耗少）等。而对于机床来说，加工零件的尺寸精确度及加工表面粗糙度则是反映机床工作质量的重要指标。任何产品的生产按规定都有一定的质量标准（国际标准、国家标准、企业标准），并有配套的统一检验方法。产品出厂时，必须通过该产品的质量标准。

机器除了具有上述的功能以外，还应具有可靠性、安全性、经济性、造型、环境保护性等各种功能。各种机器实现其功能的性能要求大体可归纳为：①运动要求，如速度、加速度、转速、调速范围、行程、运动轨迹以及运动的精确性等。②动力要求，包括传递的功率、转矩、力、压力等。③可靠性和寿命要求，包括机械和零部件执行功能的可靠性、零部件的耐磨性和使用寿命等。④安全性要求，包括强度、刚度、热力学性能、摩擦学特性、振动稳定性、系统工作的安全性及操作人员的安全性等。⑤体积和质量要求，如尺寸、质量、功率质量比等。⑥经济性要求，包括设计和制造的经济性、使用和维修的经济性等。⑦环境保护要求，如噪声、振动、防尘、防毒、“三废”（废气、废水和废渣）的排放。⑧产品造型要求，如外观、色彩、装饰、形体及比例、人—机—环境的协调性和宜人性等。⑨其他要求，不同机械还可有一些特殊要求，如精密机械要求能长期保持其精度并有良好的防振性；经常搬运的机械要求安装、拆卸、运输方便；户外型机械要求良好的防护性、耐蚀性和密封性；食品和药品加工机械要求不污染被加工产品等。

有人也许认为一台机器设备的功能越多，给人们的使用带来的好处也越多。但由于产品的功能又与技术、经济等因素密切相关，功能越多则产品越复杂、设计越困难，价格费用就越大，产品成本也就越高。而产品功能的减少又可能造成没有市场，因此在确定产品功能时，应保证基本功能，满足使用功能，剔除多余功能，增加新颖及外观功能，而各种功能的最终取舍应按价值工程原理进行技术可行性分析来定夺。

2.1.3 机器的组成

机器的种类是多种多样的，其结构也不尽相同。但任何一种机器，从功能的角度来看都可以分为以下几个部分，如图2-4所示。

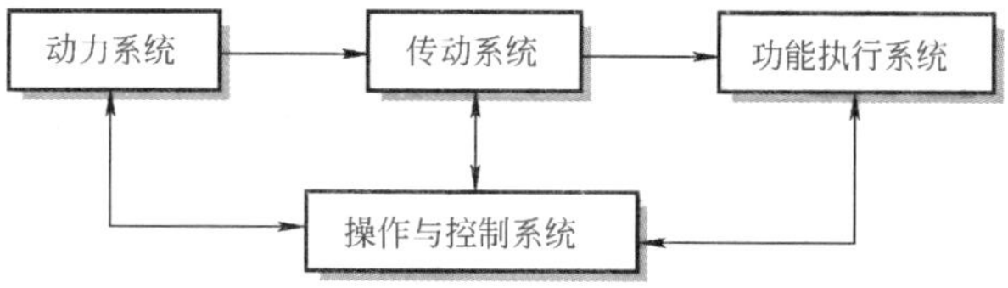

图2-4 机器的组成

1. ***动力系统***

动力系统包括动力机及其配套装置，是整个机器工作的动力源。按能量转换性质的不同，动力机可分为一次动力机和二次动力机。

一次动力机是把自然界的能源（一次能源）直接转变为机械能的机械，如内燃机、汽轮机、燃气轮机等，其中内燃机广泛用于各种车辆、船舶、农业机械、工程机械等移动作业机械，汽轮机、燃气轮机多用于大功率高速驱动的机械。以一次动力机为动力源的机器比较多，比如汽车、飞机、轮船、潜艇等。

二次动力机是把二次能源（电能）或由电能产生的液压能、气压能转变为机械能的机械，如电动机、液压马达、气动马达等。它们在各类机械中都有广泛应用，其中尤以电动机应用更为普遍。比如，各种类型的机床、洗衣机、电风扇、水泵、油泵等，都是以二次动力机作为机器的动力源的。由于经济上的原因，动力机输出的运动通常为转动，而且转速较高。

选择动力机时，应全面考虑现场的能源条件，按照执行机构的动作要求、工作载荷等实际情况，来选择动力机的类型和型号。

2. ***传动系统***

传动系统是把动力机的动力和运动传递给功能执行系统的中间装置，是连接动力系统和功能执行系统的“桥梁”。每个功能执行系统中执行构件与动力机之间有一个传动联系，有时执行机构与执行构件之间也有传动联系。组成传动联系的一系列传动件称为传动链。所有传动链以及它们之间的相互联系组成传动系统。机械的种类繁多，用途也各种各样，因此各种机械的传动系统千变万化，但它们通常由下列几个部分组成：变速装置、起停和换向装置、制动装置及安全保护装置等。

传动系统有下列主要功能：

1）减速或增速。把动力机的速度降低或增高，以适应执行系统工作的需要。

2）变速。当用动力机进行变速不经济、不可能或不能满足要求时，通过传动系统实行变速（有级或无级），以满足执行系统多种速度的要求。

3）改变运动规律或形式。把动力机输出的均匀连续旋转运动转变为按某种规律变化的旋转或非旋转、连续或间歇的运动，或改变运动方向，以满足执行系统的运动要求。动力机的运动输出形式一般是转动，而执行机构的运动形式是根据实际工作要求来确定的。因此，它的运动形式是多种多样的，有可能是转动，也有可能是移动，还有可能是摆动等，这就需要通过传动系统来转换运动的形式。

4）传递动力。把动力机输出的动力传递给执行系统，供给执行系统完成预定任务所需的功率、转矩或力。传动系统在满足执行系统上述要求的同时，应能适应动力机的机械特性。如果动力机的工作性能完全符合执行系统工作的要求，传动系统也可省略，可将动力机与执行系统直接连接。

3. 功能执行系统

功能执行系统由执行构件和与其相连的执行机构组成，是直接完成机器本身所具有功能的部分，常出现在机械系统的末端，直接与作业对象接触，如搅拌机的叶轮、洗衣机的波轮、割草机夹固刀片的夹持器、车床的刀架等。通过它们完成机器预定的功能，因此是直接影响机器工作质量的重要部分。例如，为了提高洗衣机洗净衣服的效果，对作为执行构件的波轮，不同的厂家开发了“棒式波轮”“碟形波轮”“凸形波轮”“偏心波轮”等多种形式。机器人的执行机构是抓取机构，为了能可靠抓起不同形状的物体，抓取机构有各种结构形式。

执行机构的作用是传递和变换运动与动力，即把传动系统传递过来的运动与动力进行必要的转换，以满足执行部件的要求。执行机构的变换运动，就其变换形式来说，常见的有将转动变换为移动或摆动，或反之。就变换的节拍来看，则可分为将连续运动变换为不同形式的连续运动或间歇运动。

功能执行系统是在执行构件和执行机构协调工作下完成任务的。虽然工作任务多种多样，但功能执行系统的功能归纳起来有以下几种：夹持、搬运、输送、分度与转位、检测、施力。根据机械系统工作要求，往往一个功能执行系统需要具备多种功能要求。

功能执行系统通常处在机械系统的末端，直接与作业对象接触，其输出也是机械系统的主要输出。因此，功能执行系统工作性能的好坏，直接影响整个系统的性能，除能满足强度、刚度、寿命等要求外，还应充分注意其运动精度和动力学特性等要求。

4. 操作与控制系统

操作与控制系统是使动力系统、传动系统、功能执行系统彼此协调运行，并准确可靠地完成整机功能的装置。它的功能是控制或操作上述各子系统的起动、离合、制动、变速、换向或各部件间运动的先后次序、运动轨迹及行程。此外，还有控制换刀、测量、冷却与润滑的供应与停止工作等一系列动作。

传统的控制系统通常由接触器、继电器、按钮开关、行程开关、电磁铁等电器组成。而随着计算机技术、微电子技术的发展，现代机械正朝着自动化、精密化、智能化的方向发展，计算机控制的机电产品从生产机械（如数控机床）到家用电器越来越普遍。因此控制系统在整台机器设备中的作用显得日益重要，在整机成本中的份额也越来越大。例如，图2-3所示为全自动洗衣机中的程序控制器，早期的方案多用“机械定时器”作为该控制器的基本结构，而现在的洗衣机更多采用计算机（微处理器）作为控制的核心。另外，一些机器还具有其他一些系统，如支承系统，润滑、冷却与密封系统等。

根据上述方法，可以对自己家里的或熟悉的小机械、小电器产品进行分析，了解它们的性能和组成。同时我们也应知道机械产品的设计是根据产品功能要求来决定对各子系统的取舍，因此并不是机械系统中的所有子系统都必须存在于任何产品中。例如工程中，有些机械没有传动机构，而是由原动机直接驱动执行机构，水力发电机组、电风扇、鼓风机以及一些用直流电动机驱动的机械，都没有传动机构。随着电动机调速技术的发展，无传动机构的机械有增加的趋势。

2.2 机器的结构

2.2.1 机器的功能与结构的关系

机器设备的用途、功能与性能的实现是靠机器的结构来保证的。机器经常要完成多项功能，实现这些功能与结构可能会出现比较复杂的关系。例如，图2-3所示的全自动洗衣机的构造在一定程度上反映了这一情况。从图中可以看出，“洗涤”功能是通过以下结构实现的：被洗衣物浸泡于放有洗衣粉的不锈钢内桶中，内桶表面做成有孔、凹凸的表面，这时保持不转动。电动机通过一对带轮和传动带，驱动波轮轴，使波轮在大约180r/min的低速下不断地正转和反转，带动被洗的衣物和水流不断翻滚转动，从而达到洗涤的目的。“漂洗”功能与前者不同，仅在于完成“洗涤”工作后，打开水阀，放掉混有洗衣粉的脏水，重新注入清水，漂洗动作与洗涤动作基本一样。而“脱水”功能则要求在衣物漂洗完成并排空桶内的水之后，让波轮和内桶一起以高于1000r/min的高速旋转，利用离心力的作用甩掉衣物中大部分残留的水分。由此可见，在实施从“洗涤”到“脱水”的自动洗衣的过程中，要求波轮轴实现从低速到高速的转换。为了实现这些功能，在波轮轴上增加了“减速器”和“离合器”等机构。而在整个洗衣过程中还要求按照规定的程序，打开或关闭进水阀或出水阀，控制进水高度，接通或断开电动机或离合器。为了完成上述“自动程序控制”功能，自动洗衣机必须配备符合需要的“自动程序控制器”。

1. 机器的表达

在分析机器的组成时，常常需要用特定的符号、线条等图形语言来表明机器内部的构成及机构运动的传递情况，这样的图形称为机器的表达，简称机器简图或机构简图。在绘制机器简图时，不必严格地按比例确定机器中各组成部分或传动机构的相对位置尺寸，只需将机器各部分的构成情况及运动的传递关系表示清楚即可。

2. 工程中常用机构的基本类型

机器的功能主要由机械的运动来实现，而机械的运动又需要具体的机械结构来完成。机械结构由各种机构组成。以下机构的基本型是最基本的、最常用的机构形式。

（1）全转动副四杆机构的基本型　全转动副四杆机构的基本型为曲柄摇杆机构，可演化为双曲柄机构、双摇杆机构。图2-5a所示为曲柄摇杆机构的机构简图。其中，构件1为曲柄，它可以绕转动副中心A作整周运动。而构件3则只能在一定的角度范围内作往复摆动，故为摇杆。曲柄摇杆机构的运动特点是能够将原动件的等速转动变为从动件的不等速往复摆动。反之可将原动件的往复摆动变为从动件的整周运动。

（2）含有一个移动副四杆机构的基本型　含有一个移动副四杆机构的基本型为曲柄滑块机构，可演化为转动导杆机构、移动导杆机构、曲柄摇块机构、摆动导杆机构。图2-5b为曲柄滑块机构的机构简图。

（3）含有两个移动副四杆机构的基本型　含有两个移动副四杆机构的基本型为正弦机构，可演化为正切机构、双转块机构、双滑块机构。图2-5c为正弦机构的机构简图。

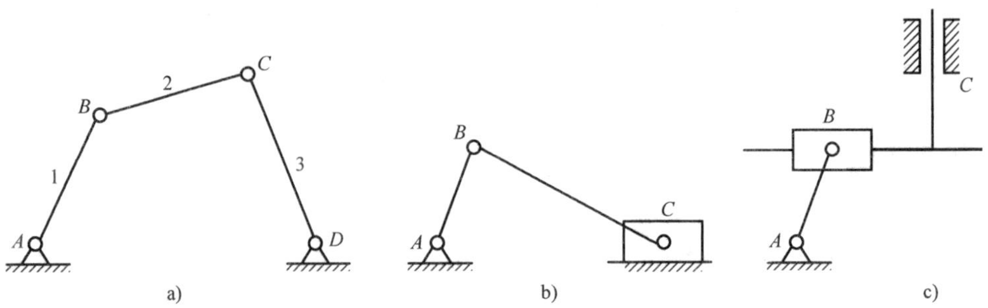

图2-5　四杆机构的基本型

a）曲柄摇杆机构　b）曲柄滑块机构　c）正弦机构

（4）圆柱齿轮传动机构的基本型　圆柱齿轮传动机构的基本型为外啮合直齿圆柱齿轮传动机构，可演化为斜齿圆柱齿轮传动机构、人字齿圆柱齿轮传动机构，可用渐开线齿形，也可用摆线齿形和圆弧齿形，还可以演化为行星齿轮传动。圆柱齿轮传动机构的基本型如图2-6a所示。

（5）锥齿轮传动机构的基本型　锥齿轮传动机构的基本型为外啮合直齿锥齿轮传动机构，可演化为斜齿锥齿轮传动机构和曲齿锥齿轮传动机构。其基本型如图2-6b所示。

（6）蜗杆传动机构的基本型　蜗杆传动机构的基本型为阿基米德圆柱蜗杆传动机构，可演化为延伸渐开线圆柱蜗杆传动机构、渐开线圆柱蜗杆传动机构。其基本型如图2-6c所示。

（7）内啮合行星齿轮传动机构的基本型　内啮合行星齿轮传动机构的基本型是指渐开线圆柱齿轮少齿差行星传动机构，可演化为摆线针轮传动机构、谐波传动机构、内平动齿轮传动机构、活齿传动机构。其基本型如图2-6d所示。

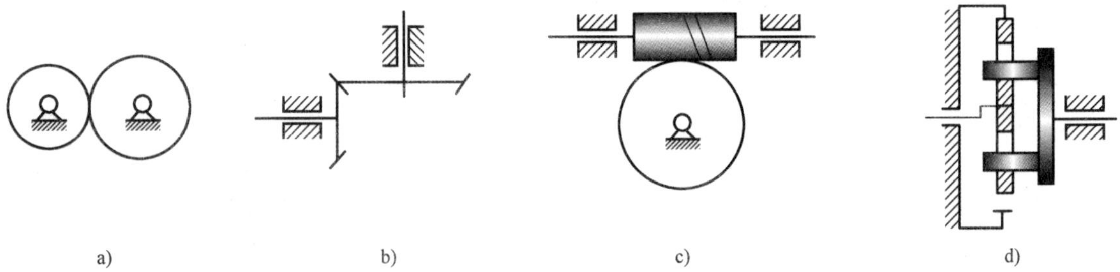

图2-6　齿轮机构的基本型

a）圆柱齿轮传动机构　b）锥齿轮传动机构　c）蜗杆传动机构　d）内啮合行星齿轮传动机构

（8）直动从动件平面凸轮机构的基本型　直动从动件平面凸轮机构的基本型是指直动对心尖底从动件平面凸轮机构，可演化为直动对心滚子从动件平面凸轮机构、直动对心平底从动件平面凸轮机构、直动偏置从动件平面凸轮机构。其基本型如图2-7a所示。

（9）摆动从动件平面凸轮机构的基本型　摆动从动件平面凸轮机构的基本型是指摆动尖底从动件平面凸轮机构，可演化为摆动滚子从动件平面凸轮机构、摆动平底从动件平面凸轮机构。其基本型如图 2-7b 所示。

（10）直动从动件圆柱凸轮机构的基本型　直动从动件圆柱凸轮机构的基本型主要指直动滚子从动件圆柱凸轮机构。其基本型如图 2-8a所示。

（11）摆动从动件圆柱凸轮机构的基本型　摆动从动件圆柱凸轮机构的基本型主要指摆动滚子从动件圆柱凸轮机构。其基本型如图 2-8b所示。

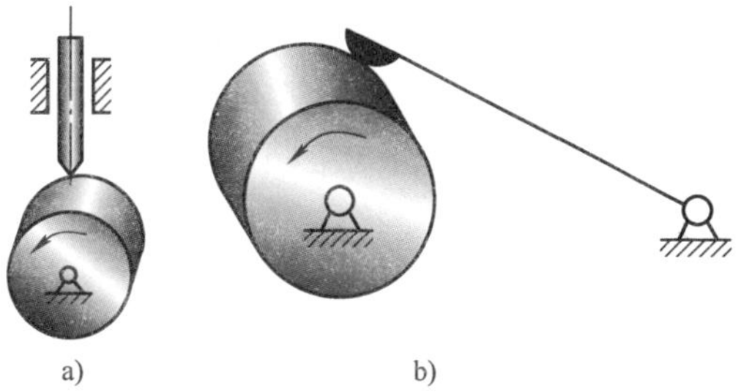

图 2-7　平面凸轮机构的基本型

a）直动从动件平面凸轮机构

b）摆动从动件平面凸轮机构

（12）带传动机构的基本型　带传动机构的基本型是指平带传动机构，可演化为 V 带传动机构、圆带传动机构、活络 V 带传动机构、同步齿形带传动机构。其基本型如图 2-9a 所示。

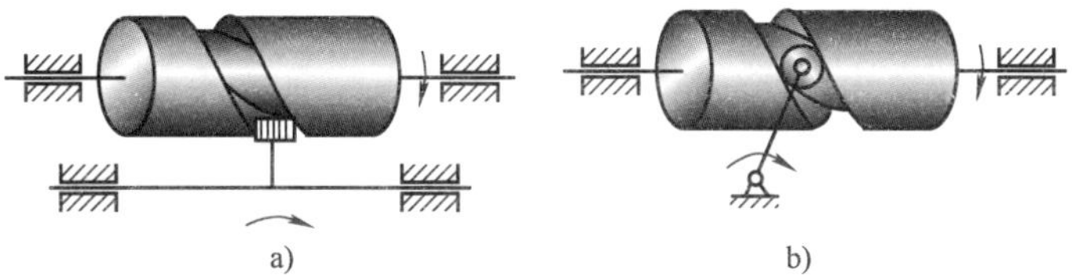

图 2-8　圆柱凸轮机构的基本型

a）直动从动件圆柱凸轮机构　b）摆动从动件圆柱凸轮机构

（13）链传动机构的基本型　链传动机构的基本型是指套筒滚子链条传动机构，可演化为多排套筒滚子链条传动机构、齿形链条传动机构。其基本型如图 2-9b 所示。

（14）液压、气压传动机构的基本型　液压、气压传动机构的基本型是指缸体不动的液压缸和气动缸，它们可转化为摆动缸。液压传动机构的基本型如图 2-10 所示。

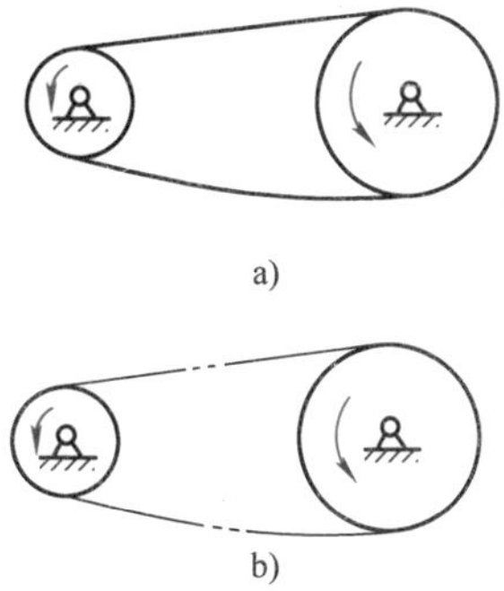

图 2-9　带、链传动机构的基本型

a）带传动　b）链传动

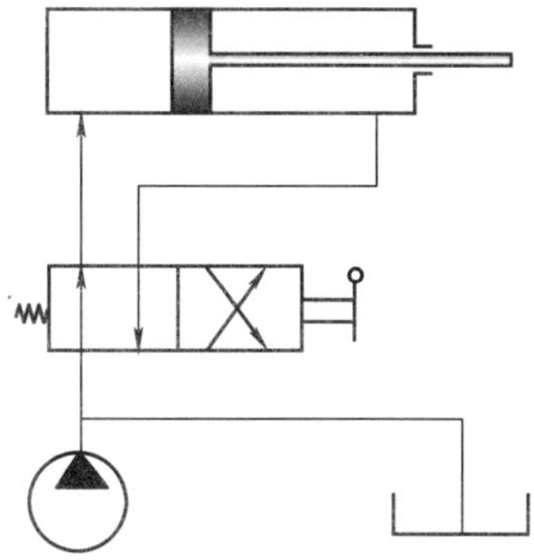

图 2-10　液压传动机构的基本型

（15）螺旋传动机构的基本型　螺旋传动机构的基本型是指三角形螺旋传动机构，可演化为梯形螺旋传动机构、矩形螺旋传动机构、滚珠丝杠传动机构。其基本型如图 2-11

所示。

（16）电磁传动机构的基本型　电磁传动机构的基本型如图2-12所示。电磁传动机构的基本型广泛应用在开关电路中。

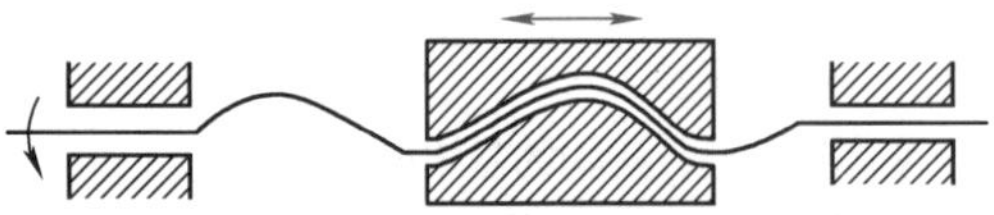

图2-11　螺旋传动机构的基本型

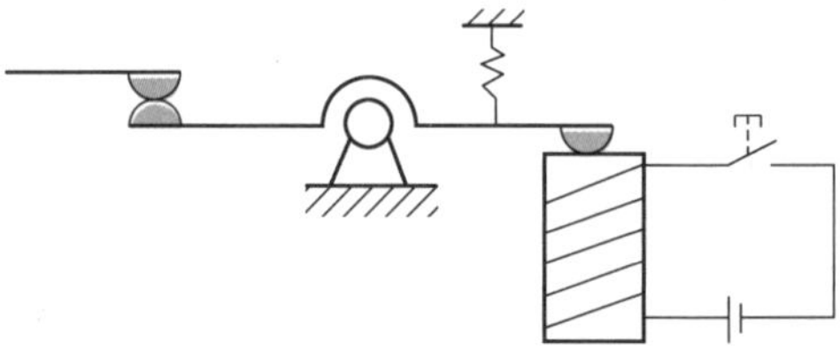

图2-12　电磁传动机构的基本型

（17）间歇运动机构的基本型　间歇运动机构的基本型有外棘轮机构、外槽轮机构。图2-13a所示为外棘轮机构的基本型，图2-13b所示为外槽轮机构的基本型。

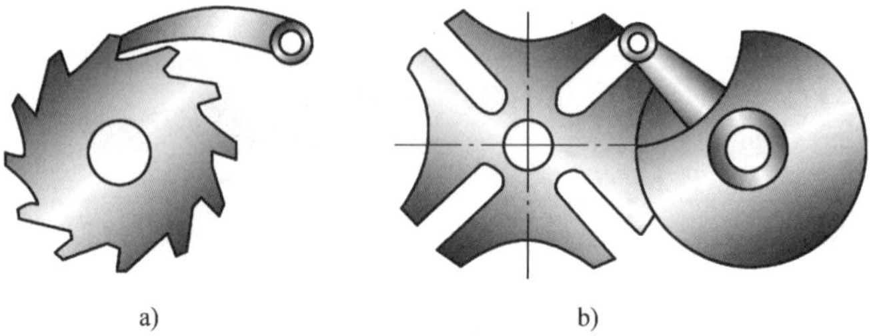

图2-13　间歇运动机构的基本型
a）外棘轮机构　b）外槽轮机构

3. 机构的组合

单一的机构经常不能满足不同的工作需要。把一些基本机构通过适当的方式连接起来，从而组成一个机构系统，称之为机构的组合。在机构的组合系统中，各基本机构都保持原来的结构和运动特性，都有自己的独立性。在机械运动系统中，机构的组合系统应用很多。图2-14所示为机构组合的应用实例。

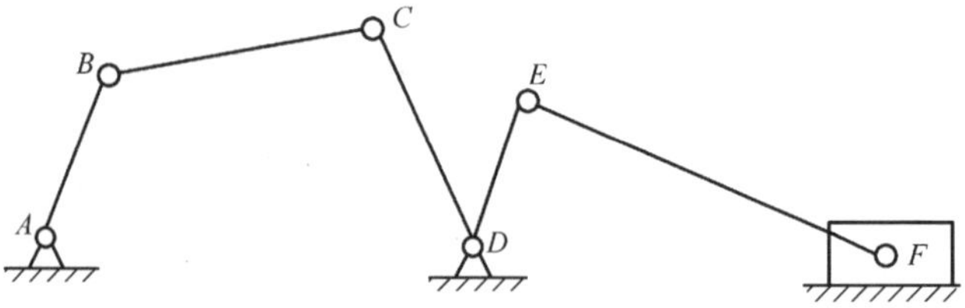

图2-14　机构的组合系统

如图2-14所示，铰链四杆机构 $ABCD$ 与曲柄滑块机构 DEF 串联在一起，前者的输出构件 CD 杆与后者的输入构件 DE 杆连接在一起，二者均保持自己的特性。不同机构串联的机械运动系统应用非常广泛。由于机构组合系统中的各机构均保持其原来的特性，机构的分析和设计方法仍然适合机构组合系统中的各个机构。

2.2.2 机械运动形态与变换

机械的主要特征就是要有运动的变换和传递，没有运动的装置不是机械。可见机械的本质离不开机械运动。尽管机械中的传动机构、工作执行机构的种类很多，但其运动形式却是有限的。因此，了解基本的运动形式及其实现方法将为机械创新设计提供良好的基础，有助于增强以知识为核心的潜创造力。

机械是通过机械运动来实现某种动作从而达到预定目的的。而组成机械运动的运动形态只有定轴转动（含摆动和间歇转动）、往复移动及平面运动三种。实现这三种基本运动形态的机构种类有很多，它们起到变换运动形式、变换运动速度、传递运动、合成及分解运动的作用。这里的机构指广义机构，它们能实现各种不同的运动形态。

因机械中的原动机大多是电动机或内燃机，它们的输出均是定轴转动，故以定轴转动为基本运动形式的变换最为常用。

1. 连续转动到连续转动的运动变换与实现机构

转动到转动的运动变换是机械中最常见的运动形式，用于运动、动力的传递和速度的变换。能实现这种运动形式变换的机构有齿轮机构、摩擦轮传动机构、瞬心线机构、连杆机构、带传动机构、链传动机构、绳索传动机构、液力传动机构、钢丝软轴传动机构等。

（1）齿轮传动机构　由于机械中作为原动机的电动机或内燃机转速较高，而工作机构的速度一般较低，为协调原动机和执行机构之间的运动关系，齿轮传动机构成为机械中应用最广泛的传动机构，用于运动、速度的变换并传递动力。它常用于各种减速器、汽车变速箱和各种机床中。

齿轮传动是两齿轮轮齿之间直接接触的啮合传动。它可以传递平行轴和交叉轴之间的运动和动力。齿轮传动与其他传动形式（如带传动、链传动）相比，具有如下优点：能保证瞬时传动比恒定不变，传动效率高，允许的载荷大，结构紧凑，工作可靠且使用寿命长。

齿轮传动的主要缺点是：对齿轮的制造和安装精度要求较高，因此成本高；当两轴之间距离较大时，不宜采用齿轮传动。齿轮传动机构的类型很多，如圆柱齿轮传动机构、锥齿轮传动机构等，其形式如图2-15和图2-16a、b、c所示。

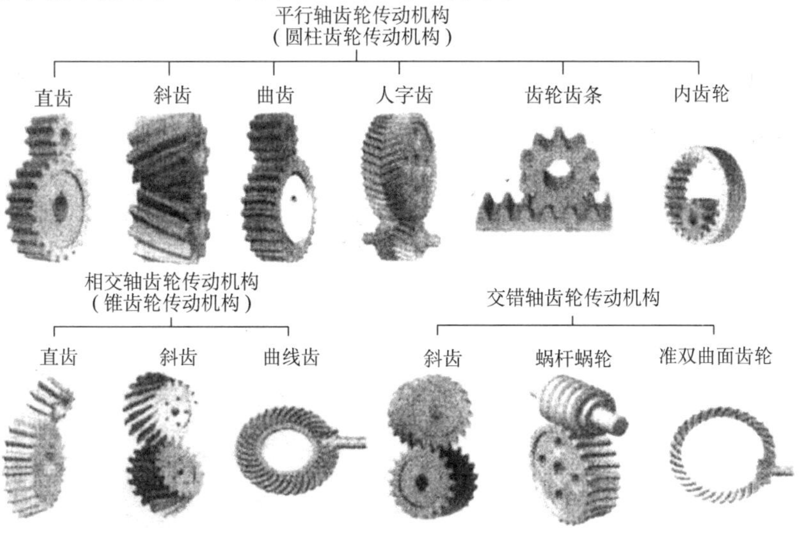

图2-15　典型的齿轮传动机构示意图

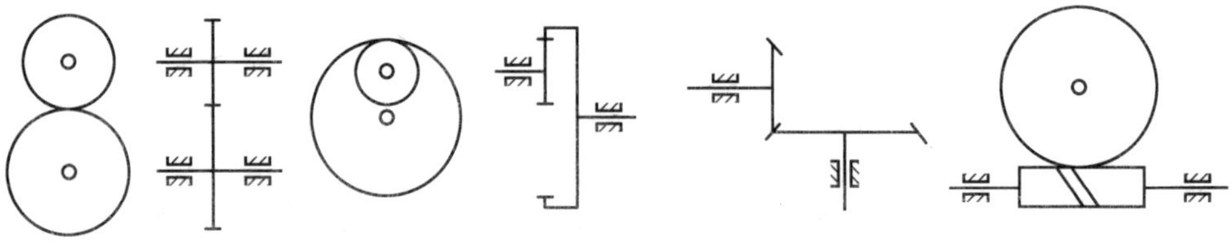

图 2-16 齿轮传动机构和蜗杆传动机构

a）外啮合圆柱齿轮机构 b）内啮合圆柱齿轮机构 c）锥齿轮机构 d）蜗杆传动机构

（2）蜗杆传动机构 蜗杆传动机构主要由蜗杆和蜗轮组成。蜗杆传动机构是用来传递两空间相错90°轴之间的运动和动力的，在传动过程中，通常蜗杆是主动的，蜗轮是被动的。就工作原理来讲，蜗杆传动是通过蜗杆和蜗轮轮齿的直接接触进行的啮合传动。其优点是可以获得较大的降速比，且结构紧凑、传动平稳、噪声小，但是它的传动效率低，在工作时需要良好的滑润。其基本型如图 2-16d 所示。

（3）带传动机构 带传动机构如图 2-17 所示。带传动分为平带传动、圆带传动、V 带传动、同步带传动等多种形式。其中平带传动和圆带传动可交叉安装，实现反向传动，如图 2-17c 所示。图 2-17b 中传动带下方的小轮为张紧轮。

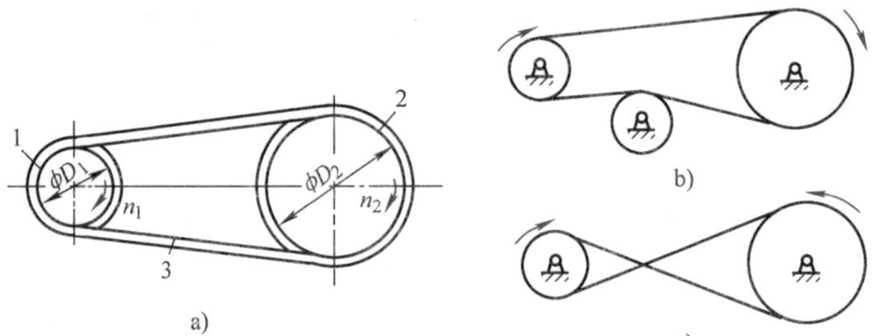

图 2-17 带传动机构简图

a）普通带传动机构 b）含有张紧轮的带传动 c）交叉安装的带传动

1—主动轮 2—从动轮 3—传动带

带传动的优点：结构简单，成本低廉；由于传动带具有良好的弹性，所以能缓和冲击，减轻振动；由于是摩擦传动，过载时传动带在带轮上打滑，因而又可以防止机器损坏。带传动适用于主动轴和从动轴间中心距较大的传动。但带传动不能保证准确的传动比，并且摩擦损失大，传动效率较低，外廓尺寸也较大。

（4）链传动机构 如图 2-18 所示，链传动机构由主动链轮、从动链轮和链条组成，在传动过程中通过链条的链节与链轮上的轮齿相啮合来传递两平行轴间的运动和动力，因此链传动是一种依靠中间挠性件（链条）的啮合运动。由于链传动是啮合传动，所以它可以保证传动过程中的平均传动比不变。但链传动的瞬时传动比是变化的，因此在链传动中存在冲击、振动和噪声。

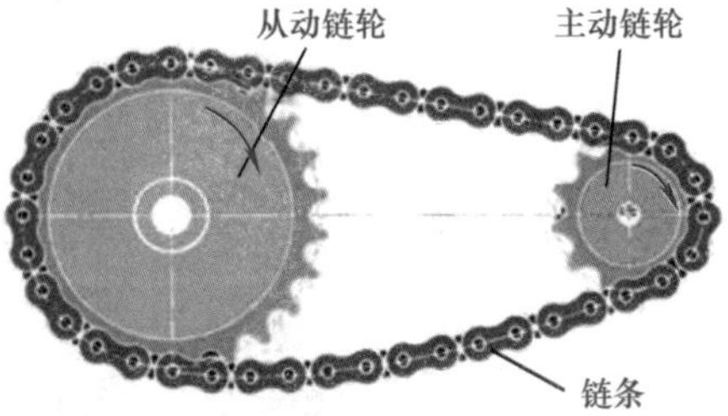

图 2-18 链传动

与带传动相比，链传动的平均传动比不变，而且由于是啮合传动，所需的张力小，故作用在传动轴上的力较小，可在低速下传递较大的载荷，能在油污、尘埃等恶劣环境中工作。但链传动的传动平稳性较差，无过载保护作用，安装精度要求较高。根据链传动的特点可知，链传动适用于要求平均传动比不变和传动轴中心距较大的场合。它广泛应用于交通机械、矿山机械、石油机械、农业机械、机床以及轻工机械中。摩托车、自行车的链传动是人们最熟悉的。

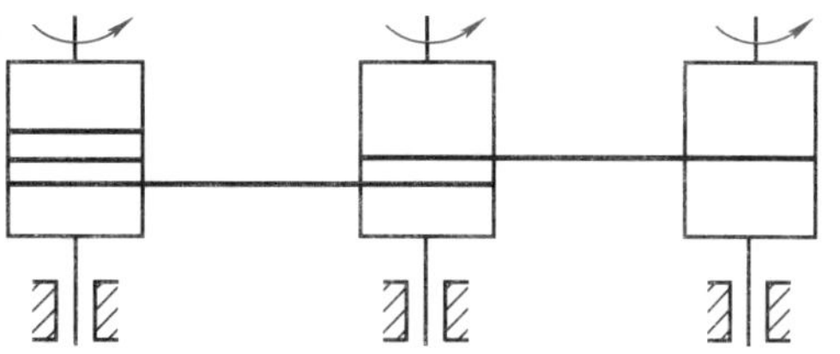

图 2-19　绳索传动示意图

(5) 绳索传动机构　除具有带传动的功能外，绳索传动机构还具有独特的作用：由于一轮缠绕，另一轮退绕，所以两轮中间可有多个中间轮。但不能传递较大的载荷。图 2-19 所示为绳索传动示意图。

(6) 液力传动　液力传动利用液体的动能把主动轮的转动传递到从动轮。在以内燃机为原动机的车辆中常使用液力传动装置。在图 2-20a 所示的液力耦合器中，壳体 3 内充满油液，主动轮 1 的转动带动油液随之转动，从而驱动从动轮 2 转动。

(7) 钢丝软轴传动机构　钢丝软轴的内部由钢丝分多层缠绕而成。由于用软轴相连接，主、从动件的位置具有随意性。图 2-20b 所示为钢丝软轴传动机构。

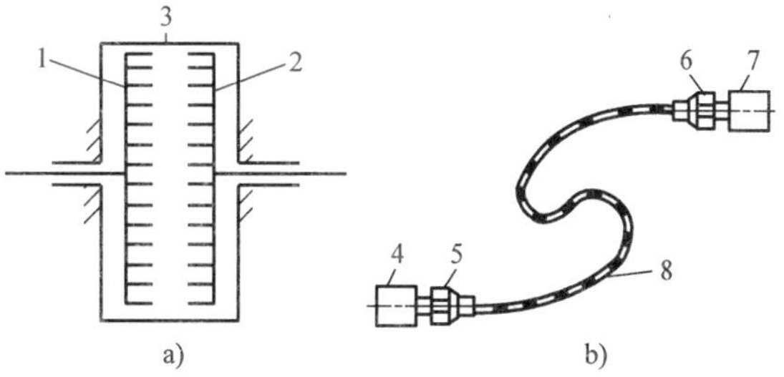

图 2-20　液力耦合器与钢丝软轴传动机构示意图

a) 液力耦合器　b) 钢丝软轴传动机构

1—主动轮　2—从动轮　3—壳体　4—动力源

5、6—接头　7—被驱动装置　8—软轴

(8) 瞬心线机构　瞬心线机构种类很多，这里仅列举两种瞬心线机构。图2-21a 所示为椭圆形瞬心线机构。图2-21b所示为四叶卵形瞬心线机构。瞬心线机构可以实现连续的、周期性的变速转动输出。

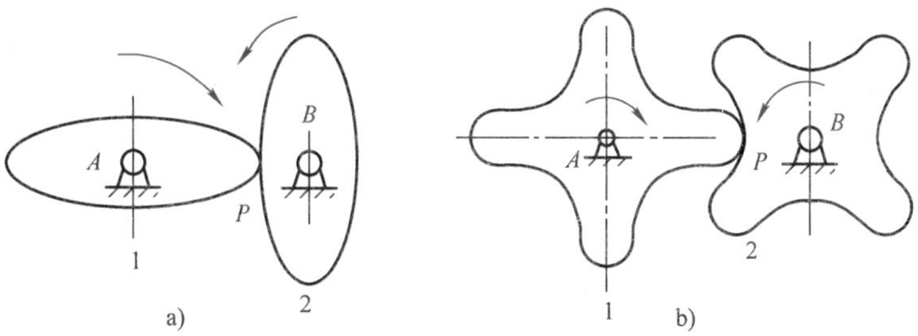

图 2-21　瞬心线机构

a) 椭圆形瞬心线机构　b) 四叶卵形瞬心线机构

(9) 连杆机构　能实现转动到转动运动变换的连杆机构有双曲柄机构、平行四边形机构、转动导杆机构及双转块机构等。图 2-22a 所示为双曲柄机构，其传动比为变量。图 2-22b所示为平行四边形机构，可实现等速输出。图 2-22c 所示为转动导杆机构，图 2-22d 所示为双转块机构。双曲柄机构、转动导杆机构都有运动急回特征，在要求有周期性快、慢动作的机械中有广泛应用。

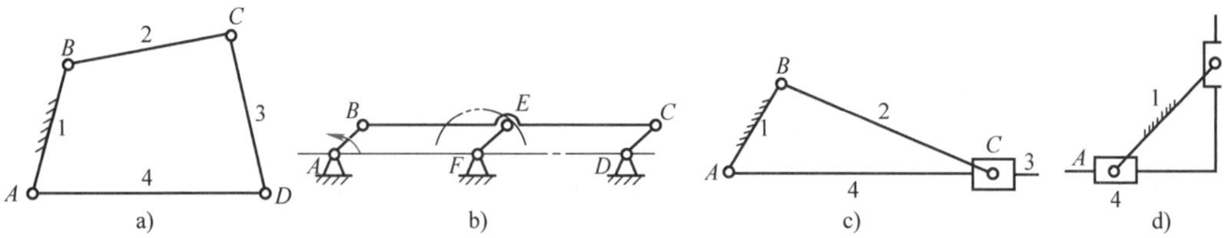

图 2-22 实现连续转动的连杆机构

a）双曲柄机构 b）平行四边形机构 c）转动导杆机构 d）双转块机构

（10）万向联轴器 万向联轴器实际上是一种空间连杆机构，可分为单万向联轴器和双万向联轴器。单万向联轴器提供变速转动，双万向联轴器提供等速转动。万向联轴器广泛应用在不同轴线的传动机构中。图 2-23a 所示为单万向联轴器，图 2-23b 所示为双万向联轴器。

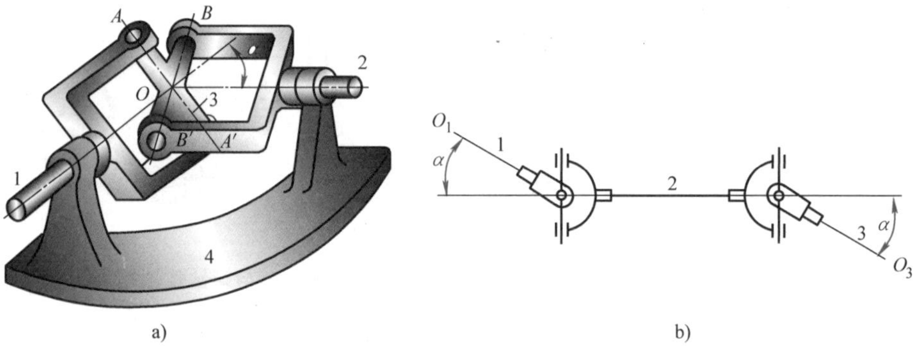

图 2-23 万向联轴器示意图

a）单万向联轴器 b）双万向联轴器

2. 连续转动到间歇运动的变换与实现机构

在生产中，某些机构常需要时动时停的间歇运动。如刨床中的进给运动，自动机床中的进给送料、刀架转位、成品输送等运动都是间歇性的。因此，就需将电动机输出的连续转动转换成间歇运动。完成这种运动的机构很多，常见的转换机构有棘轮机构、槽轮机构、不完全齿轮机构、分度凸轮机构等。下面介绍两种主要的间歇运动机构。

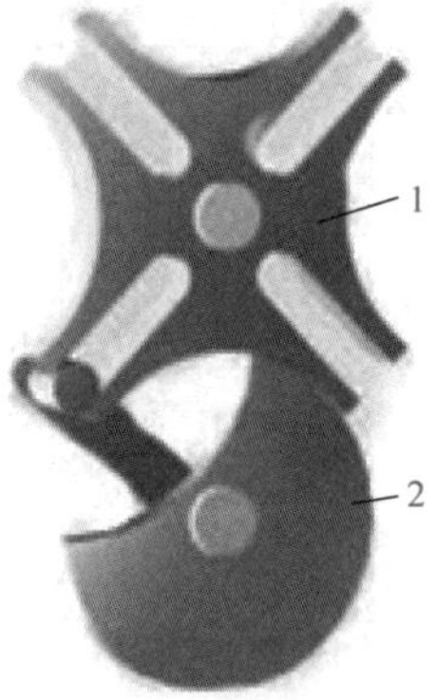

图 2-24 槽轮机构

1—拨盘 2—槽轮

（1）槽轮机构 如图 2-24 所示的槽轮机构，又称马氏机构，在自动机械中应用广泛。槽轮机构由装有圆柱拨销的拨盘 1 和具有径向槽的槽轮 2 以及机架组成。拨盘是主动件，做匀速转动。槽轮是从动件，时而转动时而静止，做间歇运动。当拨盘上的圆柱拨销进入槽轮 2 的开口槽中时，拨盘 1 上的定位圆盘外凸圆弧面与槽轮的内凹圆弧面开始脱离接触，拨盘通过圆柱销驱使槽轮转动。当拨盘和槽轮各自转过一定的角度后，圆柱销与槽轮的开口槽分开，而拨盘继续转动。这时槽轮的内凹圆弧面被拨盘上的定位外凸圆弧面卡住，故槽轮静止不动。当拨盘再继续回转一定的角度，圆柱销即进入槽轮的另一个开口槽中，再次驱使槽轮转动。这样周而复始，槽轮便获得单向的间歇传动。

（2）棘轮机构　棘轮机构主要由棘轮、棘爪和机架所组成，如图2-25所示。棘轮2固连在传动轴4上，其轮齿分布在轮的外缘（也可分布在内缘或端面），原动件摇杆1空套在传动轴4上。当摇杆1逆时针方向摆动时，与它相连的驱动棘爪3便借助弹簧或自重的作用插入棘轮的齿槽内，使棘轮随着转过一定的角度。当摇杆1顺时针方向摆动时，驱动棘爪3便在棘轮齿背上滑过。这时，簧片6迫使制动棘爪5插入棘轮的齿槽，阻止棘轮顺时针方向转动，故棘轮静止不动。当原动件连续地往复摆动时，棘轮做单向的间歇运动。棘轮机构的优点是：结构简单、制造方便、运动可靠、转角可调；缺点是：工作时有较大的冲击和噪声，运动精度较差，适用于速度较低和载荷不大的场合。

棘轮机构应用广泛。例如图2-26所示起重设备中的棘轮制动器，在提升重物时，与棘轮连接在一起的卷筒逆时针转动，绕在卷筒上的钢丝绳把重物 W 向上提起。此时固定在机架3上的棘爪2在棘轮1的齿背上滑过。当需要该重物停在某一位置时，在重力 W 作用下，棘轮顺时针方向转动，此时棘爪将及时插入棘轮的相应齿槽中，实现了制动并防止重物下落。

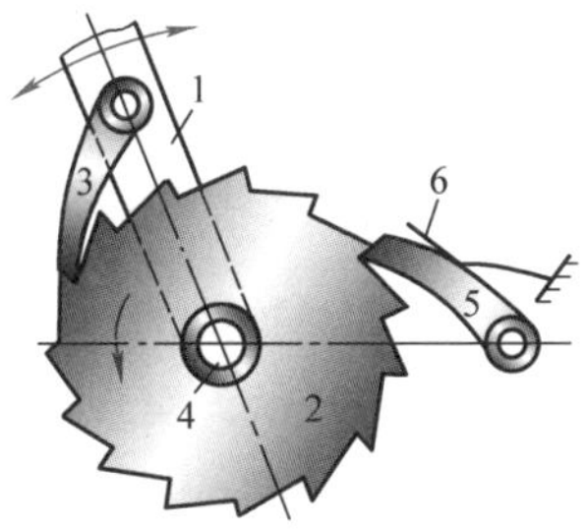

图2-25　棘轮机构
1—摇杆　2—棘轮　3—驱动棘爪
4—传动轴　5—制动棘爪　6—簧片

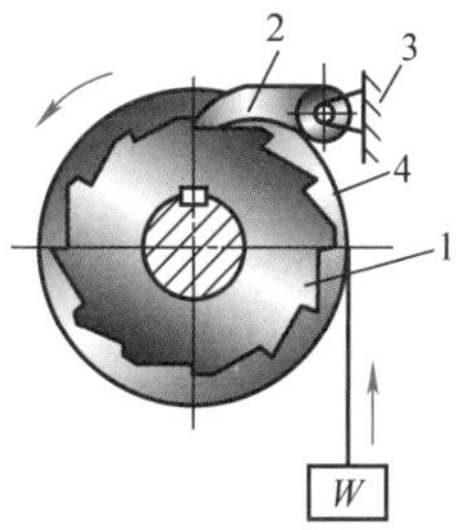

图2-26　起重设备中的棘轮制动器
1—棘轮　2—棘爪　3—机架
4—卷筒

3. 连续转动到往复摆动的运动变换与实现机构

机器的工作机构部分是往复摆动的例子也是比较多的。实现连续转动到往复摆动的运动变换机构主要有曲柄摇杆机构、曲柄摇块机构、摆动导杆机构、摆动从动件凸轮机构等。图2-27为其简图，对其进行结构设计后，可得到多种执行机构。图2-28所示的颚式破碎机是一个曲柄摇杆机构，运动由电动机（图中未画出）传给带轮5，带动与带轮固联在一起的偏心轴2绕回转中心 A 旋转，偏心轴2带动动颚3运动。由于在动颚3与机架1之间装有肘板4，从而使动颚作复杂的摆动，不断挫挤矿石，完成碎矿工作。

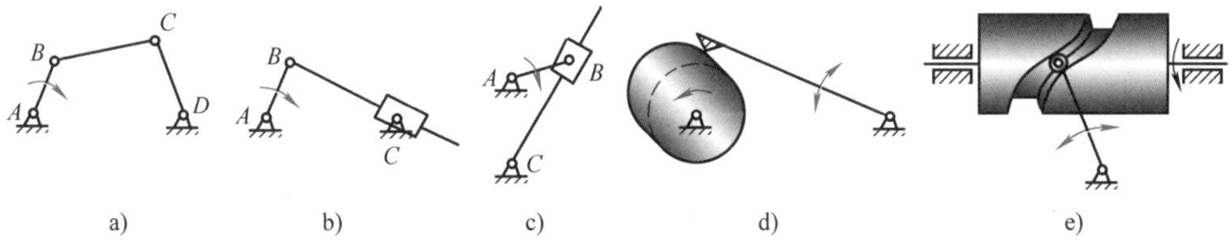

图2-27　转动到摆动变换的机构示意图
a）曲柄摇杆机构　b）曲柄摇块机构　c）摆动导杆机构
d）摆动从动件凸轮机构　e）摆动从动件圆柱凸轮机构

颚式破碎机是一个由机架1、主动件偏心轴2、从动件动颚3和肘板4组成的曲柄摇杆机构，当曲柄2为主动件时，曲柄2转一周，可使摇杆3往复摇动1次，即将原动机输出的连续转动变成了工作机的往复摆动。颚式破碎机简图如图2-29所示。

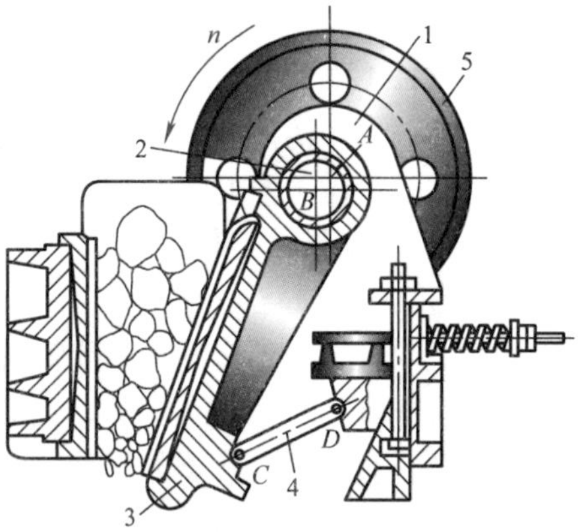

图2-28 颚式破碎机

1—机架 2—偏心轴 3—动颚 4—肘板 5—带轮

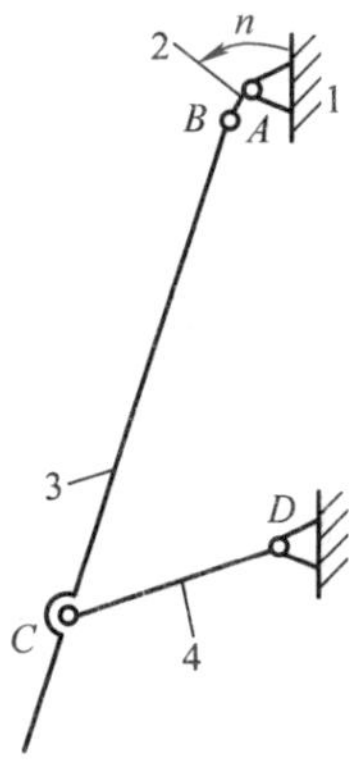

图2-29 颚式破碎机简图

1—机架 2—曲柄 3—摇杆 4—摆杆

4. 连续转动到往复直线移动的运动变换与实现机构

有很多机器都是以电动机作动力源的，而电动机输出的运动形式是连续的转动，当执行机构要求作直线运动时，这就需要将转动变成直线运动。如图2-30所示，实现连续转动到往复直线移动的运动变换机构有曲柄滑块机构、凸轮机构、带或链传动机构、正弦机构、齿轮齿条传动机构、螺旋传动机构以及一些机构的组合等。

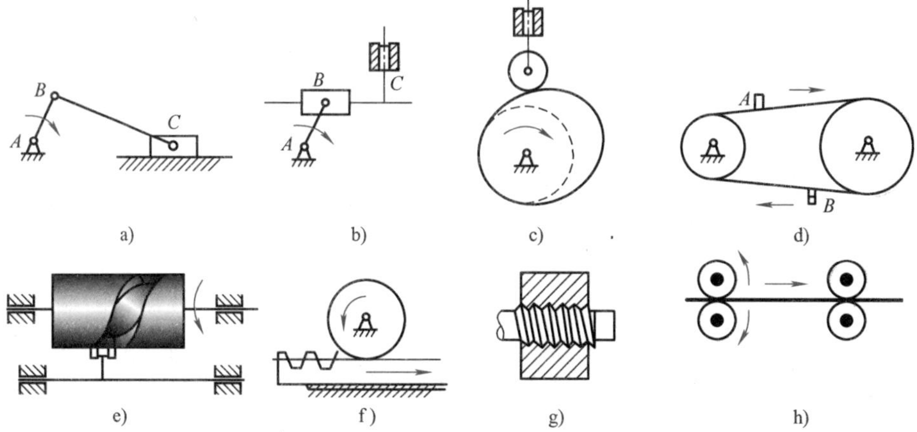

图2-30 连续转动到往复移动的运动变换机构

a)、b) 曲柄滑块机构 c) 凸轮机构 d) 带或链传动机构 e) 正弦机构 f) 齿轮齿条传动机构 g) 螺旋传动机构 h) 组合机构

（1）螺旋传动机构 如图2-30g所示螺旋传动机构由螺杆（也称丝杆或螺旋）和螺母组成，螺杆置于螺母中。当转动螺杆时，螺杆上的螺旋沿着螺母的螺旋槽运动，从而将旋转运动变换为直线移动，同时传递运动及动力。螺旋传动按其用途可分为三类：

1）传力螺旋。传力螺旋以传递动力为主，通常的紧固螺钉、螺母属于这一种。它要求用较小的转矩转动螺旋（或螺母），从而使螺母（或螺旋）产生轴向运动和较大的轴向力，这个轴向力可以把两个物体牢固地连接在一起，也可以用来做各种施力的工作，如图2-31

所示的千斤顶和压力机都是传力螺旋。

2）传导螺旋。传导螺旋以传递运动为主，要求具有较高的运动精度，如机床刀架或工作台的进给机构。

3）调整螺旋。调整螺旋用以调整移动构件和固定零部件间的相对位置，如车床尾座螺旋、螺旋测微器（图2-32）等。

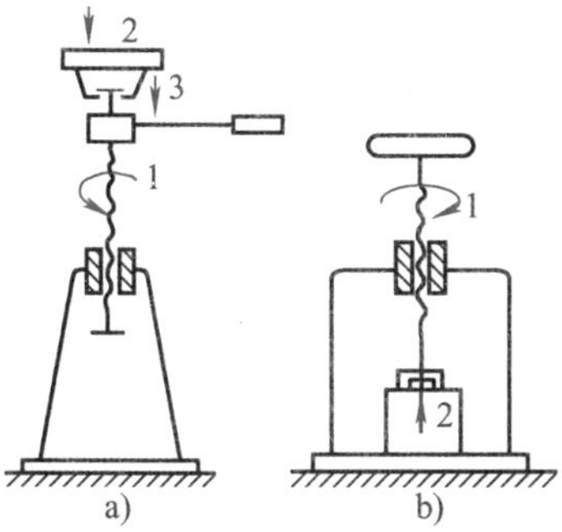

图2-31 传力螺旋
a）千斤顶 b）压力机
1—转矩 2—抗力 3—位移方向

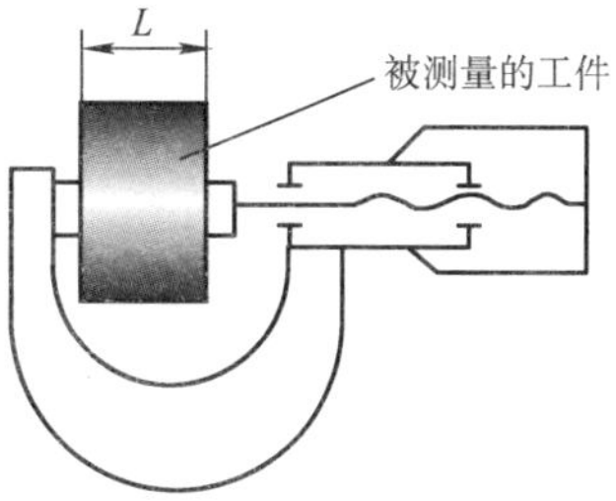

图2-32 螺旋测微器

（2）齿轮齿条传动机构 齿轮齿条传动机构由齿轮与齿条组成，当齿轮为主动件时，它可以将旋转运动变为直线运动，如台式钻床钻头的轴向进给机构。

（3）凸轮机构 凸轮机构由凸轮、从动件和支持整个机构的机架三个主要部分组成。一般凸轮作匀速回转运动，通过它特定的形状轮廓与从动件相接触，使从动件实现某种预定规律的运动。图2-33所示为自动上料凸轮机构。当具有凹槽的凸轮1转动时，通过槽中滚子3使从动件2往复运动，凸轮转一圈，从动件推送一个工件4到工作位置。

（4）曲柄滑块机构 曲柄滑块机构由曲柄、连杆、滑块以及机架组成。当曲柄为主动件作匀速转动时，可通过连杆，使滑块做往复的直线运动。由于曲柄滑块机构结构简单、制造方便、滑块行程准确，因此，它在生产中得到广泛的应用。如图2-34所示的搓丝机曲柄滑块机构就是这种机构应用的实例之一。

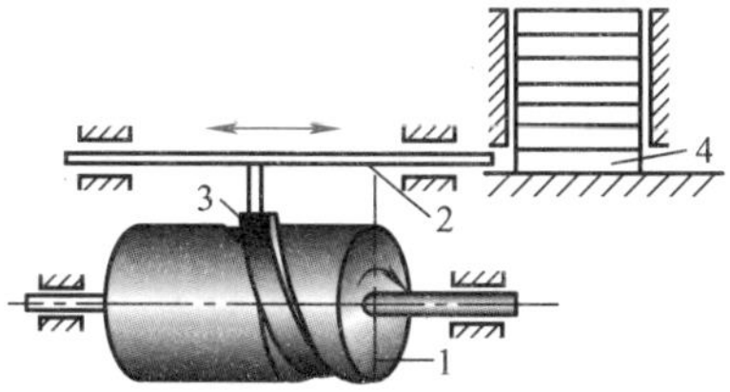

图2-33 自动上料凸轮机构
1—凸轮 2—从动件 3—滚子
4—工件

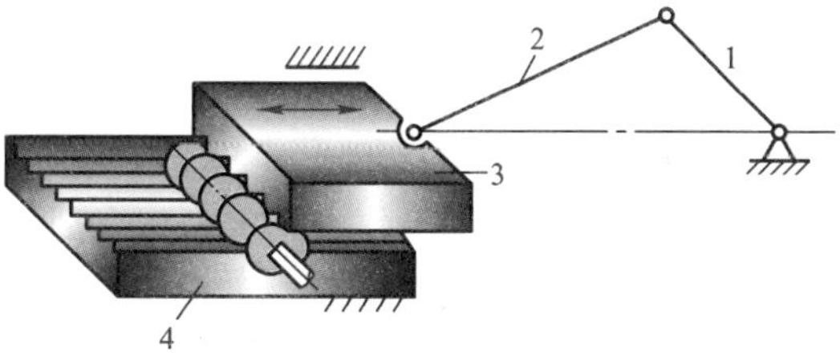

图2-34 搓丝机曲柄滑块机构
1—曲柄 2—连杆 3—滑块（活动搓丝板）
4—固定搓丝板

5. 直线移动转换为直线移动的运动变换与实现机构

直线移动转换为直线移动的机构大多采用液压机构，用在送料、夹紧等装置中。各类液压阀芯、电磁阀芯机构也采用了直线移动到直线移动的运动变换，斜面机构、具有两个移动副的连杆机构、移动凸轮机构、直线电动机等有时也可以应用于此。最常用的直线运动变换机构如图2-35所示。

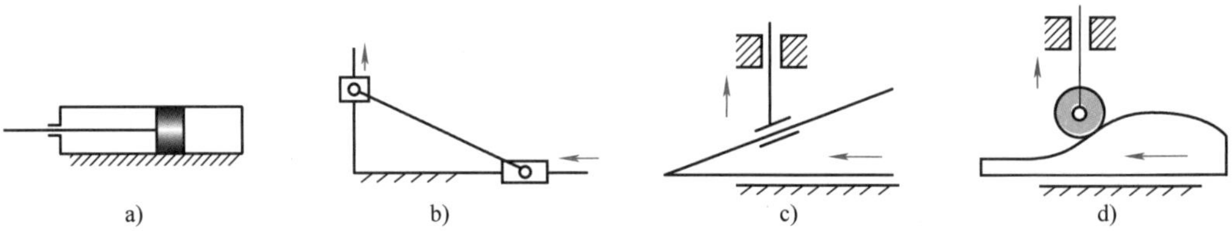

图2-35　直线移动转换为直线移动的变换机构

a）液压缸　b）连杆机构　c）斜面机构　d）移动凸轮机构

6. 直线移动转换为定轴转动或往复摆动的运动变换与实现机构

直线移动转换为定轴转动的最典型机构就是内燃机中的曲柄滑块机构。以齿条为主动件的齿轮齿条机构也能实现这种运动变换。直线移动转换为往复摆动的机构主要用在开关机构或微调机构中，如图2-36所示。

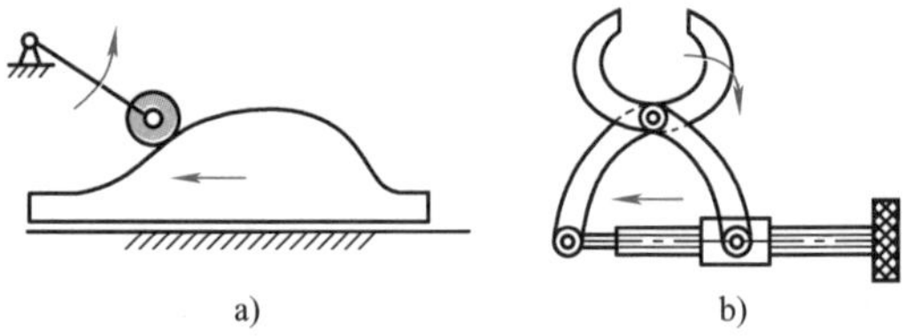

图2-36　直线到摆线的运动变换机构

a）摆臂移动凸轮机构　b）直线螺旋到摆动的转换机构

能实现各种运动变换的机构种类很多，本节只介绍了一些常见的机构，一些新机构往往是在一些基本机构的基础上进行了演化与变异，进而完成机械创新的目标。

2.2.3　机、电、液机构组合的运动与控制

随着科学技术的飞速发展，机械的构成也发生了很大的变化。现代机械已不再是纯机械系统，集机、电、液一体化的产品越来越多，机、光、电、液、传感器与微机控制的智能化机械显示出强大的生命力。因此，简要了解有关机、电、液机构组合的运动形态对设计更加先进的产品有很大的帮助。

1. 机、液机构组合的运动形态

机、液机构组合主要是液压缸系统与连杆机构系统的组合，可满足执行机构的位置、行程、摆角、速度及复杂运动规律等多方面的工作要求，在机械、冶金、矿山、建筑、轻工、交通运输、国防等领域得到广泛的应用。

（1）机、液机构组合的基本型　机、液机构组合中，液压缸一般是主动件，并驱动各种连杆机构完成预定的动作。其基本型有图2-37a所示的单出杆固定缸、图2-37b所示的双出杆固定缸以及图2-37c所示的摆动缸三种。单出杆固定缸提供绝对移动，常用在夹紧、定位与送料装置中，双出杆固定缸常用在机床工作台的往复移动装置中，摆动缸在工程机械、交通运输机械等许多领域中都有广泛的应用。

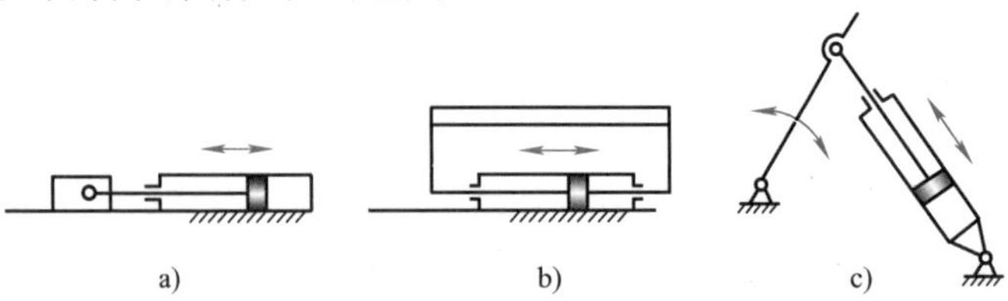

图2-37　机、液机构组合的基本型

a）单出杆固定缸　b）双出杆固定缸　c）摆动缸

（2）机、液机构组合的常见运动形式　由于液压传动可以容易地实现顺序动作、换向动作、速度调节、压力调节与压力保持等多种复杂的工作，而且容易实现自动控制，所以机、液一体化的机械正在迅速发展。

1）固定液压缸式机构。单出杆固定缸可直接应用于夹紧、送料、进给等工作，实现移动到移动的运动变换，也可和连杆机构组合，实现移动到摆动的运动变换。

单出杆固定缸和连杆机构组合的应用实例很多。一般情况下，单出杆固定缸驱动连杆机构中的移动构件。图2-38a所示为驱动机器人升降工作示意图，图2-38b所示为驱动机械手夹持机构示意图。图2-39所示的液压挖掘机有三个液压缸共同完成铲斗的挖掘动作，控制三个液压缸的不同位置，可完成不同的挖掘任务。

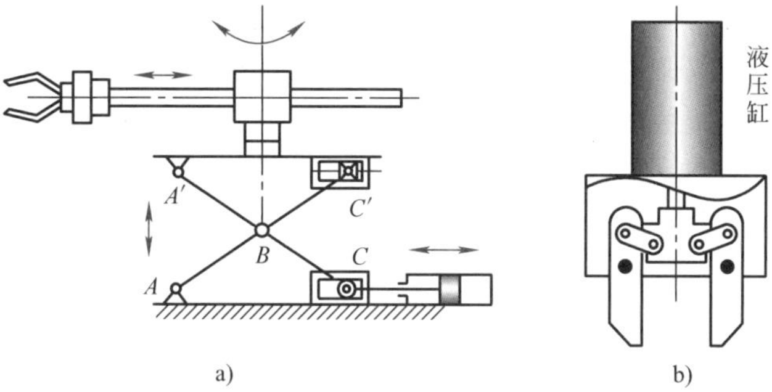

图2-38　固定液压缸式机构应用实例

a）驱动机器人升降工作示意图　b）驱动机械手夹持机构示意图

2）摆动液压缸式机构。摆动液压缸式机构与连杆机构的组合中，活塞相对于缸体的移动转换为从动构件的摆动和缸体本身的摆动。控制活塞的相对移动速度和液压缸中的压力，可达到控制机械运动和动力的目的。在图2-40a中，机器人的摆动缸驱动手臂绕A点做旋转运动，控制手臂的俯仰。图2-40b所示飞机起落架中，摆动缸驱动连杆机构$ABCD$中的AB杆，从而实现起落架的收起和放下。有些机械中，可设置多个摆动缸驱动多个摆臂，完成复杂的运动。

（3）机、液机构的控制系统　机、液机构中，通常是液压元件为动力元件和控制元件，其控制方法有手动、机动和微机控制。

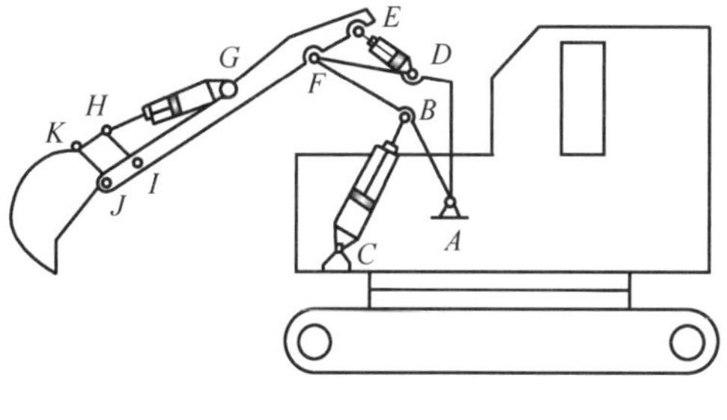

图2-39　三缸液压挖掘机示意图

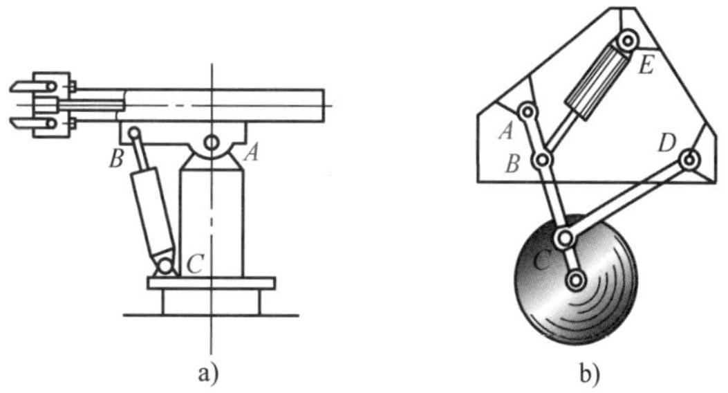

图2-40　摆动液压缸式机构示意图

a）机器人手臂　b）飞机起落架

1）手动控制。手动控制主要指利用换向阀和流量阀的手工操作，实现机械位置与速度的控制。

2）机动控制。机械的往复运动使用机动控制换向阀更为方便，而用手工控制流量阀来达到调速的目的，可提高工作效率。

3）微机控制。液压阀芯的动作可由电磁力通电与断电的方式来控制，这给实施微机控制提供了很大的方便。不同阀的顺序动作可用延时软件或硬件来实现。

2. 电磁机构

电磁机构可用于开关机构、电磁振动机构等电动机械中，如电动按摩器、电动理发器、电动剃须刀中，都广泛应用了电磁机构。其工作原理是利用电磁效应产生的磁力来完成机械运动。在图2-41a所示的电动锤机构中，利用两个线圈1、2的交变磁化，使锤头3产生往复直线运动。图2-41b所示机构为电磁开关，电磁铁4通电后，吸合杆5接通电路开关6；断电后，吸合杆5在返位弹簧7作用下，脱离电磁铁，电路断开。

反电磁机构利用机械运动的切割磁力线作用产生电信号，对电信号进行处理后可判断机械振动位移大小和频率。反电磁机构多用于磁电式位移或速度传感器中。

电磁机构的运动形态变换为电→磁→机械运动。

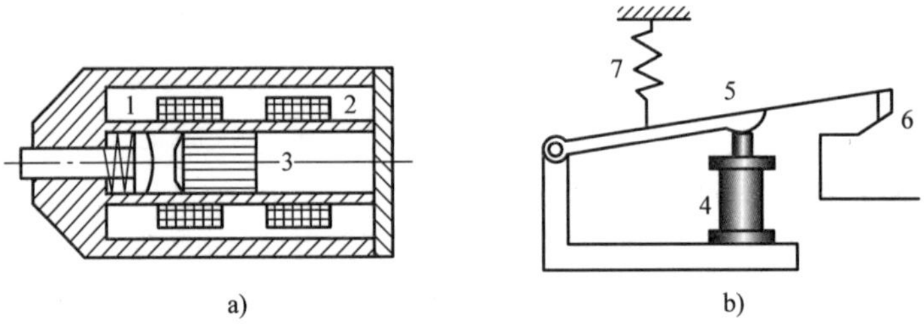

图2-41 电磁机构

a）电动锤机构 b）电磁开关

1、2—线圈 3—锤头 4—电磁铁 5—吸合杆 6—电路开关 7—返位弹簧

2.2.4 机械运动与控制

机械的运动形态由机械的组成形式和机械的控制方式所决定。如鼓风机之类的机械仅需单向转动，并有调速要求。车床主轴的转动不但有调速要求，还有正、反转的要求，其转向的改变是靠改变电动机的转向来实现的。而牛头刨床、压力机等的换向不是靠电动机，而是靠机械组成的特性来实现的。还有的机械运动位置是通过限位开关和各类传感器来控制电动机转向而实现的。液压传动则通过换向阀或调速阀改变其运动形态。特别是现代机械，其机械运动形态的改变与控制方法的关系更为密切。本节内容主要介绍机械运动与控制形式的基本知识。

1. 机械运动的换向与控制

要求不断改变机械运动方向的机械很多，如各种车辆的前进与后退、旋转机械的正转与反转等。

（1）旋转运动的换向与控制 旋转运动的换向是工程中常见的运动变换，很多机器都有正转、反转或正向转过某一角度再反向转过某一角度的要求。旋转运动的换向方式主要有如下几种：

1）改变电动机转向。改变电动机的转向使机械换向是一种最常用的简单易行的换向方法。

2）限位开关换向。限位开关换向是常用的控制换向方法。限位开关的种类很多，有机械式开关、光电式开关、磁开关等。对于液压传动，通过限位开关控制电磁换向阀线圈的通电与断电，改变液流的方向而达到旋转液压缸换向的目的。利用机动换向阀也可达到换向的目的。

3）介轮换向。在齿轮传动中常采用介轮换向，汽车的前进与倒退运动就是利用变速箱中的介轮来实现的。图2-42所示为介轮换向示意图。在图2-42a中，齿轮啮合路线是齿轮1、2、3、4，有两个介轮参与啮合，轮1、轮4同向运动。在图2-42b中，啮合路线是齿轮1、3、4，有一个介轮参与啮合，轮1、轮4反向运转。

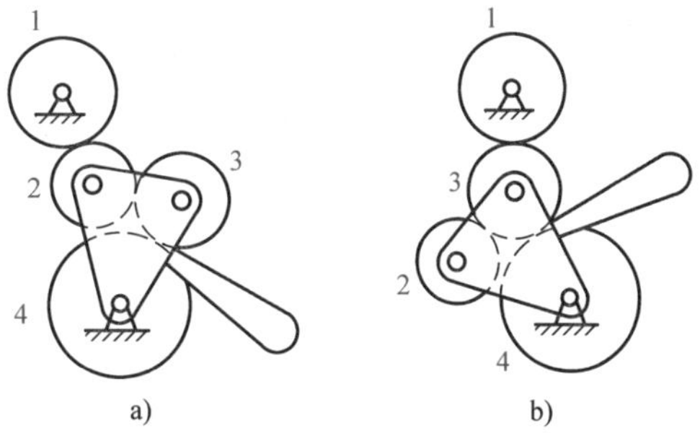

图2-42　介轮换向示意图

4）棘轮换向。利用改变棘爪的方向带动棘轮换向在牛头刨床的进给系统中有广泛的应用。图2-43为棘轮换向示意图。在图2-43a中，棘爪带动棘轮逆时针方向旋转。在图2-43b中，棘爪带动棘轮顺时针方向旋转。

5）摩擦轮换向。在图2-44中，控制摩擦轮 *A*、*B* 在轴上的滑动位置，利用摩擦轮 *A* 与 *C*、*B* 与 *C* 的交替接触，实现 *C* 轮的正反转，完成螺旋 *D* 的往复移动。该机构广泛应用在摩擦压力机上。

（2）直线移动的换向与控制　要求往复直线移动的机械种类很多，内燃机、压缩机的活塞运动，刨床、插床的刀具运动，推拉电动大门的启闭运动，机床工作台的运动等均需要往复的直线移动。直线移动的换向方法主要有以下几种：

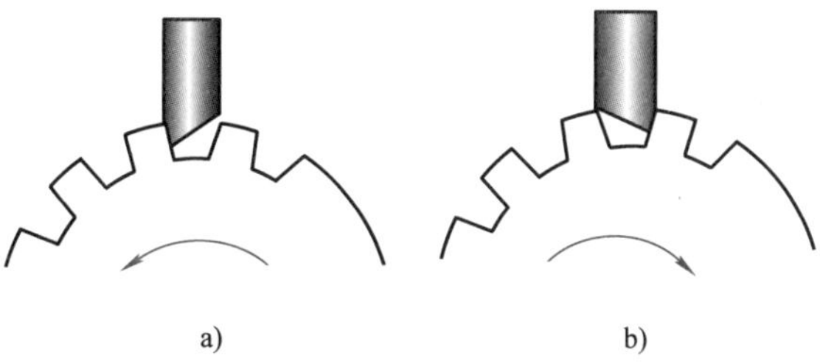

图2-43　棘轮换向示意图

a）逆时针方向旋转　b）顺时针方向旋转

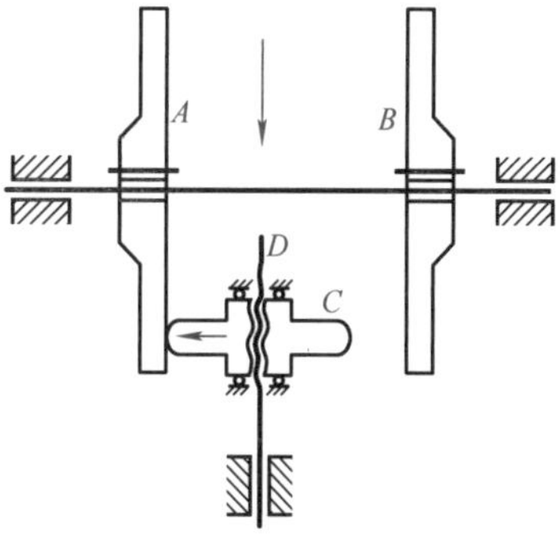

图2-44　摩擦轮换向

1）改变电动机转向来实现往复的直线移动。利用直线电动机可直接完成直线运动，其换向控制方法同转动电动机。图2-45a为推拉式电动大门开启闭合示意图。电动机正反转，经齿轮驱动固定在大门上的齿条，使大门往复移动。图2-45b为电动感应推拉门示意图，两扇门固定在带的上下两侧，利用电动机的正反转和上下传动带的反向运动完成门的开启与关闭动作。

2）液压换向。在液压传动中，改变液流方向可实现液压缸的往复直线运动。其移动的距离、移动速度、移动过程中所克服的阻力都可以进行调节。近几年来，利用定时软件控制

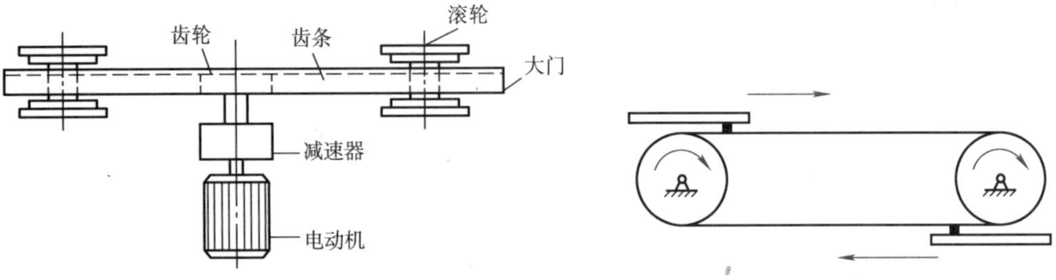

a) b)

图 2-45 电动大门开启闭合示意图

a）推拉式电动大门启闭示意图 b）电动感应推拉门示意图

电动机的运转时间和方向，在机电一体化机械中的应用日渐普及。

3）自动换向机构。自动进行往复直线移动的换向机构种类主要有曲柄滑块机构、正弦机构、双滑块机构、直动凸轮机构以及一些特殊设计的机构等，这些机构的特点是主动件连续转动，从动件做往复直线移动。图 2-46a 中，曲柄转过一周，滑块往复移动一次。图 2-46b所示的双滑块机构中，曲柄转过一周，两滑块各往复移动两倍曲柄的长度。图 2-46c 所示凸轮机构中，凸轮转动一周，从动件往复移动一次。

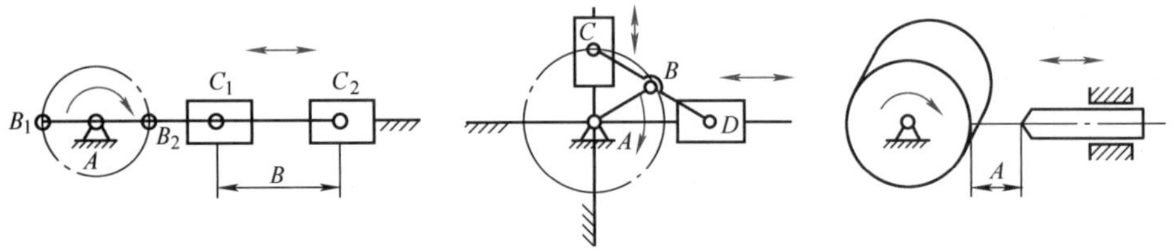

a) b) c)

图 2-46 自动移动换向机构

a）曲柄滑块机构 b）双滑块机构 c）凸轮机构

2. 机械运动的调速与控制

在一般情况下，机械中的工作机转速不等于原动机转速，所以很多机械都需要协调原动机和工作机之间速度的装置。用于降低速度增大转矩的装置，称之为减速器。在特殊场合，也有用来增速的装置，称之为增速器。需要不断变换速度的装置称之为变速器。根据传动比和工作条件的不同，常用的减速方式有许多种，以下介绍几种最基本的减、变速方式。

1）调速电动机。改变电动机的工作速度，使电动机能在低速大转矩的条件下工作，是最理想的调速方式，目前发展很快。

2）齿轮减速器。齿轮减速器的特点是传动效率高、使用寿命长、工作可靠性好、维护简便、制造成本低，因而得到广泛应用。其产品已标准化、系列化，设计时可直接选用。

3）其他减速装置。各类带传动、链传动、摩擦传动都可起到减速作用。带传动、链传动多用在传动比不大、中心距较大的场合。

4）变速器。变速器可分为有级变速器和无级变速器。有级变速器主要是通过控制不同齿轮的啮合来实现的。目前的无级变速器大都通过摩擦传动来实现，因此不能传递过大的功率

(≤20kW)。此外还有链式无级变速器、连杆式脉动无级变速器等多种其他形式的变速器。

3. 机械运动的离合与控制

机械中，有时需要在不停止原动机运转的状态下，暂时中止执行机构的工作。因此，离合器在机械中得到广泛的应用。离合器的种类也有很多，但常用的离合器主要有手动离合器和电磁离合器。常用离合器示意图如图2-47所示，图2-47a所示为两端面有牙的压嵌式离合器，移动它的右半部，可实现运动的分离或接合。图2-47b所示为多片式摩擦离合器，移动其右半部的滑环，可使摩擦片压紧或脱开，从而实现运动的分离或接合。图2-47c所示为电磁离合器，空套在轴上的左半部的线圈通电后，可吸住右半部上的衔铁，实现运动的接合，反之则脱开。

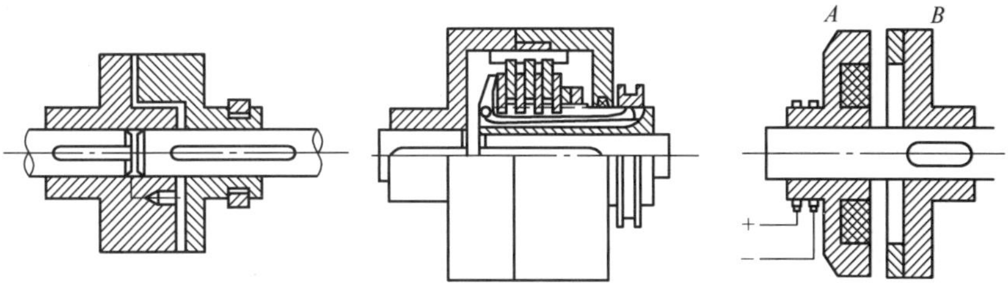

a)　　b)　　c)

图2-47　离合器示意图

a）压嵌式离合器　b）多片式摩擦离合器　c）电磁离合器

4. 机械运动的制动与控制

为缩短机械的停车时间，许多机械中都有制动器。制动器的种类有机械式制动器、电磁式制动器、液压制动器、液力制动器、气动制动器等多种类型。机械式制动器中，还可分为摩擦式、楔块式、杠杆式、棘轮式等多种。图2-48所示为最简单的制动器示意图。

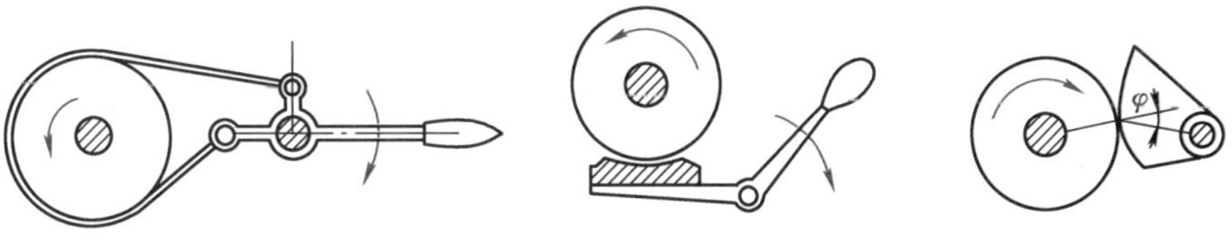

a)　　b)　　c)

图2-48　最简单的制动器示意图

a）杠杆带式制动器　b）闸瓦式制动器　c）凸轮楔块式制动器

工程中，经常使用电磁式或气动控制的制动器，如图2-49所示。

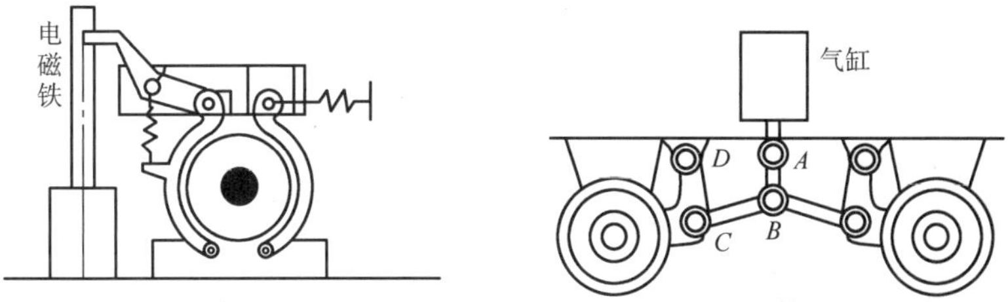

a)　　b)

图2-49　电磁与气动制动器示意图

a）电磁制动器　b）气动制动器

制动器可用于制动、防止逆转，其控制方式根据在机械中的作用不同有很大差别。为防止控制系统失灵造成的破坏作用，一般机械中都有采取手动或脚踏的紧急制动装置，机械的运动形式与其控制方式有关。

2.3 工程材料

2.3.1 工程材料概述

1. 材料与人类文明

材料的开发、利用始终贯穿于人类进化史中。从天然材料的使用到陶器和青铜器制造，从钢铁冶炼到材料合成，人类成功地生产出满足自身需求的材料，进而使自身走出深山、洞穴，奔向茫茫平原、辽阔海洋，飞向广阔太空。

在与自然界交互作用的过程中，人类首先学会了生产和使用工具。史学家用石器时代、青铜器时代和铁器时代作为人类文明进化的标志。

有人认为21世纪将是信息、知识及经济时代，但是，在这样的时代中，材料的基石作用仍然无法改变。同时，材料的另一作用——高新技术的先导，将展现得更加淋漓尽致。任何一种高新技术的突破都必须以该领域的新材料技术突破为前提，新材料在第三次工业革命中将起到无可代替的基础和支撑作用。新材料既是现代化的一种高新技术，又代表现代化的高新技术产业。材料工业是国民经济的基础产业，新材料是材料工业发展的先导且已被列入国家七大战略性新兴产业之一。新材料在第三次工业革命的地位和作用主要表现在以下方面：

第一，新材料本身就是一种高新技术，又是现代高新技术和产业的基础和先导。就我国而言，某些重大工程和项目中出现的问题和困难都可以归结为材料技术还没有取得突破。新材料的突破往往会引发人类划时代的变革，如高性能碳纤复合材料在今后20～30年将迎来新的发展时期，引发一场航空工业革命性的变革（包括设计理念、物流供应链及维修服务业）。

第二，新材料与现代科学技术深度融合是现代科学技术的组成部分，也是制约现代科学技术发展的瓶颈。第三次工业革命将以新能源、信息和新材料结合为特征，将有大量的新材料得到开发应用，如果新材料的性能和质量不能突破，将直接影响到其他高新技术的应用和产业发展。

第三，新材料对实现可持续发展至关重要。第三次工业革命的背景是资源、能源问题的全球性紧迫，目标是可持续发展。在如何保证可持续发展的问题中，新材料起着非常重要的作用。例如：新能源材料是新能源、可再生能源开发利用的基础，环境友好材料对节约资源、保护环境、维持生态平衡将起到重要作用，轻质高强的新型结构材料将体现节能降耗的巨大效益，生物医用材料将提高人类生活质量和健康水平，新型绿色建材关系到资源充分利用。

新材料的开发和使用给人类生活带来的便利是实实在在的。在21世纪，人类在推进文明发展的同时将会更加注重自身生活质量的提高和周围环境的改善。因此，生物材料和环境相容性材料的开发和使用将会受到重视。利用生物材料，人们可以生产出人造肝、人造肾、人造胰、人造皮肤和人造血管等，还可以制造出药物缓释系统材料，以控制药物的释放时间和速度。

长期以来，人类在材料的提取、制备、生产以及制品的使用与废弃的过程中，消耗了大量的资源和能源，并排放出废气、废水和废渣，污染着人类自身的生存环境。现实要求人类从节约资源和能源、保护环境、可持续发展的角度出发，重新评价过去研究、开发、生产和使用材料的活动，改变单纯追求高性能、高附加值的材料而忽视生存环境恶化的做法，探索发展既有良好性能或功能，又对资源和能源消耗较低，并且与环境协调较好的材料及其制品。此外，从原子、分子、显微和复合结构等不同尺度精心设计和人工合成高性能材料，减少对地球矿藏的依赖，也是降低环境污染的有效措施。目前人们正在研制开发的复合材料、纳米材料、超合金、信息功能材料、灵巧和智能材料等，都具有这种特征。

2. 工程材料的种类

材料是为人类制造有用器件的物质。工程材料是在各工程领域中使用的材料。工程材料的种类繁多，有许多不同的分类方法。

按化学成分、结合键的特点，可将工程材料分为金属材料、非金属材料和复合材料三大类。金属材料可分为钢铁材料和非铁金属。钢铁材料是铁基金属合金，包括碳素钢、合金钢、铸铁等。其余金属材料都属于非铁金属，包括轻金属及其合金、重金属及其合金等。而非金属材料可分为无机非金属材料和有机高分子材料，有机高分子材料包括塑料、橡胶、合成纤维等。由这些材料合成的材料称为复合材料。工程材料的分类举例见表2-1。

表2-1 工程材料的分类举例

工程材料	金属材料	钢铁材料	碳素钢、合金钢、铸铁等
		非铁金属	铝、铜、锌及其合金等
	非金属材料	无机非金属材料	水泥、陶瓷、玻璃等
		有机高分子材料	合成高分子（塑料、合成纤维、合成橡胶等）
			天然高分子（木材、纸、纤维、皮革等）
	复合材料		金属基复合材料、塑料基复合材料、橡胶基复合材料、陶瓷基复合材料等

按照用途工程材料可分为两大类，即结构材料和功能材料。结构材料通常指工程上对硬度、强度、塑性、耐磨性等力学性能有一定要求的材料，主要包括金属材料、陶瓷材料、高分子材料、复合材料等。功能材料是指具有光、电、磁、热、声等功能和效应的材料，包括半导体材料、磁性材料、光学材料、电介质材料、超导体材料、非晶和微晶材料、形状记忆合金等。

按材料的应用领域还可分为信息材料、能源材料、建筑材料、生物材料、航空材料等多种类别。

2.3.2 金属材料

金属材料是人们最为熟悉的一种材料，金属元素占地球上所有元素的3/4。金属材料不仅历史悠久，而且推陈出新、不断发展，并在现代工、农业生产中占有极其重要的地位。机械制造、交通运输、建筑、航天航空、国防与科学技术等各个领域都需要使用大量金属材料，而且人们在日常生活中也离不开金属材料。

金属材料品种繁多，工程上常用的金属材料主要有钢铁材料及非铁金属等。金属材料中使用最多的是钢铁。钢铁材料广泛用于工农业生产及国民经济各部门。例如，各种机器设备上大量使用的轴、齿轮、弹簧，建筑上使用的钢筋、钢板，以及交通运输中的车辆、铁轨、船舶等都要使用钢铁材料。通常所说的钢铁实际上是钢与铁的总称。一般钢中碳的质量分数为0.025%～2.11%，生铁中碳的质量分数较高，为2.11%～6.67%。

合金是在一种金属中加入另外的元素所形成的。例如，为了提高钢的性能，可在钢中加入合金元素，如硅、锰、铬、镍、钨、钼、钒等。它们各有各的作用，有的提高强度，有的提高耐磨性，有的提高耐蚀性能，把它们加入钢中就形成了合金钢。

合金钢种类很多，按照它们的性能与用途进行分类，可分为合金结构钢、合金工具钢、不锈钢、耐热钢、超高强度钢等种类。

非铁金属包括铝、铜、钛、镁、锌、铅及其合金等，虽然它们的产量及使用量不如钢铁材料多，但由于它们具有某些独特的性能和优点，从而使其成为当代工业技术中不可缺少的材料。

由于金属材料的历史悠久，因而在材料的制备、加工、使用及研究方面已经形成了一套完整的系统，拥有了一整套成熟完整的生产技术和巨大的生产能力。金属材料具有稳定可靠的性能，是其他任何材料所不能完全替代的。

金属材料的另一个突出优点是高的性能价格比。在所有的材料中，除了水泥和木材外，钢铁是最便宜的材料，它的使用可谓量大而广，经济实用。

为了适应科学技术的高速发展，人们还在不断推陈出新，进一步发展新型的、高性能的金属材料，比如超高强度钢、高温合金、形状记忆合金、高性能磁性材料、储氢合金等。

常用金属材料有以下几种：

1. 碳素钢

碳素钢是指碳的质量分数小于2.11%和含有少量硅、锰、硫、磷等杂质元素的铁碳合金，简称碳钢。其中，锰、硅是有益元素，对钢有一定强化作用，硫、磷是有害元素，分别增加钢的热脆性和冷脆性，应严格控制。碳钢的价格低廉，工艺性能良好，在机械制造中应用广泛。常用碳钢的牌号、应用及说明见表2-2。

表2-2　碳钢的牌号、应用及说明

名称	牌号举例	应用举例	说明
碳素结构钢	Q215	承受载荷不大的金属结构件，如薄板、铆钉、垫圈、地脚螺栓及焊接件等金属结构件、钢板、钢筋、型钢、螺母、连杆、拉杆等	碳素钢的牌号由代表钢材屈服点的字母Q、屈服点值、质量等级符号、脱氧方法四个部分组成。其中，质量等级共分四级，分别以A、B、C、D表示
	Q235	Q235C、D可用作重要的焊接件	
优质碳素结构钢	15	强度低，塑性好，一般用于制造受力不大的冲压件，如螺栓、螺母、垫圈等。经过渗碳处理或碳氮共渗处理可用于制造表面要求耐磨、耐腐蚀的机械零件，如凸轮、滑块等	牌号的两位数字表示平均含碳量的万分数，45钢即表示平均碳的质量分数为0.45% 含锰量较高的钢，需加注化学元素符号Mn
	45	综合力学性能和可加工性均较好，用于强度要求较高的重要零件，如曲轴、传动轴、齿轮、连杆等	
碳素工具钢	T8 T8A	有足够的韧性和较高的硬度，用于制造能承受振动的工具，如钻中等硬度的岩石的钻头、简单凿子、冲头等	用T后附以平均含碳量的千分数表示，如T7～T13，碳的平均质量分数为0.7%～1.3%
铸造碳钢	ZG200－400	有良好的塑性、韧性和焊接性能，用于受力不大、要求韧性好的各种机械零件，如机座、变速箱壳等	ZG代表铸钢，其后面第一组数字为屈服强度（MPa）、第二组数字为抗拉强度（MPa）。ZG200－400表示屈服强度为200MPa，抗拉强度为400MPa的铸造碳钢

2. 合金钢

为了改善和提高钢的性能，在碳钢的基础上加入其他合金元素的钢称为合金钢。常用的合金元素有硅、锰、铬、镍、钨、钼、钒、稀土元素等。合金钢具有如耐低温、耐腐蚀、高磁性、高耐磨性等良好的特殊性能，它在力学性能、工艺性能要求高、形状复杂的大截面零件或有特殊性能要求的零件方面，得到了广泛应用。常用合金钢的牌号、性能及用途见表2-3。

表2-3　合金钢的牌号、性能及用途

种类	牌号举例	性能及用途
低合金高强度结构钢	Q295，Q345，Q390	强度较高，塑性良好，具有焊接性和耐蚀性，用于建造桥梁、车辆、船舶、锅炉、高压容器、电视塔等
渗碳钢	20CrMnTi，20Mn2V，20Mn2TiB	心部的强度较高，用于制造重要的或承受重载荷的大型渗碳零件
调质钢	40Cr，40Mn2，30CrMo，40CrMnSi	具有良好的综合力学性能（高的强度和足够的韧性），用于制造一些复杂的重要机器零件
弹簧钢	65Mn，60Si2Mn，60Si2CrVA	淬透性较好，热处理后组织可得到强化，用于制造承受重载荷的弹簧
滚动轴承钢	GCr9，GCr15SiMn，GC9MnMoV	用于制造滚动轴承的滚珠、套圈等

3. 铸铁

碳的质量分数大于2.11%的铁碳合金称为铸铁。铸铁含有的碳和杂质较多，其力学性能比钢差，不能锻造，但铸铁具有优良的铸造性、减振性、耐磨性等特点，加之价格低廉，生产设备和工艺简单，因此是机械制造中应用最多的金属材料。资料表明，铸铁件占机器总质量的45%~90%。常用铸铁的牌号、应用及说明见表2-4。

表2-4　铸铁的牌号、应用及说明

名称	牌号举例	应用举例	说明
灰铸铁	HT150	用于制造端盖、泵体、轴承座、阀壳、管子及管路附件、手轮，一般机床的底座、床身、滑座、工作台等	HT为灰铁两字汉语拼音的第一个字母，后面的一组数字表示试样的抗拉强度，如HT200表示灰铸铁的抗拉强度为200MPa
	HT200	承受较大载荷和较重要的零件，如气缸、齿轮、底座、飞轮、床身等	
球墨铸铁	QT400－16 QT450－10 QT500－7 QT800－2	广泛用于机械制造业中磨损和受冲击的零件，如曲轴（一般用QT500－7）、齿轮（一般用QT450－10）、气缸套、活塞环、摩擦片、中低压阀门、千斤顶座、轴承座	QT是球墨铸铁的代号，它后面的数字表示抗拉强度和断后伸长率，如QT500－7即表示球墨铸铁的抗拉强度为500MPa，断后伸长率为7%
可锻铸铁	KTH300－06 KTH330－08 KTZ450－06	用于受冲击、振动等的零件，如汽车零件、机床附件（如扳手）、各种管接头、低压阀门、农具等	KTH、KTZ分别是黑心和珠光体可锻铸铁的代号，它们后面的数字分别代表抗拉强度和断后伸长率

4. 非铁金属及其合金

非铁金属的种类繁多，虽然其产量和使用不及钢铁材料，但是由于它具有某些特殊性能，故已成为现代工业中不可缺少的材料。常用非铁金属及其合金的牌号、应用及说明见表2-5。

表2-5　常用非铁金属及其合金的牌号、应用及说明

名称	牌号举例	应用举例	说　明
纯铜	T1	电线、导电螺钉以及各种管道	纯铜分为T1～T4四种，如T1（一号铜）铜的质量分数为99.95%，T4为99.5%
普通黄铜	H62	散热器、垫圈、弹簧、各种网、螺钉及其他零件等	H表示黄铜，后面数字表示铜的质量分数，如62表示铜的质量分数60.5%～63.5%
纯铝	1070A 1060 1050A	电缆、电器零件、装饰件以及日常生活用品等	铝的质量分数98%～99.7%
铸铝合金	ZL102	耐磨性中上等，用于制造负荷不大的薄壁零件	Z表示铸，L表示铝，后面数字表示序号

2.3.3　高分子材料

高分子材料既包括日常所见的塑料、合成橡胶和合成纤维（它们被称为三大合成材料），也包括经常用到的涂料和黏合剂，以及日常较少见到的功能高分子材料，如用于水净化的离子交换树脂、人造器官等。

高分子材料是以一类称为“高分子”的化合物（或称树脂）为主要原料，加入各种填料或助剂而制成的有机材料。高分子材料也称聚合物或高聚物。高分子是由成千上万个原子通过共价键连接而成的相对分子质量很大（通常几万，甚至几百万）的一类分子，它们可以是天然的，如蛋白质、纤维素，称天然高分子材料；也可以是人工合成的，如聚乙烯、有机玻璃，称合成高分子材料。组成高分子的原子排列不是杂乱无章的，而是有一定规律。通常由少数原子组成一定的结构单元，再由这些结构单元重复连接形成高分子。

高分子材料通常是由一种或几种带有活性官能团的小分子化合物经过一定的反应而得到。例如，有机玻璃是由甲基丙烯酸甲酯上的双键打开而生成高分子，蛋白质是由各种氨基酸上的氨基和羧基脱水而得到。

以下介绍几种常用的高分子材料。

1. 塑料

塑料是以合成树脂为主要成分，加入适量的添加剂后形成的一种能加热熔化，冷却后保持一定形状的材料。合成树脂是由低分子化合物经聚合反应所获得的高分子化合物，如聚乙烯、聚氯乙烯、酚醛树脂等。塑料的性能主要取决于树脂。绝大多数塑料是以所用的树脂名称来命名的。

加入添加剂的目的是弥补塑料某些性能的不足。添加剂有填料、增强材料、增塑剂、固化剂、润滑剂、着色剂、稳定剂、阻燃剂等。

塑料是产量最大的高分子材料，其品种繁多，用途广泛，仅就体积而言，全世界的塑料产量已超过钢铁。

塑料按使用性能可分为通用塑料、工程塑料和特种塑料三类。通用塑料的价格低，产量

高，约占塑料总产量的3/4以上，如聚乙烯、聚氯乙烯等；工程塑料是制造工程结构件的塑料，其强度大、刚度高、韧性好，如聚酰胺、聚甲醛、聚碳酸酯等，通用塑料改性后，也可作为工程塑料使用；特种塑料一般是指具有特种功能，可用于航空、航天等特殊应用领域的塑料，如氟塑料和有机硅具有突出的耐高温、自润滑等性能，增强塑料和泡沫塑料具有高强度、高缓冲性等特殊性能。

按塑料受热后的性能，可分为热塑性塑料和热固性塑料。热塑性塑料加热时可熔化，并可多次反复加热使用。热固性塑料经一次成型后，受热不变形，不软化，不能回用，只能塑压一次。常用的塑料及其性能见表2-6。

表2-6 常用的塑料及其性能

塑料名称	代号	性能特点	大致用途
聚乙烯	PE	低压PE有良好的耐磨性、耐蚀性、绝缘性，无毒	一般机械构件、化工管道、电缆电线包皮、茶杯、奶瓶、食品袋、保鲜膜、农用薄膜、塑料绳等
聚氯乙烯	PVC	力学性能较好且有良好的耐蚀性	耐蚀构件、一般绝缘件、薄膜、泡沫塑料
聚丙烯	PP	力学性能优于PE，且有良好的耐热性	医疗器械、一般机械零件、高频绝缘件
聚苯乙烯	PS	耐蚀性、高频绝缘性好，耐冲击及耐热性差，易燃、性脆、无色、透明	高频绝缘件、耐蚀件及日用装饰品、食品盒，泡沫PS可作隔音、包装等材料
ABS塑料	ABS	具有良好的综合性能，冲击强度和低温强度高、表面硬度和耐磨性好	一般构件、减摩和耐磨件、齿轮、叶轮、一般化工装置、管道、容器等
聚酰胺	PA	即尼龙，力学性能很好	轴套、齿轮、导轨贴面、密封圈等
聚甲醛	POM	高密度和高结晶性，性能优于尼龙	轴承、齿轮、凸轮及仪表外壳、表盘等
聚碳酸酯	PC	抗扭、抗弯，冲击强度高，有良好的耐热、耐寒性，耐疲劳性不及PA和POM	耐磨、受力、受冲击的机械和仪表零件，透光性好，可做飞机驾驶室防护玻璃等
聚四氟乙烯	F-4	化学稳定性极好，也称塑料王，加工成型性差，流动性差，可采用粉末烧结法成型	耐蚀件、耐磨件、密封件、高温绝缘件
酚醛塑料	PF	热固性塑料，强度、刚度大，变形小，耐热性、耐蚀性好，电性能好	一般构件、水润滑轴承、绝缘件、耐蚀衬里等，用于制作复合材料
环氧树脂	EP	热固性塑料，强度高，韧性好，化学稳定性、绝缘性、耐寒性和耐热性好	塑料模具、精密模具、仪表构件，金属涂覆、包封、修补，用于制作复合材料

（1）产量最大的塑料——聚乙烯（PE） 聚乙烯由低分子乙烯聚合而成。乙烯可由石油裂解得到。聚乙烯的产量在塑料中占首位。它相对密度小，耐低温，电绝缘性能好，耐腐蚀。但强度、刚度、表面硬度低，耐热性低，易老化。聚乙烯具有广泛的用途，常用于制作齿轮、轴承、管道及电线包皮等。

（2）最耐疲劳的塑料——聚甲醛（POM） 聚甲醛是一种由简单的小分子化合物甲醛合成的高分子材料，是第一种真正能够代替铜、铝等金属做结构材料的高分子材料。聚甲醛与尼龙、聚碳酸酯、聚苯醚和热塑性聚酯统称五大工程塑料。聚甲醛的突出特性是耐疲劳，即可在比较高的动态载荷作用下长期使用。

聚甲醛广泛用于汽车、机床、化工、电气仪表、农机等行业，特别适合作轴承、齿轮材料。

（3）打不碎的玻璃——有机玻璃　有机玻璃的化学名称是聚甲基丙烯酸甲酯。有机玻璃是目前最好的透明材料，透光率达92%以上，而无机玻璃却不到15%；它相对密度小，仅为玻璃的一半；力学性能好，拉伸强度为60~70MPa，比普通玻璃高7~18倍，被子弹击穿后不产生碎片，因而可做防弹玻璃；成型加工性好，能用吹塑、注射、挤压等加热成型，还可进行切削加工、黏结等。有机玻璃最大的缺点是耐磨性差，表面硬度低，容易擦伤，也不耐某些有机溶剂，不耐热、容易燃烧、不耐老化、容易降解。

有机玻璃可制作飞机的座舱、舷窗，电视和雷达的屏幕，汽车风窗玻璃，仪器和设备的防护罩，仪表外壳，光学镜片等。在生物医学上，可制造透明的人造角膜。

（4）最耐腐蚀的材料——聚四氟乙烯（PTFE）　聚四氟乙烯（TFE或PTFE）简称F-4，是含氟塑料的一种，俗称“塑料王”。聚四氟乙烯摩擦因数极低，只有0.04，是现有固体中最低的，所以其自润滑性和防黏性好；化学稳定性好，几乎不受任何化学药品的腐蚀，它的化学稳定性超过了玻璃、陶瓷、不锈钢等；介电性能优良。其缺点是强度低，冷流性大，刚性差，加工性不好，只能冷压烧结成型。聚四氟乙烯在国防、科研和工业中占有重要地位。目前已广泛用作防腐材料、摩擦密封材料及许多特殊场合。

（5）密度最小的材料——泡沫塑料　泡沫塑料是大量气体微孔分散在固体塑料中形成的一类高分子材料，几乎所有的塑料都可以制成泡沫塑料。

泡沫塑料质量轻，具有良好的隔热、吸音、减振等特性，因而用途极广。用于家庭用品的泡沫塑料仅是其用途的一小部分，更多的泡沫塑料用作船舶、车辆、建筑、冷藏等领域的隔热、吸音材料，暖气管道的隔热层，易碎、贵重物品、精密仪器仪表的防振包装材料。

2. 橡胶

大家都知道，汽车轮胎、飞机轮胎都是由橡胶制造的，很难想象，没有橡胶，汽车怎能奔驰，飞机怎能上天和落地。而橡胶就是高分子材料的一种。橡胶的最大特点是高弹性，就是在较小的外力作用下，橡胶材料会产生很大的形变（拉伸时会产生几倍的伸长量），而外力去除后，它又立即恢复原状，即形变是可逆的。“橡胶的高弹性”为橡胶类材料所独有，是区别于其他材料的最显著特点。

（1）橡胶的组成　把未经硫化的天然胶与合成胶称为生胶，硫化后的胶称为橡胶。橡胶中常加入各种添加剂，主要有：

1）硫化剂。硫化剂能使生胶分子互相交联为网状结构。天然橡胶中常加硫磺。

2）促进剂。常选用有机化合物作为促进剂，目的是缩短硫化时间。

3）软化剂。常选用硬脂酸、精制蜡、凡士林作为软化剂，以增加橡胶的塑性。

（2）橡胶的性能及用途　除了大量制造轮胎外，橡胶还广泛用于其他领域，其制品种类繁多，常见的如胶管、胶鞋、电缆包皮、胶辊、各种密封、减振材料（如垫片、垫圈），胶皮手套等。高弹性是橡胶的最大特点。橡胶还有储能、耐磨、隔音、绝缘等性能。橡胶广泛用于制造密封件、减振件、轮胎、电线等。

（3）常用橡胶材料

1）天然橡胶。天然橡胶是由橡胶树上流出的胶乳加工而成，其综合性能好，尤其是有高强的绝缘性能和防振性能，典型制品如轮胎等。

2）合成橡胶。其种类很多，主要有丁苯橡胶、顺丁橡胶、异戊橡胶、氯丁橡胶、丁基橡胶、乙丙橡胶和丁腈橡胶七大品种。产量最大的是丁苯橡胶，占橡胶总产量的60%～70%。

3）特殊橡胶。特殊橡胶指具有特殊性能的橡胶。如硅橡胶的耐热绝缘性好，聚硫橡胶的耐油、耐碱性好，聚氨酯橡胶的高强耐磨性好等。

丁苯橡胶、氯丁橡胶和氟橡胶的性能与用途见表2-7。

表2-7　丁苯橡胶、氯丁橡胶和氟橡胶的性能与用途

名称	代号	使用温度/℃	扯断伸长率(%)	拉伸强度/MPa	耐磨性	回弹性	耐油性	耐老化	耐浓碱性	用途
丁苯橡胶	SBR	-50～140	500～600	15～20	好	中	差	好	中	轮胎、胶管、胶板，通用制品
氯丁橡胶	CR	-35～130	800～1000	25～27	中	中	好	好	好	电线电缆包皮、胶管、胶带，矿用橡胶制品等
氟橡胶	FPM	-5～300	100～500	20～22	中	中	好	好	中	耐化学腐蚀制品、高级密封件、高真空橡胶件

3. 化学纤维

一般认为凡能保持长度比本身直径大千倍以上的均匀条状或丝状的高分子材料均称纤维。纤维有天然纤维和化学纤维之分。化学纤维又可分为人造纤维和合成纤维。

（1）人造纤维　人造纤维是用自然界的纤维加工制成的，如叫“人造丝”“人造棉”的粘胶纤维和硝化纤维以及醋酸纤维等。

（2）合成纤维　合成纤维是以石油、煤、天然气为原料制成的，产量最多的有六大品种，即涤纶、尼龙、腈纶、维纶、丙纶和氯纶。

目前，产量最大的纤维是聚酯纤维（涤纶），这是以聚对苯二甲酸乙二醇酯为原料制造的材料，其最大特点是不易皱折、耐磨、吸湿小。除了少数工业应用外，涤纶大量用于制造外衣。涤纶与棉花混纺的织物就是大家熟知的“的确良”，“毛涤”则是羊毛和涤纶的混纺织物。

另一种重要的合成纤维是腈纶（聚丙烯腈纤维），它与尼龙、涤纶一起称为三大合成纤维。腈纶性能似羊毛，经常与羊毛、棉或其他化学纤维混纺，用于制作衣料、毛毯、地毯等。此外，科学家们还发明了许多性能各异、用途不同的合成纤维。

2.3.4　陶瓷材料

1. 陶瓷的分类

陶瓷是一种古老的材料。一般人们对于陶瓷的概念，除了日用陶瓷外就是精美的陶瓷工艺品，如唐代的“唐三彩”及“明如镜，薄如纸”的薄胎瓷等。

传统的陶瓷一般是指陶器、瓷器及建筑用瓷。然而现代材料科学却赋予陶瓷的概念以崭新的意义，是指所有的无机非金属材料，主要成分是 SiO_2、Al_2O_3、Fe_2O_3、TiO_2、CaO、MgO、K_2O、Na_2O、PbO 等。陶瓷与金属材料、高分子材料构成三大固体材料。

陶瓷大致上可分为以下几种：

1）传统陶瓷。传统陶瓷也称普通陶瓷，主要成分是黏土，可分为日用陶瓷、建筑陶

瓷、绝缘陶瓷等。

2）特种陶瓷。特种陶瓷主要指具有独特的物理化学性能的陶瓷，如压电陶瓷、磁性陶瓷、光电陶瓷等。

3）工程陶瓷。在工程结构上使用的陶瓷称为工程陶瓷，工程陶瓷可分为两种，一种是纯氧化物陶瓷，如 Al_2O_3、MgO 等；另一种是非氧化物陶瓷，如氮化物陶瓷、硅化物陶瓷、碳化物陶瓷等。

4）金属陶瓷。金属陶瓷具有陶瓷和金属的综合性能，如硬质合金等。

2. 陶瓷的性能

（1）力学性能　①模量较大，刚性较好；②塑性差，冲击韧性值低，是脆性材料；③抗压强度比抗拉强度高得多；④硬度高，一般硬度值在莫氏硬度 7 以上。陶瓷与其他几种材料的应力—应变曲线如图 2-50 所示。

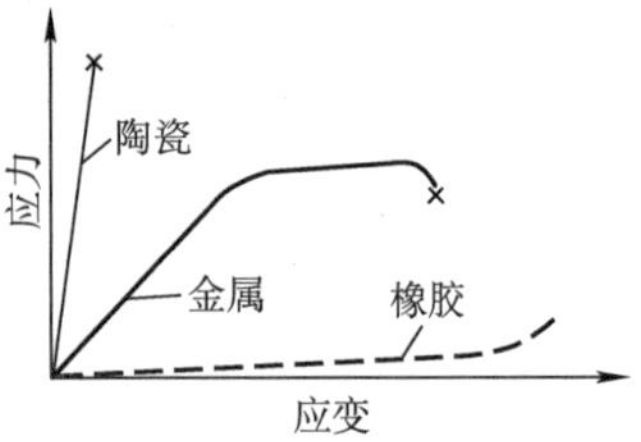

图 2-50　几种材料的应力 - 应变曲线

（2）热性能　①熔点高，高温强度很好；②在高温下不氧化，抗熔融金属的侵蚀性也好；③和金属相比，陶瓷的抗热振性较差，不耐温度的急剧变化。

（3）其他性能　①陶瓷的导电能力在很大的范围内变化，大部分陶瓷可作绝缘材料；②利用陶瓷的光学特性，可作激光材料（如固体激光器的工作物质就是用红宝石或含钕的玻璃做的）、光色材料、光学纤维、荧光物质和透光材料等；③有的陶瓷在人体内无特殊反应，可制作某些人体器官，称为生物陶瓷。

3. 陶瓷的用途

陶瓷能适应现代工业的许多特殊要求。其典型的用途有：内燃机的火花塞、高温轴承、热电偶套管、钠灯的灯管、远距离输电用的耐高压陶瓷绝缘子、水泵中的防漏水封环等。原子能反应堆中也要用到多种陶瓷材料。

陶瓷材料与其他材料相比，具有耐高温、抗氧化、耐腐蚀、耐磨耗等优异性能，而且它可用作具有各种特殊功能的功能材料，如压电陶瓷、铁电陶瓷、半导体陶瓷及生物陶瓷等，特别是随着空间技术、电子信息技术、生物工程、高效热机等技术的发展，陶瓷材料正显示出独特的作用。

4. 陶瓷应用举例

制造发动机的陶瓷包括氮化硅或碳化硅陶瓷。它们可用来制造在 1200～1400℃下工作的高温燃气涡轮发动机的叶片。美国用热压氮化硅做成的发动机转子成功地在 5000r/min 的转速下运转了很长时间。1991 年我国也研制成功了陶瓷发动机汽车，该汽车从上海到北京试开了一个往返。试验情况表明，这种发动机不必用水冷却，并能大量节约燃料。

刀具是用来切削加工金属零件的，因而要求它具有高的硬度及耐磨性。为了提高刀具的切削性能，20 世纪以来，刀具材料经过了高速钢和硬质合金两次发展历程，目前正在进入陶瓷刀具大发展的阶段。新型陶瓷以其高强度、耐磨削的特点，已成为制造切削刀具的理想材料。陶瓷刀具可用来切削那些一般刀具难以切削、硬度高的材料，如淬火钢及白口铸铁等。

制造陶瓷切削刀具的材料主要有氮化硅、氮化硼及碳化钛等。以这类材料制作的刀具没有切削液也可工作，比起硬质合金刀具具有切削速度高、寿命长等优点。目前，陶瓷材料可制成车刀、钻头、丝锥和滚刀，还可用在合金刀具的表面涂覆陶瓷薄膜的办法来提高车刀的切削速度和使用寿命。

所谓有“知觉”的陶瓷，是指这种陶瓷对于环境中的气体、温度、湿度等具有感觉，如同人的皮肤及五官一样。这种陶瓷是半导体陶瓷，包括热敏陶瓷、气敏陶瓷、湿敏陶瓷等。

半导体陶瓷主要用于制造陶瓷敏感器件及传感器件。陶瓷传感器大部分是由半导体陶瓷制造的。例如，人们将陶瓷传感器安装在汽车的排气管中，它可测试废气中的氧浓度，然后通过计算机自动控制空气与汽油的比例，使发动机处于最佳工作状态，可节约汽油 20%以上。

2.3.5 复合材料

1. 复合材料的概念

复合材料是由两种或两种以上性质不同的材料组合起来的一种多相固体材料。20 世纪 50 年代诞生了玻璃钢，60 年代诞生了性能优异的碳、硼增强纤维材料，使复合材料的基体从树脂发展到金属和陶瓷。

复合材料一般是由高强度、高弹性模量和脆性大的增强材料和低强度、低弹性模量、韧性好的基体材料所组成，如水泥钢筋、高压软管中的钢丝与橡胶等。

复合材料不仅保留了组成材料的优点，而且具有单一材料所没有的优异性能。

复合材料已成为当前结构材料发展的一个重要趋势。用玻璃纤维增强树脂基，称为第一代复合材料；碳纤维增强树脂基为第二代复合材料；金属基、陶瓷基及碳基等复合材料则是目前正在发展的第三代复合材料。

2. 复合材料的性能特点

（1）比强度和比模量高　比强度是指强度/体积质量；比模量是指弹性模量/体积质量。由碳纤维和环氧树脂组成的复合材料，比强度是钢的 7 倍，比模量是钢的 3 倍。

（2）抗疲劳性好　复合材料的基体和增强纤维能有效地阻止疲劳裂纹的扩展。

（3）减摩耐磨和自润滑性好　例如金属塑料复合材料可用做轴承（国外称为 DU 轴承），石棉和塑料复合可用做摩擦片。

（4）高温性能好　良好的化学稳定性、隔热性、耐烧蚀性，以及特殊的电、光、磁等性能。

3. 复合材料的分类

复合材料的种类很多，其分类方法主要有三种：

1）按性能分类，可分为功能复合材料和结构复合材料。

2）按基体分类，可分为金属基和非金属基复合材料。

3）按增强剂的种类和形状分类，可分为颗粒、层状及纤维增强等复合材料。

如果从复合材料的结构特点来分类，大致可分为：纤维增强复合材料，如玻璃钢；层叠复合材料，如铝与塑料薄膜；颗粒复合材料，如电木粉；骨架复合材料，如蜂窝夹层结构等。其中，比较重要的是纤维增强复合材料。主要金属基复合材料的典型应用对象见表 2-8。

表2-8　主要金属基复合材料的典型实用对象

增强体	基　体	主 要 应 用
硼纤维	铝、钛合金，金属化合物	航天器构件、导弹构件、发动机风扇及压气机叶片
碳纤维（含石墨纤维）	铝、镁合金，铜、铅	卫星天线、支架、波导管、空间站构件、直升飞机构件、电刷、集成电路基板、蓄电池极板、核装置隔板
碳化硅纤维	铝、钛合金，金属化合物	飞机导弹构件，轻、重武器支架，传动轴，发动机叶片及其他耐热件
碳化硅晶须，颗粒	铝、镁、钛合金，金属化合物	发动机活塞、型材、齿轮、连杆、飞机蒙皮、发动机叶片、火箭发动机壳体、耐磨件、耐热件
氧化铝纤维	铝、镁合金	汽车发动机连杆、活塞销、型材
氧化铝短纤维	铝、镁合金	汽车发动机活塞、型材
钨丝	高温合金	发动机涡轮叶片
自增强型定向凝固共晶高温合金		发动机涡轮叶片

2.4　零件的种类及表面组成

1. 零件的种类

任何机器或机械装置都由若干零件组成。组成机械设备的零件大致可分为六大类：①轴类零件（图2-51）；②盘套类零件（图2-52）；③支架箱体类零件（图2-53）；④六面体类零件（图2-54）；⑤特殊类零件（图2-55）；⑥机身机座类零件（图2-56）。

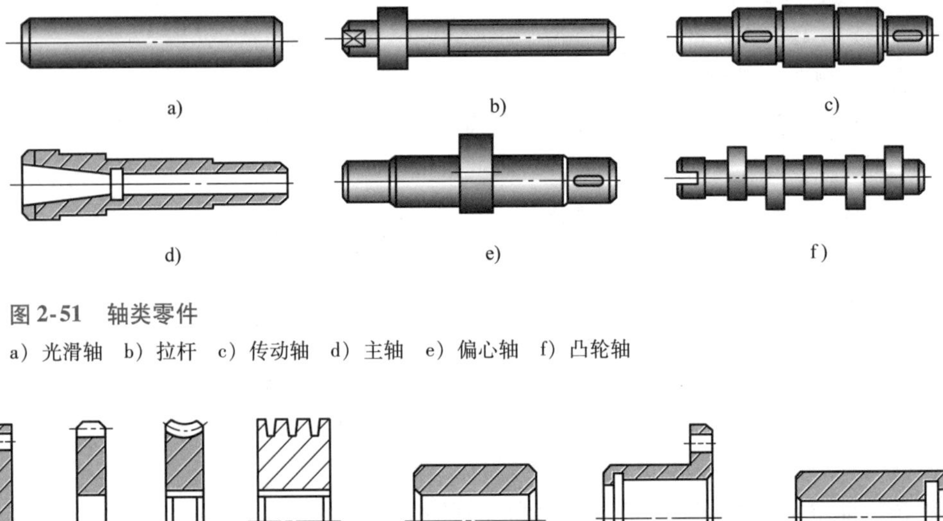

图2-51　轴类零件

a）光滑轴　b）拉杆　c）传动轴　d）主轴　e）偏心轴　f）凸轮轴

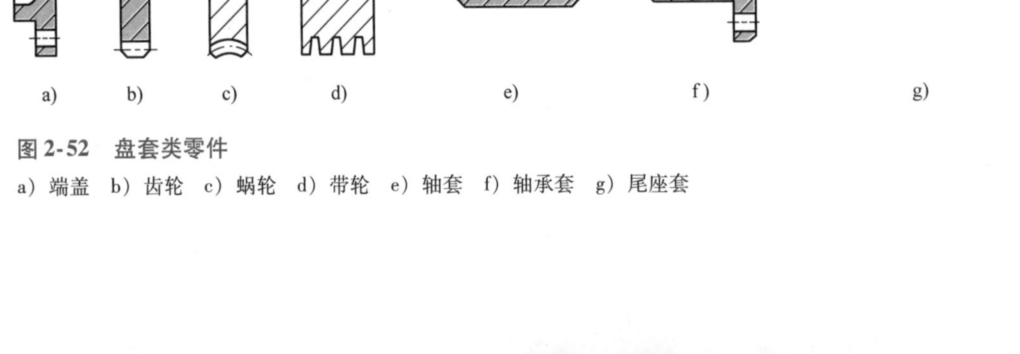

图2-52　盘套类零件

a）端盖　b）齿轮　c）蜗轮　d）带轮　e）轴套　f）轴承套　g）尾座套

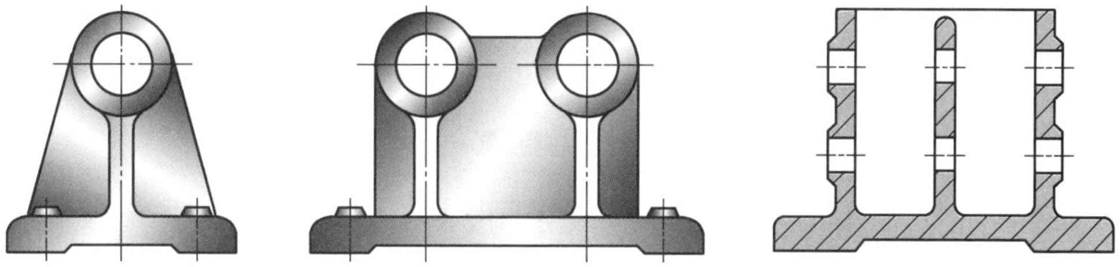

a)　　b)　　c)

图 2-53　支架箱体类零件

a）单孔支架　b）双孔支架　c）箱体

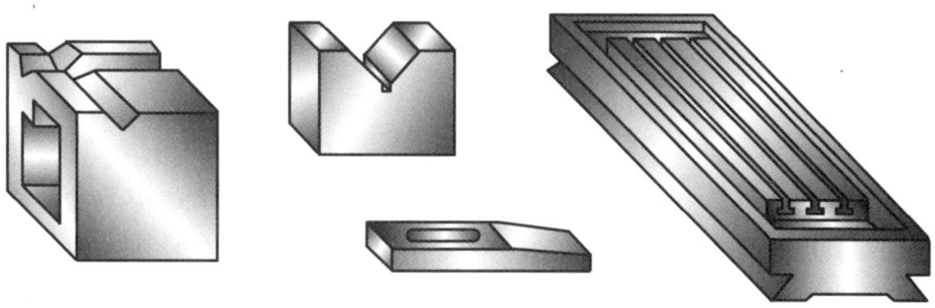

图 2-54　六面体类零件

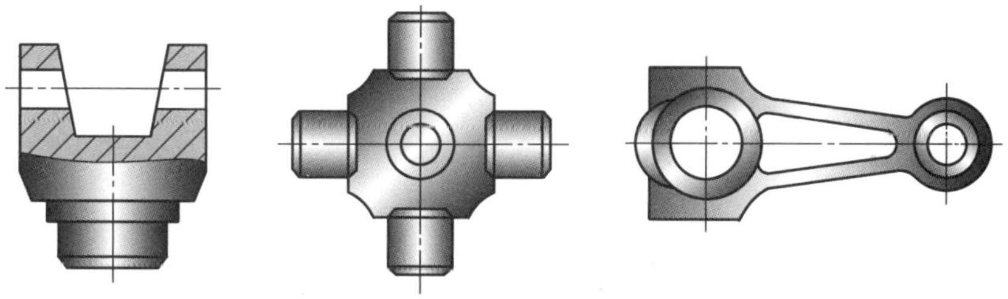

图 2-55　特殊类零件

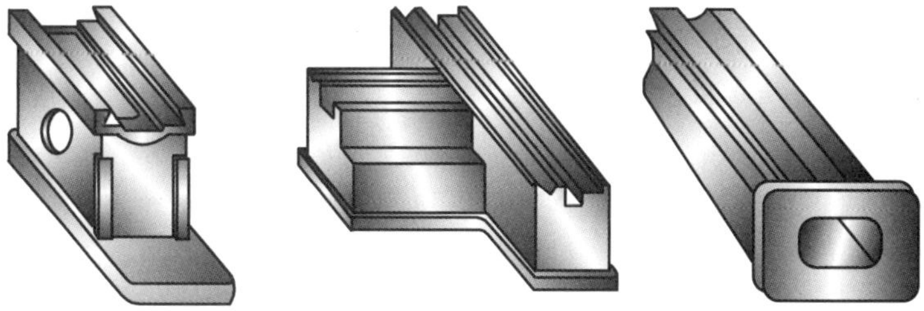

图 2-56　机身机座类零件

2. 组成零件的表面

机器零件的形状虽然多种多样，但稍加分析可知，它们基本上是由内、外圆柱面和内、外圆锥面，以及平面、螺纹、齿形、沟槽、成形面等组成的，如图 2-57 所示。了解零件的几何形状及其表面组成对零件的制造很有意义。

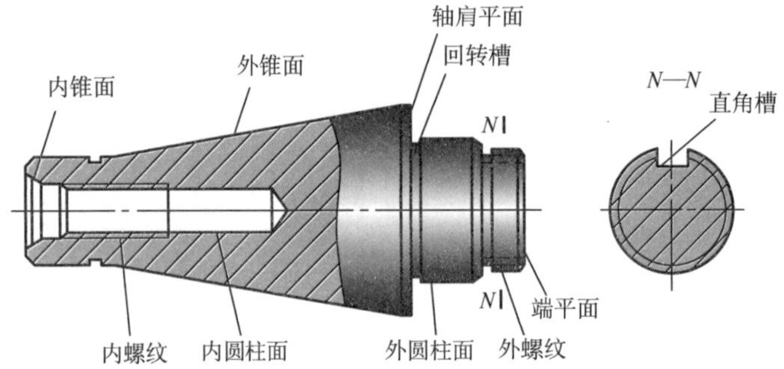

图2-57　组成零件的表面

2.5　零件的互换性与公差

机器是由零件装配而成的。大规模生产要求零件具有互换性，以便在装配时无需选择和附加加工，就能达到预期的技术要求。为了实现零件的互换性，必须保证零件的尺寸、几何形状和相对位置以及表面粗糙度的一致性。就零件尺寸而言，它不可能做得绝对精确，但必须使尺寸介于两个允许的极限尺寸之间，这两个极限尺寸之差称为公差。因此互换性要求建立标准化的公差与配合制度。我国的极限与配合采用GB/T 1800～1803标准，一般公差采用GB/T 1804标准，采用国际公差制，它既能适应于我国生产发展的需要，也有利于国际间的技术交流和经济协作。

2.5.1　互换性与公差的概念

1. 互换性的概念

互换性是指同一规格的一批零件、部件，按规定的几何、物理和力学性能参数进行加工、制造，在装配成机器或更换损坏的零件时，不需任何选择和附加修配，装配后就能达到规定的功能要求的一种性能。显然，互换性有两个方面的基本要求：

1）装配互换。尺寸等几何参数的互换。

2）功能互换。代换后满足使用性能要求。

在这里，几何参数是指零件的尺寸、几何形状、相互位置、表面粗糙度等。

2. 公差的概念

公差是实现互换性的保证。公差是指允许实际参数的变动量。规定公差的原则是：在满足使用要求的前提下，尽可能考虑生产过程的经济性。

2.5.2　尺寸、公差配合方面的基本术语

1. 孔和轴的定义

（1）孔　由单一尺寸所确定的圆柱形内表面，也包括非圆柱形内表面，具有内表面属性，形成包容状态，该部分以内没有材料。

（2）轴　由单一尺寸所确定的圆柱形外表面，也包括非圆柱形外表面，具有外表面属性，形成被包容状态，该部分以外没有材料。

2. 有关尺寸的术语及其定义

(1) 基本尺寸　零件设计时，根据性能和工艺要求，通过必要的计算和实验确定的尺寸。如图2-58所示，销轴直径ϕ20mm，长度40mm。

(2) 实际尺寸　实际测量获得的尺寸。

(3) 极限尺寸　允许零件实际尺寸变化的两个极限值。两个极限值中，大的一个称最大极限尺寸，小的一个称最小极限尺寸。

(4) 尺寸偏差（简称偏差）　某一尺寸（实际尺寸、极限尺寸等）减去基本尺寸所得的代数差。

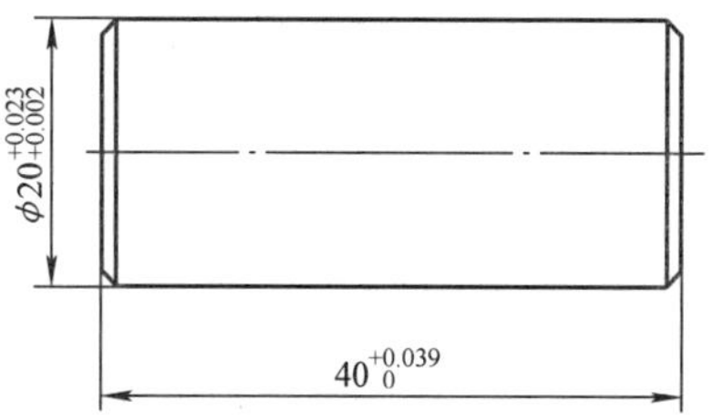

图2-58　销轴

最大极限尺寸－基本尺寸＝上偏差

最小极限尺寸－基本尺寸＝下偏差

3. 有关公差的术语及其定义

(1) 尺寸公差（简称公差）　允许尺寸的变动量。尺寸公差＝最大极限尺寸－最小极限尺寸

(2) 零线　在极限与配合图解中，表示基本尺寸的一条直线，以其为基准确定偏差和公差。

(3) 公差带　由代表上偏差和下偏差或最大极限尺寸和最小极限尺寸的两条直线所限定的一个区域，如图2-59所示。孔和轴的上偏差分别以ES和es表示；孔和轴的下偏差分别以EI和ei表示。

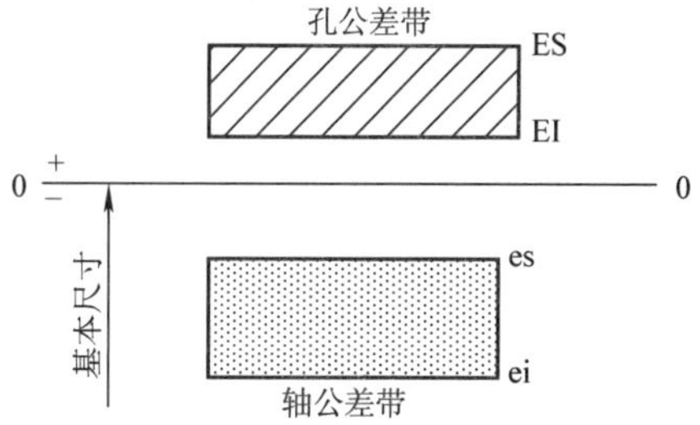

图2-59　公差带示意图

(4) 精度　尺寸公差的大小，表明零件对这个尺寸准确程度的要求。通常把零件尺寸的准确程度称为精度。国家标准规定标准公差等级分为20级，分别用IT01，IT0，IT1，IT2，…，IT18表示，IT01级精度最高，公差最小，IT18级精度最低，公差最大。其中IT01～IT12级用于配合尺寸，IT13～IT18级用于非配合尺寸。对一定的基本尺寸而言，公差等级越高，公差数值越小，尺寸精度越高。同一公差等级，基本尺寸越大，对应的公差数值越大。

2.5.3　几何公差

任何零件都是由点、线、面构成的，这些点、线、面称为要素。加工后的零件不仅有尺寸公差，构成零件几何特征的点、线、面的实际形状或相互位置与理想几何体规定的形状和相互位置还不可避免地存在差异，这种形状上的差异就是形状公差，而相互位置的差异就是位置公差，统称为几何公差。几何公差的几何特征及其表示符号见表2-9。

表 2-9 几何公差的几何特征、符号

公差类型	几何特征	符号	有无基准
形状公差	直线度	⏤	无
	平面度	⏥	无
	圆度	○	无
	圆柱度	⌭	无
	线轮廓度	⌒	无
	面轮廓度	⌓	无
方向公差	平行度	∥	有
	垂直度	⊥	有
	倾斜度	∠	有
	线轮廓度	⌒	有
	面轮廓度	⌓	有
位置公差	位置度	⌖	有或无
	同心度（用于中心点）	◎	有
	同轴度（用于轴线）	◎	有
	对称度	⌯	有
	线轮廓度	⌒	有
	面轮廓度	⌓	有
跳动公差	圆跳动	↗	有
	全跳动	⌰	有

机械零件的几何公差在很大程度上影响着该零件的质量和互换性，因而它也影响整个机械产品的质量。在进行零件设计时，应规定相应的公差并按规定的标准符号标注在图样上，还要按零件图样上给出的几何公差来检测几何误差。如图 2-60 所示为形状公差圆柱度的示意图，圆柱度公差为 0.006mm，实际圆柱面必须位于半径差为 0.006mm 的二同轴圆柱之间。

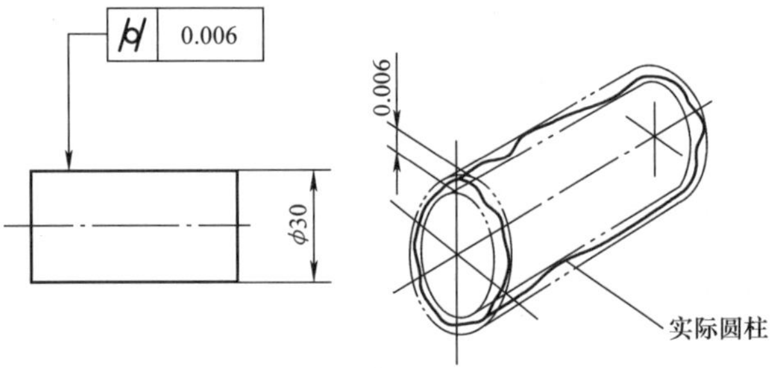

图 2-60 几何公差圆柱度的示意图

我国已发布一系列关于几何公差的国家标准。

2.5.4 表面粗糙度

无论是机械加工的零件表面，还是用铸造、锻压等方法获得的零件表面，总会存在着微观几何形状误差（轮廓微观不平度），即使是经过精细加工，看来很光亮的表面，经过放大还是可以看出表面仍具有一定的凸峰和凹谷，这种峰谷的高低和尖钝，反映零件表面的粗糙程度。表面粗糙度不仅对零件的配合性质、耐磨性、强度、耐蚀性、机器的工作精度、机器装配后的可靠性和寿命有着重要的影响，而且对连接的密封性和零件的美观等也有很大的影响。因此，对表面粗糙度提出合理要求是一项不可缺少的重要内容。

表面粗糙度是指零件表面的微观几何形状误差，指零件表面上所具有的较小间距的峰谷所组成的微观几何形状特征。它主要是加工后在零件表面留下的微细凸凹不平的刀痕。按国家标准规定，评定表面粗糙度的指标有许多，其中轮廓算术平均偏差 *Ra* 应用最广。*Ra* 越小，表面粗糙度值越小。

在零件图样上标注表面粗糙度代号时，代号的尖端指向可见轮廓线、尺寸线、尺寸界线或它们的延长线上，并且必须从零件外指向零件表面。图 2-61 和图 2-62 分别表示表面粗糙度代号在不同位置上的标注方法和在图样上标注的示例。零件所有的表面或某些表面具有相同要求的表面粗糙度时，代号标注在图样的右上角。

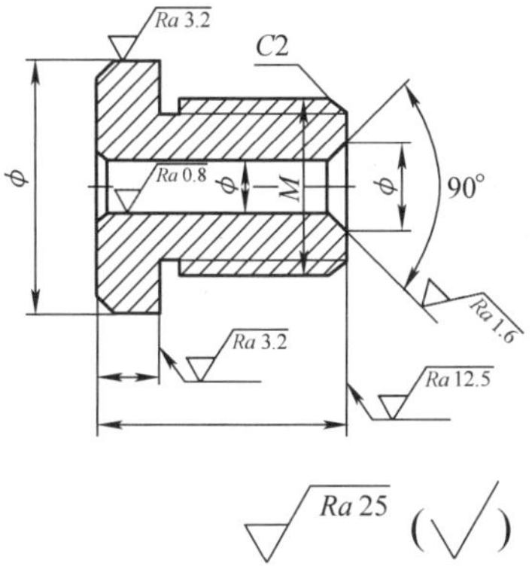

图 2-61　表面粗糙度代号标注示例

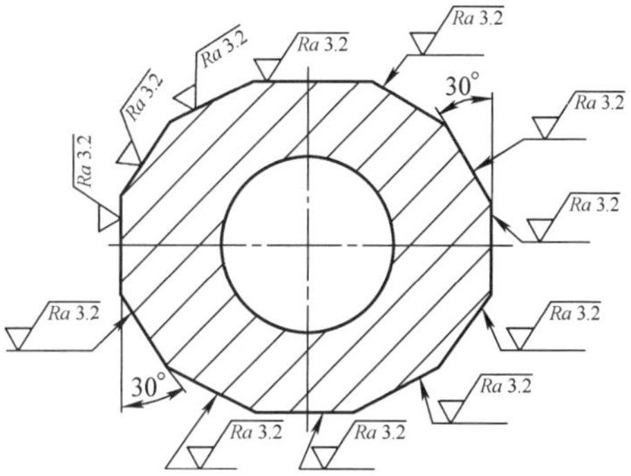

图 2-62　各倾斜表面粗糙度代号的注法

复习思考题

1. 机器一般由哪几部分组成？每部分的主要功能是什么？
2. 在机械工程中，常用机构的基本类型有哪几种？
3. 连续转动到连续转动的运动变换形式有哪几种机构形式？
4. 连续转动到往复摆动的运动变换形式有哪几种机构形式？
5. 工程材料有哪几种？常用的金属材料有哪几种？它的应用在哪些领域？
6. 什么是高分子材料？高分子材料分为哪几种？讨论一下高分子材料在生产生活中都有哪些应用？
7. 常用的塑料有哪几种？根据每一种塑料的性能，谈一谈其应用情况。
8. 陶瓷材料有哪几种？陶瓷材料的性能特点是什么？都有哪些应用领域？
9. 什么是复合材料？复合材料有哪些性能特点？
10. 阐述形位公差的概念、分类及其表示符号。

第3章 机械设计及现代设计方法

3.1 概论

3.1.1 工程设计的概念

自有人类以来，人类为取得生活之源，不断改造自然界，改造人类社会本身，从而萌发了有目的活动。人类从事任何有目的的活动之前都要有所构思或谋划，正如常言所说“凡事预则立，不预则废”。这种构思或谋划活动就是广义的设计。原始人“构木为巢，结绳记事”是原始的设计结果；现代人能够“上九天揽月，下五洋捉鳖”，依靠的是现代设计成就；人类为了改造人类社会本身，创语言、造文字是一种设计，兴宗教、建国家也是一种设计；还有我们说市场经济的建立需要进行机制设计等。可见，从广泛意义上讲，设计无所不在，人类文明的历史就是不断进行设计活动的历史。

产品是设计结果的物质表现。若设计人员所设计的产品，是以一定技术手段来实现社会特定需求的人造系统，则称之为技术系统。工程设计主要是对技术系统而言的，它是广义设计在工程技术领域中的特有表现，是对技术系统进行构思、分析并把设想变为现实的技术实践活动。

一般地讲，技术系统可用图3-1表示，它的处理对象是能量、物料及信息。随着时间及其他条件的影响，系统中存在能量、物料及信息的变化，即能量流、物料流和信息流。其中，能量包括机械能、电能、光能、核能等形式，在图3-1中用实线箭头表示；物料可为材料、毛坯、试件、半成品等形式，在图3-1中用双线箭头表示；而信息往往体现为测量值、指示值、控制信号、脉冲显示等形式，在图3-1中用虚线箭头表示。

图3-2所示为压力机用于冲压时的技术系统示意图，通过对系统的输入和输出的主要内容分析可知，压力机这一机械系统用来使物料分离或产生塑性变形。采用这种分析方法，便于抓住系统的本质，有助于进一步改进或开发新的技术系统。

和其他任何事物一样，技术系统对外表现出来的功能与作用取决于技术系统的性质。为了识别、描述、评价及选择较理想的技术系统，有必要弄清技术系统性质的内涵，进而明了各项性质之间的关系，便于开展设计工作。

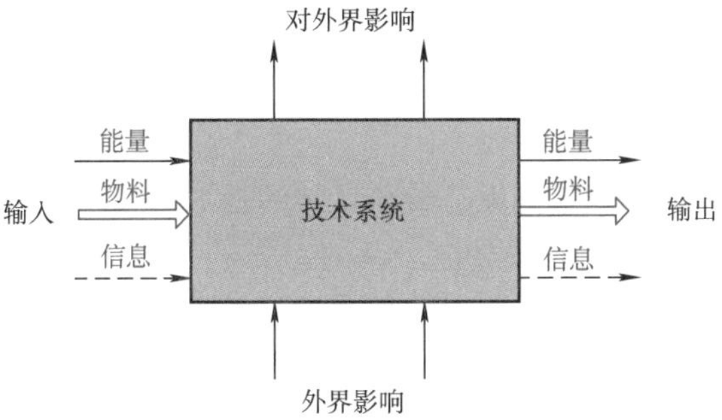

图 3-1　技术系统

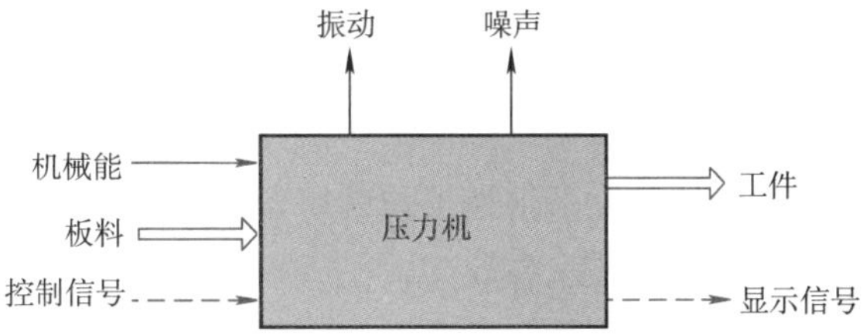

图 3-2　压力机用于冲压时的技术系统

技术系统的性质可分为整体性质、基本设计性质和工作性能，如图 3-3 所示。其中，结构、材料、形状、尺寸及工作表面之所以被称为技术系统的基本设计性质，首先在于它们决定了系统的其他性质，例如系统的强度、刚度等主要取决于零件的材料、尺寸，结构及工作表面影响载荷分布及应力状态等；其次，这五种性质是设计人员可调节的，例如当空间受到限制时可以选用较好的材料，需要减小应力集中影响时可以改变零件的形状等。因此，也有人认为，设计过程就是基本设计性质的调节过程，以使技术系统具备所期望的性质。

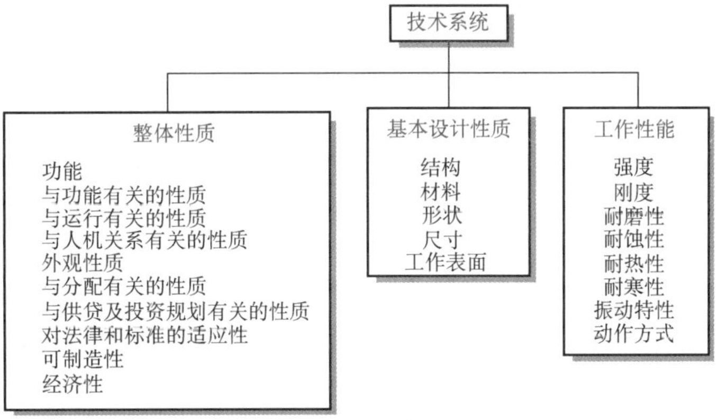

图 3-3　技术系统的性质

工程设计是一种技术实践活动，旨在创造人为事物，实践性是其最根本的特征之一。设计从实践中来，是设计之源；回到实践中去，是设计之流。在人类创造人为事物的历史长河中，源流相济，回旋往复。

从信息处理角度，设计是一种信息转换装置，输入的是设计要求和约束条件信息，设计者运用一定的知识和方法通过计算机、试验设备等工具进行设计，最后输出的是方案、图样、程序、文件等设计结果。随着信息和反馈信息的增加，通过设计者的合理处理，将使设计结果更趋合理。

设计并不仅仅是计算和绘图。随着高新技术的发展和社会需求的多样化，工业生产迅速走向大规模、集成化和复杂化，从而使现代工业特别是机械工业面临新的机遇和挑战。在这样的环境下，单一地考虑和孤立地进行设计往往会事与愿违。设计不再是单纯的科学技术问题，要把市场需求、社会效益、经济成本、加工工艺、生产管理等问题统一考虑，最终反映到质优价廉的产品上。只有将设计与市场信息密切结合，通过在设计、生产、市场三者之间寻求最佳匹配关系，才能建立性能优良的技术系统，得到令人满意的设计结果。

3.1.2 设计的地位和意义

设计的目的是保证系统的功能，建立性能优良、成本低廉、价值最佳的技术系统。它对产品的技术和经济效果起着决定性作用，其重要性是不言而喻的。

在产品质量事故中，约50%是由不良设计造成的。设计中的失误会造成严重的损失，哪怕是设计中某些考虑不周的地方也可能产生明显的负面效应。埃及20世纪70年代初竣工的阿斯旺水坝就是一例，它有效地控制了尼罗河流域的水旱灾害，并能供应电力，对国民经济的发展起了一定的作用，但由于设计时对环境因素分析不够，没有考虑对自然生态平衡的影响并采取相应的措施，从而引起一系列严重的问题，如大量泥沙和有机质沉于水库底部，致使尼罗河下游缺乏肥源，土壤变得贫瘠；尼罗河入海口处沙丁鱼食物不足，数量急剧减少；河口三角洲的洼地退缩，影响沿河的军事及工业建筑的安全。水库建成后，下游一些地方的河水变为死水，血吸虫及疟蚊大量繁殖，对居民健康造成很大威胁。由此可见避免设计失误的必要性。

设计作为现代工业生产的关键性环节，在产品的整个生命周期中占有极其重要的位置，它从根本上决定着产品的内在和外在品质及成本。

设计成本约占产品成本的10%，工作量占产品制造周期的20%，产品成本的70%是由设计阶段决定的；而在运用CAD/CAM技术的工程阶段，只决定着20%的产品成本；在生产过程控制和规划阶段，则只影响成本的10%。由此可见，设计是决定产品命运的最重要环节，是现代社会工业文明的最重要支柱，是工业创新的核心环节。设计水平和能力是国家工业创新能力和竞争能力的决定性因素。实践表明，设计结果除了决定着产品的技术指标外，也决定着未来生产的经济效益和社会效益，设计越符合客观实际，则效益越高。

国际上许多国家都很重视设计。从历史上看，英国工业革命推进了资本主义的发展，但后来经济衰退了，原因之一是没有认识到设计工作是国民经济的根本所在。到了20世纪60年代初，英国政府明确提出要改善产品设计，并以政策和财政来支持推广设计新技术。

美国在第二次世界大战末期，为了加强对设计的指导，成立了“工业设计委员会”。到1972年改为“设计委员会”。1985年，美国国家科学基金会召开了“设计理论和设计方法研究的目标和优化项目”的讨论会，制定了相应的政策以提高产品的竞争能力。美国机械工程师学会每年召开一次“设计自动化会议”，每次会议都有创新的内容。

对日本设计领域冲击最大的是美国关于自动设计和CAD的发展，他们很快地将机械设计过程看作是一个完整的系统，将设计看作是技术、经济、美学、人机学的一体化整体，并极力推广和采用新技术，从而大大地提高了机械产品在国际市场的竞争力。

3.1.3 设计的分类

按照不同的划分标准，设计有不同的分类。例如，按照设计活动的时间进程，设计可分为方案设计（概念设计）、技术设计（详细设计）和施工设计。基于对设计本质的认识，根据设计活动中创造性的大小，则可将其分为三类：常规设计（Routine Design）、革新设计（Innovative Design）和创新设计（Creative Design）。

所谓常规设计，是指以成熟技术结构为基础，运用常规方法来进行的产品设计。它在工业生产中大量存在，并且是一种经常性的工作。为了满足市场需求，提高产品的竞争能力，就需要改进老产品，研制新品种，降低生产材料、能源的消耗，改进生产加工工艺等。在这种情况下，就需要在设计中采用新的技术手段、技术原理和非常规方法，即需要进行创造性设计。这里所说的创造性设计是创新设计和革新设计的统称。创新设计旨在提供具有社会价值的、新颖而独特成果的设计。它是设计探索中最富有挑战性的领域，通常没有现成的设计规划，有时甚至没有类似的设计作为借鉴，完全凭设计者去“无中生有”。革新设计是指为增加原有产品的功能、适用范围，提高它的性能或改进其结构、尺寸或外形的变型设计，因此又可称为改进设计。这项任务实际上也包含了部分创造性内容，但与“无中生有”相比，它属于“举一反三”。

从设计任务的要求来划分，通常有三种不同类型的设计：

1）开发性设计。运用成熟的科学技术，从工作原理和结构上设计过去没有的新型产品，这是一种完全创新的设计。

2）适应性设计。在原理、方案基本保持不变的前提下，对产品作局部的变更设计，使之更能满足用户的需求。

3）变型设计。在功能和工作原理不变的情况下，变更现有产品的结构配置、布置方式和尺寸，使之适应多方面的使用要求。

据德国机械制造工作者协会调查表明，在机械制造业中，产品的55%属于适应性设计，25%为开发性设计，20%为变型设计。设计类型的划分界限有时并不十分明确。

3.1.4 设计的本质与过程

1. 设计的本质

设计的本质可以从下面几方面来说明：

1）从工作性质与内容看，设计的内容广泛。在传统的工程设计中，将设计过程划分为方案设计、技术设计和工艺设计。随着计算机和信息技术的发展，工程设计的范畴从传统的设计内容已扩展到产品规划、制造、检测、试验、营销、运行、维护、报废、回收等全过程的全方位设计。

2）从设计的过程与方法看，设计是一种活动。

① 设计是一种工程活动。设计师的任务就是运用自然科学的知识与法则去创造物质文明，它几乎涉及人类生活、生产的所有方面。

② 设计是一种创造性的智力活动。设计的全过程，需要设计师提出各种不同的构思和设想，具有灵活运用知识和经验处理技术、经济等问题的能力和优良的品质、作风，能创造性地寻求设计目标和任务的实现。

③ 设计是一个综合、决策、迭代、寻优的过程。设计流程就是输入信息→处理加工→综合、判断、决策→输出信息，是寻求设计目标、方案、参数、结构等最优的过程。设计过程也是一个信息综合、反馈（或迭代）、交流的过程。设计要求和约束条件及多种约束之间相互制约，甚至是相互矛盾的，虽经优化，也只能综合、权衡各方面因素取得相对满意的结果。

设计是一种创造性活动，设计的本质是创造和革新，从这个意义上讲，创新是设计的灵魂。例如，测绘仿造一台机器，虽结构复杂，零件很多，但没有任何创新，不能算是设计。

而防松木螺钉虽小，却集中了木螺钉和螺钉的优点，既能方便地钉入，又能自锁防松，它的开发过程具有创新成分，可称为是设计。

进行设计工作，自然离不开计算、绘图，也需要各种设计手册的帮助，但更重要的是要突出创新的原则，通过直觉、借鉴、推理、组合等途径，探求创新的原理方案和结构，做到有所发明、有所创造、有所前进，把创造性贯穿于设计过程的始终。

设计的本质是由如下设计的基本特征所决定的：

1）约束性。设计是在多种因素的限制和约束下进行的，其中包括科学、技术、经济等发展状况和水平的限制，也包括生产厂家提出的特定要求和条件，同时还涉及环境、法律、社会心理、地域文化等因素。这些限制和要求构成了一组边界条件，形成了设计人员进行构思或谋划的“设计空间”。设计人员要想高水平地完成设计工作，就要善于协调各种关系，灵活处置，合理取舍，精心构思，而这只有充分发挥自己的创造力才能做到。

2）多解性。解决同一技术问题的办法是多种多样的，满足一定目的的设计方案通常也并不是唯一的。任何设计对象本身都是包括多种要素的功能系统，其参数的选取、尺寸的确定、结构形式的设想等都具有很强的可选择性。因此，设计思维的活动空间是广阔的，它为设计人员创造性的发挥提供了天地。

3）相对性。设计结论或结果都是相对准确的，而不是绝对完备的，这就使得设计人员经常处于一种相互矛盾的情境之中。例如，既要降低成本，又要增加安全性、可靠性；既要能满足近期需要，又要照顾到长远发展；既要功能全，又要体积小，如此等等。这种相互矛盾的要求给设计工作增加了难度，加上事先难以预料的一些不确定因素的影响，使得设计人员在对设计方案的选择和判定时，只能做到在一定条件下的相对满意和最佳。设计的这种相对性特征一方面要求设计人员必须学会辨证思考，另一方面也给设计人员提供了显示和发挥自己创造才能的机会。

2. 设计的过程

设计一般需要经过调查研究（资料检索）、拟订方案（设计模型）、分析计算（论证方案）、绘图和编制技术文件等一系列的工作过程。对于其中的每一项工作，设计人员都要付出巨大的努力，往往需要一个较长的设计周期。因此，一个好的设计人员，不仅要有渊博的现代科学知识、丰富的生产实践经验，而且还要善于贯彻国家的技术方针政策，善于调查研究和总结经验。这样，才能根据生产实践、用户需要、市场信息、产品的利润和资金回收周期等方面的情况，不断改进产品的设计质量，以满足社会生产和生活增长的需要。

图3-4所示为机械产品设计过程的工作循环流程。

首先，对设计对象作出正确的分析，确定它的技术经济指标。同时，对过去生产的同类产品进行调查（包括性能、技术参数、生产经验、使用情况、市场信息等），为拟订初步的设计方案打下基础。

其次，采用系统学或创造性的设计方法，确定可能的设计方案，根据经验或通过简单的计算作出分类，然后再用价值分析方法或优选方法选择方案。

最后，用优化设计方法确定所选方案的主要参数，选择经济的材料和工艺过程，并完成设计阶段的一切技术文件。

新产品的试制工作是很重要的，以便通过理论或实验的方法对产品作出技术经济的鉴定。假如通过鉴定证明产品设计是成功的，则可以组织试生产，然后进入关于产品销售、利

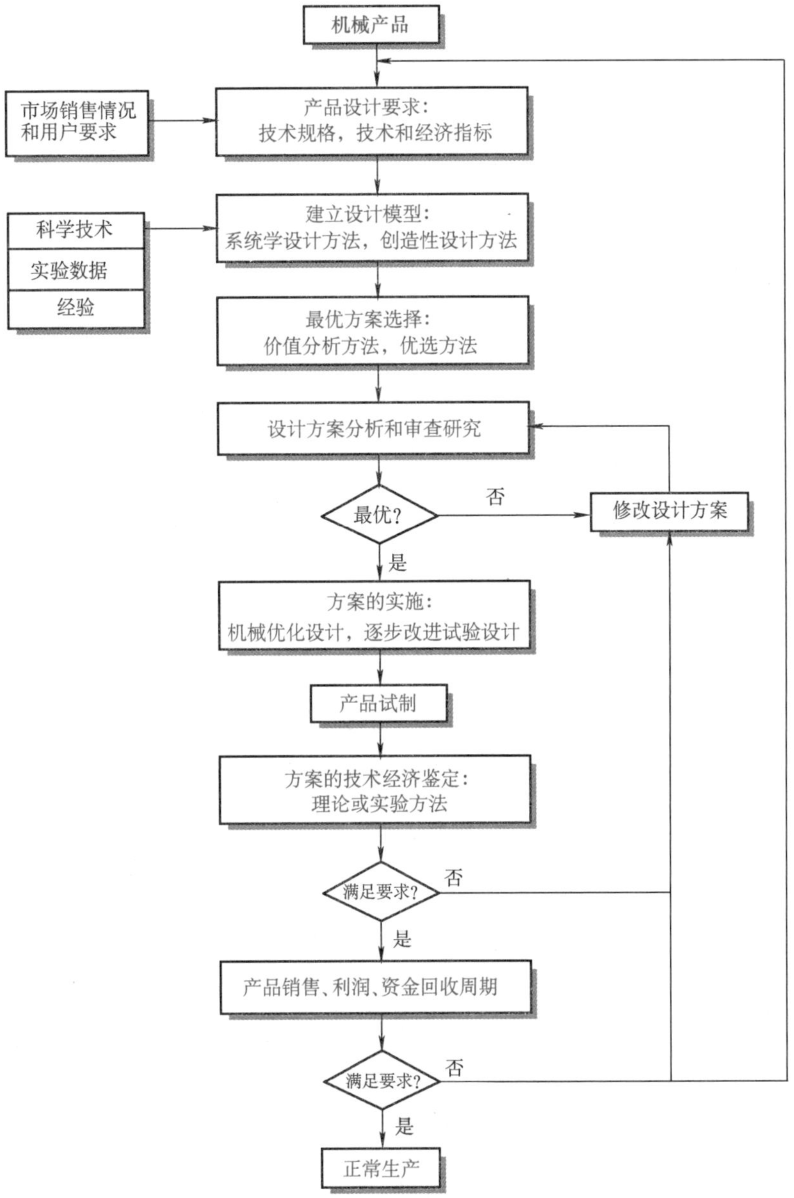

图3-4　机械产品设计过程的工作循环流程

润、资金回收周期的预算阶段。在这个阶段中，希望产品达到预期的综合技术经济指标，否则还要对产品设计作进一步的修改，直至满足要求为止。但设计工作永远不会完结，因为一切设计工作的成效，最后是以产品的销售情况为评定依据的，所以还需要根据市场信息，按照图3-4所示的工作过程反复进行，才能使新产品的设计质量不断提高。

近20年来，产品设计引入了系统科学、信息科学的理论和方法，更广泛地借助于现代数学方法和计算技术，产品设计进入了系统工程、系统优化和计算机辅助设计的阶段。工程设计是一种有目标的创造性社会活动，自然科学和工程科学是其必要的知识基础，相关的专业知识和经验，尤其是结构工艺、材料性能、生产过程和管理方面的知识基础也是十分必要的。设计产品往往是为了满足社会的需要，力争产品具有市场竞争力。因此，设计人员还必须了解所设计产品的政治、经济、人文、法律、社会、技术和生态环境的有关情况。

过去，整个设计过程（包括资料检索、设计计算、绘图等）全部是由设计人员来承担的，这就是传统设计方法。随着对产品设计质量要求的提高和设计周期要求的缩短，这种设计方法已越来越适应不了发展需要。计算机的应用使设计领域产生了一场深刻的革新。例如，用理论设计代替经验设计，用精确设计代替近似设计，用优化设计代替一般设计，用动态分析代替静态分析等。

3.2 设计理论与方法

多年来，各国学者对产品设计理论和方法进行了研究，并提出了许多设计理论与方法，比较著名的有发明问题解决理论（Theory of Inventive Problem Solving，TIPS）、公理化设计理论（Axiomatic Design，AD）、Tagnchi 方法、面向对象的设计（Design for X，DFX）、并行设计、优化设计、绿色设计、虚拟设计、数字化设计等。这些理论与方法多是在不同条件下相互独立地提出的，各有其特点。但到目前为止，还没有一种被公认的最好或最适合于工业界应用的设计理论和方法。正如 MIT 公理性设计组的 Tate 博士通过对世界著名流派的设计理论进行分析时所指出的："尽管设计理论的研究已有 100 多年的历史，很多研究成果已在工业界得到应用，但设计理论并未成熟，目前仍处于准理论阶段。"完善已有的设计理论与方法，提出更有应用前景的设计理论与方法，在工业界推广已有的设计理论与方法等，一直是设计理论界的重要课题。

3.2.1 设计理论与方法的分类

科学技术工作者已提出并研究了数十种现代机械设计方法。比较有代表性的方法有：优化设计、创新设计、概念设计、动态设计、智能设计、虚拟设计、可视化设计、网络设计、并行设计、数字化设计等。东北大学闻邦椿院士经过研究，从不同角度对这些设计方法进行的分类，如图 3-5 所示。

3.2.2 机械设计理论与方法的发展趋向

许多科技工作者为了提高产品的设计质量，进行了大量的研究工作，深入研究了各种设计方法，获得了许多有重大应用价值的成果，并在诸多产品的设计中发挥了良好的作用。如果在这个基础上，将宏观研究与微观研究很好地结合起来，设计理论与方法的研究将会有更大的突破。

就目前国内外的研究状况来看，产品的设计理论与方法正在向图 3-6 所示的几个主导方向发展。这些设计方法各有其特点和适用范围。综合设计理论与方法通常是以单一设计理论方法为基础的，所以对单一设计方法研究工作的深化是搞好综合设计法的基础。

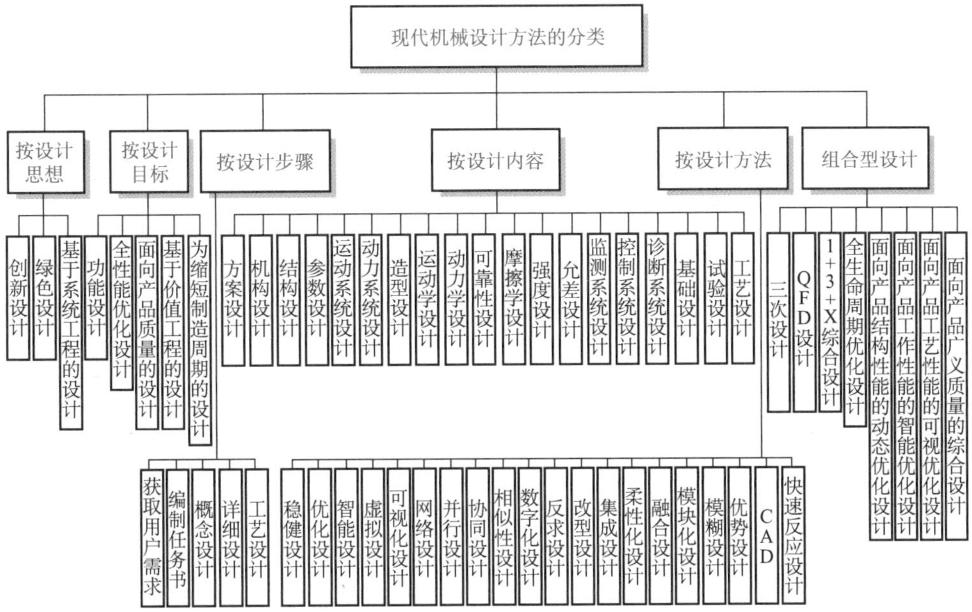

图 3-5　现代机械设计方法的分类

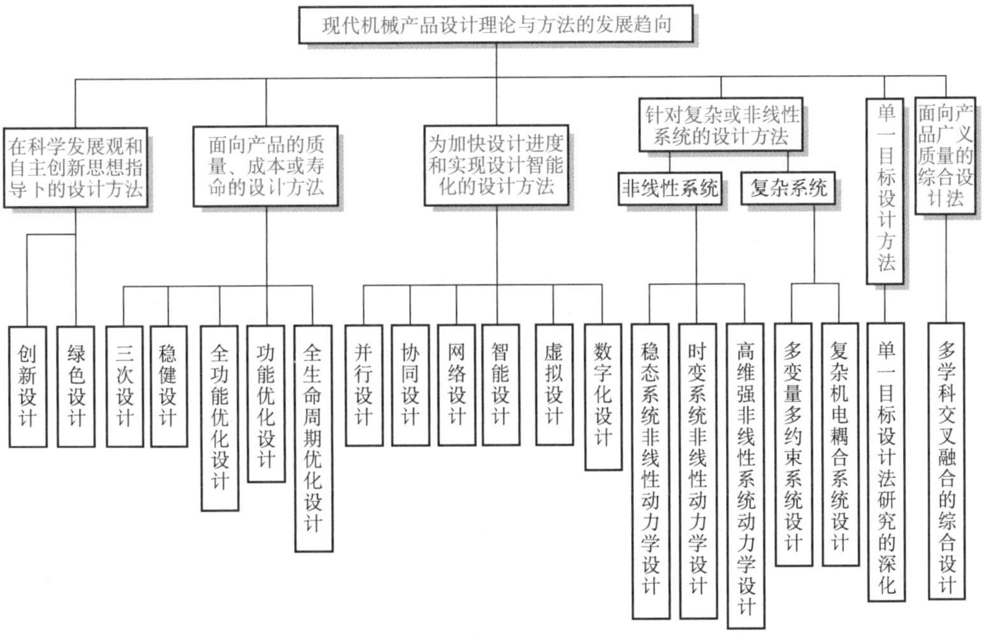

图 3-6　现代机械设计理论与方法的发展趋向

3.3　现代设计技术

3.3.1　现代设计技术的定义与特点

由于现代设计技术是一门新兴的科学，迄今为止国内外文献对此尚无普遍公认的严格定义，也没有明确的边界。科学技术的重心正在由材料（物质）和能量转向信息，它意味着电子信息科学技术的崛起和信息技术时代的到来。信息技术的渗透影响着产品和制造业的变革，也影响着设计技术的变革与发展，并为设计技术的发展提供了条件，同时对设计技术也提出了要求。

可以这样给现代设计技术下个定义：以满足应市产品的质量、性能、时间、成本/价格综合效益最优为目的，以计算机辅助设计技术为手段，以知识为依托，以多种科学方法及技术为手段，研究、改进、创造产品活动过程所用到的技术群体的总称。现代设计技术是由现代设计方法学、计算机辅助设计技术、可信性设计技术、试验设计技术等多学科交叉融合的产物。现代设计技术是传统设计技术的继承、延伸和发展，是吸收了传统设计技术中的思想、观点、方法的精华而发展起来的。

工业发达国家和先进企业大量的成功事例表明，现代设计技术的推广应用所取得的技术、经济和社会效益，集中体现在大大提高产品的质量，缩短设计周期，降低成本，并且有效地节约资源、保护生态，创造人类持续发展的和谐环境。

归纳起来，现代设计技术具有如下特点：

（1）设计范畴扩展化　传统的设计只限于产品设计，而现代设计则将产品设计向前扩展到产品规划，甚至用户需求分析；向后扩展到工艺设计，使产品规划、产品设计、工艺设计形成一个有机的整体。另外，设计范畴的扩展还体现在面向“X”的设计技术，即在设计过程中同时考虑制造、维修、价格、包装、发运、回收及质量等因素。

（2）设计手段计算机化　传统的手工设计正在被计算机辅助设计所代替。计算机在设计中的应用已从早期的辅助分析计算和辅助绘图，发展到现在的优化设计、并行设计、三维建模、设计过程管理、设计制造一体化、仿真和虚拟制造等。

（3）设计过程并行化　并行设计技术是目前最热门的技术之一。与产品有关的各种过程并行交叉进行，可以减少各种修改工作量，有利于加速设计进程，提高设计质量。同时，各方面的专家协同工作，有利于得到整体最优解。

（4）设计过程智能化　在传统的设计过程中，一切创造性的设计都需要设计人员来完成。但在现代设计中，却可以借助人工智能和专家系统技术，由计算机完成一部分原来必须由设计者进行的创造性工作。

（5）设计手段拟实化　在传统的设计过程中，产品和零件的外观形状只有在制造后才能看到。由于三维造型技术、仿真和虚拟制造技术以及快速原型制造技术的出现，使得人们在零件被制造之前就可以看到它的形状甚至摸到它，可以大大改进设计的效果。

（6）分析手段精确化　传统设计中，靠加大安全系数来提高产品的可靠性。但提高安全系数并不总能提高产品的可靠性。现代设计则利用有限元等功能强大的分析工具，准确模拟系统的真实工作情况，得到符合实际情况的最优解。现代设计还运用概率论和统计学方法进行产品的可靠性设计。

（7）多种手段综合应用　现代设计利用高速计算机可以将各种不同目的的设计方法、设计手段综合起来，以求得系统的整体最优解。

（8）强调设计的逻辑性和系统性　传统的设计采用经验法和类比法，现代设计则强调设计的逻辑性和系统性。

（9）进行动态多变量的优化　由于手段的限制，传统设计过程一般只能进行静态分析，而现代设计却可考虑负载率等随机变量，进行动态多变量最优化设计。

(10) 强调产品的环保性　随着人们对环境问题越来越重视，要求能设计出所谓的绿色产品，即要求产品运行过程中的各种污染尽可能少，对人体的危害减至最低。

(11) 强调产品的宜人性　现代设计除强调产品的内在质量外，还特别强调产品的外观质量，如美观性、时代性和艺术性，使产品造型具有一定的艺术感染力，使使用者有新颖、心情舒畅、愉快及兴奋等感觉，满足使用者的审美要求。

(12) 强调用户参与　用户是产品的最终消费者，仅仅靠市场调研的结果常常并不能完全反映用户的需求。所以，现代设计强调用户参与设计过程，这样设计出的产品才能准确无误地反映用户的要求，取得用户的最大满意。

(13) 强调设计阶段的质量控制　现代质量控制理论认为：产品的质量首先是设计出来的，其次才是制造出来的。所以，应特别重视设计阶段的质量控制活动，以免设计出来的产品在质量上先天不足。

(14) 设计和制造一体化　传统的设计与制造过程是分离的。现代设计则强调设计和制造过程的一体化和并行化，强调从设计信息到制造信息的顺畅传递和快速反馈，甚至要求设计和制造采用统一的数据模型。

(15) 强调产品全生命周期最优化　现代设计强调从市场调研、用户要求，到产品规划、产品设计、工艺设计、制造过程、质量控制、成本核算、销售价格、包装运输、售后服务、维修保养、报废处理及回收再利用等产品全生命周期的综合最优化。

本书重点介绍优良性能设计基础技术、竞争优势创建技术、全生命周期设计技术、并行设计技术和绿色产品设计技术等现代设计技术。

3.3.2　优良性能设计基础技术

优良性能设计基础技术是一组以提高机械产品综合性能为目标的设计技术，是各种创新技术发展的基础，是全生命周期设计技术的必要条件。它包括可靠性设计技术、试验技术、防疲劳断裂设计技术、系统动态设计技术、稳定性设计技术、摩擦学设计技术、优化设计技术、防腐蚀设计技术、表面工程设计技术、状态监测和补偿控制技术等。在这里，仅介绍可靠性设计、系统动态设计和优化设计技术。

1. 可靠性设计

(1) 可靠性的概念及其发展　可靠性（Reliability）是产品的一个重要性能特征。人们总希望自己所用的产品能够有效可靠地工作。因为任何故障和失效都可能给使用者带来经济损失，甚至会造成灾难性的后果。

产品的可靠性可定义为：产品在规定条件下和规定时间内完成规定功能的能力。这其中的三个规定具有某种数值的概念。一个数值是“规定的时间”，它具有一定寿命的数值概念。这个规定的时间指的是产品出厂后的一段时间，这一段时间可以叫做产品的保险期；所谓“规定的条件”，包括环境条件、储存条件以及受力条件等；另一个数值是“规定的功能”，它说的是保持功能参数在一定界限值之内的能力，不能任意扩大界限值的范围。产品的可靠性与产品的设计、制造、使用以及维护等环节密切相关。从本质上讲，产品的可靠性水平是在设计阶段奠定的，它取决于所设计的产品结构、选用的材料、安全保护措施以及维修适应性等因素；制造阶段是保证产品可靠性指标的实现；而运行使用是对产品可靠性的检验；产品的维护是对其可靠性的保持和恢复。

可靠性问题最早是由美国军用航空部门提出的。第二次世界大战期间，美国空军由于飞行故障事故而损失的飞机达21000架，比被击落的飞机多1.5倍，这个事实引起美国军方对可靠性问题的高度重视。

到了20世纪50年代，由于军事、宇航及电子工业的迅速发展，在产品的复杂程度及功能水平提高的同时，也导致了故障率的急剧增加。为此，产品和系统的可靠性问题也引起了一些工业发达国家的高度重视，他们集中大量的人力、物力和财力对产品的可靠性进行了系统的理论研究和大量的实验验证，取得了显著的成就，使电子产品的平均使用失效率达到了$1\times10^{-12}\sim1\times10^{-10}$/h 水平。

随着电子产品可靠性的提高，机械产品的可靠性问题日趋突出。20世纪60年代末，人们对机械零件失效机理和失效规律等问题进行了探讨，建立了以强度-应力为基础的机械产品可靠性计算模型。机械产品可靠性计算模型的建立，为机械产品的强度、刚度等问题的可靠性设计提供了理论基础，标志着机械产品可靠性设计进入了实用阶段。目前，机械产品的可靠性设计已趋向成熟，许多机械标准件以及机械产品的设计都相继引入了可靠性指标。

（2）可靠性的研究内容和可靠性指标　可靠性的主要研究内容有可靠性理论基础和可靠性应用技术。可靠性理论基础包括概率统计理论、失效物理、可靠性设计技术、可靠性环境技术、可靠性数据处理技术、可靠性基础实验及人在操作过程中的可靠性等。可靠性应用技术包括使用要求调查、现场数据收集和分析、失效分析、零部件和系统的可靠性设计与预测、软件可靠性、可靠性评价和验证、包装运输保管和使用的可靠性规范、可靠性标准等。

可靠性的数值标准常采用以下指标（或称特征值）：可靠度、失效率或故障率和平均寿命等。

1）可靠度（Degree Of Reliability）。可靠度的定义是：零件（系统）在规定的运行条件下及在规定的工作时间内，能正常工作的概率。

2）失效率（Failure Rate）。机电产品零件的典型失效率曲线（即失效或故障模式）如图3-7所示。

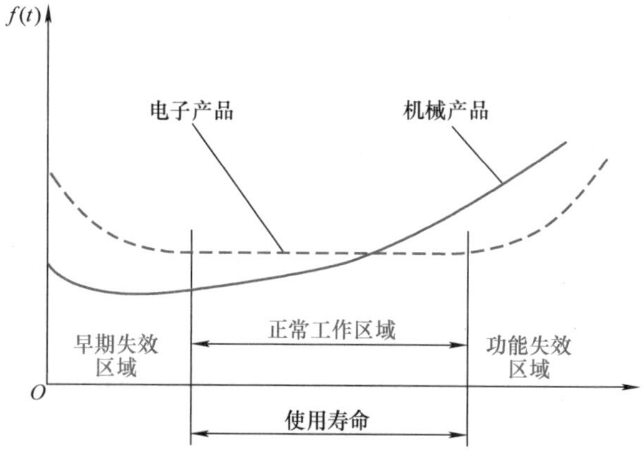

图3-7　机电产品零件的典型失效率曲线

典型失效率曲线可以划分为三个区域，即早期失效区域、正常工作区域和功能失效区域。

早期失效区域最初的失效率较高，此后迅速下降。

正常工作区域出现的失效具有随机性，失效率变化不太大，有的微微下降或上升。在此区域内，失效率较低。

功能失效区域的失效率迅速上升。一般情况下，零件表现为耗损、疲劳或老化所致的失效。预测这一时间的意义非常重大。

失效率曲线的三个区域反映了产品零件的三种失效率或故障模式，它们均具有一定的概率分布特性。

3）平均寿命（Mean Life）。平均寿命有两种情况：对于可修复的产品，是指相邻两次故障间工作时间的平均值 MTBF（Mean Time Between Failure），称为平均失效间隔时间，即平均无故障工作时间；对于不可修复的产品，是指从开始使用到发生故障前工作时间的平均值 MTTF（Mean Time To Failure），称为平均失效前时间。

（3）机械可靠性设计　机械可靠性设计是在满足产品功能、成本等要求的前提下，使产品可靠运行的设计过程。它是将概率统计理论、失效物理和机械学等相互结合起来的综合性工程技术。机械可靠性设计的主要特征是将常规设计变量，如材料强度、疲劳寿命、载荷、几何尺寸及应力等所具有的多值现象都看成是服从某种分布的随机变量，根据机械产品的可靠性指标要求，用概率统计的方法设计出零部件的主要参数和结构尺寸。可靠性作为产品质量的主要指标之一，是随产品所使用时间的延续而在不断变化的，因此可靠性设计的任务就是确定产品质量指标的变化规律，并在此基础上确定如何以最少的费用来保证产品应有的工作寿命和可靠度，建立最优的设计方案，实现所要求的产品可靠性水平。

机械可靠性设计是从已知的目标可靠度出发，设计零部件和整机系统的有关参数及结构尺寸。它包括确定产品的可靠度、失效率（故障率）、平均寿命等。在上述指标确定的前提下，进行系统的可靠性设计，根据指标的要求进行零件的可靠性设计，确定零件的尺寸、材料和其他技术要求等。其设计内容包括：

1）可靠性预测。可靠性预测是一种预报方法，即从所得到的失效数据预报一个零部件或系统实际可能达到的可靠度，预报这些零部件或系统在规定的条件下和在规定的时间内完成规定功能的概率。可靠性预测是可靠性设计的重要内容之一，其目的有：协调设计参数及指标，提高产品的可靠性；对比设计方案，以选择最佳系统；预示薄弱环节，采取改进措施。可靠性预测是指根据系统的可靠性模型，用已知组成系统的各个独立单元的可靠度预测出系统的可靠度。根据系统的可靠性模型，由单元的可靠度通过计算即可预测出系统的可靠度。它可以按单元→子系统→系统的顺序自下而上地落实可靠性指标，是一种合成方法。

2）可靠性分配。可靠性分配就是将系统设计所要求达到的可靠性，合理地分配给各组成单元，从而求出各单元应具有的可靠度。可靠性分配的目的在于合理地确定每个单元的可靠性指标，并将它作为元件设计和选用的重要依据。它是按系统→子系统→单元的顺序自上而下地落实可靠性指标，是一种分解方法。

3）可靠性试验。可靠性试验是为了定量评价产品的可靠性指标而进行的各种试验的总称。通过试验可以获得受试产品的可靠性指标，如平均寿命、可靠度、失效概率等，验证产品是否达到设计要求。通过对试验样品的失效分析，可以揭示产品的薄弱环节及其原因，制定相应措施，达到提高可靠性的目的。因此，可靠性试验是研究产品可靠性的基本手段，也是预测产品可靠性的基础。

2. 系统动态设计

（1）系统动态设计的技术内涵　机械设计可以分为静态设计和动态设计。

1）静态设计。认为结构是相对“不动的”，它承受的载荷和周围介质的状态参数（如温度、压力、流速及电磁场等）也是“不变的”，只对其静态性能进行分析、评价和设计。

2）动态设计。动态设计是相对静态设计而言，与静态设计的本质区别在于：变“不动”为“运动”，变“不变”为“变化”，是对结构的动态特性，如固有频率、振型、动力响应和运动稳定性等进行分析、评价与设计，谋求结构系统在工作过程中受到各种预期可能的瞬变载荷及环境作用时，仍然保持良好的动态性能与工作状态。

在机械工业领域，系统动态设计的技术内涵主要体现在：建立可靠的数学模型，借助电子计算机技术，采用先进的科学计算方法，以实验数据为依托，全面分析研究机械结构系统在预期可能的各种载荷与周围介质作用下，力与运动、结构变形、内部应力以及稳定性之间的关系，据此调整结构参数，确保机械结构系统在实际工作运行中具备优良的动态性能、足够的稳定裕度、良好的工作状态。

系统动态设计是机械产品现代设计的最重要的内容之一，是结构设计的核心与关键，是提高产品动态性能（如振动、噪声、舒适性及稳定性等）和工作性能（如生产效率、工作质量等）以及运行可靠性和寿命的根本保障。

（2）系统动态设计方法　目前系统动态设计方法主要有传递函数分析法、模态分析法和模态综合法。

1）传递函数分析法。动态系统微分方程的一般形式为

$$a_n \frac{\mathrm{d}^n y(t)}{\mathrm{d}t^n} + a_{n-1} \frac{\mathrm{d}^{n-1} y(t)}{\mathrm{d}t^{n-1}} + \cdots + a_1 \frac{\mathrm{d}y(t)}{\mathrm{d}t} + a_0 y(t) = b_m \frac{\mathrm{d}^m x(t)}{\mathrm{d}t^m} + b_{m-1} \frac{\mathrm{d}^{m-1} x(t)}{\mathrm{d}t^{m-1}} + \cdots + b_1 \frac{\mathrm{d}x(t)}{\mathrm{d}t} + b_0 x(t) \tag{3-1}$$

式中　$x(t)$、$y(t)$——输入量和输出量。

对式（3-1）进行变换，根据微分定理，当初始条件为零时可得拉氏变换后的代数方程为

$$(a_n s^n + a_{n-1} s^{n-1} + \cdots + a_1 s + a_0) y(s) = (b_m s^m + b_{m-1} s^{m-1} + \cdots + b_1 s + b_0) x(s)$$

$$W(s) = \frac{y(s)}{x(s)} = \frac{b_m s^m + b_{m-1} s^{m-1} + \cdots + b_1 s + b_0}{a_n s^n + a_{n-1} s^{n-1} + \cdots + a_1 s + a_0} \tag{3-2}$$

式中　$W(s)$——微分方程在初始条件为零时输出量的拉氏变换与输入量的拉氏变换之比，称为系统的传递函数；

s——复变数，称为拉氏算子。

传递函数是系统动态分析设计方法研究的中心内容。因为利用传递函数不必求解微分方程，就可研究初始条件为零的系统在输入信号作用下的动态过程，同时还可研究系统参数变化或结构参数变化对动态过程的影响，因而使分析和研究过程大为简化；另一方面，还可以把对系统性能的要求转化为对系统传递函数的要求，把系统的各种特性用数学模型有机地结合在一起，使综合设计易于实现。

2）模态分析法。应用传递函数进行系统或设备的动态特性分析虽然方便，但首先需要有相应的传递函数，而在许多情况下，求不出相应的传递函数。

为了解决这样一些问题，可以采用模态分析法。将一个多自由度振动系统的固有特性用一系列模态参量来表达，这些参量的关系就形成了系统的传递函数。一个具有 n 个自由度的振动系统，将有一个 n 阶的传递函数矩阵。用实验和其他数据处理手段（如有限元方法）找出该系统特有的模态参量或传递函数，并用以对系统的动态性能进行分析、预测、评价和优化，这种处理问题的方法就叫做模态分析法。

3）模态综合法。模态综合法的基本思想是：首先，按照工程观点和结构（系统）的几

何特点，将整个结构划分为若干个子结构；其次，建立子结构的运动方程，进行子结构的模态分析；再次，将子结构的运动方程变为模态方程，在模态坐标下将各个子结构进行模态综合，从而计算整个结构系统的模态；最后，返回到原物理坐标以再现整机结构的动态特性。它的主要特点是：第一，通过求解若干个小型的特征值问题来取代计算大型的特征值问题；第二，对于不同的子结构还可以用不同的方法来进行分析。例如，有些子结构目前还不宜采用计算的方法直接分析，则采用实验的方法测出它的动态特性。

机械结构系统动态设计的技术基础包括：振动理论、数据库技术、结构疲劳、试验及测试技术、材料疲劳、有限元分析、断裂理论、试验模态分析技术及计算机技术等。

3. 优化设计

（1）概述　在现代工程设计中，设计方案往往不是唯一的，从多个可行方案中寻找“尽可能好”的或“最优化”方案的过程，称为优化设计。优化设计是以数学规划为理论基础，以计算机为工具，在充分考虑多种约束的前提下，寻求满足某项预定目标的最佳设计方案。

工程设计上的“最优值”或“最佳值”是指在满足多种设计目标和约束条件下所获得的最令人满意、最适宜的值。优化设计技术是优化设计全过程中各种方法、技术的总称，它主要包含两部分内容：优化设计问题的建模技术和优化设计问题的求解技术。如何将一个实际的设计问题抽象成一个优化设计问题，并建立起符合实际设计要求的优化设计数学模型，就是建模技术中要解决的问题。实际设计问题经抽象处理后建立起相应的优化设计数学模型，接下来的任务就是求解数学模型。随着计算机技术的迅猛发展，一大批数学规划方法（优化设计方法）借助于计算机得以实现，解决了许多实际的优化设计问题。

（2）优化设计的数学模型　优化设计方法是一种规格化的设计方法，它首先要求将设计问题按优化设计所规定的格式建立数学模型，选择合适的优化方法，然后再通过计算机的计算获得最优设计方案。

工程设计问题的优化，可以表达为优选一组参数，使其设计指标达到最佳值，且须满足一系列对参数选择的限制条件。这样的问题在数学上可以表述为：在以等式或不等式表示的约束条件下求多变量函数的极小值或极大值问题。优化设计中常用以下几个基本术语：

1）设计变量。在工程设计中，区别不同的设计方案，通常是以一组取值不同的参数来表示。这些参数可以是表示构件形状、大小、位置等的几何量，也可以是表示构件质量、速度、加速度、力及力矩等的物理量。在构成一项设计方案的全部参数中，可能有一部分参数根据实际情况预先确定了数值，它们在优化设计过程中始终保持不变，这样的参数称为给定参数；另一部分参数则是需要优选的参数，它们的数值在优化设计过程中是变化的，这类参数称为设计变量。它们相当于数学上的自变量。

设计变量通常是有取值范围的，即

$$a_i \leqslant x_i \leqslant b_i (i = 1,2,\cdots,n)$$

式中　a_i、b_i——设计变量 x_i 的下界约束值和上界约束值。

2）目标函数。每一个设计问题，都有一个或多个设计所追求的目标，它们可以用设计变量的函数来加以描述，如 $f(x)$，在优化设计中称它们为目标函数，当给定一组设计变量值时，就可计算出相应的目标函数值。因此，在优化设计中，就是用目标函数值的大小来衡量设计方案的优劣的。优化设计的目的就是要求所选择的设计变量使目标函数值达到最佳值。最佳值可能是极大值，也可能是极小值，由于求目标函数 $f(x)$ 的极大化等价于求目标函数 $-f(x)$ 的极小化，因此，为算法和程序的统一，通常最优化就是指极小化，即 $f(x) \to \min$。

在优化设计中正确建立目标函数是很重要的一步，它不仅直接影响到优化设计的质量，而且对整个优化计算的繁简难易也会有一定的影响。

3）设计约束。优化设计不仅要使所选择方案的设计指标达到最佳值，同时还必须满足一些附加的条件。这些附加的设计条件都是对设计变量取值的限制，在优化设计中叫做设计约束。它的表现形式有两种，一种是不等式约束。即

$$g_u(x) \leqslant 0$$

或

$$g_u(x) \geqslant 0 \qquad u = 1,2,\cdots,m$$

另一种是等式约束，即

$$h_v(x) = 0 \qquad v = 1,\ 2,\ \cdots,\ p(p < n)$$

$g_u(x)$ 和 $h_v(x)$ 分别为设计变量的函数，统称为约束函数；m 和 p 分别表示不等式约束和等式约束的个数，而且等式约束的个数 p 必须小于设计变量的个数 n 。因为从理论上讲，存在一个等式约束就可以消去一个设计变量。

4）优化设计问题的最优解。优化设计就是求解 n 个设计变量，在满足约束条件下使目标函数达到最小值，即

$$\min f(x) = f(x^*) \qquad \boldsymbol{X} = [x_1, x_2, \cdots, x_n]^{\mathrm{T}} \in \mathbf{R} \tag{3-3}$$

$$\begin{cases} g_u(x) \leqslant 0 & u = 1,2,\cdots,m \\ h_v(x) = 0 & v = 1,2,\cdots,p(p < n) \end{cases}$$

x^* 为最优点，称 $f(x^*)$ 为最优值。最优点 x^* 和最优值 $f(x^*)$ 即构成了一个最优解。

（3）最优化求解方法　多数最优化求解方法的基本思想都是由迭代算法而来，无约束最优化方法的主要步骤为：

1）选定初始点 x_0 ，计算目标函数初始值 $f(x_0)$。

2）选取一个能使目标函数值下降的方向，沿该方向取一下降点 x_1，能使目标函数值下降，$f(x_1) < f(x_0)$。

3）当不存在下降方向，或虽存在但点 x_1 与 x_0 点已足够靠近，则认为找到了一个最优解，结束求解过程，否则 $x_0 \leqslant x_1$ ，转步骤2）继续。

工程设计中的优化方法有多种类型，有不同的分类方法。若按设计变量数量的不同，可将优化设计分为单变量（一维）优化和多变量优化；若按约束条件的不同，可分为无约束优化和有约束优化；若按目标函数数量的不同，又有单目标优化和多目标优化；若按求解方法的特点，则可将优化方法分为准则法和数学规划法两大类。所谓准则法，就是根据力学或其他原则，构造达到最优的准则，如满应力准则、优化准则等，然后根据这些准则寻求最优解。数学规划法是从求解极值问题的数学原理出发，运用数学规划的方法来求解最优解。数学规划法又可以按设计问题优化求解的特点，分为线性规划、非线性规划、动态规划、整数规划、0-1 规划等几大类。

3.3.3　竞争优势创建设计技术

竞争优势创建技术是从产品的工作特性和功能目标出发，在技术、经济和社会等具体条

件下，根据相邻学科的原理，创造性地设计产品，并使它在技术及经济上达到最佳水平。它包括创新设计技术、降低成本设计技术、快速响应设计技术、大批量定制设计技术、仿真与虚拟设计技术、快速成型与反求设计技术、智能设计技术、广义优化技术及工业产品造型设计技术等。

1. 创新设计技术

创新是设计的本质。没有创新就没有丰富多彩的世界。随着科学技术突飞猛进的发展，大量科技成果转化为生产力，产品更新换代的周期大大缩短，产品的市场竞争也日益激烈。在这种形势下，创新设计是产品适应新的市场形势的最好途径，创新产品能满足甚至创造出新的需求，因而必然有较强的市场竞争力。

产品创新是为企业利益服务的。除技术上的创新外，当然还可以有管理上的创新、销售上的创新、售后服务上的创新等。

在制造业中，一般把产品的技术创新分为如下两种：

第一种是无重要新技术，但在形式上翻新，因而能获得相应竞争能力的创新。例如，按用户定单生产不同颜色的自行车，虽然在生产管理上有所创新，也形成了新的竞争能力，但自行车的性能并无重要变化，其中也没有融入多少新的技术。

第二种是含有（开发了）新技术，使产品竞争力有重大提高，或形成新竞争力制高点的创新。例如电动汽车，如果谁能设计和制造出远远超出现在的长寿命电池，就是一种新竞争力制高点，那么这种创新将不仅具有世界意义，而且是具有历史意义的。

2. 快速响应设计技术

20世纪末，世界经济最大的变化是全球买方市场的形成和产品更新换代速度的日益加快。这种态势必将导致市场竞争焦点的快速转移。在以快交货T（Time）、高质量Q（Quality）、低成本C（Cost）和重环保E（Environment）去争取市场份额的市场竞争中，缩短交货期，快速响应市场需求，已经成为竞争的第一要素。

在这种时代背景下，市场竞争的焦点就转移到速度上来，即凡能“领先一步”，快速提供更高性能价格比产品的企业，将具有更强的竞争力。因此，实施快速响应工程以适应市场环境的变化和用户需求的转移，是增强企业市场竞争的有效途径。

（1）快速响应工程　快速响应工程主要包括以下一些内容：

1）建立快速捕捉市场动态需求信息的决策机制。为了提高快速响应能力，企业首先应能迅速捕捉复杂多变的市场动态信息，并及时做出正确的预测和决策，以决定新产品的功能特征和上市时间。现代机械产品由于用户的要求越来越高，产品结构日益复杂，科技含量越来越高，所以使得产品的开发周期趋于延长。如何解决好产品市场寿命缩短和新产品开发周期延长的尖锐矛盾，已经成为决定企业成败兴衰的关键问题。

2）实现产品的快速设计。产品开发周期包括设计、试制、试验和修改等一系列环节，明确了新产品的开发项目以后，采用快速响应设计技术实现快速设计是其非常重要的一环。在快速响应设计技术方面，人们提出了并行工程（CE），面向制造、装配、检验、质量、服务等的设计（DFX），计算机协同工作支持环境（CSCW）和功能分解组合的设计思想，这将引起对现代设计方法和CAD发展的新探索。

3）追求新产品的快速试制定型。产品开发周期包括设计、试制、试验和修改等一系列环节，除了设计以外的后几个环节，可以统称为试制定型阶段。在此阶段加快产品的试制、试验和定型以快速形成生产，需要尽量利用柔性制造系统 FMS（Flexible Manufacturing System）、快速成形 RP（Rapid Prototyping）和虚拟制造 VM（Virtual Manufacturing）等制造自动化的各种新技术。

4）推行快速响应制造的生产体系。在快速响应工程中推行产品的快速响应制造，必然导致企业从组织形式到技术路线的一系列变革。首先，在企业内部，应改变传统的以注重规模和成本为基础建立起来的生产管理系统和组织形式，按照快速响应制造的战略思想，探索一套全新的组织生产方式。其次，从面向全局的视野出发，以产品为纽带，以效益为中心，不分企业内外、地域差异，实行动态联盟，有效地组织产品的设计、制造和营销。

（2）实现快速响应设计的关键　实现快速响应设计的关键是有效利用各种信息资源。人类自有文明以来，任何人工制品（即产品）和产品的制造系统均由物质、能量和信息三大要素组成。步入21世纪，以信息技术为中心的科技革命浪潮汹涌澎湃，知识经济时代悄然来临，这时，第三大要素——信息就逐渐成为主宰社会生活和生产活动的决定性因素。

信息同以实物呈现的硬件（材料、能源）相比，具有如下特点：能量级小、存储性好（体积小、重量轻）、渗透力强（传播迅速）、处理方便（加工容易）等。最大的优点就是共享性极佳。一项新的信息（如软件、知识、经验、资料），虽然需要投入相当的人力、资金，经历一定的时间进行开发和制作，但是一旦这项信息成果业经造出（获得），它的复制（学习）却是极其便捷的，所以大量用户很快可以共享专利。

根据这些特点，利用现代计算机和通信技术提供的对信息的高度储存、传播和加工能力，有效利用产品的信息资源，采取产品信息资源重复使用和虚拟制造过程来实现快速响应。

（3）虚拟设计技术　基于信息实现快速响应设计的方法目前有变型设计、模块化设计、配置设计、虚拟设计及智能设计等，本书只介绍虚拟设计。

随着计算机和信息技术的飞速发展，虚拟设计技术越来越受到企业的重视。全球化、网络化和虚拟化已成为制造业发展的重要特征，实现虚拟设计是制造业虚拟化的重要内容。

虚拟设计是指设计者在虚拟环境中进行设计。设计者可以在虚拟环境中用交互手段对在计算机内建立的模型进行修改。

虚拟设计以虚拟现实技术为基础。虚拟现实（Virtual Reality，VR）技术是基于三维计算机图形技术与计算机硬件技术发展起来的高级人机交互技术，为用户提供逼真的感觉，包括三维视觉、立体听觉、触觉、甚至嗅觉和味觉等多种知觉方式。用户可以利用自然技能，如手摸、头转、身体姿势和调整等与虚拟世界进行交互作用，从而使人成为系统中集成的一部分，进入了沉浸－交互－构思状态，虚拟地与计算机所建造的仿真环境发生交互。

虚拟设计技术将 CAD 延伸并发展为基于虚拟现实的 CAD（VR－CAD）。在沉浸式的虚拟环境中，设计者通过直接三维操作（键盘是一维操作，鼠标是二维操作）对产品模型进行管理，以直观自然的方式表达设计概念，并通过视觉、听觉与触觉反馈感知产品模型的几何属性、物理属性与行为表现。

虚拟设计具有以下优点：①继承了虚拟现实技术的所有特点；②继承了传统 CAD 设计的优点，便于利用原有成果；③具备仿真技术的可视化特点，便于改进和修正原有设计；④支持协同工作和异地设计，利于资源共享和优势互补，从而缩短产品开发周期；⑤便于利用和补充各种先进技术，保持技术上的领先优势。

基于虚拟现实技术的虚拟设计系统如图3-8所示。

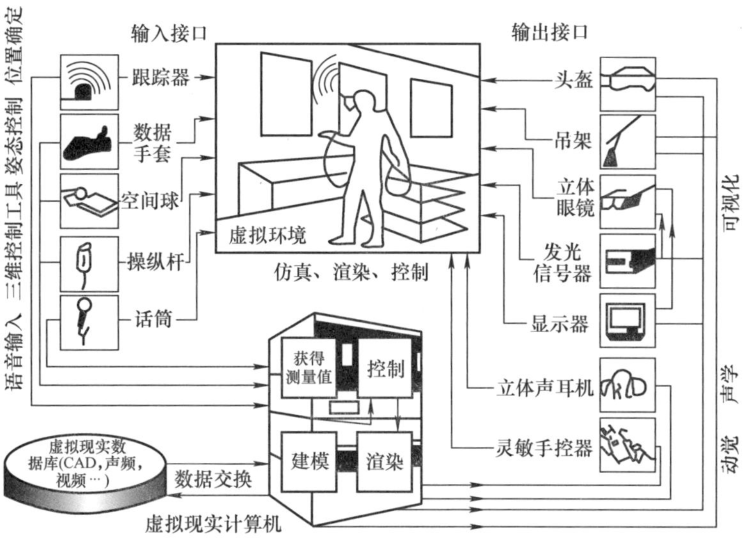

图3-8　基于虚拟现实技术的虚拟设计系统

3.3.4　全生命周期设计技术

1. 概述

传统设计只考虑产品的功能质量和成本，较少考虑资源的消耗和环境的代价。现代设计除考虑产品功能质量和成本外，还考虑产品生产、销售、使用、报废对环境的影响和资源的利用，即产品全生命周期设计，不仅是设计产品的功能和结构，也要考虑产品的规划、设计、制造、经销、运行、使用、维修及保养直到回收再处置的全过程，意味着在设计阶段就要考虑到产品生命历程的所有环节，以求产品全生命周期设计的综合优化。

全生命周期设计始终是面向制造而言的，它的一切活动都是为了使制造出的产品能够“一次成功”而避免不必要的返工。在设计过程中，不仅要考虑产品功能、造型复杂程度等基本的设计特性，而且要考虑产品设计的可制造性、可装配性、可回收性等。

全生命周期设计改变了制造业的企业结构和工作方式，不仅可以对企业的生产周期、质量和成本进行有效的控制，而且可以形成生产、供销及用户服务一条龙，并以此来增加市场机制下的企业竞争活力。

目前，全生命周期设计应用已经相当广泛，不仅用于军事，也被民用生产采用。就行业而言，全生命周期设计已应用于电子、计算机、飞机和机械等行业；就产品而言，已经从简单零件的应用发展为复杂系统的应用；从生产批量来看，已从单件和小批量生产的产品发展为大批生产的产品，而且有些产品已经具有极高的可靠性。

全生命周期设计的基本内容就是面向制造的设计，实现设计的最优化，所借助的手段是并行设计，而顺利完成设计任务的关键技术是数据管理。全生命周期设计有：并行设计技术、DFX（“X”可能是装配、制造、质量等）设计技术、协同设计技术等。本书主要介绍并行设计技术及面向制造的设计技术。

2. 并行设计技术

传统的设计是串行设计过程。串行开发的模式通常是递阶结构，各阶段的工作按顺序进行，一个阶段的工作完成后，下一阶段的工作才开始，各个阶段依次排列，各阶段都有自己的输入和输出，如图3-9所示。

在串行设计过程中，由市场调查部门分析消费者或客户的需求，并将销售计划提交给计划部门，计划部门分析生产中的技术需求，然后将信息提交给产品设计小组，由设计小组独自设计，直至完成，最后，设计结果送去加工制造。由于设计部门一直独立于生产加工过程，开发的产品很少能一次就可以投入批量生产，设计错误往往要在后期甚至在制造阶段才能被发现，这样就形成了设计→制造→修改设计→重新制造的大循环，导致产品开发周期长、开发成本高和质量无法保证等问题。

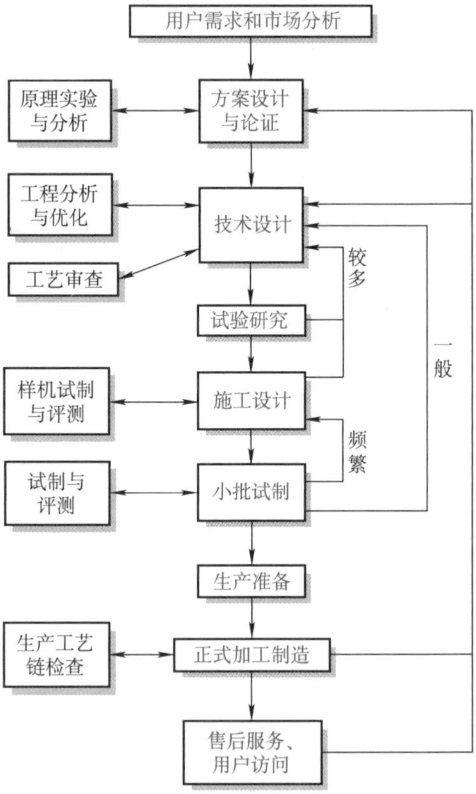

图3-9 串行设计过程

并行设计是先进制造领域经常采用的设计模式，它是计算机技术、网络技术、通信技术等发展到一定阶段，应用于产品设计中，经过系统地将设计过程重组、优化而产生的。

与串行设计相比，并行设计中同一时刻内可容纳更多的设计活动，使设计活动尽可能并行进行，以此来减少整个设计过程的时间。它在产品开发设计阶段即考虑产品生命周期中制造、装配、测试及维护等环节的影响，通过各环节的并行集成来缩短产品开发时间，提高产品设计质量，降低产品成本。

并行设计也将产品开发周期分解成许多阶段，如需求分析、方案设计等，每个阶段都有自己的时间段，如图3-10所示，某些阶段在时间段上有一部分相互重叠。

图3-11所示为并行设计和串行设计生命周期的比较。在并行设计中，当前工作小组可以在前面的工作小组完成任务之前开始他们的工作，他们所获得的前一个工作小组传递来的信息可能是不完备的，但他们仍可利用这些不完备的信息开始自己的工作。与串行设计的一次性输出结果不同，相关的工作小组之间的信息输出与传送是持续的，设计工作每完成一部分，就将结果输出给相关过程，设计工作逐步完善，当工作小组不再有输入需求时，设计工作就完成了。所以，所有的工作小组不仅要做好本小组的工作，更需要考虑到整个设计团队的工作，设计小组应该把完成与相关小组的需求看成是自己必须完成的工作。

并行设计的特点是“集成”与“并行”。所谓集成，是指在信息集成的基础上更强调过程的集成。所谓信息集成，主要针对企业在设计、管理和加工制造过程中需要和产生的大量

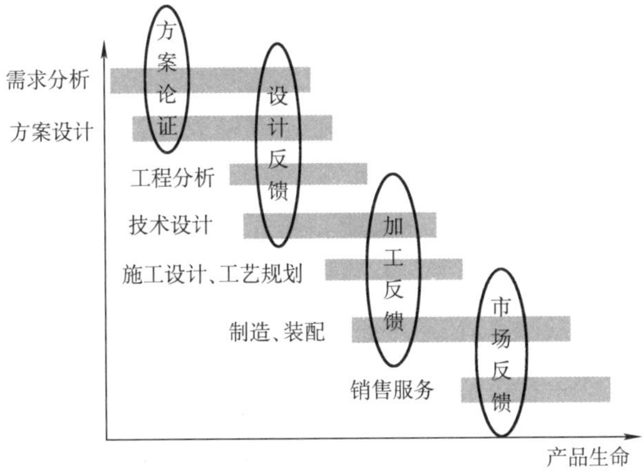

图 3-10 并行设计模式

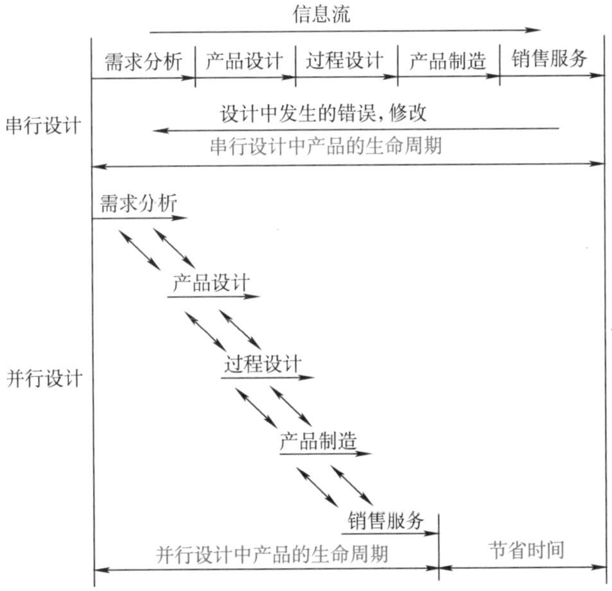

图 3-11 并行设计和串行设计生命周期的比较

数据进行统一管理，实现正确、高效的数据交换和共享。过程集成需要优化和重组产品的开发过程，组织多学科专家队伍，在协同工作环境下，齐心协力，共同完成设计任务。

3. 面向制造的设计技术

面向制造的设计（DFM，Design For Manufacturing）是全生命周期设计的重要研究内容之一，也是产品设计与后继加工制造过程并行设计的方法。在设计阶段尽早考虑与制造有关的约束，全面评价和及时改进产品设计，可以得到综合目标较优的设计方案，并可争取产品设计和制造一次成功，以达到降低成本、提高质量和缩短产品开发周期的目的。

面向制造的设计使我们在产品设计时，不仅要考虑产品的功能和性能的要求，而且还必须同时考虑其可制造性、经济性和制造周期，在保证产品性能的前提下，使制造成本尽可能降低。

面向制造的设计的关键在于把产品设计和工艺设计集成起来，它的目的是使设计的产品易于制造，易于装配，在满足用户要求的前提下降低产品成本，缩短产品开发周期。面向制造的设计在产品设计过程中充分考虑了产品制造的相关约束，全面评价产品设计和工艺设计方案，提供改进信息，优化产品的总体性能，以保证其可制造性。面向制造的设计的关键技术有：

（1）计算机辅助概念设计（CACD，Computer Aided Conceptual Design） 产品设计在整个产品生命周期内的地位非常重要。随着工业生产的发展，产品功能与结构日益复杂。概念设计是从用户要求到形成原理解，也是形成产品概念的过程，它决定了产品的整个结构形式。概念设计是一种创造性活动，是根据用户要求寻求最优解或满意解的过程，是实现产品设计和工艺设计并行的关键。产品概念设计一直是产品开发中的瓶颈问题，大多采用类比设计和经验设计，故不能满足并行设计的需要。采用计算机辅助技术可以进行产品创造性设计和优化，实现产品概念设计与后续活动的集成与并行。因此，开展计算机辅助产品概念设计的研究具有重要意义。

（2）产品可制造性模型及其评价方法的研究 产品可制造性与产品本身结构和制造资源有密切的关系。它涉及的因素很多，而且各种因素对可制造性影响的程度是不同的，因此可制造性是一个多指标概念。产品可制造性是相对于一定的制造资源而言的。制造资源包括各种加工设备、刀具、夹具及量具等。对于可制造性这一多因素、多指标概念而言，有些指标是定量的，而更多的指标是定性的甚至是模糊的。因此，研究建立合理的可制造性模型，采用先进的评价方法，对产品可制造性进行合理的评价具有重要意义。

（3）并行设计过程建模 并行设计是在产品设计阶段并行地综合考虑产品生命周期中各个环节的影响，因而产品设计可扩展到多领域、多学科知识的集成，这将增加设计过程的复杂性、综合性与系统性。并行设计的本质是一个反复迭代的过程，并行设计过程的管理、协调、控制是实现面向制造的设计的关键，因此对面向制造的设计的研究具有十分重要的意义。

（4）设计试验技术 设计试验技术包括原理方案试验、零件结构及可制造性试验和整机性能试验。快速原型技术、计算机仿真技术、虚拟环境和虚拟制造技术、有限寿命和小样本试验方法等先进方法和技术的迅速发展，使得设计试验的手段发生了根本性变化。应用这些方法可显著降低试验成本，缩短试验时间，提高产品设计和开发的一次成功率。

3.3.5 绿色产品设计技术

20世纪90年代以来，各国的环保战略开始经历一场新的转折，全球性的产业结构调整呈现出新的绿色战略趋势，这就是向资源利用合理化、废弃物产生少量化、对环境无污染或少污染的方向发展。在这种“绿色浪潮”的冲击下，绿色产品逐渐兴起，相应的绿色产品设计方法就成为目前的研究热点。

1. 绿色产品的定义及内涵

绿色产品（GP，Green Product）也称为环境协调产品（ECP，Environmental Conscious

Product)，是相对于传统产品而言。由于产品绿色的描述和量化特征还不十分明确，因此，目前还没有公认的权威定义。不过分析对比现有的不同定义，仍可对绿色产品有一个基本的认识。以下即为绿色产品的两种定义：

1）绿色产品是指以环境和环境资源保护为核心概念而设计生产的可以拆卸并分解的产品，其零部件经过翻新处理后可以重新使用。

2）绿色产品从生产到使用乃至回收的整个过程都符合特定的环境保护要求，对生态环境无害或危害极少，以及利用资源再生或回收循环再用的产品。

从上述定义可以看出，虽然描述的侧重点不同，但其实质基本一致，即绿色产品应有利于保护生态环境，不产生环境污染或使污染最小化，同时有利于节约资源和能源，且这一特点应贯穿于产品生命周期全过程。因此，综合上述分析，可以给出绿色产品的下述定义以供参考：绿色产品就是在其生命周期全过程中，符合特定的环境保护要求，对生态环境无害或危害极少，对资源利用率最高，能源消耗最低的产品。

绿色产品应具有以下内涵：

1）最大限度地保护环境。即产品从生产到使用乃至废弃、回收处理的各个环节都对环境无害或危害甚小。这就要求企业在生产过程中选用清洁的原料、清洁的工艺过程生产出清洁的产品；用户在使用产品时不产生环境污染或只有微小污染；报废产品在回收处理过程中产生的废弃物很少。

2）最大限度地利用材料资源。绿色产品应尽量减少材料使用量，减少使用材料的种类，特别是稀有、昂贵材料及有毒、有害材料。这就要求设计产品时，在满足产品基本功能的条件下，尽量简化产品结构，合理使用材料，并使产品中零件材料能最大限度地再利用。

3）最大限度地节约能源。绿色产品在其生命周期的各个环节所消耗的能源应最少。

2. 绿色产品设计的概念及评价标准

绿色产品的设计是以环境资源保护为核心概念的设计过程，它要求在产品的整个生命周期内把产品的基本属性和环境属性紧密结合，在进行设计决策时，除满足产品的物理目标外，还应满足环境目标，以达到优化设计要求。绿色设计考虑的主要因素包括：产品基本属性、技术先进性、环境保护、劳动保护、资源能源优化利用、产品生命周期成本以及资源再生的物流循环等。

绿色产品的设计就是实现产品绿色要求的设计。其目的是克服传统设计的不足，使所设计的产品具有绿色产品的各个特征。绿色产品设计是这样一种方法，即在产品整个生命周期内，优先考虑产品环境属性（可拆卸性、可回收性、可维护性及可重复利用性等），并将其作为设计目标，在满足环境目标要求的同时，保证产品应有的基本性能、使用寿命、质量等。图3-12所示为传统产品设计过程与绿色产品设计过程的比较。

由此可见，绿色产品设计与传统产品设计的根本区别在于绿色产品设计要求设计人员在设计构思阶段，就要把降低能耗、易于拆卸、使之再生利用和保护生态环境，与保证产品的性能、质量、寿命及成本的要求列为同等重要的设计目标，并保证在生产过程中能够顺利实施。

对于机械产品绿色设计的准则有：

（1）与材料有关的准则　少用短缺或稀有的原材料，多用废料、余料或回收材料作为原材料；尽量寻找短缺或稀有原材料的代用材料；减少所用材料种类，并尽量采用相容性好

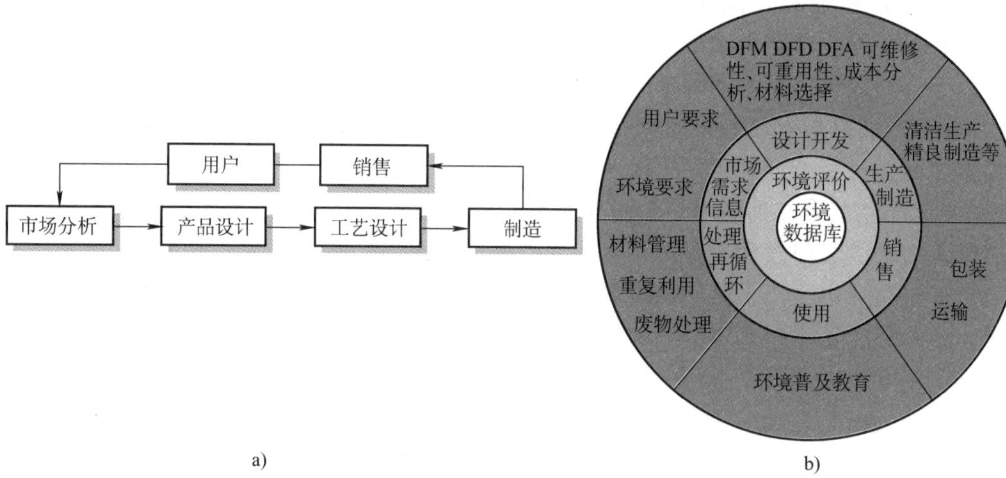

图3-12　传统产品设计过程与绿色产品设计过程比较

a）传统产品设计过程　b）绿色产品设计过程

的材料，以利于废弃后产品的分类回收；尽量少用或不用有毒有害的原材料；优先采用可再利用或再循环的材料。

（2）与结构有关的准则　在结构设计中树立“小而精”的设计思想，通过产品小型化，尽量节约资源的使用量。如采用轻质材料、去除多余的功能及降低产品重量等。

简化产品结构，提倡“简而美”的设计原则；采用模块化结构和易于拆卸的连结方式，并尽量减少紧固件数量；在耐用基础上赋予产品合理的使用寿命，同时考虑产品报废因素，并努力减少产品使用过程中的能量消耗；在设计过程中注重产品的多品种及系列化，避免大材小用，优品劣用；尽可能简化产品包装，采用适度包装，使包装可以多次重复使用或便于回收，且不会产生二次污染。

（3）与制造工艺有关的准则　改进和优化工艺技术，提高产品合格率；采用合理工艺，简化产品加工流程，减少加工工序，谋求生产过程的废料最少化，避免不安全因素；减少生产过程中的污染物排放。

（4）绿色产品设计的管理准则　规划绿色产品的发展目标，将产品的绿色属性转化为具体的设计目标。为绿色设计定义量化方法，设计人员依据量化来设计产品性能参数、工艺路径和工艺参数，确定合适的产品制造技术；设计人员应考虑产品对环境产生的附加影响和产品废弃后的回收、重用等。

3. 绿色产品设计的主要内容及方法

由绿色产品的上述评价标准及设计的准则可见，进行绿色产品设计应包括以下主要内容：

（1）绿色产品设计的材料选择与管理　绿色产品设计要求产品设计人员改变传统选材程序和步骤，选材时不仅要考虑产品的使用和性能，而且应考虑环境约束准则，同时必须了解材料对环境的影响，选用无毒、无污染材料和易回收、易降解、可再利用材料。除选材外还应加强材料管理，一方面，不能把含有有害成分与无害成分的材料混放在一起；另一方面，达到生命周期的产品，有用部分要充分回收利用，不可用部分要采用一定的工艺方法处理、回收，使其对环境的影响降到最低程度，降低材料成本。

（2）产品的可回收性设计　可回收性设计是在产品设计初期充分考虑其零件材料的回收可能性、回收价值、回收处理方法及回收处理结构工艺性等与回收性有关的一系列问题，达到零件材料资源、能源的最大利用，并对环境污染为最小的一种设计思想和方法。可回收性设计主要包括：①可回收材料及其标志；②可回收工艺与方法；③可回收性经济评估；④可回收性结构设计。

（3）产品的可拆卸性设计　可拆卸性是绿色产品设计的主要内容之一，它要求在产品设计的初级阶段就将可拆卸性作为结构设计的一个评价准则，使所设计的结构易于拆卸、维护方便，并在产品报废后对可再利用部分充分有效地回收和再利用，以达到节约资源和能源及保护环境的目的。可拆卸结构设计有两种类型：一种是基于成熟结构的案例法；另一种则是基于计算机的自动设计方法。

（4）绿色产品的成本分析　绿色产品的成本分析与传统的成本分析截然不同。由于在产品设计的初期，就必须考虑产品的回收、再利用等性能，因此成本分析时就必须考虑污染物的替代、产品拆卸、重复利用成本、特殊产品相应的环境成本等。同样的环境项目，在各国或地区间的实际费用的不同，也会形成企业间成本的差异。因此，绿色产品成本分析，应在每一设计选择时进行，以便设计出的产品更具绿色且低成本。

（5）绿色产品设计数据库　绿色产品设计数据库是一个庞大复杂的数据库，对绿色产品的设计过程起着举足轻重的作用。该数据库应包括产品生命周期中环境、经济等有关的一切数据，如材料成分，各种材料对环境的影响值，材料自然降解周期，人工降解时间及费用，制造装配、销售、使用过程中所产生的附加物数量及对环境的影响值，环境评估准则所需的各种判断标准等。

4. 绿色产品设计的关键技术

（1）面向环境的设计技术　面向环境的设计（DFE，Design for Environment）也称为绿色设计（GD，Green Design）是以面向环境的技术为原则所进行的产品设计。面向环境的设计是一种系统化的设计方法，即在产品整个生命周期内，以系统集成的观点考虑产品环境属性（可拆卸性、可回收性、可维护性、可重复利用性和人身健康及安全性等）和基本属性，并将其作为设计目标，使产品在满足环境目标要求的同时保证应有的基本性能、使用寿命和质量等。

（2）面向能源的设计技术　面向能源的设计技术是指用对环境影响最小和资源消耗最少的能源供给方式支持产品的整个生命周期，并以最少的代价获得能量的可靠回收和重新利用的设计技术。

面向能源的设计技术要求：在设计理念上，采用合适的能源供给形式；设计中，在满足功能的前提下，尽量优化能源消耗路径和方式，使能量供给或能量消耗保持在最佳的低点；充分预见到各环节和各种能耗机构的能量耗散形式，寻求最合理、最高效、最低成本的回收手段和重新利用的方法；要考虑对产品的加工工艺、制造过程中的能源消耗等加以控制和优化；在产品的拆卸、维修或回收重用过程中，能估算出能量消耗，从能量控制的角度确定合理的拆卸路径、可重用部件及其所付出的能量代价的关系。

（3）面向材料的设计技术　面向材料的设计技术是以材料为对象，在产品的整个生命周期（设计、制造、使用、废弃）中的每一阶段，以材料对环境的影响和有效利用作为控制目标，在实现产品功能要求的同时，使其对环境污染最小和能源消耗最少的绿色设计技术。

面向材料的设计技术的内容包括：①产品计划阶段。用产品的技术性、经济性和环境性三维指标进行新产品设计的可行性分析，选择对环境污染小的绿色材料并加以有效利用，确定出各种可行的与环境协调的设计方案。②方案设计阶段。在对各种可行方案进行功能及经济分析的同时，还要对能满足功能需求的各种材料进行环境性能评价，选择出综合性能最优的设计方案。③结构设计阶段。所设计的结构既要具备应有的功能、良好的工艺性，同时还要满足易于拆卸和回收。④详细设计阶段。对产品所用材料按其拆卸性能、回收性能和重复利用性能进行统计建库，以便于产品废弃后材料的回收与处理。

复习思考题

1. 简要阐述设计的概念及本质。
2. 举例说明机械产品设计的基本过程。
3. 简述现代机械设计理论与方法的发展趋势。
4. 简述现代设计方法的含义及技术。
5. 什么是优良性能设计基础技术？试举例说明。
6. 简要说明优化设计的定义及数学模型。
7. 什么是竞争优势创建设计技术？试举例说明。
8. 简要说明快速响应工程的含义及内容。
9. 什么是全生命周期设计技术？试举例说明。
10. 简要说明并行设计的含义及特点。
11. 简述面向制造的设计的关键技术。
12. 简述绿色产品设计的内容及方法。

第4章 机械制造工艺技术

4.1 概述

4.1.1 机械制造工艺的定义和内涵

机械制造工艺是将各种原材料通过改变其形状、尺寸、性能或相对位置，使之成为成品或半成品的方法和过程。机械制造工艺是机械工业的基础技术之一。从成形学的角度出发，机械制造工艺是成形工艺，即是在成形学指导下，研究与开发产品制造的技术、方法和程序。依据现代成形学的观点，从物质的组织方式上，可把成形方式分为如下四类：

1）去除成形。它是运用分离的办法，把一部分材料（裕量材料）有序地从基体中分离出去而成形的办法。例如，车、铣、刨、磨以及现代的电火花加工、激光切割、打孔等加工方法均属于去除成形。去除成形最先实现了数字化控制，是目前主要的制造成形方式。

2）受迫成形。它是利用材料的可成形性（如塑性等），在特定外围约束（边界约束或外力约束）下成形的方法。铸造、锻压和粉末冶金等均属于受迫成形。受迫成形多用于毛坯成形和特种材料成形等。

3）堆积成形。它是运用合并与连接的办法，把材料（气、液、固相）有序地合并堆积起来的成形方法。快速原型制造（RPM）即属于堆积成形，其过程是在计算机控制下完成的，最大特点是不受成形零件复杂程度的限制。广义地讲，焊接也属堆积成形范畴。

4）生成成形。它是利用材料的活性进行成形的方法。自然系统中生物个体发育均属于生成成形。目前，人为系统中还没有此种成形方式，但随着活性材料、仿生学、生物化学、生命科学的发展，人们也可能会运用这种成形方式进行人为成形。

机械制造工艺可分为零件毛坯成形、零件制造和机器装配三个阶段。

机械制造工艺流程的工艺环节可以分为三类：

1）直接改变工件形状、尺寸、性能以及决定零件相互位置关系的加工过程，它们直接创造附加价值，其中有：毛坯和零件成形；零件机械加工；材料改性与处理；装配与包装。

2）间接创造附加价值的辅助工艺过程，其中有：原材料和能源供应；搬运与储存。

3）通过提高前两类工艺过程的技术水平及质量来发挥作用的非独立工艺过程，其中有：检测与质量监控；自动控制装置与系统。

随着机械工业的发展和科学技术的进步，机械制造工艺的内涵和面貌不断发生变化，而且变化和发展速度越来越快，体现在：常规工艺不断优化并得到普及；原来十分严格的工艺界限和分工，诸如下料和加工、毛坯制造和零件加工、粗加工和精加工、冷加工和热加工、成形与改性等在界限上趋于淡化，在功能上趋于交叉；新型加工方法不断出现和发展，如精密加工、超精密加工、超高速加工、微细加工、特种加工、高密度能加工、快速原型制造技术、新型材料加工、大件及超大件加工、表面功能性覆层技术及复合加工等加工方法。

机械制造工艺技术是制造技术的核心和基础，任何高级的自动控制系统都无法取代制造工艺技术的作用。可以说，一个国家制造工艺技术水平的高低，在很大程度上决定其制造业的技术水平，特别是对于我国这样一个必须拥有独立完整的现代工业体系的大国来说尤其如此。

4.1.2　机械制造工艺的发展现状

制造工艺技术是应现代工业和科学技术的发展需求而发展起来的。现代工业和科学技术的发展越来越要求制造加工出来的产品精度更高、形状更复杂，被加工材料的种类和特性更加复杂多样，同时又要求加工速度更快、效率更高，具有高柔性以快速响应市场的需求。现代工业与科学技术的发展又为制造工艺技术提供了进一步发展的技术支持，如新材料的使用、计算机技术、微电子技术、控制理论与技术、信息处理技术、测试技术、人工智能理论与技术的发展与应用等都促进了制造工艺技术的发展。主要体现在以下几个方面：

1. 加工精度不断提高

随着机械制造工艺技术水平的提高，机械制造精度在不断提高，目前工业发达国家在加工精度方面已达到纳米级。加工第一台蒸汽机所用的气缸镗床，其加工精度为1mm，而到20世纪初，加工精度便向微米级过渡，成为机械加工精度发展的转折点，当时把机械工业中达到微米级精度的加工称为精密加工。20世纪50年代以来，宇航、计算机、激光技术以及自动控制系统等尖端科学技术的发展，就是先进技术和先进工艺方法相结合的结果。现在测量超大规模集成电路所用的电子探针，其测量精度已达0.25nm，可实现原子级的加工和测量，从而进入超精密加工时代，开始研究微细加工技术、电子束加工技术、纳米表面的加工技术（原子搬迁、去除和重组）、纳米级表面形貌和表层物理力学性能检测、纳米级微传感器和控制电路、纳米材料以及开发优化的机械加工工艺方法。超精密加工机床向超精结构、多功能、机电一体化方向发展，并广泛采用各种测量、控制技术实时补偿误差。精密、超精密加工不仅进入了国民经济和人民生活的各个领域，而且从单件小批生产方式走向了大批量的产品生产。

2. 高速切削技术的兴起和发展

高速切削是指在比常规切削速度高出很多的速度下进行的切削加工，因此有时也被称为超高速切削。高速切削研究是从20世纪20年代末开始的，德国的切削物理学家萨洛蒙博士提出了高速切削的假设，即在常规的切削速度范围内，切削温度随着切削速度的增大而提高，在这个范围内，由于温度太高，任何刀具都无法承受，切削加工不可能进行；当切削速度再增大，超过这个速度范围以后，切削温度反而降低，同时，切削力也会大幅度地下降。按照这种假设，在具有一定速度的高速区进行切削加工会有比较低的切削温度和比较小的切削力，不仅有可能用现有的刀具进行高速切削，从而大幅度地减少切削时间，成倍地提高机床的生产率，而且还将给切削过程带来一系列的优良特性。国际科技界和工业界经过实践验证了这个假设，并且从切削机理上解决了高速切削成为现实的可能性问题，确定了不同材料高速切削的速度范围。

3. 少、无夹具制造技术

在常规制造系统中，需对大量使用的夹具进行设计、制造和装配调试，不仅耗费资金，还延长了生产准备时间，成为制造过程中的“瓶颈”，造成制造柔性差、响应速度慢，是生产成本高和企业竞争能力弱的主要原因之一。打破传统的“定位 - 加工”模式，以新的“寻位 - 加工”为基础，信息、控制与制造工艺及设备相结合，研究开发无需使用夹具或仅使用少量通用夹具的新一代少、无夹具制造技术。

4. 材料科学促进制造工艺变革

材料科学发展对制造工艺技术提出了新的挑战，一方面迫使普通机械加工方法要改变刀具材料及改进制造装备，另一方面对于新型功能材料，要求应用更多的物理、化学、材料科学的现代知识来开发新的制造工艺技术。近几十年来发展了一系列特种加工方法，如电火花加工、电解加工、超声波加工、电子束加工、离子束加工以及激光加工等，这些加工方法突破了传统的金属切削加工方法，使机械制造工业出现了新的面貌。超硬材料、超塑材料、高分子材料、复合材料、工程陶瓷、非晶微晶合金、功能材料等新型材料的应用，扩展了加工对象，导致某些崭新加工技术的产生，如加工超塑材料的超塑成形、等温铸造、扩散焊接；加工陶瓷材料的热等静压、粉浆浇注、注射成形等。新材料与新工艺的结合还促使某些新学科的形成，如半导体硅材料与微细加工工艺相结合已形成一门崭新的微机械加工技术。

新型材料的出现也使传统的铸造、锻造、焊接、热处理、切削加工工艺的技术构成逐渐发生变化，如使焊接技术从以“焊钢”为中心的时代，逐渐进入同时焊接各种非铁金属乃至非金属的时代，使单一的焊接技术演变成焊接 - 连接技术。

5. 重大技术装备促进加工制造技术的发展

随着重大技术装备向大型、大容量、高效率的方向发展，大件及超大件加工技术也得到相应发展，其中包括大电炉炉外精炼技术（真空氧脱碳、氢氧脱碳等方法）、大型工件（大锻件、大铸件、大型拼焊件）的热加工工艺模拟及工艺优化技术、大型工件局部热处理技术、大型工件加工及尺寸测量技术等。

6. 新一代制造装备技术有了较大的发展和突破

高速、高效和高精度制造工艺的发展，推动了制造装备的发展。近年来制造装备技术有了较大的发展和突破，包括：

1）新型加工设备的研究开发。近年已取得不少进展，如多轴联动加工中心、高效曲轴加工机床、点磨机床、加工与装配作业集成机床等。近年出现的并联机床（虚轴机床）突破了传统机床结构方案，在国内外有了快速发展。

2）在数控化基础上朝智能化方向发展。充分利用精度补偿，应用技术软件、传感器和控制技术的最新科技成果，研制新一代加工质量高、效率高和低消耗的智能加工中心和智能化加工单元。

3）采用新材料和新结构。提高制造装备的刚度、抗振性、热稳定性，提高精度和精度保持性，减轻重量等。

4）新型部件的开发应用。如高精度、高速交流电主轴，国外转速为20000r/min的已商品化，最高已达100000r/min。

5）发展先进的机床和数控系统性能检测、诊断方法与技术。

6）多品种小批量生产条件下的先进在线加工质量检测技术。

7）柔性工艺装备和柔性夹具，为快速、低成本工艺准备提供技术。

7. 优质清洁表面工程技术获得进一步发展

优质清洁表面工程技术已获得了重要进展并进一步完善。表面工程技术是经表面预处理后，通过表面覆层、表面改性、表面加工以及复合表面处理技术，改变固体金属表面或非金属表面的形态、化学成分和组织结构，以获得所需要表面性能的系统工程技术。表面改性技术是采用某种工艺手段使材料表面获得与其基体的组织结构、性能不同的技术，材料经表面改性处理后，既能发挥基体材料的力学性能，又能使材料表面获得各种特殊性能（如耐磨、耐腐蚀、耐高温，合适的射线吸收、辐射和反射能力，超导性能、润滑、绝缘、储氢等）。表面改性技术有喷丸强化、表面热处理、高密度太阳能表面处理和离子注入表面改性等技术。表面覆层技术是利用表面工程技术的各种手段，依据产品（材料）假设条件，在其表面制备各种特殊功能覆层，用极少量的材料就能起到大量的、昂贵的整体材料所能起到或难以起到的作用，同时极大地降低制件的加工制造成本。传统表面覆层技术包括电镀、电刷镀、化学镀、涂装、堆焊、黏结、热浸镀、搪瓷涂覆等。优质清洁表面覆层技术包括热喷涂、电火花涂覆、真空蒸镀、溅射镀膜、离子镀、分子束外延、离子束合成薄膜技术等。综合两种或更多种表面技术的复合表面处理技术也获得极大发展，复合表面处理技术在德国、法国、美国和日本等国已获广泛应用，并取得良好效果。各国正在加大投资力度研究发展新型特殊的复合表面处理技术，如复合表面化学热处理技术，表面热处理与表面化学热处理的复合强化处理技术，热处理与表面形变强化的复合热处理工艺，镀覆层与热处理的复合处理工艺，覆盖层与表面冶金化的复合处理工艺，离子辅助涂覆，激光电子束复合气相沉积，复合涂镀层，离子注入与气相沉积复合表面改性等。

8. 精密成形技术取得较大进展

在精密成形技术方面，国内已取得了较大进展。精密铸造方面，近几年重点发展了熔模精密铸造、陶瓷型精密铸造、消失模铸造等技术。采用消失模铸造生产的铸件质量好，铸件壁厚偏差达到±0.15mm，表面粗糙度 Ra 值为25μm。精密塑性成形技术方面，重点发展了热锻技术、冷挤压技术、成形轧制技术、精冲技术和超塑成形技术。在精密焊接与切割技术方面，重点发展了电子束焊接技术、水下焊接和切割技术、逆变焊接电源及药芯焊丝制造技术。

9. 热成形过程的计算机模拟技术研究有一定发展

铸造工艺方面，对大型铸件充型凝固过程进行了三维数值模拟，对铝合金、镍合金的微观组织形成过程进行了二维、三维模拟。锻压方面，初步建立了成形过程微观组织的演化方程和热塑性本构关系，在大锻件生产中得到初步应用。热处理方面，正在进行淬火和回火过程温度场、组织转变和应力场的数值模拟。焊接方面，对焊热裂纹及氢致裂纹的物理模拟及工艺性精确评定开展了多年研究，取得了较大进展。

4.1.3 机械制造工艺技术的发展趋势

随着社会经济和科学技术的不断发展，新材料、新能源、新设计、新产品将会不断涌现，人们对物质产品的需求更加多样化，因而对机械制造工艺技术提出更多、更高的要求。

从总体发展趋势看，优质、高效、低耗、灵捷、洁净是机械制造业永恒的追求目标，也是先进制造工艺技术的发展目标。

成形技术方面，成形精度向近无余量，质量向近无“缺陷”方向发展，铸件生产正向轻量化、精确化、强韧化、复合化及无环境污染方向发展。精确塑性成形工艺成为制造过程总体上向“净成形”的目标迈进的途径，塑性成形正与计算机相结合成为一个大的生产系统，能够有效地进行全系统设计的CAE系统将走向实用化，实现对成形工艺变量的定量分析与控制。激光焊、电子束焊等高能密度焊接方法得到较大发展，柔性化、智能化、自动化的焊接生产系统将逐渐取代大量的手工操作。精确轨迹控制的多自由度弧焊机器人配合多自由度工件转搁架的柔性焊接制造系统将是一个重要发展方向，新材料及特殊环境和极限状态下的连接方法得到很大发展。激光表面合金化和激光熔覆工艺将趋成熟并实现工业化应用，工艺过程的检测与优化控制将逐步从激光切割向激光焊接和激光表面处理工艺延伸，各种激光加工方法都将实现智能化控制，激光加工将成为自动生产线上的多功能加工单元。快速原型制造技术将日趋成熟，工艺稳定，现有工艺将朝着精密化、高精度、低成本方向发展，快速原型制造技术在快速模具制造甚至直接金属零件快速制造方向发展迅速。快速原型制造技术将在迅速发展的并行工程、虚拟制造及微型机械等领域发挥重大作用。计算机模拟仿真、并行工程及虚拟制造技术的相继出现，为成形制造技术注入新活力，并行工程虚拟制造环境下的成形过程（铸、锻、焊等）实现及微观模拟以及虚拟成形制造的基础理论研究成为重要的前沿研究课题。

加工制造技术的热点和发展趋势大致是：高速/超高速加工技术、精密/超精密加工技术、微纳加工技术、激光加工技术、生物制造技术；采用新型能源和复合加工技术解决新材料加工和表面改性难题；采用自动化技术实现工艺过程优化控制；采用清洁生产技术实现绿色制造；加工和设计向集成和一体化方向发展；工艺技术和信息技术、管理技术不断融合。

4.2 毛坯制造方法

机械制造中常用的毛坯有铸件、锻件、焊件及各种轧制型材件（管材、型钢、钢板以及线材等）。本节介绍毛坯的主要获得方法：铸造、锻造、冲压和焊接。

4.2.1 铸造

铸造是熔炼金属、制造铸型并将熔融金属浇入铸型，凝固后获得一定形状和性能的铸件成形方法。铸造成形的基本工艺过程包括熔化、造型、浇注、冷凝、清理和热处理等，其中影响铸件质量的关键因素是液态金属的流动性和凝固过程的收缩性。用铸造方法得到的金属件称为铸件。铸件一般为毛坯，经过切削加工等工艺处理后才成为零件。

铸造生产具有以下特点：①可以铸造出结构形状复杂特别是内腔形状复杂的毛坯（或零件），如箱体、气缸、床身等；铸件与零件尺寸较接近，加工余量小，可节省金属，减少切削工作量。②铸件具有良好的减振性、耐磨性、可加工性。③适应性强，可铸成不同尺寸、不同质量、不同材料的各种铸件。工业上常用的金属都可以用于铸造，有些材料如铸铁，只能用铸造方法生产毛坯或零件，铸件的质量可由几克到数百吨，壁厚可为0.3mm～1m；④设备投资少，铸件生产的成本相对较低。

此外，由于铸造材料来源广泛，价格低廉；铸造设备比较简单，投资少；可以利用报废的机件或金属切屑，因此在工业上得到广泛应用。但铸造也有缺点：铸件组织疏松，晶粒粗大，力学性能较差，常出现缩松和气孔等缺陷，并且铸造工序较多，铸件质量不够稳定。传统的砂型铸造在劳动条件和环境污染方面，问题比较严重。随着铸造新材料、新工艺、新技术的推广应用和铸造生产机械化、自动化的发展，上述问题正在逐步得到解决，使铸造生产的应用范围得到扩展。

铸造生产一般分为砂型铸造和特种铸造两大类。

1. ***砂型铸造***

砂型铸造就是利用型砂制成铸件的铸造方法。它是目前应用最广泛、最基本的铸造方法。其生产工序很多，主要工序包括：模样加工、配砂、造型、制芯、合型、熔化、浇注、落砂、清理、检验等。其生产过程如图4-1所示（套筒）。其中，造型和制芯是最主要的两道工序。

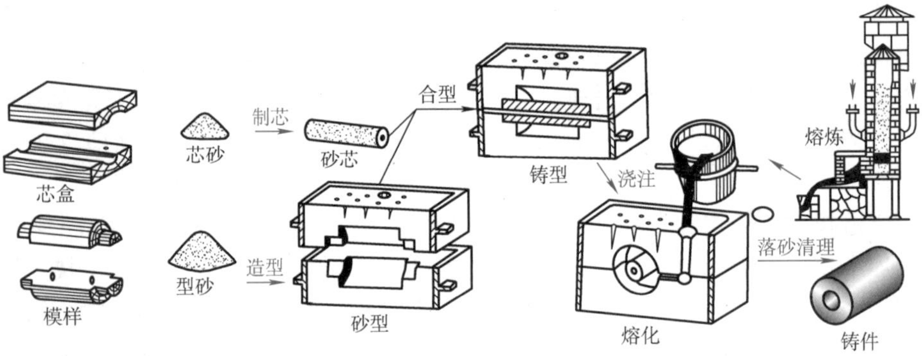

图4-1　砂型铸造过程

（1）造型　用造型材料及模样等工艺装备制造铸型的过程称为造型。铸型是由上型、下型、型腔、砂芯、浇注系统和砂箱等部分组成，如图4-2所示。模样的作用是形成铸件外形，通常用木材制成，生产批量大时，常用金属、塑料等材料制成。

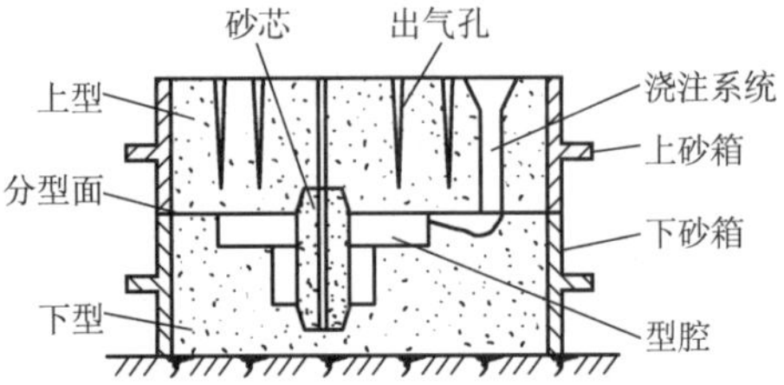

图4-2　铸型装配图

造型材料即铸型所用材料，生产上习惯称为型砂。它是由原砂、黏结剂、附加物（煤粉、木屑等）和水按照一定的比例混合而成。原砂主要是天然的硅砂，黏结剂一般为黏土。黏土吸水后形成黏土膜，均匀裹在砂粒表面并将各个砂粒粘起来，而在砂粒之间形成空隙可以透气。附加物用于改善某一方面的特殊性能，如退让性、透气性等。型砂的质量对铸件质量影响很大，铸件中的砂眼、夹砂、气孔、裂纹等缺陷往往是由于型砂的质量不合格引起的。因此对型砂强度、透气性、耐火度、退让性和可塑性等性能都有具体要求。

造型方法主要有手工造型和机器造型两大类。

1）手工造型。手工造型是指全部用手工或手动工具完成的造型方法。它具有灵活方便、装备简单、适应性强等特点，主要用于单件、小批量生产。其缺点是劳动强度大、生产率低、质量不稳定。

2）机器造型。机器造型是指用机器来全部完成或至少完成紧砂、起模等主要操作的造型方法。如果配以机械化的型砂处理、浇注、落砂等工序，可以组成现代化的铸造生产线。机器造型需要专用的设备、砂箱和模底板，它具有造型质量好、生产率高、劳动强度低等优点，是成批大量生产铸件的主要方法。

（2）制芯　为获得铸件的内腔或局部外形，用制芯材料制成的安放在型腔内部的铸型组成部分称为型芯。型芯绝大部分是用型砂制成的，故又称为砂芯。用造型材料及芯盒等工艺装备制造砂芯的过程称为制芯。砂芯中应放入起加强作用的芯骨。小型芯的芯骨用铁丝扎成，大中型芯的芯骨用铸铁铸成。为了增加砂芯的透气性，可在砂芯内埋入蜡线，待砂芯烘干时蜡线被烧掉而形成通气孔。为了提高砂芯的强度和透气性，多数砂芯需要在专用的烘干炉内烘干。

砂芯的制造方法分为手工制芯和机器制芯两种。手工制芯最基本的方法是用芯盒制芯。在大批量生产中广泛采用机器制芯，常用的制芯机器有震压制芯机和射芯机，也可以用抛砂机来制造大型芯。

2. 特种铸造

特种铸造是指除砂型铸造方法以外的各种铸造方法。随着科学技术的发展和生产水平的提高，对铸件质量、劳动生产率、劳动条件和生产成本有了进一步的要求，因此铸造技术也有了长足的发展。特种铸造方法呈现出了多样性。与砂型铸造方法相比，特种铸造有很多优点，如铸件精度高、表面粗糙度值低、加工余量少、生产率高和劳动条件改善等。目前，特种铸造的种类很多，如熔模铸造、金属型铸造、压力铸造、离心铸造、陶瓷型铸造、低压铸造、消失模铸造、连续铸造、挤压铸造等，而且各有特点和应用范围。因此在选择铸造方法时，需要综合考虑工艺的适用性、具体的生产条件以及经济性等。在此简单介绍几种特种铸造方法。

（1）熔模铸造　熔模铸造又称为失蜡制造，是一种精密铸造方法。它是用易熔材料（如蜡料）制成精确的可熔性模样，并涂上若干层耐火材料，经干燥、硬化成整体型壳，加热型壳熔失模样，经高温焙烧而成耐火型壳，在型壳中浇注铸件的一种生产方法。

熔模铸造的特点是铸型是一个整体，不需起模，无分型面，因而可以铸造形状十分复杂的铸件。型壳内腔表面光洁，尺寸精确，故铸造精度高（IT11～IT13），表面粗糙度值低（Ra 值为 6.3～1.6μm），是重要的少、无切削加工方法之一。型壳的耐热性好，适于高熔点合金的铸造。但是，熔模铸造的工艺过程复杂，生产周期长，铸件成本高，蜡模尺寸过大则易变形。因此，目前主要应用于成批生产形状不适合切削加工的小型零件的生产，特别适合于高熔点合金铸件的生产，如气轮机叶片、叶轮以及形状复杂的切削刀具等。

（2）金属型铸造　金属型铸造是采用金属制造铸型，将液体金属浇入金属型中而获得铸件的铸造方法。因金属型可以重复使用，故又称永久型铸造。金属型常用灰铸铁或铸钢经机械加工制成。

金属型导热快且无退让性，如控制不当，铸件易产生浇不足、冷隔、裂纹等缺陷。因此，在浇注前应将金属型加以预热，以减慢铸件的冷却速度。浇注后应适时开型取出铸件，以防止产生裂纹甚至卡住铸型。此外为保护金属型的型腔，延长其使用寿命，型腔要涂以薄层耐火材料，以减缓高温金属液对型腔的冲刷。

金属型实现了一型多铸，从而节约了大量的型砂和造型工时，提高了生产率。铸件表面粗糙度值低（Ra 值为 12.5 ~ 6.3μm），尺寸精度较高（IT12 ~ IT14），内部组织致密，力学性能好。但由于金属型冷却快，降低了合金的流动性，因而不适于铸造形状复杂的铸件和薄壁铸件。当用金属型浇注铸铁件时，金属型寿命很低且易产生白口组织。金属型制造成本高，周期长，故不适合单件小批量生产。因此，金属型铸造主要适用于大批量生产形状简单的非铁金属小型铸件，如铝合金活塞、气缸体、液压泵壳体、铜合金轴瓦、轴套等。

（3）压力铸造　金属液在高压下快速压入金属型腔，并在压力作用下凝固，从而获得铸件的方法称为压力铸造。压力铸造时所用的压力一般为几至几十兆帕，金属流速可达 5 ~ 50m/s，充满铸型的时间只有 0.05 ~ 0.15s。压力铸造是在专门的压铸机上进行的，其所用的金属铸型为压铸模，这是一个垂直分型的金属模，通常用耐热合金工具钢 3Cr2W8V 制成。

压力铸造生产率高，是各种铸造方法中生产率最高的，而且容易实现自动化或半自动化生产。由于金属液在高压下充型，故可生产形状复杂的薄壁铸件，并可直接铸出小孔、螺纹、齿轮与槽隙等。压铸件的精度高，一般不需切削加工即可直接使用。压铸件在高压下结晶，故组织致密，力学性能比砂型铸件高 20% ~ 30%。但是压力铸造充型速度快，型腔里的气体难以排除干净，所以容易在铸件中形成许多小气孔。当铸件受到高温时，小气孔中的气体膨胀，能使铸件开裂，因此压铸件不能热处理。压力铸造时不允许有较大的加工余量，以防孔洞露出表面。压力铸造投资大，铸型制造成本高，不适宜单件小批量生产。由于压铸机的功率有限和压铸模的寿命限制，压力铸造不宜铸造大型或钢铁材料铸件。因此，压力铸造主要用于形状复杂且不需经热处理的非铁金属薄壁小铸件的大批量生产，如铝合金气缸体、缸盖、化油器、仪器仪表的结构件等。

（4）离心铸造　离心铸造是将液体金属浇入高速旋转的铸型中，在离心力的作用下，液体金属充填铸型并凝固，从而获得铸件的一种铸造方法。离心铸造大多用以铸造中空的铸件，通常使用金属型，也可以用砂型。

离心铸造是在专门的离心铸造机上进行浇注的。离心铸造的特点是金属液在离心力的作用下从外向内定向凝固，故铸件组织致密，无缩孔、气孔、夹渣等缺陷，铸件质量好。液体金属中的炉渣、气体等因重量较轻均集中在铸件内表面，便于切削去除。生产空心旋转体铸件可省去型芯和浇注系统，降低铸件成本。但由于离心力的作用，易产生合金成分偏析，使铸件内、外层成分不均匀。另外，铸造成形内孔表面质量差，尺寸不精确，必须增加加工余量。离心铸造主要用于铸造各种管件、缸套、轴套、圆环、双金属铸件等，也可以用于铸造复杂的刀具、齿轮、涡轮和叶片等成形零件。

（5）低压铸造　低压铸造是介于一般重力铸造和压力铸造之间的一种铸造方法。其特点为：浇注时压力和速度可人为控制，故适用于各种不同的铸型；充型压力及时间易于控制，所以充型平稳；铸件在压力下结晶，自上而下顺序凝固，所以铸件致密，金属利用率和合格率高。低压铸造用于制造要求致密性较好的非铁金属铸件，如气缸体、气缸盖、叶片等。

3. 铸造方法比较

各种铸造方法都有其各自的特点和使用范围，应根据铸件的结构、材料种类、技术要求、生产批量及生产条件等具体情况进行综合分析，选择最佳铸造方法，以达到在满足使用要求的前提下，尽量降低生产成本的目的。常用铸造方法的特点比较见表4-1。

表4-1 常用铸造方法的特点比较

比较内容 \ 铸造方法	砂型铸造	熔模铸造	金属型铸造	压力铸造	离心铸造	低压铸造
适用合金范围	不限制	以钢为主	多用于非铁金属	多用于非铁金属	多用于钢铁及铜合金	多用于非铁金属
适用铸件的最小厚度/mm	3	通常0.7	铝合金：2～3；铁：大于4；钢：大于5	铜合金：大于2；其他合金：0.5～1	最小内孔仅为ϕ7	通常2～5；最薄仅为0.7
铸件表面粗糙度 Ra/μm	粗糙	1.6～6.3	6.3～12.5	1.6～6.3	内孔粗糙	6.3～12.5
铸件内部质量	结晶粗	结晶粗	结晶细	结晶细	结晶细	结晶细
尺寸精度	IT14～IT16	IT11～IT13	IT12～IT14	IT11～IT13		IT12～IT14
尺寸偏差/mm	100±1.0	100±0.3	100±0.4	100±0.3		100±0.4
金属利用率（%）	70	80	85	95	>90	90
设备费用	低、中	中	中	高	中	中
生产范围	单件、成批、大量	成批	成批、大量	大量	大量、成批	成批
生产率（在适当机械化后）	低	中	中	高	中	中
应用举例	各类铸件	刀具、动力机械叶片、汽车拖拉机零件、电信设备、计算机零件	发动机零件、汽车拖拉机零件、电器、民用器皿	汽车、拖拉机、计算机、仪表、照相机器材等零件	各种套、筒、管、辊、叶轮等	发动机零件、电器零件、叶轮、壳体、箱体

4.2.2 锻压成形

4.2.2.1 锻压概述

锻压是指金属材料在外力作用下产生塑性变形或分离，从而获得一定形状、尺寸和结构性能的毛坯和零件的一种加工方法。锻压是锻造和冲压两种加工方法的总称，它们的制品称为锻件和冲压件。

锻压属于金属压力加工方法的一部分。金属压力加工方法主要有锻造、冲压、轧制、挤压和拉拔等。在机器制造工业中，凡受力复杂和承受重载荷的零件，如传动主轴、重要齿轮、内燃机曲柄和连杆、气轮机叶轮等通常采用锻件作毛坯，再经切削加工制成；在航空、汽车制造、电器、仪表及日常生活用品行业中，板料冲压的应用极为广泛；一般常用的金属型材、板材、管材、线材等原材料，大都通过轧制、挤压和拉拔等方式制成。

锻压生产与铸造、焊接等方法相比，也有不足之处。因固态成形比较困难，因此锻件和冲压件的形状较为简单，不能获得外形、内腔形状复杂的零件。此外，锻造操作复杂，冲压模具费用较高。

4.2.2.2　锻造

锻造是利用外力使材料产生塑性变形而获得具有一定形状和结构性能的零件或毛坯的加工方法，其加工过程一般需要加热。按照锻造成形工艺过程的不同，锻造方法可分为：自由锻造（包括手工自由锻造和机器自由锻造）和模型锻造（包括胎模锻、锤上模锻、压力机上模锻）两大类。根据变形温度的不同，锻造可分为热锻、温锻和冷锻三种，其中应用最广泛的是热锻。

锻造成形的特点主要有：①可改善金属材料的内部组织，提高力学性能。所以，锻造主要用于生产各种重要的、承受重载荷的机器零件或毛坯；②具有较高的生产率和较大的灵活性，既可锻造形状简单的锻件，也可锻造形状复杂，少、无切削的精密锻件，既适合单件小批量生产，也适合大批量生产；③锻件质量不受限制，小可不足1kg，大可达几百千克甚至几百吨。

金属能够进行压力加工的难易程度称为可锻性。它是用金属塑性和变形抗力来综合评定的。塑性好，变形抗力低，则可锻性好。影响金属可锻性的因素主要有金属的化学成分、组织、变形时的加热温度等。一般来说，纯金属可锻性比合金好，随着合金元素的增加，其合金塑性下降，强度增高，可锻性变差。由单一固溶体组成的合金可锻性好，合金中金属化合物的存在，会使可锻性下降。提高金属变形的温度，是改善金属可锻性的有效措施，但温度过高，易产生过热和过烧两种缺陷。

工业生产常用的锻造材料有各类钢和铜、铝等非铁金属及其合金。铸铁塑性很差，不能进行锻造。

1. 自由锻造

利用简单的通用性工具，将坯料置于铁砧上或锻造机器上、下砧铁之间进行锻造的方法，称为自由锻造（简称自由锻）。自由锻可加工各种大小的锻件，对于大型锻件，自由锻是唯一的生产方法。另外，自由锻所用的生产准备时间较短。但自由锻生产率低，劳动强度大，且锻件形状简单，精度低，加工余量大，故适用于单件小批量生产。

锻造成形主要由人力完成的称为手工自由锻造（简称手锻）；锻造成形主要由机器完成的称为机器自由锻造（简称机锻）。手锻只能生产小型锻件，机锻是利用机器产生的冲压力或压力使金属变形的，能锻造小到几千克大到数百吨的锻件，比手锻有更高的生产率，是目前工厂中应用最广泛的锻造方法。

手锻常用的工具是大、小锤，平锤，冲子等；机锻常用的设备有空气锤，蒸汽－空气锤及液压机等。空气锤是生产小型锻件的通用设备，其结构如图4-3所示。

自由锻的基本工序有镦粗、拔长、冲孔、弯曲、扭转、错移、切割等，其中镦粗、拔长、冲孔应用最多。设计自由锻件时，除要满足零件使用性能要求外，还应考虑自由锻设备与工具的特点，符合自由锻的工艺性，锻件结构合理，锻造方便，节省材料和提高劳动生产率。

2. 模型锻造

利用模具使坯料变形而获得锻件的锻造方法称为模型锻造（简称模锻）。模锻与自由锻相比，生产率高，锻件尺寸精度高，表面粗糙度值低，加工余量小，并能锻出形状复杂的锻件。但模锻件质量受设备能力的限制，一般不超过150kg，锻模制造成本高。因此，模锻适合于中小锻件的大批量生产。

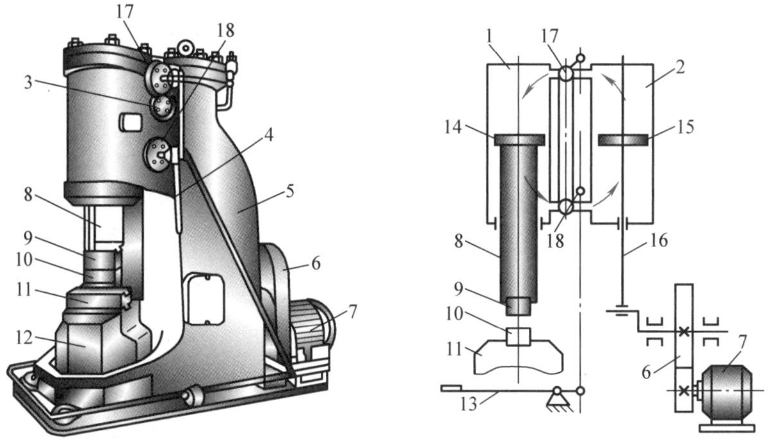

图4-3　空气锤结构示意图

1—工作缸　2—压缩缸　3—旋阀　4—手柄　5—锤身　6—减速机构　7—电动机
8—锤杆　9—上砧铁　10—下砧铁　11—砧垫　12—砧座　13—脚踏杆　14—工作活塞
15—压缩活塞　16—连杆　17—上旋阀　18—下旋阀

根据使用的设备种类和模具功能，模锻可分为胎模锻、锤上模锻以及压力机上模锻等，前两种应用较多。

（1）胎模锻　胎模锻是在自由锻设备上使用可移动的简单模具生产锻件的一种锻造方法。胎模不固定在锤头或砧座上，使用时才放到自由锻锤的下砧上，用完后再搬下。常用的胎模有扣模、套模和合模三种。胎模锻与自由锻相比，具有生产率高，锻件精度高和形状复杂，设备简便和工艺灵活等优点，其缺点是自由锻锤的上、下砧铁和胎模模膛容易破损，胎模和锻锤的寿命低，并且劳动强度大。因此，胎模锻主要应用于小型锻件的中小批量生产。

（2）锤上模锻　锤上模锻是将上、下模分别紧固在锤头与砧座上，将加热透的金属坯料放入下模膛中，利用上模向下的冲击作用，迫使金属在锻模模膛内塑性流动而获得与模膛形状一致的锻件的一种锻造方法。锤上模锻的锻造设备主要是蒸汽－空气模锻锤，其工作原理与自由锻蒸汽－空气锤相同。但由于模锻生产要求精度较高，固模锻的锤头与导轨之间的间隙小，且机架直接与砧座连接，保证上、下锻模对准，从而保证了锻件的几何形状和尺寸精度。

锤上模锻与胎模锻、自由锻相比，锻件精度高，生产率高，加工余量小，可生产出形状复杂的锻件。但模具制造成本高，需要吨位较大的模锻锤，只有在大批量生产的条件下才能采用。

4.2.2.3　板料冲压

利用冲模使板料分离或成形，从而获得毛坯或零件的方法称为冲压。在常温下进行的冲压称为冷冲压。冷冲压所用板材应具有良好的塑性，且厚度应在8mm以下。当板料厚度超过8mm时，宜采用热冲压。

板料冲压具有以下优点：①冲压操作方便，工艺过程易机械化、自动化，生产率高；

②冲压件精度高，表面粗糙度值低，互换性好，一般不需加工即可使用；③可冲压出形状复杂、重量轻、强度和刚度好的零件。

冲压的缺点是模具制造复杂，故周期长，成本高。冲压主要用于大批量生产。

板料冲压用的材料必须有较高的塑性。常用的金属材料有低碳钢、金属合金及塑性高的合金钢。冲压设备主要是压力机，它能完成各种冲压加工。配合压力机工作的设备有剪床，它可将板料沿直线轮廓切断，为压力机准备所需的条料。冲模是冲压加工的主要工具，按结构特征可分为简单模、连续模和复合模。典型冲模的结构如图4-4所示。冲压的基本工序有切断、冲裁、拉深、弯曲。此外，冲压还有一些属于局部成形的工艺，如翻边、缩口、压筋等。

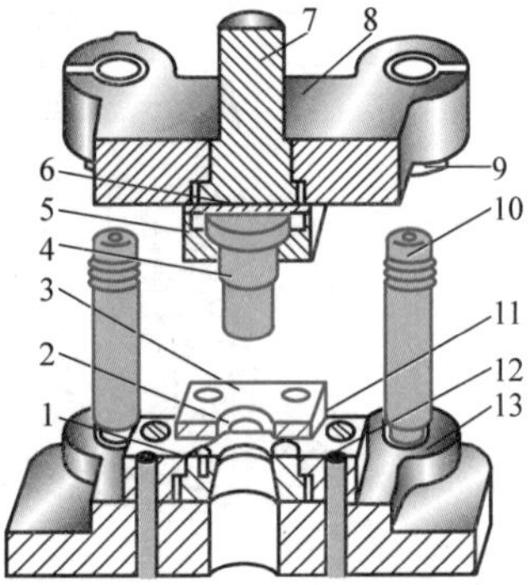

图4-4　典型冲模的结构

1—定位销　2—导板　3—卸料板
4—凸模　5—凸模压板　6—凸模板
7—模柄　8—上模板　9—导套
10—导柱　11—凹模　12—凹模压板
13—下模板

4.2.2.4　特种锻压

1. 精密模锻

精密模锻是在模锻设备上锻造出形状复杂、高精度锻件的模锻工艺。精密模锻必须由相应的工艺措施来保证，如模具的设计与制造必须精确，坯料的下料尺寸要精确，必须采用无氧化或少氧化的加热方法，以提高锻件的尺寸精度和表面质量等。

目前，精密模锻主要应用在两个方面：一是生产精化毛坯，即利用精密模锻工艺取代粗切削加工工序，将精密锻件直接进行精加工而得到成品零件；二是生产精密模锻零件，即通过精密模锻直接获得成品零件。

2. 粉末锻造

粉末锻造是粉末冶金和精密模锻相结合的新技术。其特点是：变形过程是压实和塑性变形的有机结合，从而提高了锻件的力学性能；模锻时所需的变形力要比普通模锻小；可锻复杂的精密锻件，精度高，表面粗糙度值低。

粉末锻造的工艺过程是：金属粉末配制——混粉——冷轧制坯——少氧化或无氧化烧结加热——模锻（在压力机上进行）。

3. 精密冲裁

精密冲裁简称精冲裁，采用强力压边冲裁，可获得剪切面的表面粗糙度值小、尺寸精度高的冲压件。精密冲裁从形式上看是分离工序，但实际上工件与坯料在最后分离前，始终是保持一个整体，即冲裁过程中自始至终是塑性变形，因此，精密冲裁件的结构极限尺寸，如孔径、孔距和边距等都比普通冲裁件小。

4.2.3　焊接

焊接是对两块分离的金属材料进行局部加热或加压，在使用或不使用充填材料的情况下，借助于金属原子的结合与扩散作用，使其连成一个整体的工艺方法。焊接是不可拆连接。

焊接应用广泛，它是一种先进、节省金属、生产率高的金属加工方法。焊缝具有良好的力学性能，能耐高温高压，具有良好的密封性。焊接具有很多优点：连接工件方便、灵活、牢固，生产率高；可以采用拼焊结构，大型、复杂工件能以小拼大、化繁为简；可焊成双金属结构及实现异种材料的连接，节省贵重材料；连接性能好，多数情况下焊接接头能达到与母材同等的强度；焊接可以修补铸、锻件的缺陷及磨损的机器零件。

焊接也有一些不足，如焊后零件不可拆，更换修理不方便；对某些新材料（如陶瓷）的焊接有一定困难；焊接工艺不当时会产生焊接缺陷，焊接接头组织与性能不均匀；易产生较大的残余应力和变形等。

按工艺过程的特点，焊接可分为熔焊、压焊和钎焊三大类。

熔焊是将焊件的连接处加热到熔化状态（有时另加填充材料），形成熔池，然后冷却，使之连接成一个整体。常用的熔焊方法有焊条电弧焊、埋弧焊、气体保护焊和气焊等。

压焊是通过对焊接连接处施加压力，或既加压又加热，使接头处紧密接触并产生塑性变形，通过原子间的结合而使之成为一个整体。常用的压焊有电阻焊、摩擦焊等。

钎焊是采用比母材熔点低的金属材料作钎料，将焊件加热至高于钎料熔点、低于母材熔点的温度，利用液态钎料润湿母材，填充接头间隙，并与母材相互扩散实现连接的方法。

4.2.3.1 焊条电弧焊

电弧焊是以电弧作为焊接热源的熔焊方法。用手工操纵焊条进行焊接的电弧焊称为焊条电弧焊。焊条电弧焊是应用最广泛的焊接方法。焊条电弧焊的形成过程如图 4-5 所示。焊接前，将焊钳和焊件与电焊机的两极相连，并用焊钳夹持焊条。焊接时，电弧在焊条与焊件之间形成，电弧热使焊件和焊条同时熔化形成熔池。电弧热还使焊条的药皮熔化、燃烧。被熔化的药皮与熔池金属发生物理化学作用形成熔渣；药皮燃烧产生 CO_2 气体。熔渣和 CO_2 气体可防止空气中氧和氮的侵入，起保护熔池金属的作用。随着焊条的移动，新的熔池不断形成，旧的熔池不断凝固，最后形成连续的焊缝。

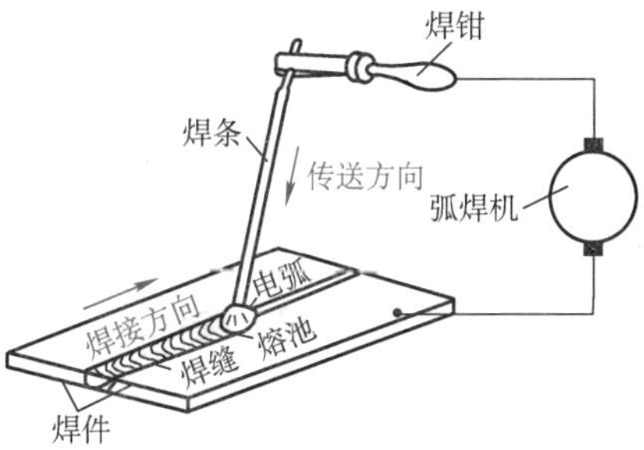

图 4-5　焊条电弧焊的形成过程

焊条电弧焊所用的材料是焊条，它对焊接的影响最大。焊条由焊芯和药皮组成。焊芯是焊条中被药皮包覆的金属丝，其作用是导电、引弧、熔化后填充焊缝。焊芯由经过专门冶炼的低碳、低硅、低磷金属丝制成，以保证焊接金属的组织和性能。焊条的直径和长度是用焊芯的直径和长度表示的。焊芯的直径最小为 0.4mm，最大为 9mm，以直径 2.5 ~ 5mm 应用最广。药皮是压涂在焊芯表面的涂料层，其组成很复杂。药皮的主要作用是使电弧易于引燃，燃烧稳定；造气造渣，保护熔池；除去熔池中的氧、氢、硫、磷等有害元素，并添加合金元素。

4.2.3.2 气焊与气割

1. 气焊

气焊是利用可燃气体燃烧的高温火焰来熔化母材和填充金属的一种焊接方法，如图 4-6 所示。气焊最常用的气体是乙炔和氧气（助燃气体），并使用不带涂料的焊丝作充填物。

与电弧焊相比，气焊热源温度低（约 3150℃），热量分散，加热缓慢，生产率低，焊件易变形。但气焊火焰易控制，操作简便灵活，无需电源。气焊适用于焊接厚度在 3mm 以下的低碳钢薄板，对焊接质量要求不高的不锈钢、高碳钢、铸铁以及铜、铝等非铁金属也可以采用气焊进行焊接。

2. 气割

气割即氧气切割，它是根据某些金属在氧气流中能够剧烈氧化（即燃烧）的原理，利用气体火焰的热能将工件切割处预热到一定温度后，喷出高速切割氧流，使其燃烧并放出热量实现切割的方法。

与其他切割方法相比，气割设备简单，操作灵活方便，适应性强；可在任意位置和任意方向，切割任意形状和厚度的工件；生产率高，切口质量也相当好。因此，气割被广泛应用于型钢下料和铸钢件浇、冒口的切除，有时可以代替刨削加工，如厚钢板开坡口等。

金属材料只有满足下列条件才能进行氧气切割：金属材料的燃点必须低于其熔点；燃烧生成的金属氧化物的熔点应低于金属本身的熔点，同时流动性好；金属燃烧时能释放出大量热，金属本身导热性差。金属中纯铁，低、中碳钢和普通低合金钢能满足上述条件，而高碳钢、铸铁、不锈钢、高合金钢以及铜、铝等非铁金属及其合金，均难以进行氧气切割。

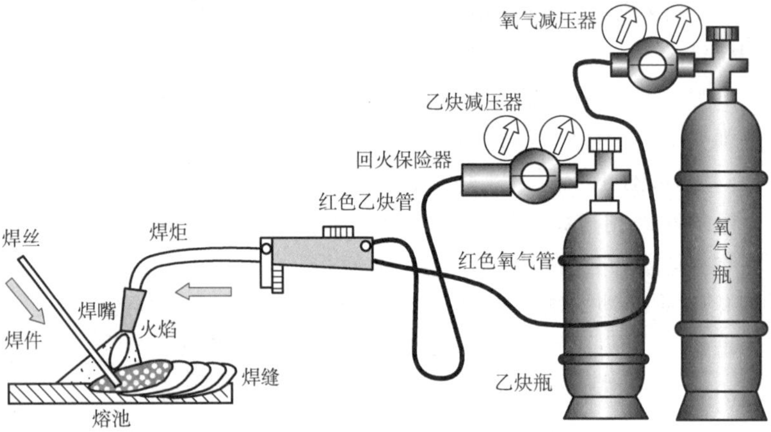

图 4-6　气焊及设备

4.2.3.3　其他焊接方法

1. 埋弧焊

埋弧焊是指电弧在焊剂层下燃烧进行焊接的方法，其焊接过程如图 4-7 所示。将焊丝插入焊剂中，引燃电弧，使焊丝和焊件局部熔化形成熔池。焊剂形成的气体和熔渣可使电弧和熔池与外界空气隔绝。焊丝逐渐前移，即可完成焊接。

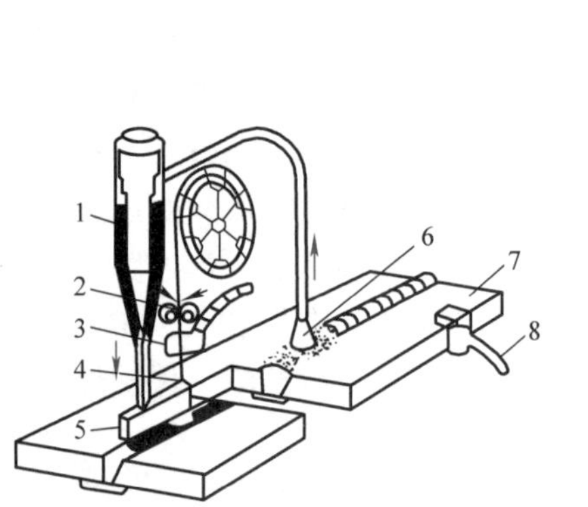

图 4-7　埋弧焊焊接过程示意图

1—焊剂头　2—送丝滚轮　3—导电嘴　4—焊丝　5—焊剂　6—焊剂回收器　7—焊件　8—电缆

埋弧焊具有生产率高，焊接质量好，焊缝外形美观，劳动条件好等优点。此外，埋弧焊由于没有焊接头，厚度小于 20mm 的工件可不开坡口，金属烧损和飞溅少，电弧热利用充分，故能节约金属和电能。埋弧焊的缺点是适应性差，焊接参数控制较严。埋弧焊主要用于板厚 3mm 以上的碳钢和低合金高强度结构钢的焊接，适宜于平焊位置的长直焊接和直径较大（一般不小于 250mm）的环缝焊接。

2. 气体保护焊

气体保护焊是用外加气体作为电弧介质并保护电弧和焊接区的电弧焊。常用的气体保护焊有氩弧焊和 CO_2 气体保护焊两种。

(1) 氩弧焊　氩弧焊是以氩气作为保护气体的电弧焊。氩气是惰性气体，是一种比较理想的保护气体。氩弧焊用氩气保护效果好，电弧稳定，并在氩气流的压缩作用下电弧热量集中。因此氩弧焊的焊缝质量较高，热影响区较小，焊后变形小，又无渣壳，便于实现焊接过程机械化和自动化。但是，氩气价格昂贵，焊接成本高；氩弧焊设备复杂，维修不便。目前，氩弧焊主要用于铝、镁、钛及其合金，以及耐热钢和不锈钢等的焊接。

(2) CO_2 气体保护焊　CO_2 气体保护焊是以 CO_2 为保护气体的电弧焊。它用焊丝作电极，靠焊丝与焊件之间产生的电弧熔化工件与焊丝，以自动或半自动方式进行焊接，目前应用较多的是半自动焊。CO_2 气体保护焊突出的优点是：CO_2 气体价廉易得，焊接成本低；焊接电流密度大、速度快，焊件变形和开裂倾向小，生产率高；明弧焊接，操作性能好，焊缝中氢和氧化物含量少，故质量高。其缺点是：焊缝成形较差，不太光滑，焊接时飞溅大。由于 CO_2 气体的氧化性，故不适合焊接易氧化的非铁金属，主要用于焊接低碳钢和低合金结构钢，以及用于耐磨零件的堆焊、铸钢件的补焊等。

3. 等离子弧焊接与切割

用等离子弧的热量进行焊接与切割，称为等离子弧焊接与切割。

等离子弧的产生可叙述如下：在钨极和焊件间加以高压，经高频振荡器的激发，使气体电离形成电弧，此电弧通过细孔喷嘴受到机械压缩；从进气管通入高速氩气流，使弧柱外围受到强烈冷却，于是电弧被进一步压缩（称为热压缩）；电弧内若干带电粒子的运动，可视为无数根平行的通电导体，其自身磁场产生的电磁力使这些“导体”相互吸引，将弧柱再进一步压缩（称为电磁压缩）。由于上述三种压缩效应，便形成了电离度激增、弧柱截面积变细小、能量高度集中、温度极高、速度极快的等离子弧。等离子弧焊接与切割原理如图4-8和图4-9所示。

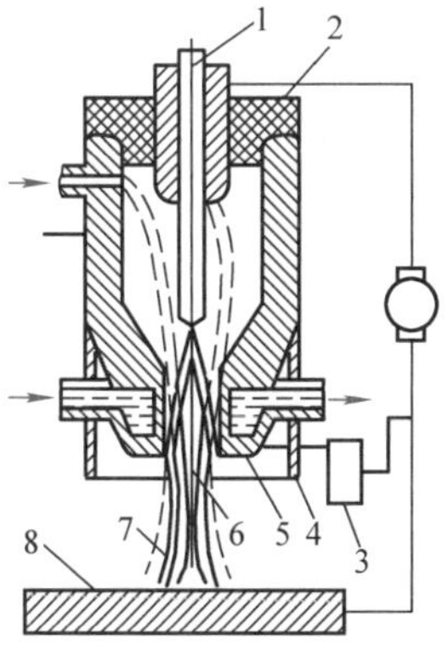

图4-8　等离子弧焊接原理示意图

1—电极　2—陶瓷垫圈　3—高频振荡器
4—同轴喷嘴　5—水冷却器　6—等离子弧
7—保护气体　8—焊件

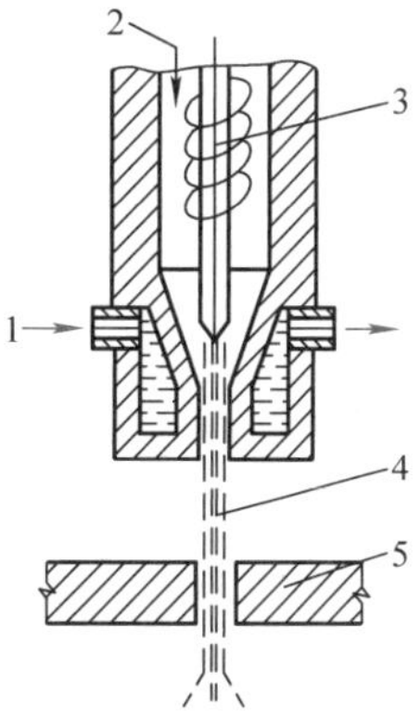

图4-9　等离子切割原理示意图

1—冷却水　2—等离子气
3—电极　4—等离子弧
5—切割件

等离子弧用于焊接时，应调节成温度较低、冲击力较小的“柔性弧”，并在等离子弧周围通以保护气体；等离子弧用于切割时，应调节成温度较高、冲击力较大的“刚性弧”，以便迅速将金属熔化，并借助高速等离子弧焰流，将熔化金属液强制排出，形成切口。

等离子弧焊由于温度高、穿透力强，故10～12mm的厚工件不需开坡口，焊接速度快，生产率高且焊件变形小，广泛用于难熔、易氧化材料的焊接，如铜、铝、钛及其合金与不锈钢等；等离子弧切割变形小，切口细窄光滑，可用来切割不能用氧气切割的不锈钢、铝及铝合金等。由于等离子弧焊接与切割的设备复杂，气体消耗量大，故目前主要用于化工、核能、精密仪器仪表等行业。

4. 电阻焊

电阻焊是焊件组合后通过电极施加压力，利用电流通过焊件接触面及邻近区域时产生的电阻热，将焊件局部加热到塑性或熔化状态，然后在压力下形成焊接接头的方法。电阻焊的基本形式有点焊、缝焊和对焊三种，如图4-10所示。

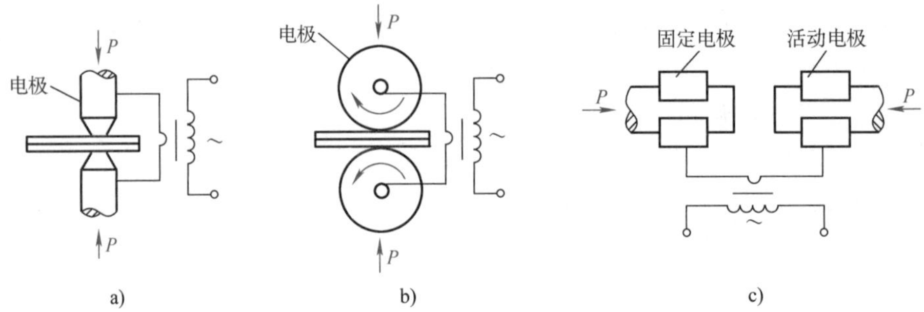

图4-10 电阻焊的基本形式
a）点焊 b）缝焊 c）对焊

电阻焊的主要特点是：焊接电压很低（1～12V），焊接电流很大（几千到几万安），完成一个焊接接头的时间极短（百分之一到几秒），焊接质量好；焊接过程易于机械化和自动化（如机器人点焊），生产率很高；加热时对接头施加机械压力，接头在压力作用下熔合，紧固性好；焊接时不需要填充金属。但是，电阻焊设备复杂，耗电量大，适用的接头形式及工件厚度受到限制，通常只适用于大批量生产。

5. 钎焊

钎焊是指利用熔点比焊件低的钎料，置于焊件间隙处，加热仅使钎料熔化并填充焊件的间隙，冷却后将焊件连接起来的方法。按钎料熔点不同，钎焊可分为软钎焊和硬钎焊两种。

软钎焊是指采用熔点低于450℃的钎料的钎焊。常用软钎料是锡铅合金，故又称锡焊，适用于受力不大的仪表、电器元件或其他气密性容器的焊接。硬钎焊是指采用熔点高于450℃的钎料的钎焊。常用硬钎料有铜基、银基、镍基等，适用于受力较大的钢件、铜合金件及工具、刀具的焊接。

钎焊的特点是投资少，焊件变形小，接头光滑平整，焊件尺寸精确，可焊形状复杂件及异种金属；但接头的强度、工作温度低，焊前清理要求严格。因此，它主要用于精密机械、仪表及航天航空行业中。

4.2.3.4 焊接新工艺

近年出现许多新的焊接工艺，如摩擦焊、超声波焊、爆炸焊、电渣焊、电子束焊接、激光焊接及扩散焊接等，其中最重要的是电子束焊接、激光焊接和扩散焊接。

1. 电子束焊接

电子束焊接的原理：从炽热的灯丝发射的电子在高压作用下，经电磁透镜聚焦形成电子束并以极高的速度射向焊件表面，电子的动能变为热能，而使焊件接头熔化，根据焊件的熔化程度适当移动焊件，即可获得所要求的焊接接头。电子束焊的焊接速度极快，熔深大，焊件不开坡口，焊件变形小，焊缝质量高；但设备昂贵，焊件尺寸受真空室限制，对焊件的清理与装配要求严格，所以主要用于航空、仪表、核能工业及难焊材料如钼等合金的焊接。

2. 激光焊接

激光焊接利用能量密度很高（$10^5 \sim 10^7 W/cm^2$）的激光束聚焦到工件表面，使辐射作用区表面的金属“烧熔”黏合而形成焊接接头。其焊接过程大体分为：激光照射工件材料，工件材料吸收光能；光能转变为热能使工件材料无损加热；工件材料被熔化，作用结束与加工区冷凝。激光除具有反射、折射、绕射及干涉等一般光的共性外，还具有单色性好、相平性好、方向性好和强度高的特性。由于这四大特性的互相联系和互相渗透，使激光能实现在空间上和时间上的高度集中。一束高亮度的激光经聚焦后，光斑直径可小到几微米而产生巨大的能量密度，在千分之几秒甚至更短时间内使任何可熔化、不可分解的材料熔化，从而进行激光焊接。

3. 扩散焊接

扩散焊接是一种可以连接物理、化学性能差别很大的异种材料（如陶瓷与金属）的固态连接方法，并可连接截面形状和尺寸差异大的材料，以及连接经过精密加工的零部件而不影响其原有精度。

4.2.4 毛坯成形方法比较

常用毛坯成形方法的比较见表4-2。由于篇幅原因，型材和粉末冶金未做介绍。

表4-2 常用毛坯成形方法比较

比较内容＼成形方法	铸 造	锻 造	冲 压	焊 接
成形特点	液态成形	固态下塑性变形	固态下塑性变形	借助金属原子间的扩散和结合
对原材料工艺性能要求	流动性好，收缩率低	塑性好，变形抗力小	塑性好，变形抗力小	强度高、塑性好，液态下化学稳定性好
常用材料	铸铁、铸钢及铸造铝、铜合金	中碳钢、合金结构钢	低碳钢、有色金属薄板	低碳钢、低合金结构钢、不锈钢、铝合金
毛坯组织特征和性能	晶粒粗大、疏松，杂质排列无方向性。铸铁件力学性能差，耐磨性和减振性好；铸钢件力学性能较好	晶粒细小、致密，呈方向性排列，可利用流线改善性能，力学性能好。比相同成分铸钢件的力学性能高	组织细密，可产生显微组织。利用加工硬化，可提高强度和硬度，结构刚性好	焊缝区为铸态组织，熔合区和过热区有粗大晶粒；接头性能达到或接近母材

（续）

成形方法 比较内容	铸　造	锻　造	冲　压	焊　接
零件结构特征	形状一般不受限制，可以相当复杂	自由锻件形状简单，模锻件形状可较复杂	结构轻巧，形状可较复杂	形状不受限制
适宜的尺寸与质量	砂型铸造不受限制	自由锻不受限，模锻小于150kg	不受限	不受限
材料利用率	高	自由锻低，模锻中	较高	较高
生产周期	较长	自由锻短，模锻长	长	较短
生产成本	较低	较高	批量越大，成本越低	中
主要适用范围	铸铁件用于受力不大或承压为主的零件，或要求减振、耐磨的零件；铸钢件用于承受重载而形状复杂的零件，如床身、立柱、箱体、支架和阀体	用于承受重载、动载或复杂载荷的重要零件，如主轴、传动轴、曲轴、连杆等	用于板料成形的零件	用于制造金属结构件，或组合件和零件的修补

4.2.5　先进毛坯成形技术

科学技术的不断发展和生产水平的不断提高及人类社会生活的需要，对毛坯成形提出了一系列新的、更高的要求。为此，近十年来，在继承、发展传统毛坯成形技术和应用近代科学技术成就的基础上，开创了许多新的毛坯成形方法、技术及工艺。

1. 精密洁净铸造工艺

许多新的铸造方法及工艺，如化学硬化砂铸造工艺、高效金属型铸造工艺以及消失模铸造工艺等，与普通砂型铸造相比，这些铸造工艺的共同优点可概括为六个字，即“精密、洁净、高效”。具体表现在以下几个方面：可以大量生产同类型、高质量而且稳定的铸件，且铸件尺寸精度和表面质量较高，从而实现少切削或无切削加工；能进一步简化生产工艺过程，缩短生产周期，便于实现生产工艺过程的机械化、自动化，提高劳动生产率，改善劳动条件，使铸造工厂（或车间）绿色化；可大量减少生产原材料的消耗，降低生产成本，获得良好的经济效益和社会效益。

2. 超塑性成形技术

超塑性成形技术是建立在现代材料科学、力学、数字模拟和计算机、自动化和机器人技术、模具和润滑技术、金属塑性和成形技术等多种科学与技术基础上的一门先进科学技术。超塑性是指材料在一定的内部组织条件（如晶粒形状及尺寸、相变等）和外部环境条件（如温度、应变速率等）下，呈现出异常低的流变抗力、异常高的伸长率的现象。利用材料的超塑性可以在小吨位设备上实现形状复杂的零件精密成形。超塑性成形工艺包括等温模锻、挤压、气压成形（吹塑成形）、真空成形、模压成形、无模拉丝及拉深等。

3. 焊接自动化技术

随着科学技术的飞速发展，近年来发展了各种优质、高效的焊接新技术，如代表当今焊接电源先进水平的逆变电源；代表高能束焊接技术发展主流的激光焊接技术；高效、低稀释的新型堆焊技术；适应微电子技术发展的微连接技术；代表焊接自动化水平的焊接机器人；焊接过程数值模拟技术和专家系统等。这些高新焊接技术的发展，使得焊接这种古老的加工工艺实现了从“技艺”向“科学”的转变。

4.3 材料热处理及表面处理技术

4.3.1 材料整体热处理

热处理是通过金属在固态下的加热、保温和冷却，以改变其内部组织从而获得所需性能的工艺方法。任何一种热处理的工艺过程，都包括加热、保温、冷却三个步骤，如图4-11所示。整体热处理的主要特点是对工件整体进行穿透加热。机械设备上使用最多和需要进行热处理最多的金属材料是钢，因此本书以钢的热处理为例来进行介绍。

由于热处理时起主要作用的因素是温度和时间，因此各种热处理都可以用温度－时间为坐标的热处理工艺曲线来表示。铁碳相图是确定钢热处理工艺的重要依据。铁碳相图中组织转变的临界温度曲线 A_1、A_3、A_{cm}是在极其缓慢的加热或冷却条件下测定出来的，而在实际热处理中的加热或冷却大多不是极其缓慢的，故实际转变温度比相图上的临界温度有一定的滞后现象，也就是通常所说的要有一定的过热或过冷，组织转变才能充分进行。通常将加热时的实际临界温度位置用 Ac_1、Ac_3、Ac_{cm}来表示，而冷却时的实际临界温度位置用 Ar_1、Ar_3、Ar_{cm}表示，如图4-12所示。

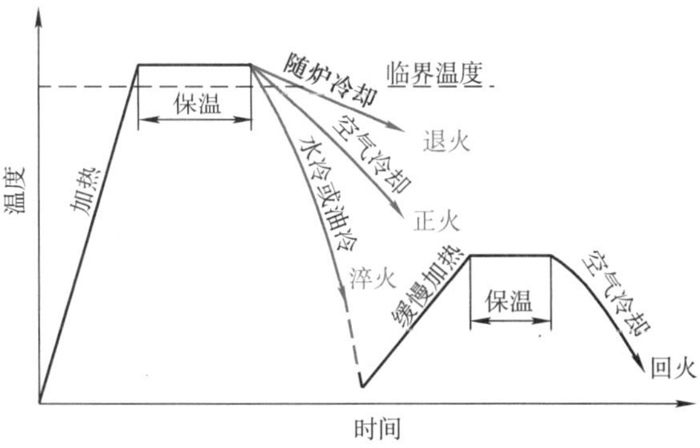

图4-11 常用热处理方法的工艺曲线示意图

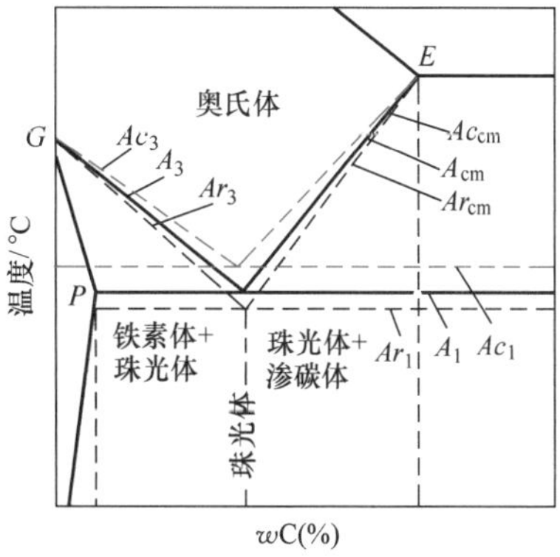

图4-12 加热和冷却时各临界点的位置

常规热处理技术是指众所周知的“四火”，即退火、正火、淬火、回火，也可以称之为传统热处理技术。这些技术和方法在工业领域仍被广泛应用。

（1）退火 退火是指把钢加热到一定温度，经保温后缓慢冷却，以获得接近平衡组织的工艺方法。退火的目的是：降低硬度以便于切削加工；提高塑性以利于塑性成形；细化晶粒以提高力学性能；消除应力以防止变形或开裂。根据加热温度的不同，退火可分为完全退火、球化退火、等温退火、均匀化退火、去应力退火以及再结晶退火。

（2）正火　正火是指把工件加热到临界温度 Ac_3（或 Ac_{cm}）以上 40～60℃，保温一定时间以完全奥氏体化，然后在空气中冷却的热处理工艺。正火的目的是：细化晶粒、改善力学性能和可加工性，消除网状二次渗碳体组织，为淬火做准备；还可以取代部分完全退火，提高生产率。正火实质上是退火的另一种形式，其作用与完全退火相似。正火与完全退火不同之处是工件放在空气中冷却而不是随炉冷却。正火工件由于冷却速度比退火稍快，组织中的珠光体相对量较多，而且片层较细密，因此比退火工件的强度和硬度稍高，而塑性和韧性则稍低。由于正火冷却时不占加热炉，因此可使生产率提高、成本降低，所以一般低碳钢、低合金钢和含碳量较低的中碳钢多采用正火代替完全退火。

（3）淬火　淬火就是将工件加热到临界温度 Ac_3（或过共析钢 Ac_1）以上 30～50℃（约 760～860℃），保温一定时间后，放入冷却介质中快速冷却，以获得马氏体组织的热处理工艺。马氏体的硬度取决于含碳量，随着含碳量的提高，马氏体的硬度也提高。马氏体的比体积比奥氏体大，致使形成马氏体的过程中将伴随着体积膨胀，于是产生淬火内应力，同时马氏体含碳量越高，其脆性也越大，这些都使工件在淬火时容易产生变形或裂纹。所以，工件淬火后一般都要及时地进行回火处理。淬火的主要目的是：提高工件的强度和硬度，增加耐磨性，并在回火后获得适当的强度和韧性相配合的性能。淬火操作时要严格控制加热温度、保温时间和冷却速度。冷却速度取决于淬火冷却介质。常用的淬火冷却介质有水和油。淬火时还要注意淬火工件浸入淬火冷却介质的方式。若浸入方式不正确，则可能使工件各部分的冷却速度不一致，造成极大的内应力，使工件发生变形和裂纹，或产生局部淬不硬等缺陷。

（4）回火　回火是将淬火后的工件重新加热到临界温度 Ac_1 以下某一温度，经过一定时间的保温后，在油中或空气中冷却的热处理工艺。回火的温度大大低于退火、正火和淬火时的加热温度。回火的目的是：减小或消除工件在淬火时所形成的内应力，适当降低工件的硬度，减少工件脆性，防止变形和开裂；稳定工件尺寸，调整力学性能，使工件获得较好的强度和韧性，或较好的综合力学性能。

4.3.2　表面处理技术

金属材料除了整体热处理外，还可以采用表面处理技术来满足对工件的各种特殊要求。工程材料表面处理的目的是：提高材料在腐蚀性介质中的耐蚀性或抗高温氧化性能，防止金属材料及其制品在生产、储运和使用过程中发生锈蚀；提高工件耐磨性、减摩性及抗疲劳等性能；根据需要，使材料及其制品表面具有各种特殊的功能，如绝缘、导电、反光、光的选择吸收、电磁性、焊接性、可胶接等，也可制造特殊新型表面材料及覆层金属板材；对于装饰性材料和制品，通过改变表面光泽、色彩、图纹等以获得优良装饰效果；修复磨损或腐蚀损坏的工件，补救加工超差的产品。

表面处理技术日新月异，种类繁多，其分类如图 4-13 所示。由图 4-13 可见，有些处理工艺是去除，有些则是添加，还有的是在基体材料表面发生反应而改变表面特性。有些工艺（如喷涂）是在精加工的零件表面进行，有些（如磷化）则是生产工序的必要组成部分，还有的（如化学气相沉积 CVD）在半导体装置制造中则是一道独立的重要工作。

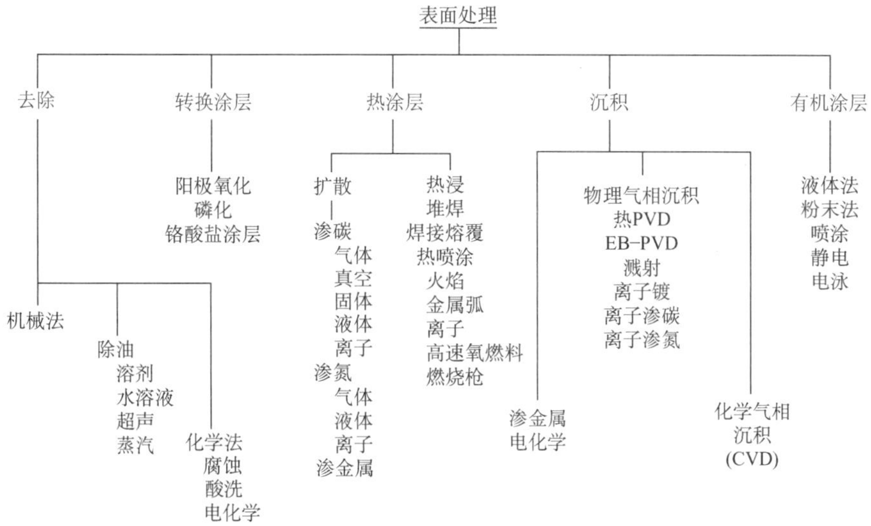

图4-13　表面处理分类

4.4　零件加工制造

在本书第2章，介绍了机械是由零件、部件经装配而成的，零件是机械的最基本组成单元。本章4.1介绍的成形方法，主要是指零件制造方法，包括去除成形、受迫成形、堆积成形、生成成形。去除成形主要是通过切削加工实现的。

切削加工是利用切削工具从工件（毛坯）上切去多余的材料，使零件具有符合图样规定的几何形状、尺寸和表面粗糙度等方面要求的加工过程。切削加工在机械制造业中占有十分重要的位置，目前占机械制造总工作量的40%～60%。切削加工多用于金属材料的加工，也可用于某些非金属材料的加工，对于零件的形状一般不受限制，可加工外圆、内圆、锥面、平面、螺纹、齿形及空间曲面等各种型面。

切削加工可分为机械加工和钳工两部分。机械加工是在机床上利用机械力对工件进行加工的切削加工方法。根据机床运动的不同、刀具的不同，机械加工主要分为车削、钻削、镗削、铣削、刨削、拉削、插削、磨削以及特种加工等。钳工主要是在钳台上，以手持工具为主，对工件进行加工的切削加工方法。随着加工技术的现代化，越来越多的钳工加工工作已被机械加工所代替，钳工自身也在逐渐机械化。

任何机器都是由许多零件和部件装配而成的。装配是机器制造中的最后阶段，机器的质量最终是通过装配保证的，装配质量在很大程度上决定机器的最终质量。另外，通过机器的装配过程，可以发现机器设计和零件加工质量等所存在的问题并加以改进。

本节将分别阐述传统切削加工、特种加工、高速加工、精密加工及快速成形等有关内容。

4.4.1 传统切削加工方法

4.4.1.1 车削加工

车削加工是指工件回转做主运动，车刀做进给运动的加工方法。车削特别适合于加工回转面，而回转面是机械零件中应用最广泛的一种表面形式，因此车削是切削加工的主要方式。车削加工的尺寸精度一般可达IT6～IT8，表面粗糙度 Ra 值可达0.8～6.3μm。

1. 车床类型

车削加工中使用的机床称为车床。车床的类型很多，按照结构和用途，主要分为卧式车床、立式车床、转塔车床、端面车床、半自动和自动车床、仿形车床和多刀车床、数控车床以及各种专用车床，例如凸轮轴车床、曲轴车床、铲齿车床等，其中卧式车床应用最多。图4-14所示为C6136型卧式车床。

图4-14 C6136型卧式车床

单件小批生产各种轴、盘、套等零件，一般在卧式车床或数控车床上进行加工；长径比为0.3～0.8的重型零件，多用立式车床加工；成批生产外形较复杂，且具有内孔及螺纹的中小型轴、套类零件，应选用转塔车床进行加工；大批、大量生产形状不太复杂的小型零件（如螺钉、螺母、管接头、轴套等），多选用半自动和自动车床进行加工。

2. 车削的工艺特点及加工范围

1）加工精度比较高，而且易于保证各加工面之间的位置精度。由于车削加工过程连续进行，切削层公称横截面积不变，切削力变化小，切削过程平稳，所以加工精度高。在车床上经一次装夹能加工出外圆面、内圆面、台阶面及端面，依靠机床的精度就能保证这些表面之间的位置精度。

2）生产率高，应用范围广泛。一般情况下，加工过程中车刀与工件始终接触，基本无冲击，可用很高的切削速度以及很大的背吃刀量和进给量，所以生产率高。车削加工能适应多种材料、多种表面、多种尺寸和多种精度要求，应用范围广泛。

3）刀具简单，刚度高，制造、刃磨和装夹方便，生产成本较低。车削加工范围广泛，可以车削内圆面（含内圆切槽）、外圆面（含外圆切槽）、锥面、平面、切断成形面、内螺纹、外螺纹，以及进行钻孔、扩孔、铰孔和滚花等工作，如图4-15所示。

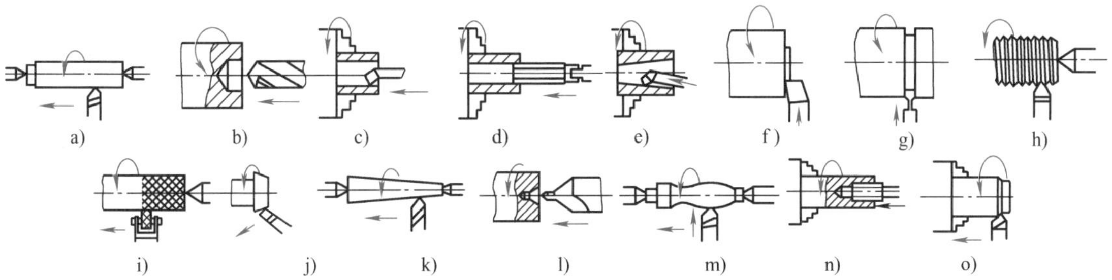

图4-15 卧式车床所能完成的典型加工

a）车外圆 b）钻孔 c）车孔 d）铰孔 e）车锥孔 f）车端面 g）切槽 h）车螺纹 i）滚花 j）车大锥度锥面 k）车小锥度锥面 l）钻中心孔 m）车成形表面 n）攻螺纹 o）倒角

4.4.1.2 铣削加工

铣削是指铣刀旋转做主运动，工件做进给运动的切削加工方法。铣刀是多刃刀具，它的每一个刀齿相当于一把车刀，其切削基本规律与车削相似，但铣削是断续切削，在切削过程中切削厚度和切削面积随时在变化。铣削是平面加工的主要方法之一，此外，铣削还适合于加工台阶面、沟槽、各种形状复杂的成形表面（如齿轮、螺纹等），还用于切断。

1. 铣削特点

铣削为断续切削，冲击、振动很大。此外，高速铣削时刀齿还经受时冷时热的温度骤变，硬质合金刀片易出现裂纹和崩刃，使刀具寿命下降。

1）铣削为多刀多刃切削，刀齿易出现径向圆跳动和轴向圆跳动。

2）铣削为半封闭容屑形式。

3）圆柱铣刀逆铣时，由于刀齿切削刃钝圆半径的存在，使刀齿都要在工件已加工表面上滑行一段距离后才能切入工件基体。

4）铣削时切削层的公称厚度及铣削力都是周期性变化的，这种周期性的断续切削过程易引发铣削工艺系统的振动。

2. 常用铣床及铣削的应用范围

铣床的主要类型有：卧式铣床（图4-16）、立式铣床、龙门铣床、工具铣床以及各种专用铣床等。铣削的应用范围很广，加工的主要轮廓表面有：平面、台阶面、槽、型腔以及成形面等。铣削可分为粗铣（IT11 ~ IT12，Ra = 12.5 ~ 25μm）、半精铣（IT9 ~ IT10，Ra = 3.2 ~ 6.3μm）和精铣（IT7 ~ IT8，Ra = 1.6 ~ 3.2μm）。图4-17所示为在铣床上所进行的主要工作。

4.4.1.3 刨削加工

刨削是指刨刀对工件做水平相对直线往复运动的切削加工方法。刨削也是加工平面和沟槽的主要方式之一。空行程、冲击和惯性力等问题，限制了刨削生产率和精度的提高。

1. 刨削加工特点

1）机床和刀具的结构较简单，通用性好。

2）生产率低。刨削回程不进行切削，加工不连续，冲击较严重；此外刨削常用单刃刨刀刨削，刨削用量也较少，故加工生产率低。但是，当加工狭长表面（如导轨、长槽）时，由于减少了进给次数以及可以采用多件、多刀刨削，刨削的生产率可能高于铣削。

图 4-16 卧式升降台铣床

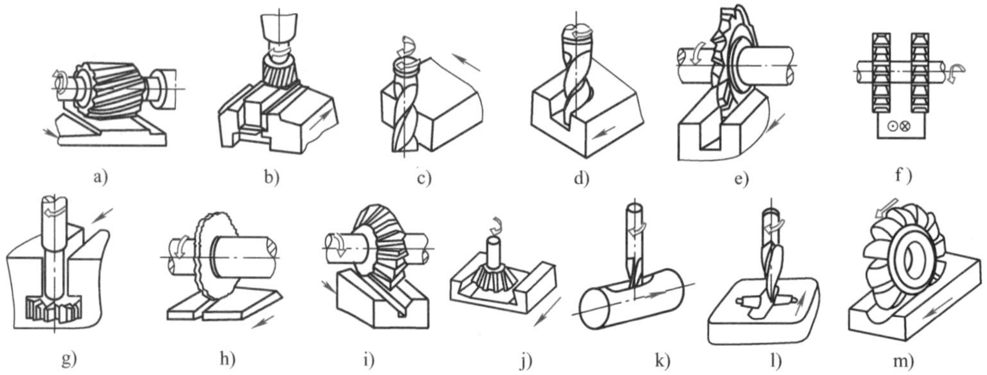

图 4-17 铣床的主要工作

a）圆柱铣刀铣平面 b）面铣刀铣平面 c）立铣刀铣侧平面 d）立铣刀铣槽 e）三面刃铣刀铣槽 f）三面刃铣刀铣台阶面 g）T形槽铣刀铣T形槽 h）锯片铣刀切断 i）角度铣刀铣角度 j）燕尾槽铣刀铣燕尾槽 k）键槽铣刀铣键槽 l）模具铣刀铣型腔 m）成形铣刀铣圆弧面

3）刨削的加工精度一般可达 IT7～IT8，表面粗糙度可控制在 $Ra=1.6\sim6.3\mu m$。刨削加工可保证一定的相互位置精度，故常用龙门刨床加工箱体和导轨的平面。

2. 刨削加工的应用

刨削可以在牛头刨床（图 4-18）和龙门刨床上进行。前者适宜加工中小型工件，后者适宜加工大型工件或同时加工多个中型工件。刨削主要用来加工平面，也广泛地用来加工沟槽。刨削同样可分为粗刨（IT12～IT11，$Ra=12.5\sim25\mu m$）、半精刨（IT9～IT10，$Ra=3.2\sim6.3\mu m$）和精刨（IT7～IT8，$Ra=1.6\sim3.2\mu m$）。

4.4.1.4 插削加工

插削是指用插刀对工件表面做垂直相对直线往复运动的加工方法。插削在插床上进行，如图4-19所示。插床的滑枕是在垂直方向运动的，所以也称为立式牛头刨床。插床主要用于加工工件的内表面，如键槽、花键、多边形孔等，如图4-20所示。由于插削的生产率比刨削还低，只用于单件小批生产，在成批大量生产中已被拉削所代替。

图4-18 BC6063型牛头刨床

图4-19 B5032型插床

4.4.1.5 拉削加工

拉削是指用拉刀加工工件内、外表面的加工方法。拉刀是一种多齿的金属切削刀具，其特点是后一刀齿比前一刀齿在半径或高度方向上的尺寸有所增加，这个增加量称为拉刀齿升量 a_f。拉刀的直线运动为主运动，拉刀借助齿升量来一层一层地切去金属余量，而获得所要求的平面，如图4-21所示。

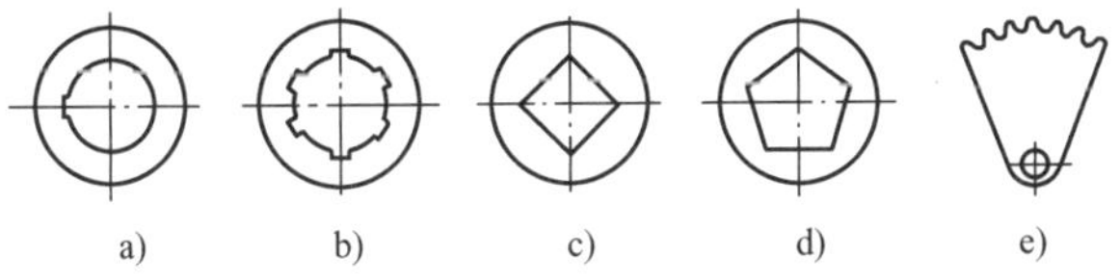

图4-20 插削表面举例

a）孔内单键槽 b）花键槽 c）方孔 d）五边形孔 e）扇形齿轮

图4-21 拉削运动

拉削具有以下特点：①生产率高。因为拉刀同时工作的刀齿多，而且在拉刀的一次行程中，可以完成粗切、半精切和精切加工。②拉削质量好。拉刀属于定形刀具，且具有校准部分，可校准尺寸，修光孔壁；拉床采用液压传动，切削平稳。③拉刀寿命长。因为拉削速度低，每齿切削厚度很小，切削力及切削热小。④拉削成本低，经济效益高。拉床只有一个主运动，结构简单，工作平稳，操作方便。⑤拉削为封闭式切削方式。在拉削过程中，切屑不可能被排除，切削液也不可能注入切削区域。因此，不仅要求拉刀设置容屑槽，而且在拉削前应清除拉刀刀齿上的全部切屑并对即将进入切削的拉刀刀齿充分淋注切削液。⑥拉刀是定尺寸、高精度、高生产率专用刀具，制造成本高。

拉削应用很广泛，可以加工各种截面形状的通孔及各种特殊形状的外表面，如图4-22所示。拉削主要用于大批量生产，一般不宜用于单件、小批量生产。

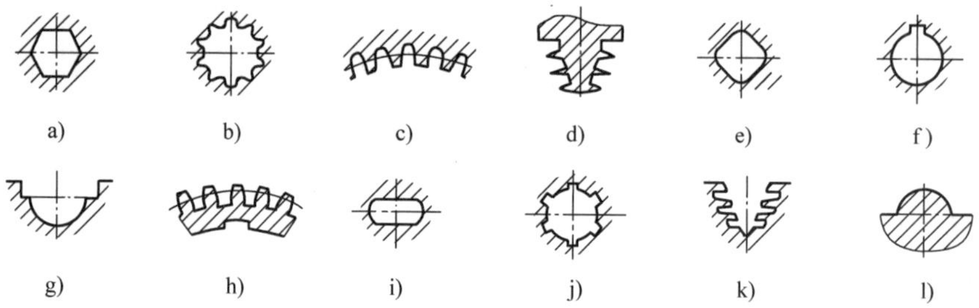

图4-22 常见的拉削截形

a）六边形孔 b）三角形花键孔 c）内齿轮 d）叶片榫头 e）正方形孔 f）矩形键槽
g）组合面 h）齿轮轮齿 i）扁圆孔 j）矩形花键槽 k）榫槽 l）组合凸半圆

4.4.1.6 钻削加工

用钻头或铰刀、锪刀在工件上加工孔的方法统称钻锪铰加工，它可以在台式钻床、立式钻床、摇臂钻床上进行，也可以在车床、铣床、镗铣床或专用机床上进行。立式钻床如图4-23所示。钻削加工的精度较低，一般公差等级只能达到IT10，表面粗糙度值一般为$Ra=6.3\sim12.5\mu m$。单件、小批生产中，中小型工件上较大的孔（一般直径$D<50mm$）用立式钻床加工，大中型工件上的孔常用摇臂钻床加工。常用的钻削刀具为麻花钻。按刀具材料的不同，麻花钻分为高速钢钻头和硬质合金钻头。

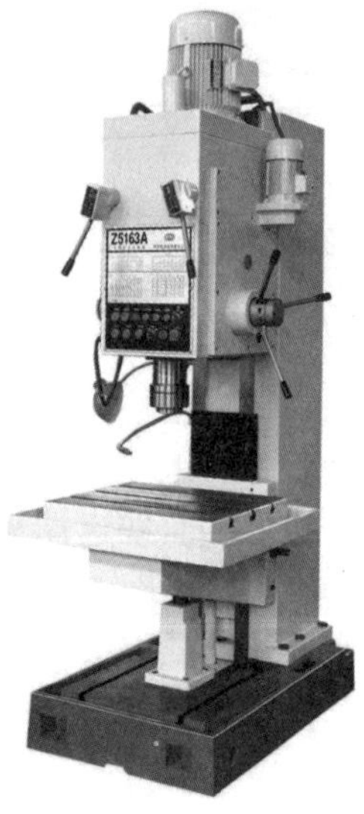

图4-23 Z5163A型立式钻床

钻床上常用加工方法如图4-24所示。其中，钻孔是指用钻头在实体材料上加工孔的一种方法，属于粗加工；扩孔是用扩孔刀具扩大工件孔径的一种加工方法，通常作为孔的半精加工；铰孔是指用铰刀在未淬硬工件孔壁上切除微量金属层，以提高工件尺寸精度和减小表面粗糙度值的加工方法，属于精加工；锪孔是指在已加工的孔上加工圆柱形沉头孔、锥形沉头孔和端面凸台的加工方法。

4.4.1.7 镗削加工

镗削是指镗刀旋转做主运动，工件或镗刀做进给运动的切削加工方式。镗削加工主要在镗床、镗铣床上进行。镗孔是加工较大孔径最常用的方法之一，箱体类零件上的孔以及要求相互平行或垂直的孔系通常都在镗床或镗铣床上加工。镗孔可用于孔的粗加工、半精加工和精加工，可以校正孔的位置。镗孔加工公差等级一般为IT7～IT9，表面粗糙度值达$Ra=0.8\sim6.3\mu m$。T68型卧式镗床外形如图4-25所示。

由于镗刀、镗杆的截面尺寸和长度受到所镗孔径、深度的限制，所以镗刀的刚度比较

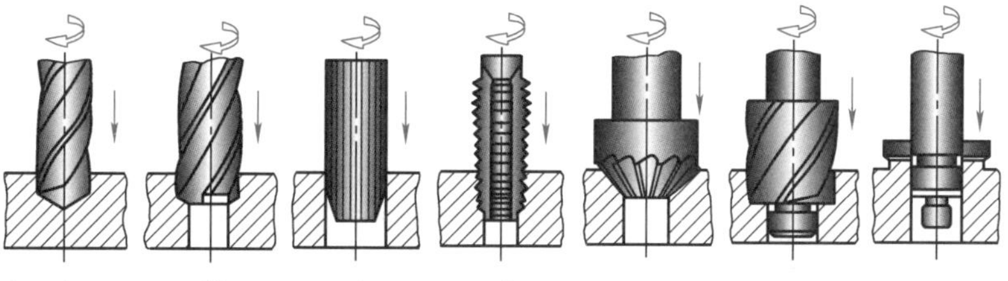

图 4-24　钻床上常用加工方法

a）钻孔　b）扩孔　c）铰孔　d）攻螺纹　e）锪孔口倒角　f）锪平面　g）刮平面

差，容易产生变形和振动，加之切削液的注入和排屑困难，以及观察和测量的不便，所以镗削生产率较低。但在单件、小批生产中，仍是一种经济和应用广泛的加工方法。

图 4-25　T68 型卧式镗床

4.4.1.8　磨削加工

在磨床上用砂轮切削工件表面的方式称为磨削加工。磨削的实质是砂粒切削、刻划和滑擦工件三种情况的综合作用。磨床的种类很多，有外圆磨床、内圆磨床、平面磨床、螺纹磨床、导轨磨床、无心磨床、工具磨床等。常用的是外圆磨床与平面磨床。外圆磨床分普通外圆磨床和万能外圆磨床，前者只能加工外圆柱面和外圆锥面，后者除了能加工外圆柱面和外圆锥面外，还能磨削内圆柱面、内圆锥面及端面。平面磨床分为立轴式和卧轴式两种，前者用砂轮的端面磨削平面，后者用砂轮的圆周面磨削平面。图 4-26 所示为 M1320 万能外圆磨床。

1. *磨削加工特点*

磨削与其他切削加工（车削、铣削、刨削）相比，具有如下特点：

1）加工精度高，表面粗糙度值低。磨床的磨削速度很高，磨削深度很小。磨削加工通常用于零件的精加工，加工尺寸精度为 IT5 ~ IT7，表面粗糙度 *Ra* 值为 0.2 ~ 0.8μm。

2）加工工件的硬度高。由于磨粒的硬度很高，磨削加工不仅可以加工钢、铸铁等一般金属材料，还可以加工一般刀具难以加工的硬质材料（如淬火钢、硬质合金等）。

3）磨削温度高。由于磨削速度高，加工中产生大量的切削热，在磨削时必须采用大量的切削液。

磨削加工的主要方法如图4-27所示，其中以磨外圆、磨内圆及磨平面最为常见。

图4-26　M1320型万能外圆磨床

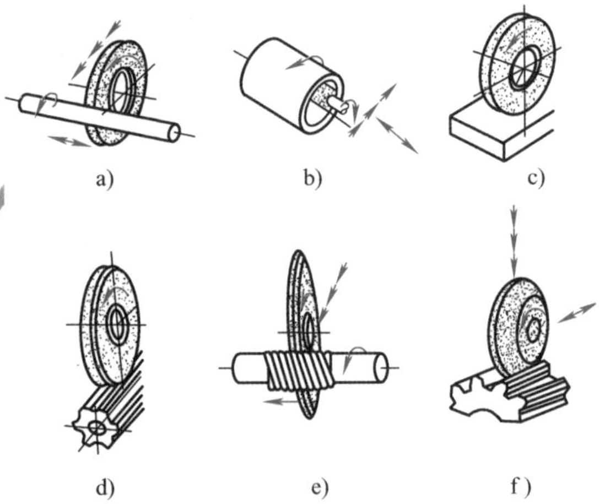

图4-27　磨削加工的主要方法
a）磨外圆　b）磨内圆　c）磨平面
d）磨花键　e）磨螺纹　f）磨齿轮齿形

2. *砂轮*

砂轮是磨削加工的切削工具。它是由许多极硬的磨粒（磨料）用黏结剂黏结而成的多孔物体。随着磨粒、黏结剂等因素的不同，砂轮的特性可以差别很大，对磨削加工精度、表面粗糙度和磨削效率有着重要的影响。砂轮的特性包括磨料、粒度、黏结剂、硬度、组织、形状及尺寸等。磨削加工时，应根据具体条件选用合适的砂轮。常用砂轮的形状、代号及用途见表4-3。

表4-3　常用砂轮的形状、代号及用途（GB/T 2484—2006）

砂轮名称	代号	简　图	主要用途
平形砂轮	1	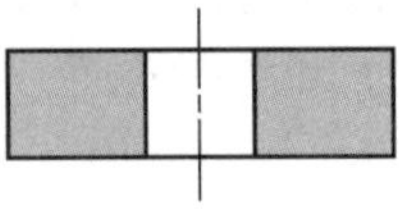	用于磨外圆、内圆、平面、螺纹及无心磨等
双斜边形砂轮	4	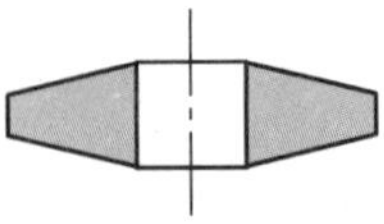	用于磨削齿轮和螺纹
薄片砂轮	41	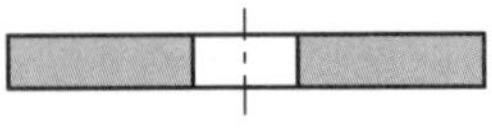	主要用于切断或开槽等
筒形砂轮	2	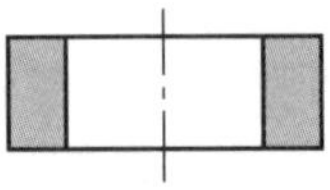	用于立轴端面磨

（续）

砂轮名称	代号	简　图	主要用途
杯形砂轮	6	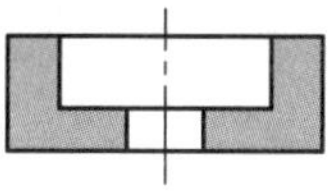	用于磨平面、内圆及刃磨刀具（铣刀、铰刀、拉刀）
碗形砂轮	11	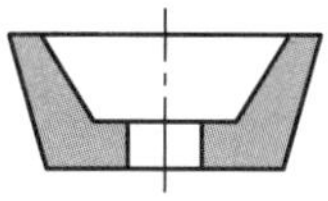	用于导轨磨及刃磨刀具（铣刀、铰刀、拉刀、车刀）

4.4.2 特种加工方法

20世纪中叶以来，由于高新技术的发展、市场的激烈竞争以及国防的特殊需要，各种新材料、新结构、形状复杂的精密机械零件大量涌现，带来了一系列新的加工问题。对此，采用传统加工方法十分困难，甚至无法加工。人们一方面继续深入研究并不断提高加工水平；另一方面，则冲破传统加工方法的束缚寻求新的加工方法，于是本质上区别于传统加工的特种加工便应运而生了。

目前，人们将通过电、热、磁、声、光、化学、电化学及特殊机械能等能量形式或其组合作用于工件，以去除材料、变形、改性或镀覆的非传统加工方法统称为特种加工（Non-Traditional Machining，NTM）。

1. 特种加工的特点

1）适应性强、加工范围广。特种加工一般不受工件材料物理性能的限制，可以加工任何硬、软、脆、热敏、高熔点、特殊性能的金属和非金属材料。

2）多数特种加工不需要工具，有的即使采用工具，也不直接与工件接触，且几乎不承受加工作用力。因此，工具材料的硬度可低于工件材料的硬度。

3）可在加工过程中实现能量转换或组合，便于实现控制和操作自动化，故适于加工二维或三维复杂型面、微细表面、微孔、窄缝、低刚度零件。

4）不存在加工中的机械应变或大面积的热应变，可获得较小的表面粗糙度值。

5）两种或两种以上不同类型的能量可组合成新的复合加工。其综合加工效果明显，且便于推广应用。

6）特种加工对简化加工工艺、变革新产品的设计及零件结构工艺性等产生积极的影响。

2. 特种加工的分类

与其他先进制造技术一样，特种加工目前正处于研究、开发、推广和应用之中，它具有很好的发展潜力和应用前景。表4-4根据加工能量的主要来源及其作用形式，列举了常用的特种加工方法。

表4-4　常用的特种加工方法

加工方法		主要能量形式	作用形式	主要用途			
				加工	成形	焊接	处理
电火花加工	电火花成形加工（EDM）	电、热	熔化、汽化	√	√		√
	电火花切割加工（WEDM）		熔化、汽化	√	√		

（续）

加工方法		主要能量形式	作用形式	主要用途			
				加工	成形	焊接	处理
高能束加工	激光束加工（LBM）	光、热	熔化、汽体	√	√		√
	电子束加工（EBM）	电、热	熔化、汽化	√		√	√
	离子束加工（IBM）	电、机械	切蚀	√	√		√
	等离子弧加工（PAM）	电、热	熔化、汽化	√		√	
化学加工	化学铣切加工（CHM）	化学	腐蚀	√			
	照相制版加工	化学、光	腐蚀	√			
	光刻加工（PCM）		光化学、腐蚀	√			
	光电成形电镀		光化学、腐蚀	√	√		√
电化学加工	电解加工（ECM）	电化学	离子转移	√			√
	电铸加工、涂镀加工		离子转移		√		
					√		√
机械的特种加工	超声加工（USM）	声、机械	切蚀	√		√	
	磨料流加工（AFM）	机械	切蚀	√	√		√
	液体喷射加工（HDM）		切蚀	√	√		√
复合加工	电化学电弧加工	电化学	熔化、汽化、腐蚀				
	电解电火花机械磨削	电、热	离子转移、熔化、切蚀	√			
	电化学腐蚀加工	电化学、热	熔化、切蚀	√			
	超声放电加工	声、热、电	切蚀	√			
	复合电解加工	电化学、机械	切蚀	√			
	复合切削加工	机械、声、磁	切蚀	√			

4.4.2.1　电火花加工

电火花加工是利用工具电极和工件电极间瞬时火花放电所产生的电蚀现象对材料进行加工的方法。其加工特点：可以加工任何硬、脆、韧及难熔的导电材料，如硬质合金、淬火钢、耐热钢和不锈钢；加工时工具与工件不直接接触，无切削力作用，因此工具电极可以用较软的材料如纯铜、石墨等制造，同时有利于小孔、薄壁、窄槽及各种复杂截面的型孔、曲线孔的加工；加工精度高，尺寸公差可达到0.01mm，表面粗糙度 Ra 值在 $0.8\mu m$ 以下。

1. 电火花加工原理

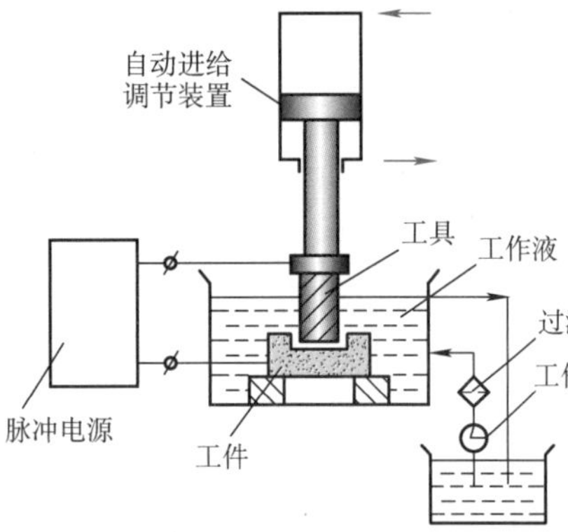

图4-28　电火花加工原理示意图

电火花加工原理如图4-28所示。加工时，工件与工具置于绝缘工作液（常用煤油、全损耗系统用油等）中，工件接脉冲发生器的正极，工具电极接负极。自动进给调节装置使工具电极自动向工件进给，使工具电极与工件加工面间保持一定的间隙。脉冲电压升高，使两极间产生火花放电，放电时间极短，电流密度很大，放电区的瞬时高温在10000℃以上，使工件表面的金属局部熔化，甚至汽化蒸发而被蚀除微量的材料。熔化了的金属在爆炸力的作用下被抛入工作液中，由循环的工作液带走，在工件上形成一个小凹坑。重复上述的充、放电过程，由于极性效应，工件比工具的电蚀速度大得多。这样，不断地使工具电极向工件做进给运动，就能将工具的形状准确地复制在工件上。

2. 电火花加工的应用

1）穿孔加工。各种截面形状的型孔（圆孔、方孔、异形孔）、曲线孔（弯孔、螺旋孔）和小孔（直径小于0.1mm）等均可采用电火花穿孔加工。

2）型腔加工。锻模、挤压模、压铸模、塑料模等型腔零件的加工。

3）电火花线切割。当工具电极为电极丝，利用专用机床便可实现各种图形的冲模加工。

4）其他加工。如电火花磨削、电火花共轭回转加工、电火花雕刻花纹以及电火花表面强化等。

4.4.2.2 高能束加工

高能束加工是利用高能粒子束去除工件材料的特种加工方法的总称，主要包括激光加工、电子束加工、离子束加工及等离子弧加工。激光加工涉及光、机、电、材料、计算机等技术，自20世纪60年代以来已发展成为机械加工中最具竞争力的先进制造技术；电子束加工的研究与应用始于20世纪40年代末，主要用于打孔、切槽、焊接及电子束光刻；离子束加工和等离子弧加工都是近十几年开发的新加工技术，前者主要用于离子刻蚀、离子镀膜、离子注入等，后者则主要用于喷涂、表面加工等。

电子束加工和离子束加工在微电子学领域内已成为半导体加工的重要工艺手段，高能束加工还是以原子、分子为单位的超微细加工以及纳米加工中的重要技术。

下面以激光加工为例做介绍。

激光加工是利用能量密度很高的激光束所产生的能量对工件进行加工的方法。激光束焦点处的温度高达10000℃，任何坚硬难熔的材料都将瞬时急剧熔化、蒸发和汽化，并产生很强的冲击波，使熔化物质爆炸式地喷射去除。其加工原理如图4-29所示。激光加工的典型应用是激光打孔和激光切割。

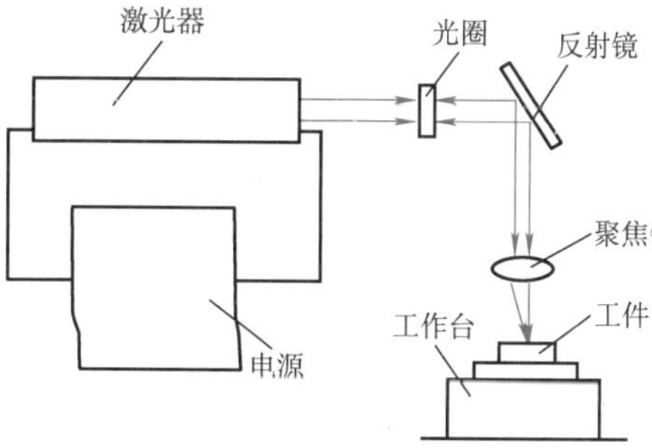

图4-29 激光加工原理示意图

激光加工的特点：

1）不受工件材料性能限制。因为激光加工能量密度高，几乎可以加工所有的金属材料和非金属材料。

2）不受加工形状限制。因为激光能聚焦成极细的光束，故可加工微孔、深孔、窄缝，也可切割异形孔，适于精密加工。

3）打孔速度高，适于自动操作；工作效率高，且工件热变形小。

4）可通过透明介质进行加工，这对某些特殊情况的加工（如真空加工）很有利。

4.4.2.3 化学加工

化学加工是利用化学溶液与金属产生化学反应，使金属腐蚀溶解，从而改变工件形状和尺寸的加工方法，是光学元件的多孔障板、微孔筛网、印刷制版、薄壁零件表层等成形加工的主要方法之一。其应用形式较多，作为成形加工的主要有化学铣切、照相制版、光刻以及光电成形电镀。

1. 化学铣切

化学铣切又称化学蚀刻，其工作原理是：先将不需要加工的表面部位用耐腐蚀性涂层保护起来，需要加工的表面部位暴露出来，然后将金属工件浸入化学溶液中进行腐蚀，使金属工件需要加工的部位受到腐蚀溶解，从而实现改变工件形状和尺寸的加工目的。

2. 照相制版

照相制版是把所需要的图形摄影到照相底片上，并经过光化学反应，将图形复制到涂有感光胶的铜板或锌版上，再经过紧膜固化处理，使感光胶具有一定的耐蚀能力，最后经过化学腐蚀，即可获得所需图形的金属版。

3. 光刻加工

光刻加工是利用光致抗蚀剂的光化学反应特点，将掩模版上的图形精确地印刷在涂有光致抗蚀剂的衬底表面上，再利用光致抗蚀剂的耐腐蚀特性，对衬底表面进行腐蚀，从而获得复杂精细的图形。

4. 光电成形电镀

其原理与光刻法大致相同。先在电镀金属基版上用照相底片和光致抗蚀剂选择性地形成电气绝缘膜，而后在电镀液中使电镀基版的露出部分析出金属图形，并剥离而制成精细成品，其尺寸公差可达0.002mm。

4.4.2.4 电化学加工

电化学加工是通过电化学反应去除工件材料或在其上镀覆金属材料的特种加工。目前，电化学加工在机械制造业中已成为一种重要的去除或镀覆金属材料及进行微细加工的重要方法。

1. 电解加工

电解加工是利用金属在电镀液中的“阳极溶解”作用使工件加工成形的一种加工方法。加工时，工件接直流电源的正极，工具接负极，两极间保留较小的间隙（0.1～1mm），电解液以一定的压力（0.5～2MPa）和速度（5～50m/s）从间隙流过。当接通直流电源时（电压为5～25V，电流密度10～100A/cm^2），工件与阴极接近的表面金属开始电解，工具以一定的速度（0.5～3mm/min）向工件进给，逐渐使工具的形状复印到工件上，得到所需的形状。其原理如图4-30所示。

2. 电铸加工

电铸加工是在原模上电解沉积金属然后分离，以制造和复制金属制品的加工工艺。其基本原理与电镀相同。不同之处在于：电镀时要求得到与基体结合牢固的金属镀层，以达到防护和装饰等目的；而电铸层要求与原模分离，其厚度也远大于电镀层。其原理如图4-31所示。

4.4.2.5 超声波加工

超声波加工属于机械的特种加工。机械的特种加工是指利用流体、磨粒、流体与磨料的混合液等动能，去冲击、抛磨、侵蚀工件被加工部位而实现去除工件材料的方法，主要包括超声波加工、液体喷射加工、磨料喷射加工、磨料流加工等。超声波加工始于20世纪50年代，目前已在工农业、国防等领域广泛应用；液体喷射加工在20世纪60年代就用于切割木材、开采矿产等方面，20世纪70年代则在加工有机、无机及金属薄板材料方面更具特色；磨料流加工是在20世纪70年代发展起来的新技术，主要用于零件的光整加工。

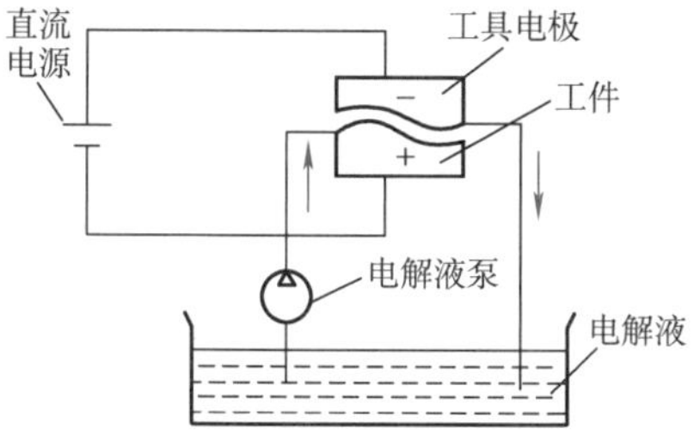

图 4-30　电解原理示意图

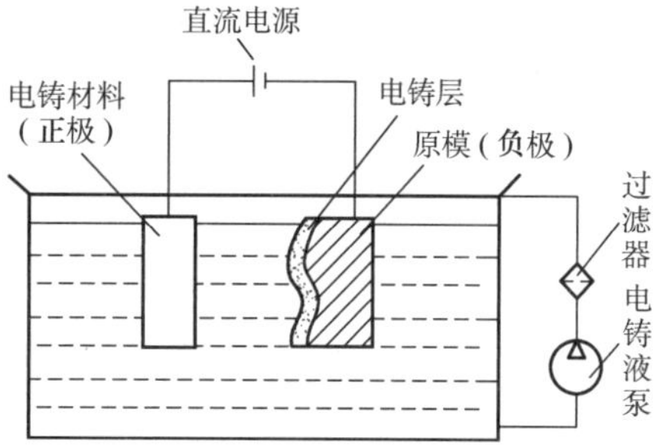

图 4-31　电铸原理示意图

超声波加工是利用超声频的机械振动，并通过磨料对工件进行加工的方法，它是声能和机械能的联合作用。其工作原理如图 4-32 所示。换能器由具有磁致伸缩效应的镍、钴及其合金制成，在高频磁场作用下，产生超声频的轴向机械振动，通过变幅杆将振幅扩大 5～10 倍传至工具，驱使工具作高频振动。工具的振动撞击着不断加入的磨料悬浮液（工具与工件之间的），使磨料和液体以很高的速度冲击工件的加工表面，并把被粉碎的工件材料通过循环的液体带走。工具不断向下朝工件方向移动，工具的形状就“复印”在工件上了。超声波加工主要用于硬、脆材料的孔、型腔、雕刻等的加工。

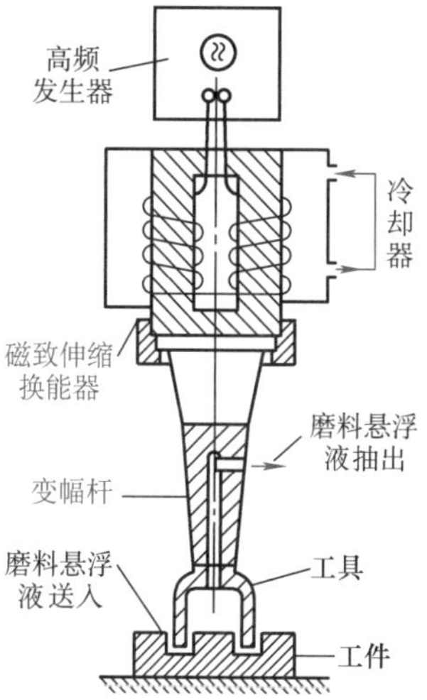

图 4-32　超声波加工原理示意图

超声波加工的特点：①适于加工各种不导电的硬脆材料，如玻璃、陶瓷、石英、宝石等；②对工件的宏观作用力小；③加工精度高，尺寸偏差达 ±(0.01～0.05)mm，表面粗糙度 *Ra* 值为 0.8～3.2μm。

4.4.2.6　各种特种加工方法的综合比较

各种特种加工方法都有其明显特点，现就各种方法的工具损耗率、可加工的材料、材料去除率、可达尺寸精度、可达表面粗糙度以及主要适用范围等进行比较，见表 4-5。

表 4-5　几种常用特种加工方法的综合比较

加工方法	可加工材料	工具损耗率（%）（最低/平均）	材料去除率 /$mm^3 \cdot min^{-1}$（平均/最高）	可达尺寸精度 /mm（平均/最高）	可达表面粗糙度 /μm（平均/最高）	主要适用范围
电火花加工	任何导电的金属材料，如硬质合金、耐热钢、不锈钢、淬硬钢、钛合金等	0.1/10	30/3000	0.03/0.003	10/0.04	从数微米的孔、槽到数米的超大型模具、工件等，如圆孔、方孔、异形孔、深孔、微孔、弯孔、螺纹孔以及冲模、锻模、压铸模、塑料模、拉丝模，还可刻字、表面强化、涂覆加工
电火花线切割加工		较小（可补偿）	20/200	0.02/0.002	5/0.32	切割各种冲模、塑料模、粉末冶金模等二维及三维直纹面组成的模具及零件。可直接切割各种模样、磁钢、硅钢片冲片，也常用于钼、钨、半导体材料或贵重金属的切割

（续）

加工方法	可加工材料	工具损耗率（%）（最低/平均）	材料去除率 /mm³·min⁻¹（平均/最高）	可达尺寸精度 /mm（平均/最高）	可达表面粗糙度 /μm（平均/最高）	主要适用范围
电解加工	任何导电的金属材料，如硬质合金、耐热钢、不锈钢、淬硬钢、钛合金等	不损耗	100/10000	1.0/0.01	1.25/0.16	从细小零件到1t重的超大型工件及模具，如仪表微型销轴、齿轮上的毛刺、涡轮叶片、炮管镗线、螺旋花键孔、各种异形孔、锻模、铸造模，以及抛光、去毛刺等
超声波加工	任何脆性材料	0.1/10	1/50	0.03/0.005	0.63/0.16	加工、切割脆硬材料，如玻璃、石英、宝石、金刚石、半导体单晶锗、硅等。可加工型孔、型腔、小孔、深孔、切割等
激光加工	任何材料	不损耗，没有成形工具	瞬时去除率很高，受功率限制，平均去除率不高（用于精微、超精微加工）	0.01/0.001	10/0.4	精密加工小孔、窄缝及成形切割、刻蚀，如金刚石拉丝模、宝石轴承、化纤喷丝孔、不锈钢板上打小孔，切割钢板、石棉、纺织品、纸张，还可焊接、热处理
电子束加工						各种难加工材料上打微孔、切缝、刻蚀、曝光以及焊接等，制造中、大规模集成电路微电子器件

4.4.2.7 复合加工

上面介绍的特种加工方法，虽然能解决传统加工方法难以加工甚至无法加工的某些难题，但是每一种特种加工方法都有自己的应用特点、范围和局限性。例如，用电火花成形加工模具时，其加工速度明显低于传统加工，而且工件表面存在变质层和残余应力，严重时还有微细裂纹。因此，在不断完善、提高和发展传统加工技术的同时，也在积极应用和开发特种加工技术。复合加工是在一个工步中同时运用传统加工和特种加工方法，并使之相辅相成，同时在加工部位上组合两种或两种以上的不同类型能量去除工件材料的特种加工。

随着科学技术的发展，已涌现出不少新的复合加工方法，如电解机械研磨复合抛光、电解电火花复合加工、超声电火花复合精加工、超声电解复合抛光等。这些新技术的共同特点是效率高、质量好、操作方便、劳动强度低；不足之处是使用范围有一定的局限性。目前主要用于模具型腔、复杂零件的型腔、通孔及不通孔的精加工、抛光及去毛刺。

4.4.3 高速加工技术

提高切削、磨削加工效率，一直是切削、磨削领域所十分关注并为之不懈奋斗的重要目标。超高速切削和磨削加工就是近年来发展起来的一种集高效、优质和低耗于一身的先进制造工艺技术。超高速加工技术是指采用超硬材料刀具磨具和能可靠地实现高速运动的高精度、高自动化、高柔性的制造设备，以极大地提高切削速度来达到提高材料切除率、加工精度和加工质量为目的的现代制造加工技术。它是提高切削和磨削效果以及提高加工质量、加工精度和降低加工成本的重要手段。其显著标志是使被加工塑性金属材料在切除过程中的剪切滑移速度达到或超过某一域限值，开始趋向最佳切除条件，使得被加工材料切除所消耗的能量、切削力、工件表面温度、刀具磨具磨损、加工表面质量等明显优于传统切削速度下的指标，而加工效率则大大高于传统切削速度下的加工效率。

高速切削（High - speed Cutting）是一个相对的概念，如何定义“高速”，目前尚无共识。有人提出切削速度为普通切削的5 ~ 10 倍称为高速切削，也有的称为超高速切削（Super High Speed Cutting）。有人提出刀具转速为 10000 ~ 20000r/min 的属于高速切削。1978年，国际生产工程学会（CIRP）则定义切削速度 500 ~ 7500m/min 为高速切削。高速切削包括高速软切削、高速硬切削、高速干切削和高进给速度切削技术。针对不同的切削及加工，不同材料的切削速度不同。例如：铣削，加工铝及其合金 10000m/min，加工铸铁 5000m/min，加工普通钢 2500 m/min；钻削，加工铝及其合金 30000r/min，加工铸铁 20000r/min，加工普通钢 10000r/min。高速切削进给量的目标值为：进给速度：20 ~ 50m/min，每刃进给量：1.0 ~ 1.5mm/刃。

以固结磨具——砂轮为工具的磨削，是除切削以外的又一种最重要加工方法。高效率磨削技术的原理如下：磨削时，在高速旋转砂轮表面的众多突出磨粒通过砂轮和工件的接触区，切下大量的磨屑，使被加工面的材料被去除。单位时间被磨除的工件材料的体积　材料磨除率等于磨屑平均断面积、磨屑平均长度和单位时间内的作用磨粒数（磨屑数）的乘积。材料磨除率越高，磨削效率则越高。所以高效率磨削方法都是通过尽量提高材料磨除率来达到目的的。

目前，超高速磨削技术的工业应用主要有如下方面：①既采用超高速度，又采用大背吃刀量和快进给的高效深磨（HEDG）技术，主要用于零件沟槽的高效率磨削；②快速点磨削（Quick - point Grinding）工艺，主要用于轴类零件的高效率、高柔性磨削；③使用梳状砂轮的超高速外圆切入磨削；④超高速外圆磨削；⑤难磨和脆性材料的高效率磨削。

4.4.4 超精密加工技术

超精密加工是指加工精度和表面质量达到极高程度的精密加工工艺，从概念上讲具有相对性，随着加工技术的不断发展，超精密加工的技术指标也是不断变化的。在当今技术条件下，一般加工、精密加工、超精密加工可以划分如下：①一般加工，加工精度在 10μm 左右、表面粗糙度 *Ra* 值为 0.3 ~ 0.8μm 的加工技术，如车、铣、刨、磨、镗、铰等；②精密加工，加工精度为 0.1 ~ 10μm，表面粗糙度 *Ra* 值为 0.03 ~ 0.3μm 的加工技术，如金刚车、研磨、超精加工、砂带磨削、镜面磨削和冷压加工等；③超精密加工，加工精度为 0.01 ~

0.1μm，表面粗糙度 Ra 值为0.03～0.05μm 的加工技术。目前，超精密加工的精度正在向纳米级发展。

精密和超精密加工目前包含：

1. *超精密切削*

目前，超精密切削刀具用的金刚石为大颗粒（0.5～1.5 克拉，1 克拉 =200mg）、无杂质、无缺陷、浅色透明的优质天然单晶金刚石，具有如下的性能特征：①具有极高的硬度，其硬度达到6000～10000HV，而 TiC 仅为3200HV，WC 为2400HV。②能磨出极其锋利的刃口，且切削刃没有缺口、崩刃等现象。与普通切削刀具的刃口圆弧半径只能磨到5～30μm 相比，天然单晶金刚石刃口圆弧半径可小到数纳米，没有其他任何材料可以磨到如此锋利的程度。③热化学性能优越，具有导热性能好、与有色金属间的摩擦因数低、亲和力小的特征。④耐磨性好，切削刃强度高，金刚石摩擦因数小，和铝之间的摩擦因数仅为0.06～0.13，如切削条件正常，刀具磨损极慢，刀具寿命极高，可加工各种镜面，它成功解决了高精度陀螺、激光反射镜和某些大型反射镜的加工。

2. *精密和超精密磨削研磨*

对于钢铁材料、硬脆材料等进行加工，主要采用超精密磨削的精密加工方法。超精密磨削和研磨加工是利用细粒度的磨粒和微粉对材料进行加工，可分为固结磨料加工和游离磨料加工两大类。其中，固结磨料加工主要有：

（1）超精密砂轮磨削　用人造金刚石、立方氮化硼（CBN）等超硬磨料砂轮，其加工精度在0.1μm 以下、表面粗糙度 Ra 值在0.025μm 以下。

（2）超精密砂带磨削　随着砂带制作质量的迅速提高，砂带上砂粒的等高性和微刃性较好，并采用带有一定弹性的接触轮材料，使砂带磨削具有磨削、研磨和抛光的多重作用，从而可以达到高精度和低表面粗糙度值的目的。例如，用超声波砂带精密磨削加工硬盘基体，使用聚酯薄膜砂带，切削速度达35m/min，利用滚花表面接触辊，其加工表面粗糙度值为 $Ra=0.043$μm，加工时间为125min；用光滑表面接触辊，加工表面粗糙度值为 $Ra=0.073$μm，平均加工时间为20min。

（3）ELID（Electrolytic In－process Dressing 电解在线修整）磨削　磨削采用 ELID 技术，使得用超微细（甚至超微粉）的超硬磨料制造砂轮并用于磨削成为可能，可代替普通磨削、研磨及抛光并实现硬脆材料的高精度、高效率的超精加工。我国哈尔滨工业大学采用 ELID 磨削技术对硬质合金、陶瓷、光学玻璃等脆性材料实现了镜面磨削，部分工件的表面粗糙度 Ra 值已达到纳米级，其中硅微晶玻璃的磨削表面粗糙度值可达 $Ra=0.012$mm 。

（4）双端面精密磨削　双端面精磨的磨削运动和做行星运动的双面研磨一样，工件既作公转又作自转，磨具的磨料粒度也很细，一般为#3000～#8000。在磨削过程中，微滑擦、微耕犁、微切削和材料微疲劳断裂同时起作用，磨痕交叉而且均匀。该磨削方式属控制力磨削过程，有和精密研磨相同的加工精度，以及比研磨高得多的去除率，另外可获得很高的平面间的平行度。

（5）电泳磨削技术　基于超微磨粒电泳效应的磨削技术即电泳磨削技术，也是一种新的超精密及纳米级磨削技术，其磨削机理是利用超细磨粒的电泳特性，在加工过程中使磨粒在电场力作用下向磨具表面运动，并在磨具表面沉积形成一超细磨粒吸附层，利用磨粒吸附层对工件进行磨削加工，同时新的磨粒又不断补充。由于磨粒层表面凹陷处局部电流大，新磨粒更容易在凹陷处沉积，从而使磨粒层表面趋于均匀，保持良好的等高性；同时，磨具每旋转一周，磨粒层表面都有大量新磨粒补充，使微刃始终保持锋利尖锐。

3. 超精密特种加工

超精密特种加工的方法很多，多是分子、原子单位加工方法，可以分为去除（分离）、附着（沉积）、结合以及变形四大类。去除加工就是从工件上分离原子或分子，如电子束加工和离子束溅射加工等。附着是在工件表面上覆盖一层物质，如电子镀、离子镀、分子束外延、离子束外延等。结合是在工件表面上渗入或涂入一些物质，如离子注入、氮化、渗碳等。变形是利用高频电流、热射线、电子束、激光、液流、气流和微粒子束等使工件被加工部分产生变形，改变尺寸和形状。

超精密加工技术从加工技术范畴来说，包括微细加工和超微细加工、精整和光整加工。其关键技术有：超精密加工方法和机理，超精密加工刀具、磨具及刃磨技术，超精密加工装备技术，超精密测量和误差补偿技术，以及超精密加工工作环境建造技术等。

当前，超精密加工技术的发展趋势主要表现在以下一些方面：①向高精度方向发展，向加工精度的极限冲刺，其最终目标是做到移动原子，实现原子级精度的加工。②向大型化方向发展，研制各种大型超精密加工设备，以满足航天航空、电子通信等领域的需要。③向微型化方向发展，以适应微型机械、集成电路的发展。④向超精结构、多功能、光机电一体化、加工检测一体化方向发展，并广泛采用各种测量、控制技术实时补偿误差。⑤不断出现许多新工艺和复合加工技术，被加工的材料范围不断扩大。⑥在作业环境建造方面，诸如高性能的基础隔振技术、净化技术与环境温控技术，将有更大发展。

4.4.5 微纳米加工技术

微纳米技术，是指结构尺寸在微米或纳米级别范围的各种技术的统称，包括集成电路技术、微机电系统技术和纳米技术等。功能结构的微纳米化提高了零件功能的集成度，大大节省了零件所需的材料和能量，降低了生产成本。实现微纳米技术的基础和途径是微纳米加工技术。在过去的50年中，正是微纳米加工技术的发展促进了集成电路的发展，导致集成电路的集成度以每18个月翻一番的速度不断提高。英特尔公司22纳米工艺的中央处理器产品已经在2013年量产并上市，其14纳米工艺的处理器产品已经开始量产，并已在2014年末上市。除了集成电路领域，微纳米加工技术还能将普通的齿轮结构缩小到肉眼无法直接观察的程度、能够制造出单个分子级别的传感器、实现原子级别的操纵等。

当今微纳米加工技术的基础方法由集成电路芯片技术的发明人Jack Kilby奠定，在平面衬底材料上通过薄膜材料沉积与光刻方法来实现多只晶体管与电路的集成，随后的50多年中微纳米加工技术一直基于这种平面集成方法继续发展。

平面集成加工技术之所以不同于传统机械加工是因为：①微纳米结构主要由曝光生成，而不是加工工具与材料的直接相互作用，所以限制结构尺寸的不是加工工具而是成像系统的分辨率；②平面工艺一般只能生成二维平面结构或将此二维结构向高度方向叠加生成准三维结构；③复杂的微纳米系统是在平面加工过程中一同生成，并非将不同的零件放在一起装配而成。

以平面集成为基础的微纳米加工技术，可以简单地概括成薄膜沉积、图形成像和图形转移三部分。由于平面集成是通过逐层叠加的方式将材料构建在衬底之上，若需要加工的微纳米结构不是衬底本身，则薄膜衬底通常是微纳米加工过程的第一步；图形化是纳米加工的第二步，通常图形成像得到的微纳米结构只是一种中间结构，并不是最真正有用的微纳米结构；图形转移是微纳米加工的第三步，此时将成像材料的图形结构转移到平面衬底上。若被加工对象是衬底本身，则通过蚀刻的方法在平面衬底上形成纳米图形结构；若需要在衬底上使用新材料形成微纳米结构，则通过材料沉积的方法将成像材料的图形转移成为沉积材料的图形。上述三部分中，薄膜沉积与图形转移并不是微纳米加工过程的必需步骤，若被加工对象是衬底本身，则只需对衬底进行图形成像和图形转移；若成像材料本身就是所需要的微纳米结构，则只需要图形成像而不需要图形转移步骤。

图形成像是微纳米加工过程必不可少的步骤。图形成像工艺主要有平面图形化工艺、探针图形化工艺和模型图形化工艺三种。对于平面图形化工艺，光学曝光是其主流成像方法，即“光刻”法，但实现该技术的图形不仅仅依靠光学成像，电子束、离子束甚至原子束都可以通过掩膜来进行平行成像。探针图形化工艺是一种点成像方法，它利用各种纳米尺寸的探针对纳米级别的结构进行操作。探针图形化工艺可以说是传统机械加工的延伸，这里各种微纳米尺寸的探针取代了传统的机械切削工具。探针可能是固态的，如隧道显微探针、原子力显微探针等，也可能是非固态的，如聚焦离子束、激光束、原子束和火花放电等。大多数的探针工艺在衬底上实现，但由于逐点扫描的特性，其成像速度远远低于平面成像方法，因此不适合大批量生产，而更适于科学研究中的微纳米加工。模型图形化工艺是利用微纳米尺寸的模具复制出相应的微纳米结构。模型图形化技术包括纳米压印技术、塑料模压和模铸技术，这三种技术都能够快速大量地复制微纳米结构，是适用于大批量生产的工艺。

微纳米加工涉及的核心技术也是基于不同物理或化学的理论依据。如在“光刻”技术当中包含有光学曝光技术、电子束曝光技术和聚焦离子束加工技术等；而作为传统机械加工技术在微纳米级别上的延伸，隧道显微探针和原子力显微探针技术也能够让科研人员进行简单的微纳米结构搭建；图形转移技术当中主要包含有沉积图形转移技术和蚀刻图形转移技术。另外，还有一些不依赖昂贵加工设备的间接微纳米制造技术，以及能够超越传统纳米加工极限的分子自组装加工技术等。

目前，微纳米加工技术已经得到广泛应用的主要领域包含超大规模集成电路制造、纳电子技术、光电子技术、高密度磁存储、微机电系统及生物芯片制造等。

4.4.6 快速原型制造技术

快速原型制造（RPM，Rapid Prototype Manufacturing）技术是20世纪后期起源于美国，并很快发展起来的一种先进制造技术，它是近20年来制造技术领域的一次重大突破。快速原型制造技术直接根据产品CAD的三维实体模型数据，经计算机数据处理后，将三维实体数据模型转化为许多平面模型的叠加，然后直接通过计算机进行控制制造这一系列平面模型并加以连接，形成复杂的三维实体零件。

1. 快速原型制造原理

零件的快速原型制造过程根据使用的方法不同而有差别，但其基本原理都是相同的。下面以激光快速原型制造为例来说明，如图4-33所示。首先在CAD系统上设计零件，然后运用CAD软件对零件进行切片分层离散化，分层厚度应根据零件的技术要求和加工设备的分辨能力等因素综合考虑。分层后对切片进行网络化处理，所得数据通过计算机进一步处理后生成格式文件，并驱动控制激光加工源在 *XY* 平面内进行扫描，使盛在容器中的液态光敏树脂有选择地被固化，从而得到第一层的平面切片形状。此时，计算机控制 *Z* 方向的支撑向下运动一个分层切片厚度，然后激光扫描头又在计算机控制下进行 *XY* 方向的扫描，得到第二层的平面切片。激光束在固化第二层的同时，也使其与第一层粘连一起，接着支撑又向下运动一个分层切片厚度，激光扫描头又在 *XY* 平面内扫描。如此重复工作，直到所有分层切片都被加工出来并粘连成一个整体，则整个零件的扫描造型工作即告完成。接着，通过强紫外光源的照射，使扫描所得的塑胶零件充分固化，从而得到所需零件的塑胶件。

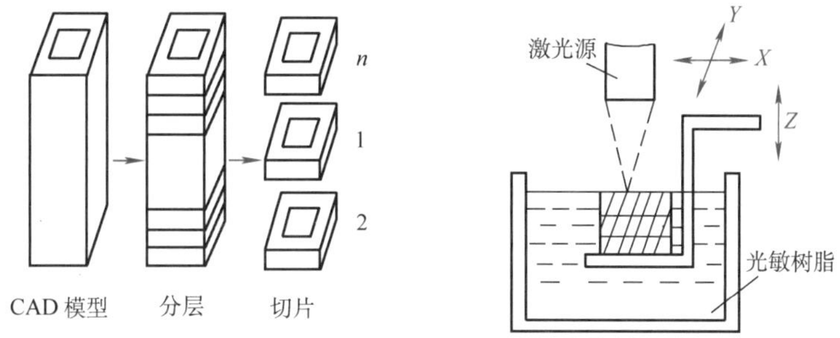

图 4-33　快速原型制造原理示意图

用这一塑胶件借助电铸、电弧喷涂等技术，进一步得到由塑胶件制成的金属模具，也可以将塑胶件当作易熔铸模或木模，进一步浇注金属铸件或制造砂型，从而缩短制模周期；同时，也可以将获得的塑胶件作为试验模型，评价有限元分析等计算的正确性，为设计性能优越的产品提供可靠的基础。

2. 主要的快速原型制造方法

目前已开发出许多快速原型制造方法，大致分为三种类型，即激光快速原型制造法、原型焊接快速制造法和喷涂原型快速制造法。

（1）激光快速原型制造法　用激光束扫描各层材料，生成零件的各层切片形状，并连接各切片形成所需要的零件。

（2）原型焊接快速制造法　完全使用焊接材料来堆积形成复杂的三维模型。首先通过 CAD 软件包生成待加工零件的三维实体模型，并进行切片分层离散化，然后生成焊枪在每层切片上所经过的空间轨迹和对应的焊枪开关状态，进行零件的原型焊接快速制造，加工出要求的零件。

（3）喷涂原型快速制造法　该法用计算机控制喷嘴在 *XY* 平面内的运动轨迹，通过喷嘴中喷出的液体或微粒，来形成零件的各层切片形状，制造出三维零件。

3. 加工工艺

快速成型技术经过 20 多年的发展，其工艺已经逐步完善，发展了许多成熟的加工工艺及成型系统。主要有立体印刷、分层实体制造、形状沉积制造、选择性激光烧结、熔融沉积成型、三维打印制造等。

4.5 机器装配

4.5.1 概述

1. 装配的概念

任何机器都是由许多零件和部件装配而成的。按照规定的技术要求，将若干个零件接合成部件或将若干个零件和部件接合成产品的生产过程，称为装配，前者称为部件装配，后者称为总装。装配是机器制造中的最后阶段，它包括清洗、安装、调整、检验、试验、涂装、包装等。机器的质量最终是通过装配来保证的，装配质量在很大程度上决定机器的最终质量。另外，通过机器的装配过程，可以发现机器设计和零件加工等所存在的问题，并加以改进，以保证机器的质量。

2. 装配的基本内容

（1）清洗　清洗工艺的要点就是根据工件的清洗要求、工件的材料、生产批量的大小以及油污、杂质的性质和粘附情况，正确选择清洗方法和清洗液以及清洗时的温度、压力、时间等参数。

（2）连接　将两个或两个以上的零件结合在一起的工作称为连接/联接。连接/联接的方式一般有可拆卸和不可拆卸两种。前者常见的有螺纹联接、键联结和销联接，后者常见的有过盈配合、焊接和铆接等。其中过盈配合常用于轴与孔的连接，连接方法有压入法、热胀法和冷缩法。

（3）校正、调整与配作　校正就是在装配过程中通过找正、找平及相应的调整工作来确定相关零件的相互位置关系。校正时常用的工具有钢直尺、90°角尺、水平仪、光学准直仪以及相应的检验棒、检验桥板等。调整就是调节相关零件的相互位置，除配合校正所作的调整之外，还有各运动副间隙，如轴承间隙、导轨间隙、齿轮齿条间隙等的调整。配作是指配钻、配铰、配刮、配磨等在装配过程中所附加的一些钳工和机加工工作。配作是在校正、调整的基础上进行的。

校正、调整、配作虽然有利于保证装配精度，但会影响生产率，不利于流水装配作业。

（4）平衡　对于转速高、运转平稳性要求高的机器，为了防止在使用过程中因旋转件质量不平衡产生的离心惯性力而引起振动，装配时必须对有关旋转零件进行平衡，必要时还要对整机进行平衡。平衡的方法分为静平衡和动平衡。对于长度比直径小很多的圆盘类零件，一般采用静平衡，而对于长度较大的零件，如机床主轴、电动机转子等，则采用动平衡。

（5）验收试验　产品装配好后应根据验收标准进行全面的验收试验，各项验收指标合格后才可涂装、包装、出厂。机械产品不同，其验收技术标准和验收试验的方法不同。

3. 装配的组织形式

装配工作组织的好坏，对装配效率的高低、装配周期的长短均大有影响，应根据产品的结构特点、装配要求、产量大小等因素合理确定装配的组织形式。

（1）固定式装配　固定式装配即产品固定在某一工作地装配，装配时产品不移动，每台产品可以由一两个工人进行装配，也可以由一组工人按照装配顺序分工装配。这种方法对时间的限制较松，校正、调整、配作比较方便，但产品装配周期较长，生产率较低，对工人的技术要求也高。

（2）移动式装配 移动式装配是在装配流水线上工作的。装配时产品在装配线上移动，有强迫节奏和自由节奏两种。强迫节奏是固定的，各工位的装配工作必须在规定的时间内完成，若在装配过程中出现装不上或在规定时间内装不完的情况，则立即将装配对象拿下装配线另作处理，以保证装配线的畅通无阻。这种方法装配效率高，周期短，对工人的技术要求较低，但对每一工位的装配时间有严格要求，常用于大批量生产的装配流水线或自动线。

4. 装配精度

装配精度是指零件经装配后在尺寸、相对位置及运动方面所获得的精度。装配精度不仅影响产品的质量以及使用寿命，而且还影响制造的经济性。

在设计产品时，可根据用户提出的要求，结合实际，用类比法确定装配精度。某些重要的精度要求，还可采用试验法。对于一些系列化、通用化、标准化的产品，如减速机和通用机床等，可根据国家标准或行业标准确定其装配精度。

装配精度主要包括：

（1）零部件间的尺寸精度 零部件间的尺寸精度包括配合精度和距离精度。配合精度是指配合面间达到规定的间隙或过盈的要求；距离精度是指相关零部件的距离尺寸精度。

（2）位置精度 位置精度是指相关零件之间的同轴度、平行度、垂直度，以及各种圆跳动等精度要求，如车床主轴的径向圆跳动等。

（3）相对运动精度 相对运动精度是指有相对运动的零部件在运动方向和运动速度上的精度。运动方向上的精度包括零部件相对运动时的直线度、平行度和垂直度等；运动速度上的精度是指内传动链的传动精度。

（4）接触精度 接触精度是指两配合表面、接触表面间达到规定的接触面积大小与接触点的分布情况。它影响接触刚度和配合质量的稳定性。

机器由零件组装而成，所以机器的装配精度与相关零部件的加工精度直接有关。换句话说，零件的加工精度是保证装配精度的基础。一般情况下，零件的加工精度越高，装配精度也越高。然而，装配精度并不完全取决于零件的加工精度，装配中还可以通过选配、调整或修配等手段来实现产品的装配要求。

4.5.2 装配尺寸链

1. 装配尺寸链的定义、特点与分类

在产品或部件的装配关系中，由相关零件的有关尺寸或相互位置关系组成的尺寸链称为装配尺寸链。对装配精度有直接影响的零部件的尺寸和位置关系都是装配尺寸链的组成环。

装配尺寸链与工艺尺寸链很相似，都是由组成环和封闭环组成的，组成环同样分为增环和减环。装配尺寸链同样具有封闭性和关联性。但装配尺寸链也有自己的特点：

1）装配尺寸链的封闭环就是装配所要保证的装配精度要求。

2）组成尺寸链的各尺寸分属于不同的零件或部件。

按照各环的几何特征和所处的空间位置，装配尺寸链可分为以下四种：

（1）长度尺寸链 由相互平行的长度尺寸组成的尺寸链，所涉及的问题一般是距离尺寸的精度问题。

（2）角度尺寸链 全部尺寸均为角度的尺寸链。平行度可看成是基本尺寸等于0°的角度，垂直度可看成是基本尺寸等于90°的角度。因此，由平行度、垂直度等定向性的位置精度组成的尺寸链也属于角度尺寸链。

（3）平面尺寸链　由成角度关系布置的长度尺寸构成，且处于同一或彼此平行的平面内。

（4）空间尺寸链　由位于三维空间的尺寸构成的尺寸链。

2. 装配尺寸链的计算方法

装配尺寸链的计算方法与装配方法密切相关。同一项装配精度要求，采用不同装配方法时，其装配尺寸链的计算方法也不同。装配尺寸链的计算可分为正计算和反计算。已知与装配精度有关的各零部件的基本尺寸及其偏差，求解装配精度要求（封闭环）的基本尺寸及偏差的计算过程称为正计算，它用于对已设计的图样进行校核验算。已知装配精度要求（封闭环）的基本尺寸及偏差，求解与该项装配精度有关的各零部件的基本尺寸及其偏差的计算过程称为反计算，它主要用于产品设计过程之中，以确定各零部件的尺寸和加工精度。

4.5.3 保证装配精度的方法

选择装配方法的实质，就是在满足装配精度要求的条件下，选择相应的经济、合理的解装配尺寸链的方法。在生产中常用的保证装配精度的方法有：互换装配法、分组装配法、修配装配法与调整装配法。

1. 互换装配法

互换装配法即零件具有互换性，装配时不经任何调整和修配，装上后就能达到装配精度要求的装配法。它的实质就是直接靠零件的加工精度来保证装配精度。根据零件的互换程度不同，互换装配法可分为完全互换装配法和大数互换装配法。

（1）完全互换装配法　若在确定各相关零件的尺寸公差和偏差时用极值法解装配尺寸链，就可以保证制造出来的每个零件装上后都能保证装配精度要求。此法称为完全互换法。

计算时，在已知封闭环（装配精度）的公差、分配有关零件（各组成环）公差时，可按“等公差”原则，先确定组成环的平均公差 T_{av}，即

$$T_{av}=\frac{T_0}{n-1} \tag{4-1}$$

式中　T_{av}——各组成环的平均公差；

T_0——封闭环公差；

n——组成环环数。

然后，根据生产经验考虑各组成环尺寸的大小和加工难易程度，对各组成环的公差在平均公差的基础上进行适当调整。除了等公差法外，也有采用“等精度”法的。但由于等精度法计算比较复杂，计算后仍要进行调整，故应用不多。

当各组成环都按上述原则确定偏差时，按公式计算的封闭环极限偏差常不符合封闭环的要求值。因此，需要选取一个组成环，它的极限偏差不是事先规定好的，而是经过计算确定，以便与其他组成环相协调，最后满足封闭环极限偏差的要求。这个组成环称为协调环。

完全互换装配法的特点是：装配操作简单、容易，装配生产率高；装配时间定额稳定，易于组织装配流水线和自动线；方便企业间的协作和用户维修。其缺点是：对零件的加工精度要求高，提高了加工成本。完全互换装配法常用于装配精度不高的尺寸链或装配精度虽高

但组成环很少的尺寸链中。

（2）大数互换装配法　如在确定各相关零件的尺寸公差和偏差时用概率法解装配尺寸链，就可以保证制造出来的绝大部分零件装上后都能保证装配精度要求，只有0.27%的零件可能出现不合格的情况。此法称为大数互换装配法。

采用大数互换装配法时，装配尺寸链采用统计公差公式计算，即

$$T_0 = \sqrt{\sum_{i=1}^{n} T_i^2}$$

$$T_{av} = \frac{T_0}{\sqrt{n-1}} \tag{4-2}$$

式中　T_i——第 i 个组成环公差，其他同完全互换装配法。

大数互换装配法具有完全互换装配法的全部优点，同时还能使零件的加工难度降低，虽说不能保证100%合格，但只要采取适当措施确保加工过程稳定，不合格的数量是很少的。大数互换装配法用于大批量、大量生产中装配精度较高而组成环又较多的场合。

2. 分组装配法

分组装配法又称分组互换法。它是将组成环的公差相对于互换装配法所要求之值放大若干倍，使其能经济地加工出来，然后将各组成环按其实际尺寸大小分成若干组，按对应组进行装配，从而达到封闭环公差要求的装配法。分组装配法中，采用极值公差公式计算尺寸，同组零件具有互换性。

分组装配法的主要优点是：零件的制造精度不高，但却可获得很高的装配精度；组内零件可以互换，装配效率高。缺点是：增加了零件测量、分组、存储、运输的工作量。分组装配法适用于大批量生产的高精度少环尺寸链的产品，多用于孔轴配合的情况。

3. 修配装配法

在成批生产中，当封闭环公差要求较严，组成环又较多时，如果按照互换装配法，则势必使组成环的公差很小，从而造成加工困难并影响加工经济性；如用分组装配法，又因环数多会使测量、分组和配套工作变得非常困难和复杂。在单件小批生产时，当封闭环公差要求较严时，即使组成环数很少，也会因零件生产数量少而不能采用分组装配法。这时可采用修配装配法来装配。

修配装配法是将装配尺寸链中的各组成环按照经济加工精度来制造，而对其中某一环（称修配环）预留一定的修配量，在装配时用钳工或机械加工的方法将修配量去除，从而获得规定的装配精度的方法。修配环用来补偿其他各组成环由于公差放大后所产生的累计误差，其被去除材料的厚度称为修配量。按照修配方法不同，修配法又分为单件修配法、合并加工修配法和自身加工修配法。单件修配法就是预先选定某个组成环零件作为修配环，对该零件预留修配量，装配时根据超差情况对该修配环进行补充加工以达到装配精度要求；合并加工修配法是将两个或更多个零件合并或装配在一起加工，合并后的零件作为一个组成环加入装配尺寸链，从而减少组成环数，有利于减少修配量；自身加工修配法是用封闭环的一端装上刀具去加工另一端，直接保证装配精度要求，在机床的装配中应用较多。

4. 调整装配法

调整装配法与修配装配法相似，同样是将装配尺寸链中的各组成环按照经济加工精度来

制造，若由此造成的累计误差过大，则通过装配时再对某个环的位置进行调整或更换某个环的零件的方法来消除。根据调整方法的不同，调整装配法分为可动调整装配法、固定调整装配法和误差抵消装配法三种。

可动调整装配法就是通过移动或旋转来改变零件的位置以达到装配精度要求的方法。固定调整装配法是在尺寸链中选定一个或加入一个零件作为调整件，根据各组成环形成的累计误差的大小来更换不同尺寸的调整件，以保证装配精度要求。通常使用的调整件有轴套、垫片、垫圈等。误差抵消装配法是在装配时通过调整几个补偿环的相互位置，使其加工误差相互抵消一部分从而达到装配精度要求。这种方法中的补偿环为多个矢量，常见的补偿环是轴承圈的圆跳动量、偏心量和同轴度等。

4.5.4 自动化装配

在机械产品的生产中，装配的工作量根据产品的复杂程度可达20%～70%，由于装配技术上的复杂性和多样性，装配在机械制造生产中多采用手工劳动。但手工装配由于劳动强度大、效率低、质量得不到保证，已经不能适应生产要求。因此，迫切需要发展自动化装配。

产品的装配过程包括大量装配动作，人工操作时看来容易实现，但如用机械化、自动化代替焊条操作，则要求具备高度准确和可靠性能。因此，一般可从生产批量大、装配工艺过程简单、动作频繁或消耗体力大的零部件装配开始，在经济合理情况下，逐渐实现机械化、半自动化和自动化装配。

自动化装配可用于各种形式的装配：①在机械加工中工艺合件装配；②被加工零件的组、部件装配；③用于顺序焊接的零件拼装；④成套部件的设备总装。

在装配过程中，自动化装配可完成以下形式的操作：零件传输、定位及其连接；用压装或由紧固螺钉、螺母使零件相互固定；装配尺寸控制以及保证零件连接或固定的质量；输送组装完毕的部件或产品，并将其包装或堆垛在容器中等。

1. 自动装配机

要配合部分机械化的流水线和辅助设备实现局部自动化装配和全自动化装配，在自动化装配机上必须装备相应的带工具和夹具的夹持装置，以保证所组装的零件相互位置的必要精度，实现单元组装和钳工操作的可能性，如装上－取下、拧出－拧入、压紧－松开、压入、铆接、磨光及其他必要的动作。自动装配机因工件输送方式不同可分为回转型和直进型两类，根据工序繁简不同，又可分为单工位、多工位结构。回转型自动装配机常用于装配零件数量少、外形尺寸小、装配节拍短或装配作业要求高的装配场合。至于基准零件尺寸较大、装配工位较多，尤其是装配过程中检测工序多或手工装配和自动装配混合操作的多工序装配，则以选择直进型自动装配机为宜。

2. 装配机器人

在仪器仪表、汽车、手表、电焊机、电子元件等生产批量大、装配精度要求高的产品装配时，不仅要求装配机更加准确和精密，而且应具有视觉和某些触觉传感机构，反应更灵敏，对物体的位置和形状具有一定的识别能力。这些功能一般自动装配机很难具备，而20世纪70年代发展起来的装配机器人则完全具备这些功能。

装配机器人（Assembly Robot）是指为完成装配作业而设计的工业机器人。常用的装配机器人主要有可编程通用装配操作手（即PUMA机器人）和平面双关节型机器人（即

SCARA 机器人）两种类型。与一般工业机器人相比，装配机器人具有精度高、柔性好、工作范围小，能与其他系统配套使用等特点。例如，国外研制的精密装配机器人定位精度可高达 0.02 ~ 0.05mm，这是装配工人很难达到的。

在装配生产中，工业机器人既可为自动装配机服务，又可直接用来完成装配作业。它可以进行堆垛、拧螺钉、压配、铆接、弯形、卷边、胶合等装配工作。

装配机器人从结构上大致可分为如图 4-34 所示的四类。

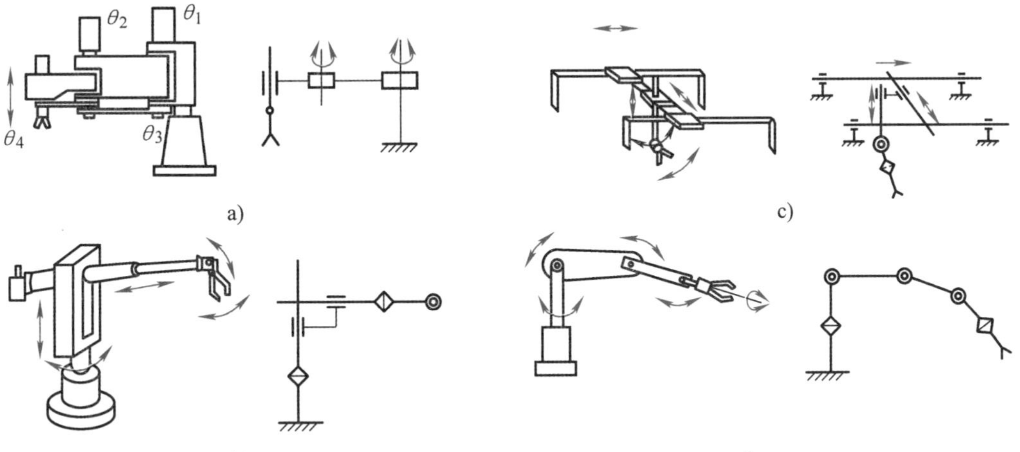

图 4-34　装配机器人结构类型

a）水平多关节型　b）圆坐标型　c）直角坐标型　d）垂直多关节型

下面介绍一个装配机器人应用实例：采用装配机器人进行小型电动机滚珠轴承与端盖的精密装配。

电动机端盖与轴承的配合间隙为 10μm，直径为 ϕ32mm，要求装配在 3s 内完成。如图 4-35所示采用装配机器人在定子、转子组合好以后，把端盖与转子上部轴承装配起来。装配机器人动作顺序如下：①抓住滑槽上供给的端盖；②把端盖移到装配线上；③解除机械联锁，使顺序性机构起作用；④靠触觉动作，探索插入方向，使端盖下降；⑤配合作业完毕后，解除顺序性机构作用，恢复机械联锁；⑥移动到滑槽上，重复以上各步动作。

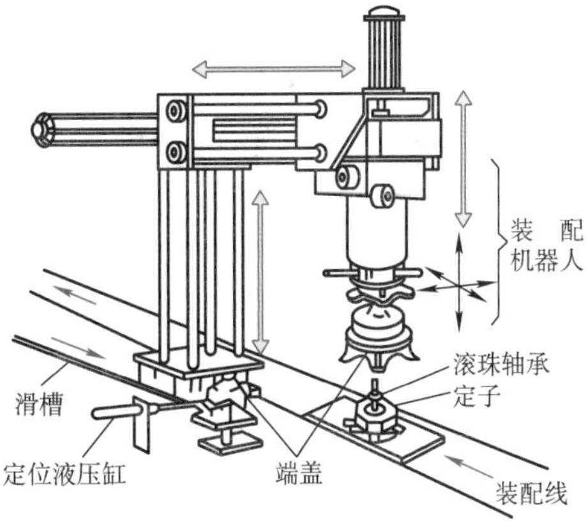

图 4-35　装配机器人装配实例

4.6　机械制造装备

4.6.1　机械制造装备及系统

机械制造过程是一个十分复杂的生产过程，所使用装备的类型很多，总体上可分为四类：加工装备、工艺装备、储运装备和辅助装备。机械制造装备的基本功能是保证加工工艺的实施，节能、降耗、优化工艺过程，并使被加工对象达到预期的功能和质量要求。

4.6.1.1 加工装备

加工装备是机械制造装备的主体和核心，是采用机械制造方法制作机器零件或毛坯的机器设备，又称为机床或工作母机。下面对其进行简单叙述。

1. 机床的加工范围

机床的加工范围取决于机床的主要技术参数，一般分为主参数和基本参数，其中基本参数又包括尺寸参数、运动参数和动力参数。机床主参数直接反映机床的加工参数和特性，表示机床的规格，是确认其他参数、设计机床结构和用户选择机床的主要依据。对于通用机床和专门化机床，主参数通常以机床的最大加工尺寸表示，只有在不适于使用工件最大加工尺寸表示时，才用其他尺寸或物理量表示。尺寸参数是表示机床工作范围的主要尺寸，也是与工、夹、量具的标准化及机床的结构有关的主要尺寸，它主要包括与工件主要尺寸有关的参数（如最大加工尺寸范围、部件运动尺寸范围），与工、夹、量具的标准化有关的参数（如主轴或尾座套筒的锥孔大小、安装的刀具直径）以及与机床结构有关的参数（如床身的导轨宽度、花盘或圆工作台直径）。机床运动参数主要包括机床主运动（切削运动）的速度范围和级数、进给量范围和级数以及辅助运动速度等，这些参数主要由表面成形运动的工艺要求决定。机床动力参数是指主运动、进给运动和辅助运动的动力消耗，主要由机床的切削载荷等因素决定。

2. 机床的运动

机床在切削过程中，由安装在机床上的刀具和工件按照一定的规律做相对运动，通过刀具的切削刃对工件毛坯的切削得到所要求的表面形状。机床的运动分为表面成形运动和辅助运动。

（1）表面成形运动　它是由工件和工具的相对运动构成，与一定形状的工具配合可以获得所要求的工件表面形状和尺寸。表面成形运动包括主运动和进给运动。机床主运动是在形成切削速度并从工件上去除多余材料中起主要作用的表面成形运动；进给运动是使工件的多余材料不断被去除的表面成形运动，是维持切削得以继续的运动，实现方式包括自动进给、机动进给和手动进给。这两种运动和不同形状的工具配合，可以实现轨迹法、成形法和展成法等各种不同加工方法，构成不同类型的机床。

（2）辅助运动　机床加工过程中加工工具与工件除表面成形运动之外的其他运动称为辅助运动，以实现机床的各种辅助动作，主要包括切入运动、空行程运动、分度运动以及操纵和控制运动。

3. 机床的传动系统

机床传动中，每个运动均有三个基本部分：执行件、动力源和传动装置。动力源→传动装置→执行件→传动装置→执行件，构成传动联系。执行件是指执行运动的部件，如主轴、刀架以及工作台等；动力源是指提供动力的装置，如普通机床常用的三相异步交流电动机；传动装置是指传递动力和运动的装置，它把动力源的动力传递给执行件或把一个执行件的运动传递给另一个执行件。传动装置通常还包括改变传动比、改变运动方向和改变运动形式（从旋转运动改为直线运动）的机构。在机床上，为得到所需运动，需要通过一系列的传动装置把执行件和动力源，或者执行件和执行件连接起来，构成传动联系。构成一个传动联系的一系列传动件，称为传动链。

4. 机床的主要结构

各类机床通常由下列基本部分组成：①动力源，为机床提供动力（功率）和运动的驱动部分，如电动机、液压泵等；②传动系统，包括主运动传动系统、进给运动传动系统和其他运动的传动系统；③支撑件，用于安装和支撑其他固定的或运动的部件，承受其重力和切削力；④工作部件，即主运动和进给运动最终实现切削加工的有关执行部件，如主轴等；⑤控制系统，用来控制各工作部件的正常工作，主要是电气控制系统等；⑥冷却系统，包括切削液、切削液箱及其供给装置；⑦润滑系统，包括润滑剂及其润滑方式；⑧其他装置，如排屑装置、自动测量装置等。

5. 机床的分类

机床的类型很多，除了金属切削机床之外，还有锻压机床、压力机、注塑机、快速成形机、焊接设备、铸造设备等。

（1）金属切削机床　金属切削机床（Metal Cutting Machine Tool）常简称为机床（Machine Tool），它是采用切削、特种加工等方法将金属毛坯（或半成品）的多余金属去除，制成机械零件的一种机器，制造的机械零件应能达到零件图样所要求的表面形状、尺寸精度和表面质量。在各类机器制造部门所拥有的装备中，机床占50%以上，所担负的工作量占机械制造总工作量的40%～60%。由此可见，机床技术水平的高低，直接影响机械产品的质量和零件制造的经济性。

金属切削机床品种繁多，为了便于区别、使用和管理，需从不同角度对其进行分类。

1）按机床工作原理和结构性能、特点分类。我国把机床划分为：车床、钻床、镗床、磨床、齿轮加工机床、螺纹加工机床、铣床、刨插床、拉床、特种加工机床、切断机床和其他机床12大类。其中，特种加工机床包括电加工机床、超声波加工机床、激光加工机床、电子束和离子束加工机床、水射流加工机床。电加工机床又包括电火花加工机床、电火花切割机床和电解加工机床。特种加工机床可解决用常规加工手段难以解决甚至无法解决的工艺难题，能够实现国防和高新科技领域的需要。

数控机床是计算机技术、微电子技术、先进的机床设计与制造技术相结合的产物，适应产品的精密、复杂和小批量的特点，是一种高效高柔性的自动化机床，代表了金属切削机床的发展方向。加工中心又称自动换刀数控机床，它是具有刀库和自动换刀装置、能够自动更换刀具对一次装夹的工件进行多工序加工的数控机床。

2）按机床精度分类。同一种机床按其精度和性能，又可分为普通机床、精密机床和高精度机床。

3）按机床应用范围分类

① 通用机床（又称万能机床）。可加工多种工件、完成多种工序、使用范围较广的机床，如万能车床、万能升降台铣床等。这类机床的通用程度较高，结构较复杂，主要用于单件、小批生产。

② 专用机床。用于执行特定工件的特定加工工序的机床，如加工主轴箱的专用镗床。

这类机床是根据特定工艺要求专门设计、制造与使用的，因此生产率很高，结构简单，适于大批量生产。组合机床是以通用部件为基础，配以少量专用部件组合而成的一种特殊形式的专用机床。

③ 专门化机床（又称专业机床）。用于执行形状相似、尺寸不同工件的特定加工工序的机床。这类机床的特点介于通用机床与专用机床之间，既有加工尺寸的通用性，又有加工工序的专用性，如精密丝杠车床、凸轮轴车床等，生产率较高，适于成批生产。

此外，按照机床质量（习惯称重量）大小又可分为仪表机床、中型机床、大型机床、重型机床和超重型机床等。

我国现行规定的GB/T 15375—2008《金属切削机床　型号编制方法》，适用于通用机床、专门化机床及专用机床（组合机床另有规定）。机床型号是由类（12类）代号、组系代号、主参数以及特性代号等组成。其中特性代号包括：高精度（G）、精密（M）、自动（Z）、半自动（B）、数控（K）、加工中心（自动换刀H）、仿型（F）等。

（2）锻压机床　锻压机床是利用金属塑性变形进行加工的一种无屑加工设备，主要包括锻造机、压力机、挤压机和轧制机四大类。

锻造机是使坯料在工具的冲击力或静压力作用下成形，并使其性能和金相组织符合一定要求的加工机床。按成形的方法可分为自由锻造、胎模锻造、模型锻造和特种锻造；按锻造温度不同可分为热锻、温锻和冷锻。压力机是借助模具对板料施加外力，迫使材料按模具形状、尺寸进行剪裁或变形的机床。按加工时温度的不同，冲压工艺可分为冷冲压和热冲压，具有省工、省料和生产率高的突出优点。挤压机是借助于凸模对放在凹模内的金属材料挤压成形的机床。根据挤压时温度不同，可分为冷挤压、温挤压和热挤压。挤压成形有利于低塑材料成形，与模锻相比，不仅生产率高、节省材料，而且可获得较高的精度。轧制机是使金属材料在旋转轧辊的作用下变形的机床。根据轧制温度可分为热轧和冷轧，根据轧制方式可分为纵轧、横轧和斜轧。

4.6.1.2　工艺装备

工艺装备是产品制造过程中所用的各种工具的总称，包括刀具、夹具、模具、测量器具和辅具等。它们是贯彻工艺规程、保证产品质量和提高生产率等的重要技术手段。

1. 刀具

能从工件上切除多余材料或切断材料的带刃工具称为刀具。工件的成形是通过刀具与工件之间的相对运动实现的，因此高效的机床必须同先进的刀具相配合才能充分发挥作用。切削加工技术的发展，与刀具材料的改进以及刀具结构和参数的合理设计有着密切联系。刀具类型很多，每一种机床都有其代表性的一类刀具，如车刀、钻头、镗刀、砂轮、铣刀、拉刀、螺纹加工刀具、齿轮加工刀具等。刀具种类虽然繁多，但大体上可分为标准刀具和非标准刀具两大类。标准刀具是按国家或部门制定的有关“标准”或“规范”制造的刀具，由专业化的工具厂集中大批量生产，占所用刀具的绝大部分。非标准刀具是根据工件与具体加工的特殊要求设计制造的，也可将标准刀具加以改制而实现。过去我国的非标准刀具主要由用户厂自行生产。根据生产的发展，非标准刀具也应由专业厂根据用户要求提供，以利于提高质量，降低成本。

2. 夹具

夹具是机床上用以装夹工件或引导刀具的装置。夹具对贯彻工艺规程、保证加工质量和提高生产率有着决定性的作用。夹具一般由定位机构、夹紧机构、导向机构和夹具体等部分构成，按照其应用机床的不同可分为车床夹具、铣床夹具、钻床夹具、刨床夹具、镗床夹具和磨床夹具等；按照其专用化程度又可分为通用夹具、专用夹具、成组夹具和组合夹具等。

通用夹具是已经规格化、标准化的夹具，主要用于单件小批生产，如车床卡盘、铣床用分度头和机用台虎钳等；专用夹具是根据某一工件的特定工序专门设计制造的，主要用于有一定批量的生产中。

3. 测量器具

测量器具是以直接或间接方法测出被测对象量值的工具、仪器及仪表等，简称量具和量仪，可分为通用量具、专用量具和组合测量仪等。通用量具是标准化、系列化和商品化的量具，如千分尺、百分表、量块，以及光学、气动和电动量仪等。专用量具是专门针对特定零件的特定尺寸而设计的，如量规、样板等，某些专用量规通常会在一定范围内具有通用性。组合测量仪不仅可同时对多个尺寸进行测量，有时还能进行计算、比较和显示，一般属于专用量具，或在一定范围内通用。数控机床的应用大大简化了生产加工中的测量工作，减少了专用量具的设计、制造与使用。测试技术与计算机技术的发展，使得许多传统量具向数字化和智能化方向发展，适应了现代生产技术的发展。

4. 模具

模具是用以限定生产对象形状和尺寸的装置。按填充方法和填充材料的不同，可分为粉末冶金模具、塑料模具、压铸模具、冲压模具、锻压模具等。数控技术和特种加工技术的发展，促进了模具制造技术的发展，促进了少切削、无切削技术在生产制造中的广泛应用。

4.6.1.3 物料储运装备

物料储运装备是生产系统必不可少的装备，对企业生产的布局、运行与管理等有着直接影响。物料储运装备主要包括物料运输装置，机床上、下料装置，刀具输送设备以及各级仓储装备。

1. 物料运输装置

物料运输主要指坯料、半成品及成品在车间内各工作站间的输送，满足流水线或自动生产线的要求，主要有传送装置和主动运输小车两大类。

传送装置的类型很多，如由辊轴构成流动滑道，靠重力或人工实现物料输送；由刚性推杆推动工件作同步运动的步进式输送带；在两工位间输送工件的输送机械手；带动工件或随行夹具作非同步输送的链式输送机。用于自动生产线的传送装置要求工作可靠、定位精度高、输送速度快、能在线的工作协调等。

与传送装置相比，自动运输小车具有较大的柔性，通过计算机控制，可方便地改变输送路线及节拍，主要用于柔性制造系统中。它可分为有轨和无轨两大类。前者载重量大，控制方便，定位精度高，但一般用于近距离直线输送；后者一般靠埋入地下的制导电缆进行电磁制导，也采用激光制导等方式，输送线路控制灵活。

2. 机床上、下料装置

将坯料送至机床的加工位置的装置称为上料装置；加工完毕后将工件从机床上取走的装置称为下料装置。使用机床上、下料装置能缩短上、下料时间，减轻工人劳动。

机床上、下料装置类型很多，一般由料仓，步进喂料机，上、下料机械手等构成。在柔性制造系统中，对于小型工件，常采用上、下料机械手或机器人，大型复杂工件则采用可交换工作台进行自动上、下料。

3. 刀具输送设备

在柔性制造系统中，必须有完备的刀具准备与输送系统，包括刀具准备、测量、输送及重磨刀具回收等，常采用传输链、机械手等，也可采用自动运输小车对备用刀库等进行输送。

4. 仓储装备

机械制造生产中离不开不同级别的仓库及其装备。仓库用来存储原材料、外购器材、半成品、成品、工具、夹具等，分别进行厂级或车间管理。现代化的仓储装备不仅要求布局合理，而且要求有较高的机械化程度，减少劳动强度，采用计算机管理，能与企业生产管理信息系统进行数据交换，能控制合理的库存量等。

自动化立体仓库是一种现代化的仓储设备，具有布置灵活、占地面积小、便于实现机械化和自动化、方便计算机控制与管理等优点，具有良好的发展前景。

4.6.1.4　辅助装备

辅助装备包括清洗机、排屑设备和测量、包装设备等。

清洗机是用来对工件表面的尘屑、油污等进行清洗的机械设备，能保证产品的装配质量和使用寿命，应该给予足够重视。它可采用浸洗、喷洗、气相清洗和超声波清洗等方法，在自动装配中，应能分步自动完成。

排屑装置用于自动机床、自动加工单元或自动生产线上，包括切屑清除装置和输送装置。清除装置常采用离心力法、压缩空气法、切削液冲刷法、电磁或真空清除法等方法；输送装置有带式、螺旋式和刮板式等多种类型，保证将铁屑输送至机外或线外的集屑器中，并能与加工过程协调控制。

4.6.2　数控机床

数控机床是采用数字化代码程序控制、能完成自动化加工的通用机床。数控机床是一种典型的光机电一体化的加工设备，它集现代机械制造技术、自动控制技术及计算机信息技术于一体，采用数控装置或计算机来全部或部分地取代一般通用机床在加工零件时对机床的各种动作——起动、加工顺序、改变切削用量、主轴变速、选择刀具、切削液开停以及停车等的人工控制，是高效率、高精度、高柔性和高自动化的设备。

数控加工技术是指高效、优质地实现产品零件，特别是复杂形状零件，在数控机床上完成加工的技术。它是自动化、柔性化、敏捷化和数字化制造加工的基础与关键技术。数控加工过程包括由给定的零件加工要求（零件图样、CAD 数据或实物模型）进行加工的全过程，其主要内容涉及数控机床加工工艺和数控编程技术两大方面。

图 4-36 所示为数控机床加工过程框图。从框图中可看出，在数控机床上加工零件所涉及的范围比较广，与相关的配套技术有密切的关系，程序编制人员应该熟练地掌握工艺分析、工艺设计和对切削用量的选择，能正确地提出刀、辅具和零件的装夹方案，懂得刀具的测量方法，了解数控机床的性能和特点，熟悉程序编制方法和程序的输入方式等。

4.6.2.1　数控机床的特点与应用

数控机床综合了微电子技术、计算机应用技术、自动控制技术以及精密机床设计与制造技术，具有专用机床的高效率、精密机床的高精度和通用机床的高柔性等显著特点，具体说

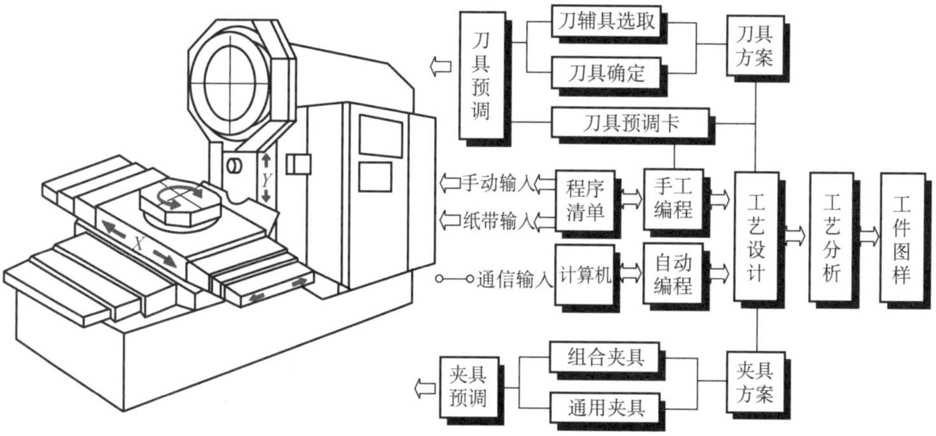

图4-36 数控机床加工过程框图

来可包括以下几个方面：

1）柔性自动化，具有广泛的适应性。由于采用数控程序控制，数控机床在加工中多采用通用型工装，只要改变数控程序，便可实现对新零件的自动化加工，因此能适应当前市场竞争中对产品不断更新换代的要求，解决了多品种、中小批量生产自动化问题。

2）精度高、质量稳定。数控机床中集中了众多提高加工精度和保证质量稳定性的技术措施。首先数控机床是根据数控程序自动工作的，一般在工作过程中不需要人工干预，这就消除了操作者人为产生的失误或误差；数控机床的机械结构是按照精密机床要求进行设计和制造的，采用了滚珠丝杠、滚动导轨等高精度传动部件，而且刚度大，抗干扰性能好；伺服传动系统的脉冲当量或最小设定单位可以达到0.0005～0.01mm，同时工作中还多采用具有检测反馈的闭环控制，并且有误差修正或补偿功能，可进一步提高精度和稳定性；数控加工中心具有刀库和自动换刀装置，工件可在一次装夹后完成工件的多面和多工序加工，最大限度地减小了装夹误差的影响等。

3）生产效率高。数控机床能最大限度地减小零件加工所需的机动时间与辅助时间，使生产效率显著提高。数控机床的进给运动和多数主运动都采用无级调速，且调速范围大，因此每一道工序都能选择最佳的切削速度和进给速度；良好的结构刚度和抗振性允许机床采用大切削用量和进行强力切削；一般不需要停机对工件进行检测，从而有效地减少了机床加工中的停机时间；机床移动部件在定位中都采用自动加减速措施，因此可选用很高的空行程运动速度，大大节约了辅助运动时间；加工中心可采用自动换刀和自动交换工作台等措施，工件一次装夹，可进行多面和多工序加工，可大大减少工件装夹、对刀等辅助时间；加工工序集中，可减少零件周转，减少了设备台数及厂房面积，给生产调度管理带来极大方便。

4）能实现复杂零件的加工。由于数控机床采用计算机插补技术和多坐标联动控制，可以实现任意的轨迹运动并加工出任何复杂形状的空间曲面，如螺旋桨、汽轮机叶片、汽车外形冲压用模具等类零件的加工。

5）减轻劳动强度、改善劳动条件。由于数控机床的操作者主要是利用操作面板对机床的自动加工进行操作，因此大大减轻了操作者的劳动强度，改善了生产条件，并且可以实现一个人轻松管理多台机床。

6）有利于现代化生产与管理。采用数控机床加工能方便精确地计算零件加工工时或进行自动加工统计，能精确计算生产和加工费用，有利于生产过程的科学管理。数控机床是计算机辅助设计与制造（CAD/CAM）、群控或分布式控制（DNC）、柔性制造系统（FMS）、计算机集成制造系统（CIMS）等先进制造系统的基础。

但是与普通机床相比，数控机床的初始投资及维护费用较高，对操作与管理人员的素质要求较高，必须从生产实际出发，合理地选择与使用数控机床，并且要循序渐进，培养人才，积累经验，才能达到降低生产成本、提高企业经济效益和市场竞争能力的目的。

4.6.2.2　数控机床的组成

数控机床组成如图4-37所示。一般由控制介质、数控装置、伺服系统和机床本体组成。各部分简述如下：

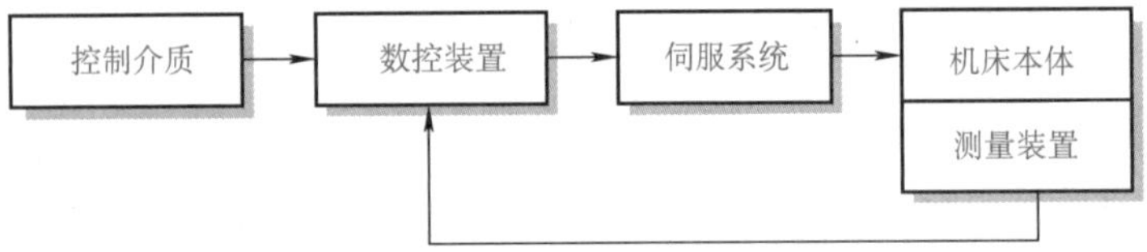

图4-37　数控机床的组成

1. 控制介质

数控机床工作时，不需要人参与直接操作，但机床需要按人的意图工作，所以人和数控机床之间必须建立某种联系，这种联系的媒介物称为控制介质或输入介质。

控制介质上存储着加工零件所需要的全部操作信息和刀具相对工件的移动信息。控制介质因控制装置的类型而异，可以是穿孔纸带、穿孔卡片、磁带或其他可以存储代码的载体。随着计算机及网络技术的发展，这种介质正在发生变化。

2. 数控装置

数控装置是数控机床的核心，由微处理器（CPU）、存储器、各种I/O接口及外围逻辑电路等构成。其主要作用是用来接受控制介质输入的数控程序及有关信息，进行代码识别、存储与处理，并输出相应的命令脉冲，经过功率放大驱动伺服系统，使机床按规定要求动作。

3. 伺服系统

伺服系统包括驱动部分和执行机构两大部分。伺服系统把数控装置输出的脉冲信号通过放大和驱动元件使机床移动部件或使执行机构动作，加工出符合要求的零件。伺服系统分为主轴伺服系统和进给伺服系统。

（1）进给伺服系统　主要由进给伺服单元和进给伺服电动机组成，对于闭环和半闭环控制的进给伺服系统，还应包括位置检测反馈装置。进给伺服单元接收来自数控装置的运动指令，经变换和放大后，驱动伺服电动机运转，实现刀架或工作台的运动。数控装置每发出一个控制脉冲时，机床刀架或工作台的移动距离称为数控机床的脉冲当量或最小设定单位。脉冲当量或最小设定单位的大小直接影响数控机床的加工精度。

在闭环和半闭环控制伺服进给系统中，位置检测装置安装在机床上（闭环控制）或伺服电动机上（半闭环控制），其作用是将机床或伺服电动机的实际位置信号反馈给数控装置，以便与指令位移信号相比较，用其差值控制机床运动，达到消除运动误差，提高定位精度的目的。

一般说来，数控机床功能的强弱主要取决于数控装置，而数控机床性能的优劣，如运动速度与精度等，则主要取决于伺服系统。

数控技术的不断发展，对进给伺服系统的要求越来越高，一般要求定位精度为0.001～0.01mm，高精设备要求达到0.0001mm。为保证系统的跟踪精度，一般要求动态过程在200μs甚至几十微秒以内，同时要求超调量要小。为保证加工效率，一般要求进给速度为0～24m/min，高档的要求在0～240m/min内连续可调。此外还要求低速时输出较大的输出转矩。

（2）主轴伺服系统　数控机床的主轴驱动与进给驱动区别很大，电动机功率输出应为2.2～250kW；进给电动机一般是恒转矩调速，而主轴电动机除了有较大范围的恒转矩调速外，还要有较大范围的恒功率调速。对于数控车床，为了能加工螺纹和实现恒切速功能，要求主轴驱动和进给驱动能同步控制；对于加工中心，还要求主轴具有高精度准停和分度功能。因此，中高档数控机床的主轴驱动都采用电动机无级调速或伺服驱动。

4. 机床本体

数控机床本体的特点如下：设计与制造适应数控技术发展，刚度大，精度高，抗振性强，热变形小；由于普遍采用了伺服电动机无级调速技术，机床进给运动和主轴运动的变速机构被极大地简化甚至取消；广泛采用了滚珠丝杠、滚动导轨等高效、高精度传动部件；采用机电一体化设计与布局，机床布局主要考虑有利于生产率的提高，而不像传统机床那样主要考虑方便操作；采用自动换刀装置、自动更换工件机构和数控夹具等。

4.6.2.3　数控机床的分类

数控机床的品种规格繁多，分类方法不一。根据数控机床的功能和结构，一般可以按下面三种原则来进行分类。

1. 按加工工艺及机床用途的类型分类

随着数控技术的发展，目前国内外大部分普通机床几乎都已开发了相应的数控机床，并且还开发了一些特殊类型的数控机床，其加工用途、功能特点多种多样，五花八门。据不完全统计，目前数控机床的品种规格已达500多种，按其基本用途可分为四大类。

（1）金属切削类　这一类是数控机床的主要类型，又可分为两类：

1）普通数控机床，如数控车床、数控铣床、数控钻床、数控磨床等，其工艺用途与传统车床、铣床、钻床、磨床等基本相似。

2）加工中心，其主要特点是具有刀库和自动换刀装置，工件一次装夹后可进行多种工序加工，主要有铣镗加工中心和车削加工中心两类，前者一般简称加工中心，主要完成铣、镗、钻、攻螺纹等加工，后者以完成各种车削加工为主，还能利用自驱动刀具完成铣平面、键槽及钻孔等工序。

（2）金属成形类　指使用挤、冲、压、拉等成形工艺的数控机床，如数控压力机、折弯机、弯管机、旋压机等。

（3）特种加工类　主要指数控电火花切割机、电火花成形机、火焰切割机、激光加工机等。

（4）测量绘图类 主要有三坐标测量机、绘图机、对刀仪等。

2. 按机床运动的控制轨迹分类

根据数控机床刀具与工件相对运动轨迹的类型，可将数控机床划分为点位控制、直线控制和轮廓控制三种类型。

（1）点位控制数控机床 这类机床主要有数控钻床、数控镗床、数控压力机等，其特点是机床移动部件在移动中不进行加工，只要求以最快的速度从一点移动到另一点，并准确定位。至于点与点之间的移动轨迹（路径与方向）并无严格要求，各坐标轴之间的运动并不相关。

（2）直线控制数控机床 这类机床能对单个机床坐标轴的移动速度进行控制，使数控车床、数控铣床和数控磨床等能完成简单台阶形或矩形零件的加工。

（3）轮廓控制数控机床 轮廓控制数控机床也称为连续控制数控机床，其特点是能够对两个或两个以上运动坐标的位移和速度同时进行连续相关控制，使刀具与工件间的相对运动符合工件加工轮廓的要求。在这类控制方式中，要求数控装置具有插补运算的功能，即根据加工程序输入的基本数据（如直线的终点坐标、圆弧的终点坐标和圆心坐标或半径），通过数控系统的插补运算器的数学处理，把直线或曲线形状的相关坐标点计算出来，并边计算边根据计算结果控制两个或两个以上坐标轴协调运动。目前的大多数金属切削机床的数控系统都是轮廓控制系统。

对于轮廓控制的数控机床，根据同时控制坐标轴的数目还可分为二轴联动、二轴半联动、三轴联动、四轴或五轴联动，如图4-38所示。

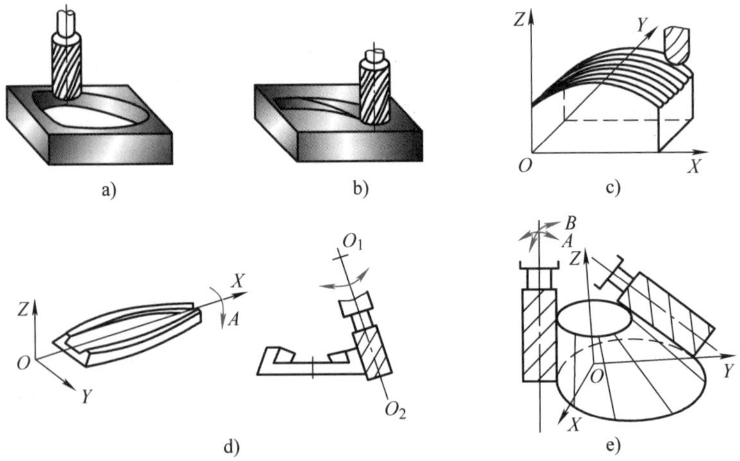

图4-38 轮廓控制数控机床

a）两轴联动加工 b）三轴联动加工 c）两轴半机床行切法加工

d）四轴联动加工 e）五轴联动加工

3. 按数控系统的功能水平分类

按照数控系统的功能水平，数控机床可以分为经济型（低档或简易型）、普及型（中档型或全功能型）和高档型三种类型。这种分类方法没有明确的定义和确切的分类界限，不同国家分类的含义也不同，且数控技术在不断发展，不同时期的含义也在不断发展变化。就目前的发展水平来看，可根据表4-6所列的一些功能和指标，将各种类型的数控系统分为高、中、低三档。

表4-6 数控系统不同档次的功能和指标

功 能	低 档	中 档	高 档
系统分辨率	10μm	1μm	0.1μm
G00 速度	3~8m/min	20~24m/min	24~100m/min
伺服类型	开环及步进电动机	半闭环及直、交流伺服	闭环及直、交流伺服
联动轴数	2~3轴	2~4轴	5轴或5轴以上
通信功能	无	RS232C 或 DNC	RS232C、DNC、MAP
显示功能	数码管显示	CRT：图形、人机对话	CRT：三维图形、人机对话
内装 PLC	无	有	强功能内装 PLC
主 CPU	8位、16位 CPU	16位、32位 CPU	32位、64位 CPU
结构	单片机或单板机	单微处理机或多微处理机	分布式多微处理机

此外还有按伺服控制方式分类的，可分为开环控制机床、半闭环控制机床及闭环控制机床。

4.6.3 新一代机械制造装备技术及其发展

机械制造装备的类型很多，功能各异，近年来在新一代制造装备技术上有了较大的发展和突破。

1）新型加工设备的研究开发近年已取得不少进展，如多轴联动加工中心、控制车削高效曲轴加工机床、点磨机床、加工与装配作业集成机床等。近年出现的并联机床（虚轴机床）突破了传统机床结构方案，在国内外有了快速发展。

2）在数控化基础上朝智能化方向发展，充分利用精度补偿、应用技术软件、传感器和控制技术的最新科技成果，研制新一代高质量、高效率和低消耗的智能加工中心和智能化加工单元。

3）采用新材料和新结构，提高制造装备的刚度、抗振性、热稳定性，提高精度和精度保持性，减轻重量等。

4）新型部件的开发应用，如高精度、高速交流电主轴，国外转速为20000r/min的已商品化，最高已达100000r/min，国内已完成8000r/min样机研制。为此要解决高精度大载荷主轴轴承、主轴冷却、刀具配置与夹紧可靠性、电主轴调速可行性等关键技术。再如大功率交流直线电动机技术等。

5）发展先进的机床和数控系统性能检测、诊断方法与技术。

6）发展多品种小批量生产条件下的先进在线加工质量检测技术。

7）发展柔性工艺装备和柔性夹具，为快速、低成本工艺准备提供技术。

复习思考题

1. 依据现代成形学的观点，成形工艺分为哪几类?
2. 制造工艺技术的发展体现在哪些方面?
3. 阐述铸造的概念及铸造生产的特点?
4. 阐述锻造的概念及锻造生产的特点。
5. 阐述板料冲压的概念及其特点?
6. 阐述焊接的概念及其特点。
7. 试比较常见的毛坯成形方法。
8. 常规热处理技术中的“四火”指的是什么?
9. 试比较车削加工与铣削加工。
10. 磨削加工有什么特点?
11. 阐述特种加工的概念及其特点。
12. 在生产中，保证装配精度的方法有哪些?
13. 数控机床有什么特点?

第5章 机械自动化技术

5.1 概述

所谓自动化，是指机器或装置在无人干预的情况下按规定的程序或指令自动地进行操作或运行。广义地讲，自动化还包括模拟或再现人的智能活动。自动化技术广泛用于工业、农业、国防、科学研究、交通运输、商业、医疗、服务以及家庭等各方面。

科学技术的进步与工业的发展，对机械系统自动化提出更高的要求。例如，机械加工工业中，由于加工复杂工件的需要，一般机床已不能满足要求，因而出现了数控机床和加工中心，用于加工复杂型面和形状的工件；在有害工作环境情况下，就要求用机械手代替人工操作，以改善工作条件；在铸造、锻造生产过程中，为摆脱繁重的体力劳动，提高产品质量，机械自动化是一个关键性的措施。其他如运输、上下料、检查作业中，实现自动化都是十分重要的。自动化技术的广泛应用，提高了产品质量，降低了成本，增加了产量，改善了劳动条件，减轻了劳动强度。机械自动化由单机自动化已经发展为制造过程自动化。

电子技术与机械技术的有机结合，不仅使各种机械设备和产品以崭新的面貌出现，而且产生了一些单靠机械或电子技术都难以达到优良功能的新产品。机电一体化技术用于传统的机械产品上就变成了机电一体化产品。机电一体化产品既不同于传统的机械产品，也不同于普通的电子产品。随着科学技术的发展，机电一体化的“机”目前已扩大到电动机、电器、仪表、乐器等，如交流变频调速；“电”也扩大到光，如红外线、激光。而且机电一体化的概念并非局限于某一产品的狭窄范围，如数控机床、机器人等。到目前为止，机电一体化的应用领域还在不断地扩展，与之相适应的应用面很广，种类繁多。按照机电一体化产品的功能可大致地进行如下分类；

1）在原有的机械本体上采用电子控制设备实现高性能和多功能。例如，数控车床、机器人、发动机控制系统、洗衣机、汽车防滑制动器等。

2）用电子设备局部置换机械控制机构。例如，电子缝纫机、电子打印机、自动售货机等。

3）在信息机器中与电子设备有机结合的机构。例如，传真机、打印机、复印机、录音机、录像机、存储器等。

4）用电子设备全面置换机械结构的信息处理机构。例如，石英电子钟表、电子计算机、电子秤、按钮式电话机和电子计费器等。

5）在检测系统中与电子设备有机结合的机构。例如，电火花加工机床、线切割放电加工机、激光测量机等。

构成机电一体化系统的成分归纳起来主要有六大部分：机械本体、动力部分、测试传感部分、执行机构、驱动部分、控制及信息处理单元。

机电一体化技术的发展，使机械、电机工业的技术结构、产品结构、功能和构成、生产方式和管理体系都发生了巨大的变化，使工业生产从“机械电气化”跨入了以机电一体化为标志的发展阶段。机电一体化技术在国内外已显示出强大的生命力。它顺应了当今科学技术发展的规律，使机电产品具有机械与电子技术结合的整体优势，给传统工业带来了革命性的变革和惊人的效益。

美国人 D. S. Harder 于 1936 年在通用汽车公司工作时，提出自动化的概念，认为在一个生产过程中，机器之间的零件转移不用人去搬运就是自动化，这实质是早期制造自动化。制造自动化是在广义制造过程的所有环节采用自动化技术，实现制造全过程的自动化。制造自动化的概念是一个动态发展过程，在很长一段时间内，人们对制造自动化概念理解为用机器（包括计算机）代替人的体力劳动或脑力劳动，这是比较狭隘的理解。随着制造技术、电子技术、控制技术、计算机技术、信息技术、管理技术的发展，制造自动化已远远突破了传统的概念，具有更加宽广和深刻的内涵。制造自动化技术代表着先进制造技术的水平，推动了社会的发展和科技进步，促使制造业由劳动密集型产业转变为技术密集型和信息知识密集型产业，是制造业发展的重要表现和重要标志。

制造自动化的任务就是研究对制造过程的规划、管理组织、控制与协调优化等的自动化，以使产品制造过程实现高效、优质、低耗、及时和洁净的目标。制造自动化的广义内涵至少包括以下几个方面：

1）在形式方面，制造自动化有三个方面的含义，即代替人的体力劳动，代替或辅助人的脑力劳动，制造系统中人、机器及整个系统的协调、管理、控制和优化。

2）在功能方面，制造自动化的功能目标是多方面的，即采用自动化技术，缩短产品制造周期，提高生产率；提高和保证产品质量；有效地降低成本，提高经济效益；更好地做好市场服务工作，也能通过替代或减轻制造人员的体力和脑力劳动，直接为制造人员服务；利于充分利用资源，减少废弃物和环境污染，有利于实现绿色制造及可持续发展制造战略。

3）在范围方面，制造自动化不仅涉及具体生产制造过程，而且涉及产品生命周期的所有过程。

制造自动化技术是先进制造技术的重要组成部分，其发展将是以其柔性化、集成化、敏捷化、智能化、虚拟化、全球化的特征来满足市场快速变化的要求。

机械系统自动化和制造过程自动化包括的内容非常广泛，并且在不断发展。本章主要介绍机电一体化基础技术、机械量测量与检测、机电控制基础、数控系统、机器人技术及柔性制造技术等。

5.2　机电一体化基础技术

5.2.1　机电一体化的概念

机电一体化是随着生产和技术的发展，在以机械、电子技术为主的多学科相互渗透、相互结合的过程中逐渐形成和发展起来的一门新兴学科。

日本于20世纪70年代初开始使用“机电一体化”这个名词。这个词的创造是根据英文Mechanics（机械学）的前半部和Electronics（电子学）的后半部而构成的，即Mechatronics，用“机电一体化”来表示。“机电一体化”比较恰当地表述了一个新的概念，因而能迅速直接被我国接受和使用。1984年美国机械工程协会（ASME）的一个专家组在给美国国家科学基金会的报告中，明确地提出了现代机械系统的定义为：“由计算机信息网络协调与控制的，用于完成包括机械力、运动和能量流等动力学任务的机械和（或）机电部件相互联系的系统。”这一定义实质上是指机电一体化的机械系统。

机电一体化产品与传统机械产品相比，有如下一些显著的特征：

（1）机械结构简单化 一台传统的机械设备往往需要采用机械传动系统来连接各个执行构件，采用机电一体化技术后，可以用多台电动机分别驱动，用电子器件、微机来控制和实现各执行构件的动作，完成工艺动作过程。例如，一台微机控制的精密插齿机，可以节省约30%的齿轮等传动部件。

（2）提高了加工工艺的精度 由于机械传动部件的减少，机械磨损及间隙配合等所引起的动作误差大为减少，通过微机控制系统可以精确地按照预先给定量，使间隙和各种干扰因素造成的误差自行校正、补偿，从而可以达到单纯机械方法所实现不了的加工精度。

（3）工艺过程的柔性化 由于机电一体化产品采用微机控制，因此，只要改变计算机程序，就能改变设备的加工能力和加工工艺流程，以适应迅速改变被加工产品结构、满足多品种小批量生产的需要，使设备具有柔性化。

（4）操作自动化 采用微机控制系统可实现一台机器各个相关传动机构的动作及其功能的协调，实现机器操作的全部自动化。例如，一般数控机床加工零件时，将被加工零件的工艺过程、工艺参数、机床运动要求输入到数控装置中，再由数控装置控制机床运动，从而实现加工自动化。

（5）调整维修更加方便 机电一体化产品在使用现场安装调试时，一般均可通过控制程序的变更来实现工作方式、动作过程的变动，以适应各个用户工作对象及现场工作参数变化的需要。

一个较完善的机电一体化系统应包括以下几个基本要素：机械本体、动力部分、测试传感部分、执行机构、驱动部分、控制及信息处理单元，各要素和环节之间通过接口相联系。

机电一体化技术是一门正在发展中的综合技术，是在传统技术的基础上，与一些新兴技术相结合而发展起来的。与此相关的技术很多，一般认为主要有以下六项共性的关键技术：

1. 机械技术

机械技术是机电一体化的基础。随着高新技术引入机械行业，机械技术面临着挑战和变革。在机电一体化产品中，它不再是单一地完成系统间的连接，而是对系统的结构、重量、体积、刚性与寿命等方面有着重要的影响。机械技术的着眼点在于如何与机电一体化技术相适应，利用其他高新技术来更新概念，实现结构上、材料上、性能上的变更，满足减轻重量、缩小体积、提高精度、提高刚度和改善性能的要求。

2. 计算机与信息处理技术

信息处理技术包括信息的交换、存取、运算、判断和决策，实现信息处理的工具是计算机，因此计算机技术与信息处理技术是密切相关的。计算机技术包括计算机的软件技术和硬件技术、网络与通信技术和数据库技术等。

3. 系统技术

系统技术就是以整体的概念组织应用各种相关技术。从全局角度和系统目标出发，将总体分解成相互有机联系的若干概念单元，以功能单元为子系统进行二次分解，生成功能单一和具体的子功能与单元。这些子功能和单元同样可继续逐层分解，直到能够找出一个可实现的技术方案。

接口技术是系统技术中的一个重要方面，它是实现系统各个部分有机连接的保证。接口包括电气接口、机械接口、人—机接口。电气接口实现系统间电信号的连接；机械接口则完成机械与机械部分、机械与电气装置部分的连接；人—机接口提供了人与系统间的交互界面。

4. 自动控制技术

自动控制技术范围很广，但主要包括基本控制理论。在此理论指导下，对具体控制装置或控制系统进行设计，然后进行系统仿真、现场调试，最后使研制的系统能可靠地投入运行。由于控制对象种类繁多，所以自动控制技术的内容极其丰富，例如高精度定位控制，速度控制，自适应控制，自诊断校正、补偿、再现、检索等。

微型计算机的广泛应用，使自动控制技术越来越多地与计算机控制技术联系在一起，成为机电一体化中十分关键的技术。

5. 传感与检测技术

传感与检测装置是系统的感受器官，它与信息系统的输入端相连，并将检测到的信号输送到信息处理部分。传感与检测是实现自动控制、自动调节的关键环节，它的功能越强，系统的自动化程度越高。

传感与检测的关键元件是传感器，它是将被测量（包括各种物理量、化学量和生物量等）变换成系统可识别的、与被测量有确定对应关系的有用电信号的一种装置。

现代工程技术要求传感器能快速、精确地获取、传递信息，并能经受各种严酷环境的考验。大力开展传感器研究，对于机电一体化技术的发展具有十分重要的意义。

6. 伺服传动技术

伺服传动包括电动、气动、液压等各种类型的传动装置，由微型计算机通过接口与这些传动装置相连接，控制它们的运动，带动工作机械做回转、直线以及其他各种复杂的运动。常见的伺服驱动有电液马达、脉冲液压缸、步进电动机、直流伺服电动机和交流伺服电动机。

本节重点介绍驱动技术、传感技术、工业控制计算机、可编程序控制器等。

5.2.2 驱动技术

5.2.2.1 驱动元件的种类

驱动装置就是按照电信号的指令，将来自电、液压和气压等各种能源的能量转换成旋转运动和直线运动等方式的机械能的装置。其分类如下：按利用的能源，可将执行装置分为电磁式驱动装置、液压式驱动装置和气动式驱动装置及其他装置。电磁式驱动装置中有电动机，包括直流伺服电动机、交流伺服电动机、步进电动机和直线电动机等，还有电磁铁及其他；液压式驱动装置靠压力油作为动力介质，有液压缸、液压马达等；气动式驱动装置靠压缩空气作为动力源，有气缸和气动马达等；其他装置有弹簧、双金属片、记忆合金、压电元件及光电马达等。

5.2.2.2 液压、气动传动与控制

1. 液压、气动传动与控制过程

许多机械系统使用液压缸、气缸、液压马达或气动马达作为驱动元件，驱动执行机构工作，如液压机、操作机、生产线上送退料装置等。其控制原理如图5-1所示。图中，泵单元是电动机带动的液压泵或者气泵，使油或气体具有一定压力，供给系统用。控制元件主要是方向、流量、压力等控制阀，用以控制系统的流体方向、流量、压力。执行元件是液压缸、气缸、液压马达或气动马达，由它们去驱动执行机构工作。

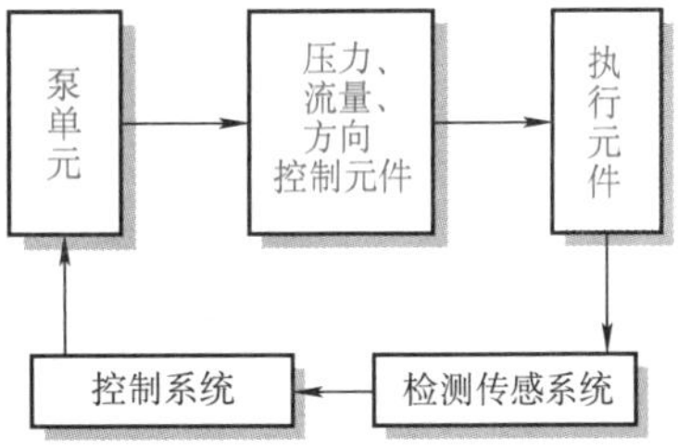

图5-1 液压、气动传动与控制原理

2. 液压驱动装置

液压系统由液压泵、减压阀、管路、控制阀、执行装置等组成，如图5-2所示。

图5-2所示送料小车液压传动原理。液压泵3在电动机（图中未画出）的带动下转动，油液经过滤器2进入液压泵，并在液压泵的推动下进入管路，油的压力大小由溢流阀11设定。压力油经节流阀4，加在换向阀6上。当换向阀电磁铁1YA、2YA不通电时，换向阀阀芯处于中间位置，压力油进油口与液压缸不通，液压缸不运动，处于停止状态。当电磁铁1YA通电时，在电磁铁推杆作用下，阀芯往左移动，压力油与液压缸左腔接通，压力油进入液压缸左腔，推动液压缸向左移动（因活塞杆固定），带动送料小车往前移动。当小车运动到终点并装（卸）料后，电磁铁2YA通电，1YA断电，推动阀芯向右移动，这时压力油通过换向阀进入液压缸右腔，推动液压缸向右运动，带动小车回程。液压缸左腔的油经油路9、换向阀6、回油管5排回油箱。当小车回到起始位置时，2YA断电，小车处于停止状态。

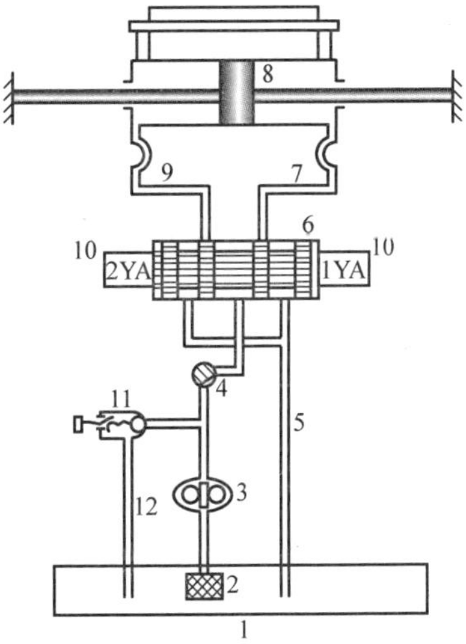

图5-2 送料小车液压传动原理

1—油箱 2—过滤器 3—液压泵 4—节流阀 5—回油管 6—换向阀 7、9—油路 8—液压缸 10—电磁铁 11—溢流阀 12—油管

小车运动速度快慢的调节，是靠调节节流阀4，以改变进入液压缸压力油的流量大小。一个液压系统的组成如图5-3所示。动力部件向液压系统提供工作介质压力油，中低压一般使用齿轮泵、叶片泵，高压使用柱塞泵。驱动元件有做直线运动的液压缸和做旋转运动的液压马达，驱动元件的起动、停止、换向、定位和加速、减速由液压控制阀控制，因此，液压系统的控制主要依靠各种类型的液压阀和由其组成的液压回路。

液压阀的种类很多，按不同的分类方法可以分为许多种类型。

按控制功能，可以分为压力控制阀、方向控制阀、流量控制阀；按液压系统的压力，可分为低压阀、中压阀、高压阀；按操作方式，可分为手动操作阀、通过液压系统控制的液动操作阀和通过电磁铁控制的电动操作阀（计算机控制的液压系统通常使用电动操作阀和电液动阀）；按工作方式，可分为开关型和模拟量型两种，开关型液压阀工作在开或关两种工作状况，通过控制电磁铁的通电或断电来实现控制，模拟量型液压阀连续控制液压系统的压力、流量的变化，如比例阀、伺服阀，它是通过对比例电磁铁输入连续变化的模拟量信号来实现的。

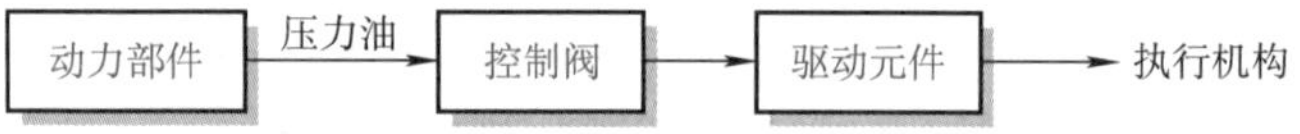

图 5-3　液压系统组成框图

图 5-4 所示为开关型液压阀的计算机控制原理框图，计算机发出控制指令，通过接口电路、光电隔离、功率放大驱动液压阀工作。

图 5-4　开关型液压阀的计算机控制原理框图

模拟量型液压阀的计算机控制原理如图 5-5 所示，计算机发出的模拟量连续变化的数字指令，通过接口电路、光电隔离后，经过 D/A 模数转换器，变成连续变化的模拟量信号，再通过功率放大，驱动液压阀电磁铁工作。

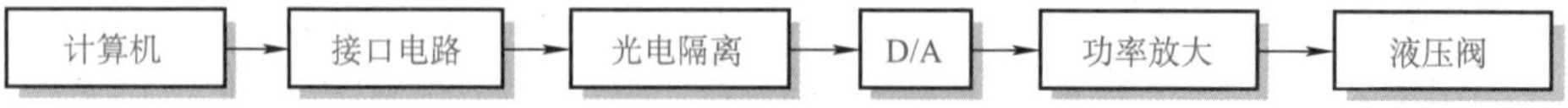

图 5-5　模拟量型液压阀的计算机控制原理框图

与阀控制方式相反，泵控制方式具有系统结构简单、能量效率高等优点。最近，随着电伺服泵的开发应用，从节能的观点出发，泵控制方式作为直接驱动方式得到了很大的关注。

3. 气压传动执行装置及控制阀

气压传动系统的基本构成如图 5-6 所示，可以分为四部分：气压发生装置、控制元件、执行元件和辅助元件。主要有：空气压缩机、二次冷却器、气罐、干燥机、过滤器、减压阀、管道、控制阀及气动执行装置。空气压缩机由内燃机或电动机驱动，将旋转机械动力转化为流体的动力。二次冷却器对压缩机提供的空气进行水冷或者气冷。气罐中储存压缩空气，使系统在负荷变化时能够保持一定的气压，并在停电等意外情况时能够实现紧急处理，同时还能够消除压缩机产生的压力波动。干燥机，顾名思义是用来干燥压缩机产生的湿度较高的气体的设备。减压阀则是用于将管路中供给的高压气体转变成一定的供压状态。

气缸是典型的气动执行装置，此外还有气动马达和摆动式气动执行装置。气动执行装置本质上与液压执行装置相同，但因为空气的可压缩性及油的润滑性，二者有一

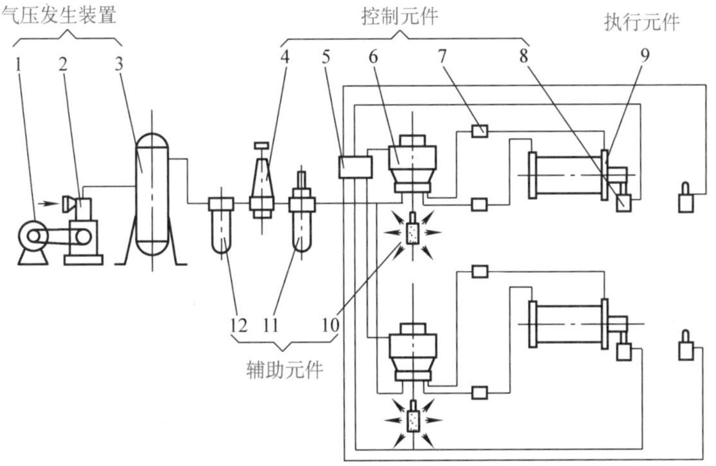

图5-6　气压传动系统的基本构成

1—电动机　2—空气压缩机　3—气罐　4—压力控制阀　5—逻辑元件　6—方向控制阀　7—流量控制阀　8—行程阀　9—气缸　10—消声器　11—油雾器　12—过滤器

些细微的差别。

气动机械的噪声较大，有时要安装消声器。因为气动控制多数用于单纯的行程终点控制，所以气动控制阀几乎都是换向阀和高速电磁开关阀。

5.2.2.3　电动机传动系统及控制

电气传动的核心部件是各种电动机，如直流电动机、交流电动机、步进电动机、直线电动机等。电动机的单机功率容量从几毫瓦到几百兆瓦，转速从每分钟几转到几十万转，调速范围在无变速机构的情况下可达1∶10000。随着电动机性能的不断改善，调速和控制技术不断发展，特别是微电子、电力电子技术的发展，使电气传动系统的性能得到极大的提高。电气传动系统无污染，能自动地完成能量交换和控制所需要的信息处理，因而是目前应用最广的驱动方式，几乎适应所有需要动力传动的场合。普通电动机的原理及应用已为大家所熟知，在此介绍步进和伺服电动机及控制。

1. 步进电动机传动及控制

（1）步进电动机的工作原理　步进电动机是一种将电脉冲信号转换成角位移或线位移的机电执行元件。步进电动机的输入量是脉冲序列，输出量则为相应的增量位移或步进运动。每外加一个控制脉冲，电机就运行一步，故称为步进电机或脉冲马达。步进电动机输出的角位移与输入的脉冲数成正比、转速与脉冲频率成正比。改变绕组通电的顺序，电机就会反转。所以可用控制脉冲数量、频率及电动机各相绕组的通电顺序来控制步进电机的转动。

与其他驱动元件相比，步进电动机及其控制系统有如下几个明显的优点：

1）通常不需要反馈就能对位移或速度进行精确控制。

2）输出的转角或位移精度高，误差不会积累。

3）控制系统结构简单，与数字设备兼容，价格便宜。

步进电动机广泛用于简易数控机床、送料机构、仪器、仪表等领域。步进电动机的品种规格很多，按照其结构和工作原理，可以划分为反应式步进电动机、永磁式步进电动机、混合式步进电动机和特种步进电动机四种主要形式。虽然这四种形式的步进电动机的结构各不相同，但其基本的工作原理是相同的。下面以反应式步进电动机为例，介绍步进电动机的结构和工作原理。

图5-7所示为三相反应式步进电动机（也称变磁阻式步进电动机）的结构示意图，它的定子、转子用硅钢片或其他软磁材料制成，定子上有6个等分的磁极（A，A′，B，B′，C，C′），相邻两个磁极间的夹角为60°。相对的两个磁极组成一相，其磁极对数为3。步进电动机可以做成三相、四相、五相或六相，个别的也有做成八相或更多相数。定子的每对磁极上有一相绕组，每个磁极上各有5个均匀分布的矩形小齿。电动机的转子上没有绕组，而是有40个矩形小齿均匀分布在圆周上，相邻两个齿之间的夹角为9°。定子和转子上的矩形小齿的齿矩、齿宽相等。

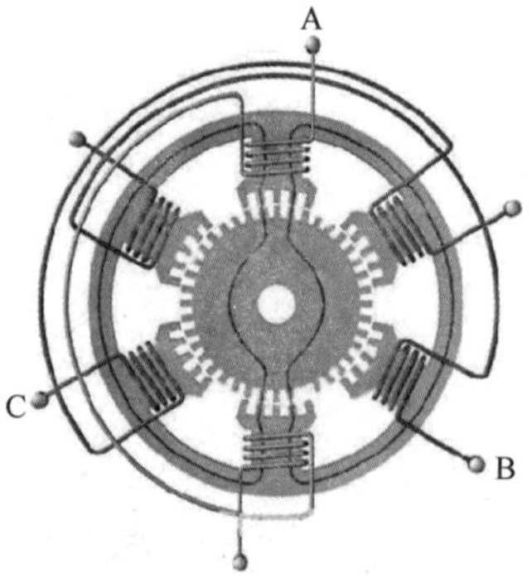

图5-7　三相反应式步进电动机结构

在单三拍控制方式中，假如A相通电，B、C两相都不通电，在磁场的作用下，使转子齿和A相的定子齿对齐。我们以此作为初始状态，设与A相磁极中心对齐的转子齿为0号齿，由于B相磁极与A相磁极相差120°，且$\frac{120°}{9°}=13\frac{1}{3}$不为整数，所以此时转子齿不可能与B相定子齿对齐，其13号齿与B相磁极中心线相差3°。同理，转子26号齿与C相磁极中心线相差6°。如果此时B相通电，A、C相不通电，则B相磁场迫使13号转子齿与其磁极对齐，整个转子就转动了3°。如果按A→B→C→A的顺序轮流向A、B、C相通电，步进电动机就产生一步一步的不连续的转动。

输入一个电脉冲时步进电动机转动的角度称步距角，其计算公式为

$$\theta_b=\frac{360°}{Nz} \tag{5-1}$$

式中　z——转子的齿数；

　　N——转子转过一个齿距的运行的拍数。

对图5-7所示电动机，其运行方式可以是三相三拍，即其通电方式为A→B→C→A，此时$N=m$(相数)$=3$，也可以是三相六拍，即其通电方式为

A→AB→B→BC→C→CA→A

此时$N=2m=6$。因$z=40$，所以其步距角分别是3°和1.5°。

不难看出，步进电动机的齿数越多，相数越多，步距角越小，其控制的角位移或线位移的精度就越高。

步进电动机的转速n由下式表示

$$n=\frac{60f}{Nz} \tag{5-2}$$

式中　f——脉冲频率（Hz）。

步进电动机转速的高低，取决于输入到步进电动机的脉冲频率的高低。脉冲频率f高，则电动机转速快；反之，则转速慢。

上述这种简单结构的反应式步进电动机的步距角较大，如在数控机床中应用就会影响到

加工工件的精度。实际中采用的是小步距角的步进电动机。

（2）步进电动机的运行性能　了解步进电动机的运行性能，对正确使用步进电动机和正确设计步进电动机都有着重要意义。其运行特性可分为静态特性和动态特性。

1）静态特性。所谓静态，是指步进电动机不改变通电状态、转子不动时的状态。步进电动机的静态特性主要指静态矩角特性和最大静转矩。在步进电动机不改变通电状态，即保持一相（单拍）或几相（双拍）绕组通电的条件下，转子的齿与某相定子的齿对齐，转子静止不动。当转子轴上加一负载转矩，则转子将转过 θ 角，此时转子上所受到的电磁转矩 T 称为静态转矩，转过的角称为失调角，图5-8描述了静态时 T 与 θ 的关系曲线，称为矩角特性。当转子转过一个齿距，矩角特性就变化一个周期，相当于 2π 电角度。转子齿、定子齿对齐的点为稳定平衡点。如果步进电动机空载，则稳定平衡点为 $\theta=0°$ 处。而 $\theta=\pm\pi$ 处则为不稳定平衡点。稳定平衡点不只一个，$\theta=\pm2\pi$，$\pm4\pi$，…，即相隔一个转子齿距就有一个稳定平衡点。在静态情况下，如受外负载转矩的作用，使转子偏离它的平衡点，但没有超过相邻的不稳定平衡点，则当外转矩除去后，转子在电磁转矩的作用下，仍能回到原来的平衡点。所以两个稳定平衡点之间的区域构成静稳定区。矩角特性曲线的电磁转矩最大值称为最大静转矩，它反映了步进电动机承受负载的能力。最大静转矩的大小与步进电动机的通电方式有关，步进电动机同时通电的相数越多，则最大静转矩也越大。

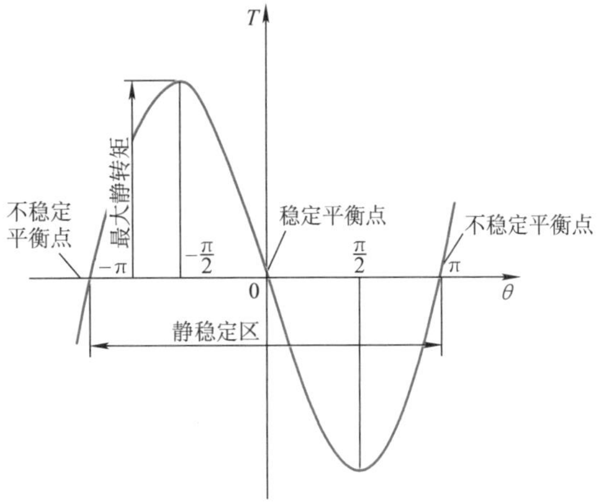

图5-8　步进电动机矩角特性

2）动态特性。步进电动机运行时总是在电气和机械过渡过程中进行的，因此对它的动态特性有很高的要求，步进电动机的动态特性将直接影响到系统的快速响应以及工作的可靠性。动态特性主要有以下几个：

① 矩频特性。步进电动机的最大动态转矩和脉冲频率的关系，即 $T_{dm}=F(f)$，称矩频特性。在步进电动机运行时，对应于某一频率，只有当负载转矩小于它在该频率时的最大动态转矩时，电动机才能正常运转。

② 工作频率。步进电动机的工作频率是指电动机按指令的要求进行正常工作时的最大脉冲频率。步进电动机的工作频率通常分为起动频率、制动频率及连续工作频率。

步进电动机的起动频率 f_0 是指它在一定的负载转矩下能够不失步地起动的最高频率。步进电动机起动时，其外加负载转矩分为零或非零两种情况。前者的起动频率称为空载起动频率，后者称为负载起动频率。负载起动频率与负载惯量的大小有关。当驱动电源性能提高时，起动频率可以提高。

步进电动机的连续工作频率 f 又称运行频率。它是指步进电动机起动后，当控制脉冲连续发出时，能不失步运行的最高频率。其值随负载而异，它远大于起动频率，两者可相差十几倍以上。当驱动电源性能越好时，步进电动机的运行频率也就越高。

3）步距角精度。当步进电动机空载时，以单脉冲输入，步进电动机的实测步距角与理论步距角之差，称为静态步距角误差，它反映了步进电动机的制造精度。步距角误差以分表示。我国生产的步进电动机的步距角精度，一般在 ±10′ ~ ±30′的范围，精度高的电动机可达到 ±2′ ~ ±5′。

4）步进电动机驱动电源。步进电动机需要驱动电源对其各相绕组按一定的运行方式送入脉冲电流，才能正常地工作。所以步进电动机和驱动电源是一个有机的整体。对步进电动机驱动电源的要求如下：

① 相数、通电状态、电压及电流要符合所选用的步进电动机的技术参数要求。

② 供给步进电动机绕组的脉冲电流要有足够的幅值（影响步进电动机的转矩大小）和较陡的前后沿（影响步进电动机的起动、制动频率）。

③ 工作可靠，抗干扰能力强，而且安装、维修方便，价格便宜。

步进电动机驱动电源的组成包括变频信号源、脉冲分配器和功率放大器三部分，如图5-9 所示。

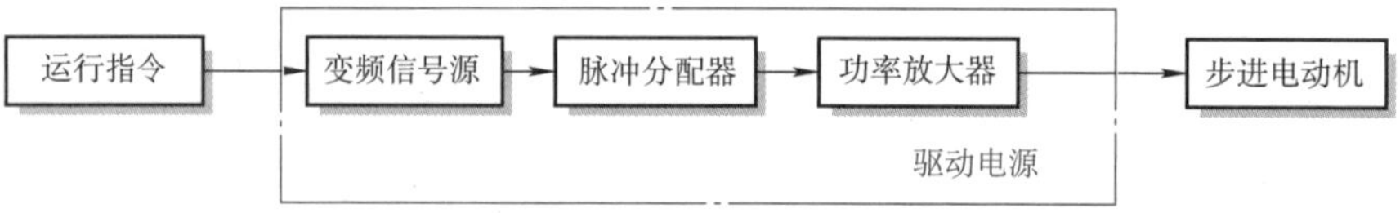

图 5-9 步进电动机驱动电源的组成框图

变频信号源是一个脉冲频率能由几赫兹到几万赫兹连续变化的脉冲信号发生器，常见的有多谐振荡器和单结晶体管构成的弛张振荡器，它们都是通过调节电阻 R 和电容 C 的大小，以改变充放电的时间常数，得到各种频率的脉冲信号。

脉冲分配器又称环形分配器，它根据运行指令按一定的逻辑关系分配脉冲，通过功率放大器加到步进电动机的各相绕组，使步进电动机按一定的方式运行，并实现正、反转控制和定位。

功率放大器的作用是将环形分配器输出的脉冲进行功率放大。脉冲分配器输出的功率极小，只有几毫安电流，不能驱动步进电动机工作，必须通过功率放大器进行放大，当脉冲电流达到 1 ~10A 时，才足以驱动步进电动机旋转。为了使步进电动机有较大的高频转矩，还应该能获得较大的高频电流，为此发展了多种功率放大电路。常用的功率放大电路有单电压供电功率放大器和双电压供电功率放大器。双电压供电功率放大器性能较好，功耗很低，可获得较大的高频电流，具有较好的矩频特性。

5）步进电动机的控制。图 5-10 所示为步进电动机在机床进给系统应用实例。

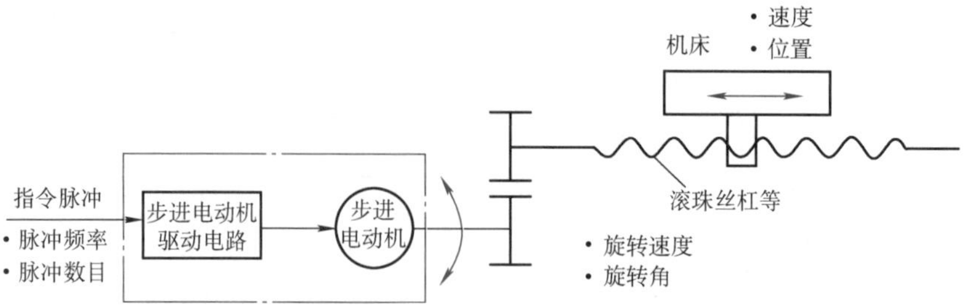

图 5-10 步进电动机在机床进给系统应用实例

由数控装置送来的一定频率和数量的指令脉冲，经步进电动机驱动电路分配和放大后驱动步进电动机旋转。步进电动机的角位移或线位移与脉冲数成正比，其转速与脉冲频率成正比，它将指令脉冲变成步进电动机输出轴的旋转，通过滚珠丝杠带动实现机床的进给。

步进电动机开环系统结构简单，安装调试方便，成本低，但精度有限。

2. 伺服电动机及控制

伺服是跟随的意思，即被控的电动机忠实地执行频繁变化的位置和速度指令，精确地控制机械系统运动的位移和角度。这种自动化系统称伺服系统或随动系统。以直流伺服电动机为驱动元件的伺服系统，称为直流伺服系统。同理，以交流伺服电动机为驱动元件的伺服系统称为交流伺服系统。

（1）直流伺服电动机　直流电动机是一种通过变换电动机所加电压使其在允许范围内能提供精确和连续速度控制的驱动元件，具有起动转矩大、体积小、重量轻、转矩和转速易于控制、效率高等许多突出的优点。其缺点是由于转子上安装了具有机械运动的电刷和换向器，需要定时维护、更换电刷，因此存在使用寿命短和噪声大等问题。

1）直流伺服电动机结构及工作原理。直流伺服电动机结构如图5-11所示，它由定子、转子（电枢）、换向器和机壳组成。定子的作用是产生磁场，它分永久磁铁或铁心、线圈组成的电磁铁两种形式；转子由铁心、线圈组成，用于产生电磁转矩；换向器由整流子、电刷组成，用于改变转子线圈的电流方向，保证转子在磁场作用下连续回转。

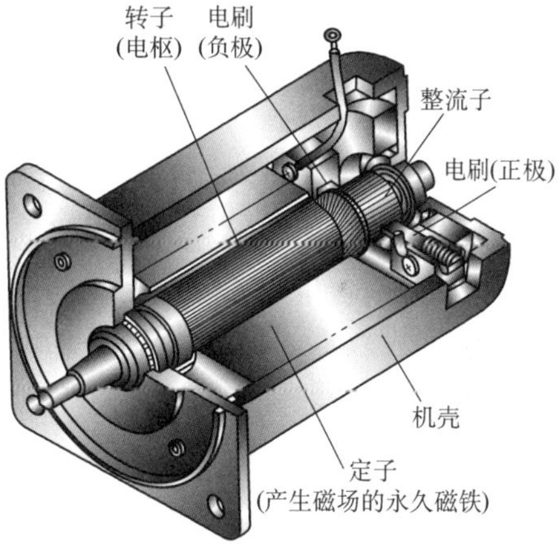

图5-11　直流伺服电动机结构

直流伺服电动机的工作原理与普通直流电动机基本相同。给电动机定子的励磁线圈通以直流电，或用永久磁铁，会在电动机中产生极性不变的磁场。当转子线圈两端加直流控制电压时，转子线圈中便会产生转子电流。转子通过导件在磁场中受到电磁力的作用，产生电磁转矩驱动电动机转动起来。电动机旋转后，转子导件切割磁场磁力线产生感应电动势，其极性与控制电压为反极性串联，称为反电动势。当电动机稳定运行时，电磁转矩与空载阻转矩和负载转矩相平衡。

2）直流伺服电动机特性。直流伺服电动机的特性主要有：机械特性，即在输入的转子电压保持不变时，电动机的转速随电磁转矩变化而变化的规律；调节特性，即直流伺服电动机在一定的电磁转矩（或负载转矩）下其稳态转速随转子的控制电压变化而变化的规律；动态特性，即在进行直流伺服电动机转子控制时，如果转子的控制电压突然变化（升高或降低），则电动机的转速也要相应地变化（升高或降低）。但由于存在电磁惯性和机械惯性，电动机转速只能渐渐地跟着变化，从原来的稳定状态到新的稳定状态，存在一个过渡过程。以上特性都有关系表达式，在参考书中都可以查到。

直流伺服电动机按励磁方式可分为永磁式和电磁式两种。永磁式结构的定子使用永久磁铁产生磁场；电磁式结构的定子由铁心、线圈构成，通以直流励磁电流产生磁场。直流伺服电动机按转动部分惯量大小可以分为小惯量、中惯量、大惯量及特种形式低惯量直流伺服电动机，各自的特点不同，应用范围不同。

3）直流伺服电动机控制。直流伺服电动机控制主要有速度控制和位置控制。

直流伺服电动机的速度控制可分为如下三种类型：

① 线性型。使用功率三极管作为功率放大器的输出控制直流伺服电动机。线性型驱动的电路结构和原理简单，成本低，加速能力强，但功率损耗大，特别是低速大转矩运行时耗损大，这一形式的驱动一般适用于小功率低惯量直流伺服电动机。

② 开关型。对直流伺服电动机采用脉冲方式供电，通过改变供电脉冲的宽度，即改变供电电压脉冲的宽度（占空比），来调节电动机的转速。这一方法称脉冲宽度调制，其功率损耗小，运行效率高，加减速性能好，尤其是在要求低速大转矩下连续运行的场合，已普遍用于中小惯量的直流伺服电动机调速。

③ 晶闸管型。使用晶闸管作为功率驱动元件，控制其导通的相位角，来改变输出的直流电压，从而调节电动机的转速。晶闸管驱动电路分单相、三相、可逆式和不可逆式。具体工作原理可以查阅有关参考资料。由于晶闸管元件输出功率大，电流大，因此这一方式适用于大功率大惯量的直流伺服电动机的调速。

直流电动机脉宽调制（PWM）调速技术是20世纪70年代发展起来的，由于它的一系列优点，目前已广泛应用在中小功率直流伺服电动机控制系统中。

（2）交流伺服电动机　由于交流伺服电动机没有电刷和换向器而不需要维护，与直流电动机相比，输出相同功率，交流电动机重量轻，而且结构简单、坚固，适应的安装环境广，可以承受高速运转，因此，交流电动机被认为是一种理想的驱动元件。随着变频调速技术的进步，交流电动机的调速控制在大功率、高电压、高精度、快响应等领域中的应用已取得重要进展，正逐步取代直流电动机。

交流电动机的种类很多，按其结构形式，可分为同步交流电动机和感应式交流电动机。用作伺服电动机的主要是感应式交流电动机和永磁式同步交流电动机。

交流电动机调速目前应用比较广泛的方法是采用变频来改变交流电动机的转速。

变频调速的主要环节是能为交流电动机提供变频电源的变频器。现在变频调速大量采用PWM型变频器，它采用脉宽调制原理，具有很多优点。

随着电力电子技术、计算机技术和自动控制理论的发展，在交流伺服电动机控制中已采用了矢量控制技术，以提高交流调速系统的性能，达到直流伺服电动机的高性能。矢量控制的基本构想是利用“等效”的概念，将三相交流电动机输入电流变换为等效的直流电动机中彼此独立的电枢电流和励磁电流，然后和直流电动机一样，通过对这两个量的反馈控制，实现对电动机的转矩控制；再通过相反的变换，将被控制的等效直流电动机还原为三相交流电动机，那么三相交流电动机的调速性能就完全体现了直流电动机的调速性能。

（3）交流直线电动机　直线电动机可以认为是传统旋转电动机在结构上的一种演变。

如果把一台旋转电动机从半径方向完全切开，然后把它的定子和转子都展开成直线形状，就得到了如图5-12所示的直线电动机的雏形。

与传统的感应式交流异步电动机相对应，直线电动机中由旋转电动机定子演变来的一侧称为初级，而由转子演变来的一侧称为次级（或称为动子）。

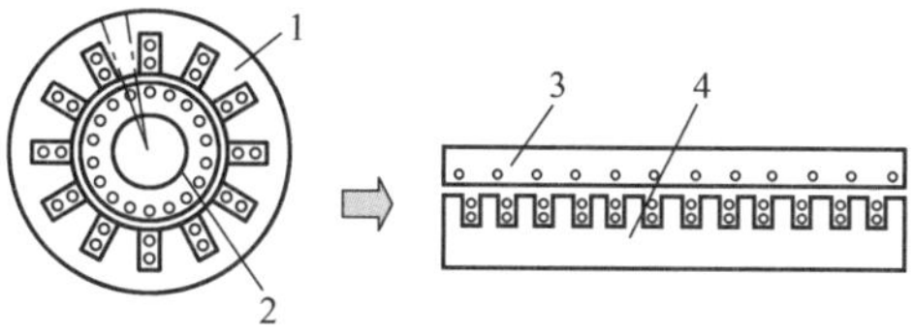

图5-12　旋转电动机到直线电动机的演变

1—定子　2—转子　3—初级　4—次级

实际应用的直线电动机总要将其中初级的长度与该电动机所能完成的运动距离相对应，如此就可以保证电动机在全部工作行程中具备相同的工作能力。为节省制造成本和便于安装，往往采用短初级、长次级的方案。

图5-13a所示为单边型直线电动机机构示意图。这种结构的最大特点是：由于交流定子励磁磁场的作用，在初级与次级之间会产生很大的法向吸力，但这种法向吸力是不希望存在的，如果在次级的两边都装上初级，那么这个法向吸力可以相互抵消，这种结构形式称为双边型，如图5-13b所示。

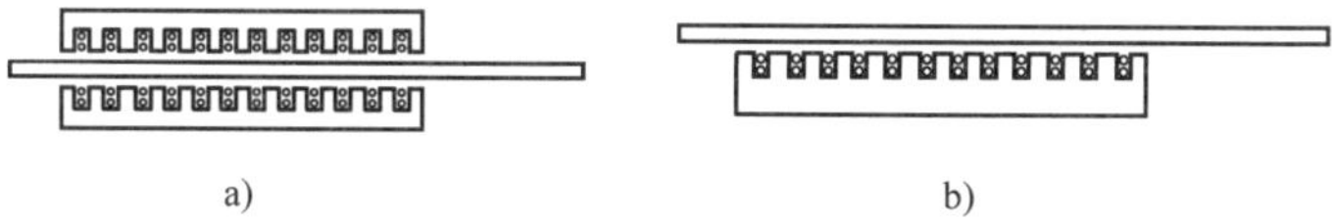

图5-13　直线电动机机构示意图

a）单边型　b）双边型

既然旋转电动机展开后的“扁平形”初、次级可以成为直线电动机，那么将这种扁平型在从宽度方向卷绕成圆筒形状，便成为了圆筒形（管形）形式的直线电动机。由此再展开，圆弧形、圆盘形也可以成为直线电动机的一种形式。图5-14所示为直线电动机外形示意图。

交流直线电动机可以分为三种类型：

1）力电动机。这种电动机以单位输入功率所能产生的推力，或单位体积所能产生的推力为主要工作指标，主要用于对静止物体或低速物体运动的设备装置施加一定的推力。例如，阀门的开闭、门窗的移动、机械手的操作、推车等。这种电动机运行时间短、运动速度低，工作效率低，甚至可以为零，其性能指标为推力功率比。

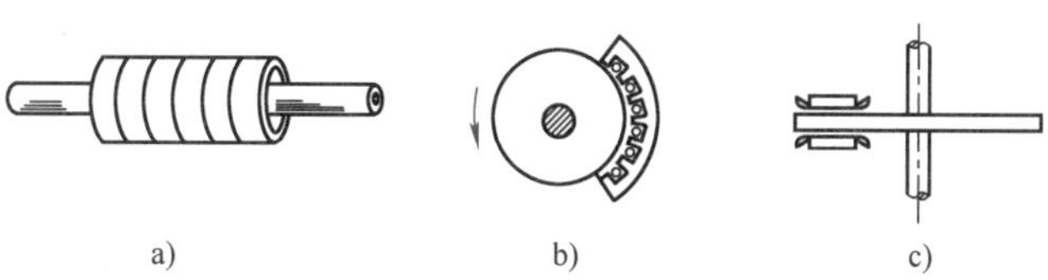

图5-14　直线电动机外形示意图

a）圆筒形　b）圆弧形　c）圆盘形

2）功电动机。它是一种长期连续运行的直线电动机，衡量性能的指标与旋转电动机基本一样，即可用效率、功率因数等指标来衡量。它将在高速磁悬浮列车、各种高速运行的输送线等方面得到应用。

3）能电动机。它是指能够使运动构件在短时间内产生极高运动能量的驱动电动机。它在短时间、短距离内可提供巨大的直线运动动能。例如，导弹、鱼雷的发射，飞机的起飞，以及冲击、碰撞等试验机的驱动等。这类直线电动机的主要性能指标是能效率（输出的动能/电源提供的电能）。

除了上述介绍的电动机以外，近年来力矩电动机、球面电动机也已得到应用。

5.2.3　传感技术

5.2.3.1　传感器

要使机电一体化系统有效地发挥功能，必须首先获得各种各样的信息。其中检测起着重要的作用。机电一体化系统中涉及到诸如位移、角度、距离、速度、加速度、力和转矩等重要机械量的基本检测原理及检测数据的处理方法。各种物理量的检测信息是通过相应的传感器获得的。

传感器是一种以一定的精确度，将被测物理量转换为与之有确定对应关系的，易于测量、传输和处理的信号的测量部件或装置。由于电信号最便于处理、传输、显示和记录，因此，也可把传感器狭义地定义为：能把外界非电信号转换成电信号输出的器件或装置。

5.2.3.2　传感器与测量系统的组成

传感器的功能在于实现将非电量变换为电量。测量电路的功能是将传感器输出的电信号经过必要的转换和信号处理，使之便于显示、记录或进行计算机数据处理。测量电路的组成与传感器输出的测量信号形式有关，与测量系统的功能要求有关。一般情况下，传感器输出的是模拟信号，经测量电路的放大、调理、滤波、模/数转换等处理后传送给计算机。测量电路的组成如图5-15所示。

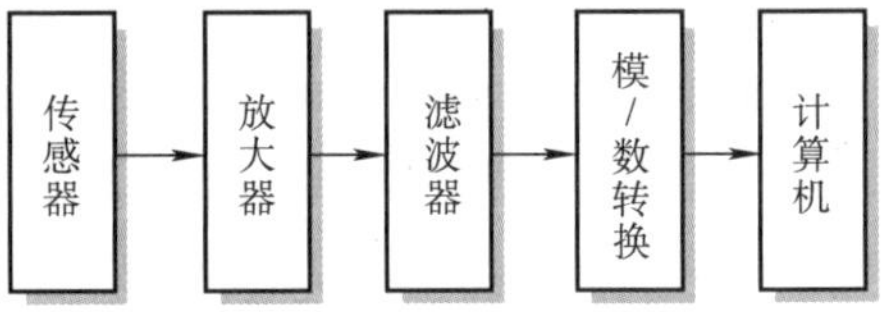

图5-15　测量电路的组成

5.2.3.3　各种传感器

1. 传感器的分类

机械工程中应用的传感器种类繁多，往往一种物理量可应用多种类型的传感器来检测，而同一传感器也可以测量多种物理量。表5-1所列为机械工程中常用的传感器基本类型。

传感器的分类方法很多，概要地说，有以下几种分类：①按被测物理量分类，有位移传感器、力传感器、温度传感器等；②按传感器工作的物理基础分类，有机械式、电气式、光学式、流体式等；③按信号变换特征，可分为物性型和结构型；④根据敏感元件与被测对象之间的能量关系，可分为能量转换型和能量控制型等；⑤根据传感器的输出方式分类，又有开关量式，包括有接点式（如微动开关、行程开关等）和无接点式（如光敏三极管、接近开关等），主要用于位置的测量和检测信号的有无；模拟量式，包括电压、电流、电阻、电感、电容等；数字量式，包括计数脉冲式和编码式，如光电脉冲发生器、光栅、磁栅等。

表5-1 机械工程中常用传感器

类型	名称	变换量	被测量	应用举例	性能指标（一般参考）
机械式	测力环	力—位移	力	三等标准测力仪	测量范围十到数万牛 示值误差±（0.3%~0.5%）
	弹簧	力—位移	力	弹簧秤	
	波纹管	压力—位移	压力	压力计	测量范围500Pa~0.5MPa
	波登管	压力—位移	压力	压力计	测量范围0.5Pa~300MPa
	波纹膜片	压力—位移	压力	压力计	测量范围<500Pa
	双金属片	温度—位移	温度	温度计	测量范围0~300℃
	微型开关	力—位移	物体尺寸、位置		位置精度可达数微米
电磁及电子式	电位计	位移—电阻	位移	直线电位计	分辨力0.025~0.05mm 直线性0.05%~0.1%
	电阻丝应变片	形变—电阻	力、位移、应变	应变仪	最小应变1~2με 最小测力0.1~1N
	半导体应变片	形变—电阻	力、加速度	应变仪	
	电容	位移—电容	位移、力、声	电容测微仪	分辨力0.025μm
	电涡流	位移—自感	位移、厚度	涡流式测振仪	测量范围0~15mm 分辨力1μm
	电感	位移—自感	位移、力	电感测微仪	分辨力0.5μm
	差动变压器	位移—互感	位移、力	电感比较仪	分辨力0.5μm
	压电元件	力—电荷	力、加速度	测力计	分辨力0.01N
	压电元件	力—电荷	力、加速度	加速度计	频率0.1Hz~20kHz 10^{-2}~$10^{5}ms^{-2}$
	压磁元件	力—磁导率	力、扭矩	测力计	
	热电偶	温度—电势	温度	热电温度计 （铂铑—铂）	测量范围0~1600℃
	霍尔元件	位移—电势	位移	位移传感器	测量范围0~2mm 直线性1%
	热敏电阻	温度—电阻	温度	半导体温度计	测量范围-10~300℃
	气敏电阻	气体—温度	可燃气体	气敏检测仪	
	光敏电阻	光—电阻	开、关量		
	光电池	光—电压		硒光电池	灵敏度500μA/1m
	光敏晶体管	光—电流	转速、位移	光电转速仪	最大截止频率50kHz

（续）

类型	名　称	变 换 量	被 测 量	应 用 举 例	性能指标（一般参考）
辐射式	红外	热—电	温度、物体有无	红外测温仪	测量范围 -10 ~ 1300℃ 分辨力 0.1℃
	x 射线	散射干涉	测厚度、探伤、应力	x 射线应力仪	
	γ 射线	对物质穿透	测厚度、探伤	γ 射线测厚仪	
	激光	光波干涉	长度、位移转角	激光测长仪	测距 2m 分辨力 0.2μm
	超声	超声波反射、穿透	厚度、探伤	超声波测厚仪	测量范围 4 ~ 40mm 测量精度 ±0.25mm
	β 射线	穿透作用	厚度、成分		
流体式	气动	尺寸—压力	尺寸	气动量仪	可测最小直径 0.05 ~ 0.076mm
	气动	间隙—压力	距离	气动量仪	测量间隙 6mm 分辨力 0.025mm
	液体	压力平衡	压力	活塞压力计	测量精度 0.02% ~ 0.2%
	液体	液体静压变化	流量	节流式流量计	
	液体	流体阻力变化	流量	转子式流量计	

2. 传感器的主要特性和技术指标

（1）传感器的静态特性

1）量程。传感器的输入与输出保持线性关系的最大量限。一般用传感器允许的测量上、下极限值的代数差表示。超量程范围使用时，传感器的灵敏度下降，性能变坏。

2）灵敏度。传感器输出变化量与引起该变化量的输入变化量的比值。它表示传感器对测量参数微小变化的分辨能力。

3）线性度。传感器的输出与输入之间的关系曲线与选定的工作直线的偏离程度。一般用满量程的百分数表示。

4）迟滞。传感器在输入量增加（正行程）和减少（反行程）的过程中，同一输入量时其输出量的差别。

5）重复性。传感器在输入量按同一方向做全量程连续多次变动时所得特性曲线不一致的程度。

6）分辨力。传感器能够检测到的最小输入增量。分辨力可用绝对值表示，也可用满量程的百分数表示。在传感器输入零点附近的分辨力称为阈值。

7）稳定性误差。传感器在长时间工作的情况下输出量发生的变化。稳定性误差可用相对误差表示，也可用绝对误差表示。

8）零点漂移。传感器在零输入状态下，输出量的变化。零点漂移有时间零点漂移和温度零点漂移两种。

9）精确度。传感器测量结果与被测量真值接近的程度。精确度一般用极限误差表示，也可用极限误差与满量程之比的百分数表示。

（2）传感器的动态特性　传感器的动态特性取决于传感器本身及输入信号的形式。

传感器的动态特性与控制系统的性能分析方法相同，可以通过时域、频域以及试验分析的方法确定。有关系统分析的指标都可以作为传感器的动态参数，如最大超调量、上升时间、调整时间、稳态误差、频率响应范围、临界频率等。

（3）传感器的技术指标　传感器的主要技术指标见表5-2。对于不同的传感器，应根据实际需要确定其主要技术参数。有些技术指标可要求低一些，使传感器成本降低并能达到较高的精度。一般在选用传感器时，主要考虑的因素是：应根据使用要求合理确定精度与成本的关系，尽量提高精度，降低成本；灵敏度应根据需要合理确定；工作可靠，稳定性好，长期工作稳定；抗干扰能力强；耐蚀性好；动态测量应具有良好的动态特性；结构简单、紧凑；使用维护方便；通用性好；功率消耗低等。

表5-2　传感器的主要技术指标

<table>
<tr><th colspan="3">项　目</th><th colspan="2">相 应 指 标</th></tr>
<tr><td rowspan="7">基本参数</td><td colspan="2" rowspan="3">量　程</td><td>测量范围</td><td>在允许误差极限范围内被测量值的范围</td></tr>
<tr><td>量　　程</td><td>传感器允许的测量上、下极限值的代数差</td></tr>
<tr><td>过载能力</td><td>传感器在不致引起规定性能指标永久改变的条件下，允许超过测量范围的能力</td></tr>
<tr><td colspan="2">灵 敏 度</td><td colspan="2">灵敏度、分辨力、阈值、满量程输出</td></tr>
<tr><td colspan="2">静态精度</td><td colspan="2">精确度、线性度、重复性、迟滞、灵敏度误差</td></tr>
<tr><td rowspan="2">动态特性</td><td>频率特性</td><td colspan="2">频率特性、频率响应范围、临界频率</td></tr>
<tr><td>阶跃特性</td><td colspan="2">超调量、临界速度、调整时间、时间常数、固有频率、阻尼比、动态误差</td></tr>
<tr><td rowspan="3">环境参数</td><td colspan="2">温　　度</td><td colspan="2">工作温度范围、温度误差、温度漂移、温度系数、热滞后</td></tr>
<tr><td colspan="2">振动冲击</td><td colspan="2">允许各向抗冲击振动频率、振幅及加速度、冲击振动所允许引入的误差</td></tr>
<tr><td colspan="2">其　　他</td><td colspan="2">抗潮湿能力、耐介质腐蚀能力、抗电磁干扰能力等</td></tr>
<tr><td colspan="3">可 靠 性</td><td colspan="2">工作寿命、平均无故障时间、保险期、疲劳特性、绝缘电阻、耐压</td></tr>
<tr><td colspan="3">使用条件</td><td colspan="2">电源、外形、重量、结构特点、安装方式等</td></tr>
<tr><td colspan="3">价　　格</td><td colspan="2">价格、性能价格比</td></tr>
</table>

5.2.3.4　输入/输出接口及数据处理方法

机械设备或者机械系统测量控制系统的组成如图5-16所示。为了从传感器信号（检测数据）中提取有用的信息，一般要经过两个处理过程。模拟信号处理作为数字信号的前处理起着重要作用，要对传感器的输出信号进行放大、运算、变换等处理。然后要通过A/D转换将模拟信号转换为数字信号，进行频谱分析和相关分析等数字信号处理。在介绍工业控制计算机接口时将说明具体内容。

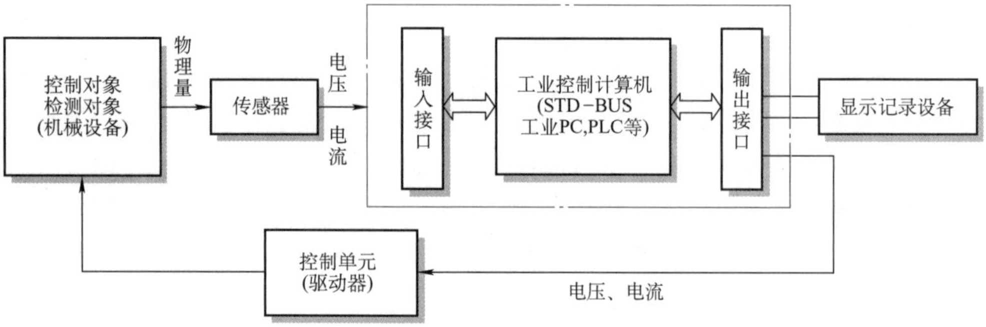

图 5-16　机械系统测量控制系统的组成

5.2.4　工业控制计算机

工业控制计算机也称工业计算机（Industrial Personal Computer，以下简称工控机）。它主要用于工业过程测量、控制、数据采集等工作。

1. 工控机的主要特点

工控机与通用的计算机相比有许多不同点，其主要特点如下：

1）可靠性高。工控机通常用于控制不间断的生产过程，在运行期间不允许停机检修，一旦发生故障将会导致质量事故，甚至生产事故。

2）实时性好。工控机对生产过程进行实时控制与检测，实时地响应控制对象各种参数的变化。当过程参数出现偏差或故障时，能实时地进行报警和处理。

3）环境适应性强。虽然工业现场的环境恶劣，电磁干扰严重，供电系统也常受大负荷设备起停的干扰，且其接地系统复杂，共模及串模干扰大，但工控机具有很强的环境适应能力。

4）过程输入和输出配套较好。工控机有丰富的可与工业现场信号相连接的工业接口，有输入和输出配套模板，如模拟量、开关量、脉冲量、频率量等。

5）系统扩充性好。工控机组配灵活，易于扩展。

6）系统开放性好。工控机具有开放性体系结构。也就是说，在主机接口、网络通信、软件兼容及升级等方面遵守开放性原则，以便于系统扩充、异机种连接、软件的可移植和互换。

7）有先进的系统软件和应用软件，控制软件包功能强。工控软件包要具备人机交互方便、画面丰富、实时性好等性能；具有系统组态和系统生成功能；具有实时及历史的趋势记录与显示功能；具有实时报警及事故追忆等功能。此外还具有丰富的控制算法，即除了常规 PID（比例、积分、微分）控制算法外，还具有一些高级控制算法，如模糊控制、神经元网络、优化、自适应、自整定等算法，并具有在线自诊断功能。目前一个优秀的控制软件包往往能将连续控制功能与断续控制功能结合在一起。

8）系统通信功能强。工控机具有串行通信、网络通信功能。

9）后备措施齐全。这些措施包括供电后备、存储器信息保护、手动/自动操作后备及紧急事故切换装置。

10）具有冗余性。工控机在可靠性要求更高的场合，能实现双机工作及冗余系统，包括双控制站、双操作站、双网通信、双供电系统、双电源等，具有双机切换功能、双机监视软件等，以确保系统长期不间断地运行。

2. 工控机的组成

工控机的组成如图5-17所示。

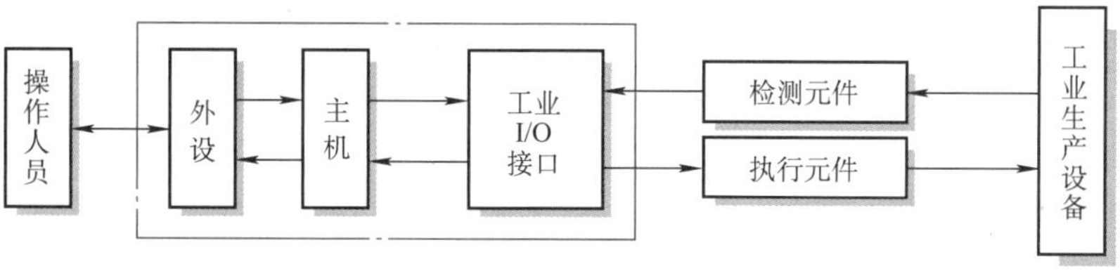

图5-17 工控机组成框图

（1）工控机主机　由主板、显示板、磁盘驱动器、无源多槽ISA/PCI底板、电源和机箱等组成。它是计算机控制系统的核心，其主要任务是：将由工业输入接口送来的生产过程工况参数和操作人员通过外设送来的控制信息按照预先确定的数学模型和控制算法，进行分析、计算和判断；然后将数学运算和逻辑运算结果向输出接口发出控制命令，以便控制工业对象的生产过程，并向外设发出系统信息，与操作人员通信联系。

（2）工业输入/输出接口　它在计算机和工业生产过程之间起着桥梁作用，包括数字量（如拨码开关、数字显示器）、模拟量（如压力、温度、行程等）、开关量（如开关、按钮、指示灯）的I/O接口。它有两个功能：第一个为输入接口，把生产过程的各种参数和执行机构的运行状态，转换成计算机能够识别和接受的信号并输入给计算机，以便计算机进行运算处理；第二个为输出接口，把计算机根据算术和逻辑运算结果发出的各种控制命令，转换成操作执行机构的控制信号，以便通过执行机构去控制生产过程。

（3）外设　外设包括计算机专用的I/O设备（键盘、显示器、磁盘驱动器、打印机等），可以实现人机交互作用，并可以用来实现对生产过程的人工干预，如起停操作、查询结果、修改程序等。

此外在一些工控机系统中还有通信接口和信号调理单元。

1）通信接口。它包括串行通信接口模板（RS－232、RS－422、RS－485等）与网络通信模板（ARCNET网板或ETHERNET网板），还需配现场总线通信板等。

2）信号调理单元。这是工控机很重要的一部分。信号调理单元对工业现场各类输入信号进行预处理，包括对输入信号的隔离、放大、多路转换、统一电平等处理，对输出信号进行隔离、驱动、电压转换成电流信号等。该单元由各类信号调理模块或模板构成，安装在信号调理机箱中，该机箱具有单独的供电电源。信号调理单元的输出连接到主机相应的输入模板上，主机输出接口模板的输出连接到信号调理单元输出调理模块或模板上。一般信号调理模块本身均带有与现场连接的接线端子，现场输入输出信号可直接连接到信号调理模块的端子上。

以上构成了工业控制计算机系统的硬件部分。此外，它还配备有功能完善的软件。软件系统是计算机控制系统的灵魂，是实现生产控制过程的关键。它主要包括系统软件、工控应用软件和应用软件等三大部分。其中系统软件是其他两者的基础和核心，系统软件设计性能的优劣将直接影响应用软件的开发质量。工控应用软件主要是根据用户工业控制和管理的需求而生成的，因此具有专用性。

根据目前的市场和发展状况，工控机系统软件可归纳为如下几种类型：

1）操作系统。这部分软件主要以实时操作系统和多机工控网络操作系统为主，主要达到实时、可靠、多任务/用户处理等目标。

2）数据采集软件。这种软件主要实现对工业过程中各种模拟信号、开关量、脉冲信号的获取、显示，并为工业生产管理、决策和控制提供依据。

3）组态软件。这种用于工控机开发的大多数配置工具，可用几种模块建立梯形逻辑图、I/O表格、系统测试以及操作员显示等。

4）过程监督与控制软件。软件具有提供采集、过程监督/报警、规则或连续控制、管理报告等功能。

5）单元监控软件。它与过程应用相反，基本上同离散过程。其功能需由控制装置类型、单元级执行操作形式来确定。

6）过程仿真软件。这种软件包括生产调度仿真、制造系统管理决策仿真等。

7）过程优化软件。其实质是将复杂的数字模型结合到过程预估性能上。

8）专家系统/人工智能软件。

一般结构的工控机外观如图5-18所示。

图5-18 工控机外观

工控机的配置也不同于一般的计算机，它的主要特点如下：

1）加固型机箱。由于工控机应用于较恶劣的工业环境，因此机箱必须采取一系列加固措施，以达到防振、防冲击、防尘、通风散热良好、适应宽的温度范围等效果。机箱内具有正的空气压力和良好的屏蔽。

2）工业电源。工控机需具有抗干扰能力强、防浪涌冲击、能进行过电压及过电流保护的工业电源，以达到电磁兼容性标准和通过国际标准认证机构的认证，如UL认证等。

3）主机板。工控机核心部件是主机板，其所采用的元器件满足工业级标准，并且是一体化（ALL－IN－ONE）主板，以易于更换。工控机采用标准总线，如ISA总线、PCI总线等。

4）硬盘容量更大，显示器为彩色液晶，尺寸可达20in（1in＝0.0254m）。

3. 工控机的总线结构

目前，用于工业生产过程控制的工控机主要有STD总线工控机、工业PC、可编程序控制器（PLC）以及20世纪90年代推出的PC/104总线嵌入式工控机等。近年来，工控机的发展几乎都采用了开放式、标准化总线结构，这些总线在电气和机械结构方面有明确的定义和标准（如STD总线标准为IEEE961，PC总线标准为IEEEP996）。

计算机总线是计算机模块间传递信息的通道。任何系统的研制和外围模块的开发，都必须服从一定的总线规范。

按照总线的规模、用途及应用场合，总线可分为片总线、内总线和外总线三类。

（1）片总线　即元件级总线。如 Z80 系统中的地址总线、控制总线和数据总线就是片总线。

（2）内总线　又称系统总线或板级总线，也就是通常所说的微型机系统总钱。在微型计算机机箱中，除了一块主板（主要是 CPU 主板）外，往往还有一些插入主板扩展槽中的插件卡，如扩展存储器卡、CRT 接口卡、磁盘驱动器接口卡、打印机接口卡等。为了通用及扩展方便，对这些插槽中每一个引脚的信号名称及电气特性都作了统一规定，即通常所说的总线标准。S—100 总线、STD 总线、IBM—PC/XT 总线及 PC/AT 总线等都属于这个类型。这种总线用于微机系统内各插件板之间的通信。由于连线数目多而且距离近，因此采用并行总线。不仅同一系统总线上各插件卡的位置可以互换，而且符合统一总线标准的任何插件卡，都允许插入机箱来扩充系统的功能，因此说它具有开放性。

（3）外总线　又称通信总线，用于各微机系统间的通信（如 RS232C 串行接口总线），和微机与其他系统（仪器、设备等）之间的通信，如 IEEB488 总线。

总线的性能指标有如下几方面：

（1）总线宽度　即数据总线的数量，用位（bit）表示，有 8bit、16bit、32bit 和 64bit 之分。

（2）标准传输率　在总线上每秒钟传输的最大字节量，用 MB/s 表示，即每秒多少兆字节（1B = 8bit）。

（3）时钟同步与异步　其上的数据与时钟同步运行的总线，称同步总线；其数据与时钟不同步的总线称异步总线。

（4）信号线数　表明总线所需信号线数的多少，是地址总线 A—BUS、数据总线 D—BUS、控制总线 C—BUS 的信号线数总和。

（5）数据总线与地址总线的多路复用和非多路复用　STD 总线、ISA 总线的地址总线和数据总线是物理上分开的两条总线。地址总线传输地址码，数据总线传输数据命令。为了提高总线性能、优化设计，采用了地址线和数据线共用一条物理线路，即在某一时刻该线路上传输的是地址信号，而另一时刻传输的是数据信号或总线命令。这种一条总线多种用途的技术，称为多路复用。其总线写作 AD—BUS 。

（6）负载能力　指可连接的扩增电路板数。

4. PC 总线工控机的主要类型

工控机可分为分散型控制系统、数控装置、可编程序控制器、STD 总线工控机、工业 PC 系列控制机（即 PC 总线工控机，包括 PC/104 总线嵌入式工控机）。工业 PC 以其丰富的硬件及软件资源，借助于局部网（LAN）可实现大规模的分布式控制系统，将各种控制单元协调起来，因此工业 PC 在工业过程自动化控制领域大有后来居上之势。

相应于不同的应用场合，工业 PC 具有多种类型的结构，主要有下列几种：

（1）BOX—PC（盒式工业 PC）　这种工业 PC 体积小，重量轻，可以挂在工厂车间的墙壁上，因此非常适用于工厂环境的小型数据采集及控制用。盒式结构的工业 PC 是外观如图 5-19 所示。

（2）PANEL—PC（盘式工业 PC）　这是一种紧凑型的工业 PC，是将主机、显示器、触摸屏幕、触摸键盘、电源以及软盘驱动器和串并行接口集中在一起的一体化工业 PC，体积小，重量轻，显示器均为超薄型的。这种紧凑的工业 PC 非常适用于作机电一体化的控制器、商店购物指南系统、机场查询系统等。盘式工业 PC 外观如图 5-20 所示。

图 5-19　盒式结构的工业 PC 外观图

图 5-20　盘式的工业 PC 外观

(3) ISA 总线工业 PC　这是目前广为流行的工业 PC，内部具有电源总线底板，有 14 槽、12 槽、8 槽、6 槽、3 槽等，插入一块 ALL—IN—ONE 主板和显示卡以及软、硬盘即可构成。机箱结构均采用全钢材料，具有双冷风扇，使机内为正压力，还有软、硬盘驱动器保护门，以及空气过滤网、防振压条等，从而适用于工业环境。

(4) PCI 总线工业 PC　为了更进一步提高主机与外部设备的交换速度，可采用 Intel Pentium 芯片构成 586 工业 PC，及采用 PCI 总线以提高显示速度、磁盘读写速度等。

机箱结构也是加固型的，具有防尘、防振、通风散热等一系列加固措施。

IPC - PentiumⅢ主机适用于操作站、工作站、服务器等。

(5) 新型工业 PC　上述几种类型工业 PC 属于传统方式的机型，对工控机而言，需要其具有更换维修方便，具有带电插拔功能，现场信号接线方便等特点。为此，对原来的工业 PC 需在系统体系结构和机械结构等方面作很大的改变。

(6) 工业工作站　这是集工业 PC 主机、显示器、操作面板于一体的工控机，可应用于监控站、机电一体化控制等。

5. 工控机 I/O 接口模板

通常工控机用于工业现场控制时，还需配备功能齐全的各种工业 I/O 接口模板，以实现工业现场信号与工控机之间的信息传递与控制。下面介绍一下工业现场与工控机的接口信号及接口电路的功能。

(1) 工业现场的信号　工业现场的信号有三类：

1) 开关量。来自机械设备的开关量信号有行程开关、接近开关、继电器、接触器、电磁铁的通、断等；来自操作台的开关量信号有按钮、转换开关、指示灯等，表现为“0”“1”两个状态。

2) 数字量。光电编码器的脉冲数字信号、拨码开关的数字信号和数码显示的信号为数字量信号，表现为二进制数或 BCD 码。

3) 模拟量。许多参数如行程、压力、温度等，都是连续的，称为模拟量。

（2）接口电路的主要作用　计算机所能接收和处理的信号为TTL电平的数字信号，而以上三类信号不一定能直接为计算机接收，因此必须通过接口电路。接口电路主要解决以下几个问题：

1）信号转换。信号转换即为使工业信号与计算机信号相匹配。这里包含两个方面：

① 电平转换。即将小信号转化为TTL电平，或将大电压转换为TTL电平。

② 将模拟量转换为数字量（A/D）以便计算机能接收，或将计算机输出的数字量转换为模拟量（D/A），以实现对外部模拟信号的控制。

2）抗干扰。一般通过光电隔离器、滤波电路等解决外界对计算机内部的干扰问题。

3）输出驱动。计算机输出的数字信号通常通过继电器、晶闸管、晶体管或光电隔离器进行功率放大，以驱动负载较大的开关设备。

4）与计算机总线相连接。与计算机总线连接的信号通过数据缓冲器、地址译码器和控制电路来实现。

（3）主要接口　工业控制需要处理和控制的信号主要有模拟量信号和数字量信号（开关量信号）两类。例如，在工业自动调节系统中，测量和控制的参数往往是连续变化的模拟量信号，如温度、压力、流量、位移等；而数字量信号则主要包括开关状态的闭合和断开、指示灯的亮和灭、继电器或接触器的吸合和开起、电动机的起动和停止等。由于这两种信号的特性不同，因此需采用不同的信号处理方式以获取（输入）或释放（输出）它们。为此设计开发了不同的模板有：数字量输入输出接口模板、模拟量输入输出接口模板等。

工业PC的接口模板一般由三部分组成：PC总线接口部分、模板功能实现部分和信号调理部分。对于不同的工业现场信号和工业控制要求，接口模板的特点主要体现在模板功能实现部分和信号调理部分。

模拟信号通常是非电物理量通过传感器变换而成的，由于传感器特性以及工业现场各种因素的影响，有时还需对传感器所变换的模拟信号进行放大、滤波、线性化补偿、隔离、保护等，然后才能送入模数（A/D）转换器，将模拟量转换成数字量，经过工业PC接受并处理后，经数模（D/A）转换器将数字量变成模拟信号（电压或电流）送到执行机构，以驱动工业外部设备，如电动阀门、电动机、机械手、模拟记录仪表等设备。因此对于模拟信号来说，模板功能实现部分主要包括采样、隔离、放大、A/D和D/A电路的设计以及接口逻辑控制。

对数字量信号来说，各种信号主要有两个特征：信号电平幅值和开关时变化的频度。数字量信号通常有TTL电平、ECL电平和继电器触点信号等。为使计算机有效识别这些信号，必须对这些信号进行调理（变换），包括把非TTL电平转换为TTL电平和隔离等。对于输出来说，则需根据外设所需信号情况附加输出驱动电路、隔离电路，以使工业PC对其进行有效的控制。因此对于数字量信号来说，模板功能实现部分主要包括数据的输入缓冲和输出锁存器以隔离等。

5.2.5　可编程序控制器

1. 可编程序控制器（PLC）概述

1969年，美国数据设备公司（DEC）研制出世界上第一台可编程序控制器，当时只能进行逻辑运算，故称为可编程序逻辑控制器，简称 PLC（Programmable Logic Controller）。20世纪70年代，可编程序控制器的设计和制造及时吸收了微型计算机的优点，引入了微处理器和其他大规模集成电路，诞生了新一代的可编程序控制器，使 PLC 从开关量的逻辑控制扩展到数字控制及生产过程控制领域，真正成为一种电子计算机工业控制装置，故称为可编程序控制器，简称 PC（Programmable Controller）。但由于 PC 容易和个人计算机（Personal Computer）相混淆，故人们仍习惯地用 PLC 作为可编程序控制器的缩写。

1985年1月，国际电工委员会（IEC）对可编程序控制器给出如下定义："可编程序控制器是一种数字运算的电子系统，专为工业环境下应用而设计。它采用可编程序的存储器，用来在内部存储、执行逻辑运算、顺序控制、定时、计数和算术运算等操作的指令，并通过数字式、模拟式的输入和输出，控制各种类型的机械或生产过程。可编程序控制器及其有关设备，都应按易于与工业控制系统连成一个整体，易于扩充的原则设计。"

PLC 是专门为工业控制设计的控制器，实质上是专门服务于工业控制领域的计算机系统，它是一种通用的产品，已广泛地得到应用。目前在我们国家应用最多的是德国 SIMATIC（西门子公司）、日本 CPMIA（欧姆龙公司）和日本 FPI（松下电工公司）等。PLC 具有以下特点：

1）编程简单。PLC 的基本指令不多，其常用于编程的梯形图与传统的继电器控制图有许多相似之处，较容易掌握。可利用 PLC 的输入输出接口直接与继电器、接触器、电磁阀等连接，使用很简单。编制程序的步骤和方法简单易学，对程序进行增减、修改和运行监视都很方便，只要具有一定的文化水平和电工知识，都可以在较短时间内学会。

2）功能强，适用面宽。现代 PLC 不仅具有逻辑运算、计时、计数、顺序控制等功能，而且还具有 A/D、D/A 转换，以及数值运算和数据处理等功能。因此它既可对开关量进行控制，也可以对模拟量进行控制，即可以控制一台生产机械、一条生产线，也可以控制一个生产过程。PLC 还具有通信联网功能，可与上位机构成分布式控制系统。同一台 PLC 只要改变软件，就可以实现不同的控制要求。同时，PLC 已实现产品系列化和模块化，配备有品种齐全的各种硬件装置供用户选择，可以组成能满足各种控制要求的控制系统，以满足不同的控制要求。

3）体积小，重量轻，性能价格比高。一台收录机大小的 PLC 具有相当于三个 1.8m 高的继电器柜的功能。PLC 的结构紧密、坚固、体积小巧，容易装入机械设备内部，因而成为机电一体化较理想的控制设备。

4）可靠性高，抗干扰能力强。PLC 是专门为工业控制而设计的专用计算机，能在恶劣的工业环境中可靠地工作，具有很强的抗干扰能力，平均无故障运行时间（又称为平均故障间隔时间 MTBF）已经高达几十万小时。例如，日本三菱公司 F1、F2 系列的 PLC 平均故障间隔时间长达 3×10^5h。

5）减少了控制系统设计及施工的工作量。由于 PLC 采用软件编程来达到控制功能，而不同于继电器控制采用接线来达到控制功能，因而减少了设计及施工工作量。同时，PLC 能事先进行模拟调试，更减少了现场工作量。

由于 PLC 的一系列优点，它被广泛地应用在汽车、钢铁、航空航天、船舶、化工、纺织、食品、造纸、军工等工业领域。

2. PLC 的原理

（1）PLC 的构成　PLC 的种类繁多，但其结构和工作原理大同小异，一般是由中央处理单元（CPU）、存储器、I/O 单元（模块）、编程器和电源等主要部分组成，如图 5-21 所示。

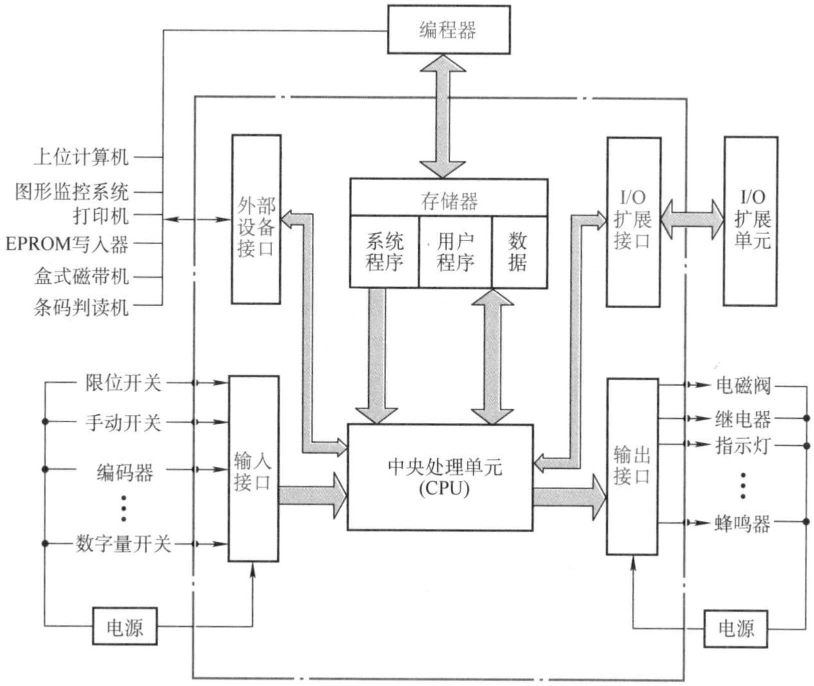

图 5-21 PLC 硬件结构

若把 PLC 作为一个系统，外部的开关信号或模拟信号均为输入变量，则这些输入变量经输入接口存到 PLC 的内部存储器中，而后经过逻辑运算或数据处理，以输出变量的形式送到输出接口，从而控制输出设备。

1）CPU。它是 PLC 的核心组成部分。与通用微机的 CPU 一样，它是 PLC 的运算、控制中心。它接收并存储从编程器输入的用户程序和数据，并可通过显示器显示出程序的内容和存储的地址；检查、校验用户程序，对正在输入的用户程序进行检查，发现语法错误立即报警并停止输入，在程序运行中发现错误则立即报警或停止程序的运行；接收、调用现场信息，将接收到的现场信息保存起来，在需要的时候将其调出并送到需要的地方；执行用户程序，当 PLC 进入运行状态后，CPU 根据用户程序存放的先后顺序，逐条读取、解释和执行程序，完成用户程序规定的各种操作，并将程序执行的结果送至输出端口，产生相应的控制信号，去启闭有关控制门电路，完成用户程序中规定的逻辑或算术运算等任务，实现输出控制、制表、打印或数据通信等功能；诊断故障，诊断电源、PLC 内部电路的故障或错误的类型，通过显示器显示相应的信息，以提示用户及时排除故障和纠正错误。

2）存储器。有三种存储器，其中，系统程序存储器用以存放系统工作程序（系统程序是 PLC 生产厂家根据选用的 CPU 的指令系统编写的，它决定了 CPU 的功能），系统程序存储器是只读存储器，用户不能更改其内容；用户程序存储器用以存放用户程序，即存放通过编程器输入的用户程序，通常以字节为单位来表示存储容量，是可读写的，以实现用户程序的更改，一般要用后备电池（锂电池）进行掉电保护；工作数据存储器用于存储工作数据工作数据是经常变化的，需经常存取，所以这种存储器是可读写的。

3）输入/输出模块（I/O 模块）。I/O 模块是 CPU 与现场 I/O 装置或其他外部设备之间的连接部件，完成各种信号的电平转换。I/O 模块包括数字量 I/O 模块、模拟量 I/O 模块等。输入单元接收现场设备向 PLC 提供的信号，例如由按钮、操作开关、限位开关、拨码器等提供的开关量信号。这些信号经过输入电路的滤波、光电隔离、电平转换等处理，变成 CPU 能够接收和处理的信号。输出单元将经过 CPU 处理的微电信号，通过光电隔离、功率放大等处理转换成外部设备所需要的强电信号，以驱动各种执行元件，如接触器、电磁阀、电磁铁、调节阀、调速装置等。

4）编程器。编程器是由 PLC 的生产厂家提供的与其所产 PLC 配套的编程工具。编程器可分为简易型和智能型两类。一般小型 PLC 可选简易型编程器，中型以上选择智能型。简易型编程器只能联机编程，用语句表来编程。智能型编程器经常是上级选用一个 PC 机，配备相应的软件包作为 PLC 的编程器，通过一个专用接口与 PLC 连接，程序以软件模块的形式输入，各程序段先在编程器的 RAM 区存放，经过调试通过后将程序复制到 PLC 中。智能型编程器有许多不同的应用程序软件包，功能齐全，适应的编程语言和方法也较多。

（2）PLC 的工作过程　PLC 的工作过程是在硬件的支持下执行软件的全过程，是周期循环扫描的工作过程。

用户程序通过编程器或其他输入设备输入存放在用户存储器中。当 PLC 开始运行时，CPU 根据系统监控程序的规定顺序，通过扫描，完成各输入点的状态采集或输入数据采集、用户程序的执行、各输出点的状态更新、编程器键入的响应和显示更新以及 CPU 自检等功能。扫描既可按固定顺序进行，也可按用户程序规定的可变顺序进行。PLC 的扫描过程如图 5-22 所示。

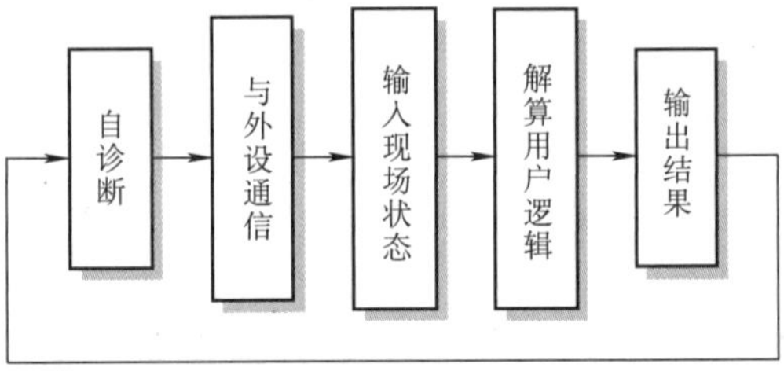

图 5-22　PLC 的扫描过程

1）自诊断。自诊断功能可使 PLC 系统防患于未然，而在发生故障时尽快修复。为此每次扫描用户程序以前都对 CPU、存储器、输入输出模块等进行故障诊断，若自诊断正常便执行下个功能。

2）与外设通信。自诊断正常后即扫描编程器、上位机等通信接口，如有通信请求便相应处理。

3）输入现场状态。完成自诊断及与外部通信后，PLC 便扫描各输入点，并将各输入存入内存中各对应的映像寄存器。此时，输入映像寄存器被刷新，接着进入解算用户逻辑阶段，在解算用户逻辑阶段或输出阶段，输入映像寄存器与外界隔离，无论信号如何变化，其内容保持不变，直到下一个扫描周期，才重新写入输入点新内容。

4）解算用户逻辑。即执行用户程序。一般是从用户程序存储器的最低地址（OOOOH）存放的第一条程序开始，在无跳转的情况下按存储器地址递增的方向顺序扫描用户程序，按用户程序进行逻辑判断和算术运算，因此称为解算用户逻辑。

5）输出结果。在所有指令执行完毕后，输出映像寄存器中所有输出继电器的状态（接通/断开），在此阶段转存到输出存储寄存器中，通过一定方式输出，驱动外部负载。

3. PLC 应用举例

在建筑、化工、食品、机械、钢铁、冶金、煤矿等工业生产中广泛使用带式运输机运送原料或物品。图 5-23 所示为某原料带式运输机的示意图。原料从 PD－2、PD－1 两台带式运输机送出。从料斗向 PD－2 供料由电磁阀 YV 控制，PD－1 和 PD－2 分别由电动机 M_1 和 M_2 驱动。

(1) 控制要求

1) 起动。起动时为了避免在前段运输带上造成物料堆积，要求逆物料流动方向按一定时间间隔顺序起动。其起动顺序为：

$$\text{PD}-1 \xrightarrow{\text{间隔 5s}} \text{PD}-2 \xrightarrow{\text{间隔 5s}} \text{YV}$$

2) 停止。为了使运输带上不残留物料，要求物料流动方向按一定时间间隔顺序停止。其停止顺序为：

$$\text{YV} \xrightarrow{\text{间隔 10s}} \text{PD}-2 \xrightarrow{\text{间隔 10s}} \text{PD}-1$$

3) 紧急停止。紧急情况下无条件地把PD－1、PD－2、YV全部同时停止。

4) 故障停止。运转中，当M_1过载时，应使PD－1、PD－2、YV同时停止。当M_2过载时，应使PD－2、YV同时停止；PD－1在PD－2停止后延迟10s后停止。

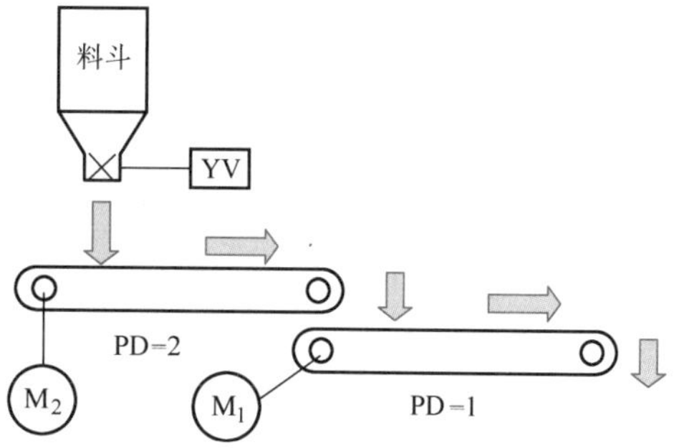

图5-23 某原料带式运输机的示意图

(2) I/O地址分配 根据示意图和控制要求可知，该系统需要5个输入点和3个输出点，其地址分配见表5-3。

表5-3 某原料带式运输机系统地址分配

输入设备	输入点编号	输出设备	输出点编号
起动按钮	X400	M_1 接触器	Y430
停止按钮	X401	M_2 接触器	Y431
急停按钮	X402	YV	Y432
M_1 热继电器动断触点	X403		
M_2 热继电器动断触点	X404		

(3) 软件系统设计 根据控制要求用基本逻辑指令编程绘制的梯形图如图5-24所示。图中，T450、T451分别为PD－2、PD－1延迟停止的计时器。

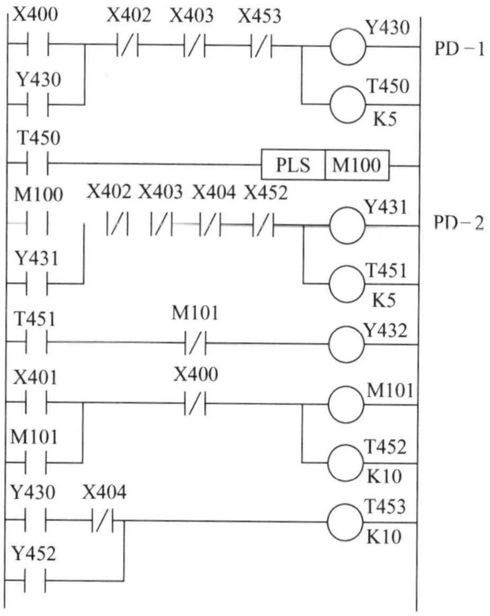

图5-24 用基本逻辑指令编程绘制的梯形图

程序运行过程如下：

1) 起动时，按下起动按钮，X400接通，Y430接通并自保，M_1起动，PD－1投入运行，T450开始计时；T450计时到，T450常开触点闭合，M100产生一脉冲，使Y431接通并自保，M_2起动，PD－2投入运行，T451开始计时；T451计时到，T451常开触点闭合，Y432接通，YV投入运行，完成全部起动过程。

2) 停止时，按下停止按钮，X401接通，M101接通并自保，Y432断开，YV停止，T452开始计时；T452计时到，T452常闭触点断开，使Y431断开，M_2停止，PD－2停止运行，同时T452常开触点闭合，使T453计时；T453计时到，T453常闭触点断开，使Y430断开，M_2停止，PD－1停止运行，完成全部停止过程。

3）运行中紧急停止时，按下急停按钮，X402常闭触点断开，使Y430、T450、Y431、T451断开，Y432也断开，PD－1、PD－2、YV同时停止运行。

4）运行中当M_1过载时，X403常闭触点断开，使Y430、T450、Y431、T451断开，Y432也断开，PD－1、PD－2、YV同时停止运行。

5）运行中当M_2过载时，X404常闭触点断开，使Y431、T451断开，Y432也断开，PD－2、YV同时停止运行，T453计时；T453计时到，T453常闭触点断开，使Y430断开，M_1停止，PD－1停止运行。

5.3 机械量测量与检测

检测是指在各类生产、科研、试验及服务等领域，为及时获得被测、被控对象的有关信息而实时或非实时地对一些参量进行定性检查和定量测量。检测技术主要研究被测量的测量原理、测量方法、检测系统和数据处理等方面的内容。就工业生产而言，采用各种先进的检测技术对生产全过程进行检查、检测，对确保安全生产，保证产品质量，提高产品合格率，降低能源和原材料消耗，提高企业的劳动生产率和经济效益是必不可少的。“工欲善其事，必先利其器”这句古话非常恰当地说明了检测技术在我国现代化建设中的重要性。

机械运动是各种复杂运动的基本形式，机械量是表征机械运动特性的参量，包括位移、速度、加速度、力、转矩以及振动与噪声等。机械量的测量方法，按检测原理分有机械式、光学式和电测式等几种。机械式方法应用最早且成本低廉，光学式方法十分精密，电测式方法在工业生产过程中应用最为广泛。本节主要介绍机械量的电测式方法。

5.3.1 检测技术基础

1. 测量的基本概念

测量是以确定被测对象量值为目的而进行的一组操作，这种测量操作是一个比较过程，即将被测参数的量值与同性质标称量进行比较，比出的倍数即为测量结果。一个完整的测量过程必定涉及被测对象、测量单位、测量方法、测量误差和测量仪器与设备。

测量误差的描述常涉及以下基本术语：

（1）真值　即真实值，是在一定条件下被测物理量客观存在的实际值。真值通常是一个未知量。一般说的真值是指理论真值、规定真值与相对真值。理论真值即绝对真值，如三角形三个内角和为180°；规定真值也称约定真值，是国际公认的某些基准量值，如保存在国际计量局的1kg铂铱合金原器就是1kg质量的约定真值；相对真值是指当高一级标准器的指示值即为下一等级的真值时，此真值被称为相对真值，例如，高精度石英钟的计时误差通常比普通机械闹钟的计时误差小1~2数量级以上，因此高精度石英钟可视为普通机械闹钟的相对真值。

（2）标称值　计量或测量器具上标注的量值，如标准砝码上标出的1kg。

（3）示值　测量仪表或器具上给出或显示的量值，也称测量值。

2. 测量的基本方法

按照测量信号获取的手段，测量方法可分为直接测量、间接测量和联立测量。直接测量是通过测量仪器直接得到被测量，无需通过函数关系的计算；间接测量是在直接测量的基础上，根据已知的函数关系计算出所测物理量的值；联立测量又称组合测量，被测物理量必须经过求解联立方程才能得到最后结果。直接测量过程简单迅速，在工程中应用广泛；间接测量精确度往往低于直接测量，应尽量少用；联立测量是一种特殊的精密测量方法，操作手续较复杂，花费时间很长，一般适用于科学实验或特殊场合。

按照测量信号来源，测量方法可分为偏差测量、零位测量和微差测量。偏差测量是用仪表指针位移（即偏差）确定被测量的测量方法，它根据仪表指针的指示值来确定被测量的数值；零位测量是将已知标准量直接与被测量相比较，用零位指示仪表来检测测量系统的平衡状态，测量系统达到平衡时，被测量的数值可以直接由已知的标准量数值获得；偏差测量是将被测量与已知标准量先进行比较并取得差值，再用偏差测得该差值（微差），被测量数值为已知标准量值和微差之和。偏差式测量的特点是简单、快捷、直观，但测量精确度不高；零位测量的特点是可以获得较高的测量精确度，但测量过程比较复杂、费时，不适应于测量迅速变化的信号；微差测量精确度高，测量过程较零位测量简便，费时少，适用于在线控制参数的测量。

3. 测量误差

测量误差也称观测误差，是指观测值与真实值之间的差异。测量误差并不是错误，是事物固有的不确定性因素在量测时的体现。

（1）测量误差的表示　测量误差的表示方法有多种，最常用的有绝对误差、相对误差和引用误差等。

1）绝对误差。被测参数的测量值 x 与真值 x_0 的差值称为绝对误差 Δx，即

$$\Delta x = x - x_0$$

在实际工作中，常用约定真值或相对真值来代替真值。绝对误差是一个有符号、大小、量纲的物理量。绝对误差能够说明测量的精确度，故一般只适用于标准量具或标准仪表的校准。

2）相对误差。指被测参数的绝对误差 Δx 与真值 x_0 之比，常用百分数表示，即

$$\delta = \frac{\Delta x}{x_0} \times 100\%$$

式中　δ——相对误差。

相对误差较绝对误差更能说明测量的精确度。

3）引用误差。指被测参数的绝对误差 Δx 与仪表满量程 L 之比，常用百分数表示，即

$$\gamma = \frac{\Delta x}{L} \times 100\%$$

式中　γ——引用误差。

引用误差是为评价测量仪表的精确度等级而引入的，用于客观、正确地反映测量仪表的精确度高低。

（2）测量误差的分类　按照测量误差的性能和产生测量误差的原因，测量误差可分为系统误差、随机误差和粗大误差三类。

1）系统误差。在相同条件下，多次重复测量同一被测参量时，其测量误差的大小和符号保持不变，或在条件变化时，误差按某一确定的规律变化，这种测量误差称为系统误差。系统误差按变化规律可分为定值系统误差和变值系统误差。

2）随机误差。在相同条件下多次重复测量同一被测参量时，测量误差的大小与符号均无规律变化，这类误差称为随机误差。

3）粗大误差。指明显超出规定条件下预期的误差。

（3）测量的可信度 测量的可信度常用准确度、精密度、精确度和不确定度来描述。

1）准确度。表示测量结果中的系统误差大小程度，即由于系统误差而使测量结果与被测量值偏离的程度。系统误差越小，则测量的准确度越高。

2）精密度。表示测量结果中的随机误差大小程度，即在相同条件下，多次重复测量所得测量结果彼此间符合的程度。随机误差越小，则测量的精密度越高。

3）精确度。表示测量结果中的系统误差与随机误差综合大小程度，即测量结果与被测真值偏离的程度。系统误差与随机误差都小，则测量的精确度越高。

4）不确定度。表示合理地赋予被测量之值的分散性，与测量结果相联系的参数。不确定度越低，则测量结果可信度越高。

4. 检测系统的组成

检测系统是由多个环节组成的能实现对某一物理量进行测量的完整系统。检测系统在测量过程中，首先由各种传感器将非电被测量转换成电参量信号，然后经信号调理、数据采集、信号处理，最后进行显示与输出。典型自动检测系统的组成如图5-25所示。

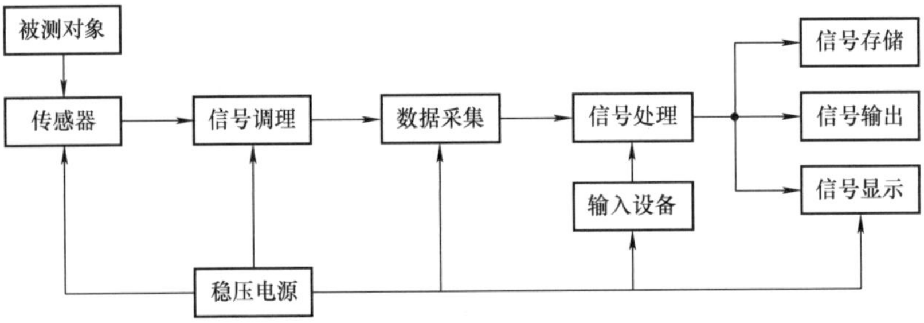

图5-25 典型自动检测系统的组成框图

传感器是检测系统的信号源，其性能的好坏将直接影响检测系统的精度和其他指标；信号调理的作用是对传感器输出的微弱信号进行检波、转换、滤波及放大等，以方便检测系统后续处理或显示；数据采集（系统）的作用是对信号调理后的连续模拟信号进行离散化，并转换成与模拟信号电压幅度相对应的一系列数值信息，同时以一定的方式把这些转换数据及时传递给微处理器或依次自动存储；信号处理模块是自动检测仪表、检测系统进行数据处理和各种控制的中枢环节，其作用和人的大脑类似；信号显示的作用是将经信号处理器计算得出的被测参量值送至各自的显示器作实时显示；信号输出的作用是将被测参量值及时传送给监控计算机、可编程序控制器（PLC）或其他智能化终端；输入设备是操作人员和检测仪表或检测系统联系的另一主要环节，用于输入设置参数与下达有关命令等。

以上部分不是所有的检测系统（仪表）都具备的，对有些简单的检测系统，其各环节之间的界线也不是十分清楚，需根据具体情况进行分析。

5.3.2 常见机械量测量方法

1. 位移的测量

位移是向量，是指物体或其某一部分的位置相对参考点在一定方向上产生的位置变化量，因此位移的度量除要确定其大小外，还需要确定其方向。位移的检测包括线位移和角位移的测量。位移量值的范围差异很大，检测条件和要求各不相同，因此检测方法也多种多样。常用的位移检测方法有以下几种：

（1）测量速度积分法　通过测量运动物体的速度或加速度，经积分或二次积分求得运动物体的位移。例如轮船的计程仪就是通过测量船速再积分得到航程的；再如在惯性导航系统中，通过测量载体的加速度，经二次积分求得载体的移动距离。

（2）回波法　利用介质分界面对波的反射原理测位移。例如激光、超声波测距仪就是利用分界面对激光、超声波的反射测量位移。

（3）线位移和角位移转换法　要求测量线位移时，若测量角位移更方便，则可通过测角位移再换算成线位移；同样，要求测量角位移时，也可先测线位移再转换，间接测得角位移。例如汽车的里程表，就是通过测量车轮转数再乘以周长而得到汽车里程的。

（4）物理参数法　利用各种位移检测装置，将被测位移的变化转换成电、光、磁等物理量的变化来测量，这是应用最广泛的一种方法。常见的位移检测装置类型如图5-26所示。

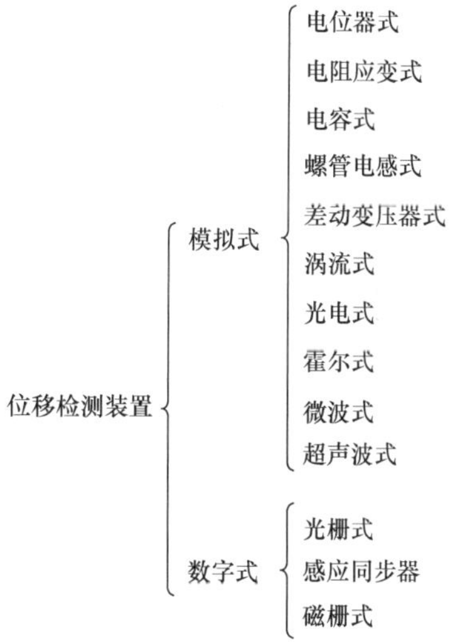

图5-26　位移检测装置类型

2. 速度的测量

物体运动时，在单位时间内的位置增量就是速度。从物体运动的形式看，速度的测量可分为线速度测量和角速度测量；从速度的参考基准来看，可分为绝对速度测量和相对速度测量；从速度的数值特征来看，可分为平均速度测量和瞬时速度测量；从获取物体运动速度的方式来看，可分为直接速度测量和间接速度测量。

常用的速度测量方法有以下几类：

（1）微、积分测速法　对测得的物体运动的位移信号微分可以得到物体运动速度，或对测得的物体运动的加速度信号做时间积分也可以得到速度。例如在振动测量时，应用加速度计测得振动体的振动加速度信号，再经过电路进行积分运算而得到振动速度。

（2）线速度和角速度相互转换测量法　线速度和角速度在同一运动体上是有固定关系的，在测量时可以采用互换的方法达到方便测量的目的。例如测火车行驶速度时，可通过测量车轮的转速换算出火车的行驶速度。

（3）利用物理参数测速法　利用各种速度检测装置测量与速度大小有确定关系的各种物理量来间接测量物体的运动速度，将速度信号转换为电、光、磁等易测信号。常用速度检测装置的性能与特点见表 5-4。

表 5-4　常用速度检测装置的性能与特点

类型	原理		测量范围	精度	特点
线速度测量	电磁式		工作频率 10 ~ 500Hz	≤10%	灵敏度高，性能稳定，移动范围 ±（1 ~ 15）mm，尺寸质量较大
	空间滤波器		1.5 ~ 200km/h	±0.2%	无需两套特性完全相同的传感器
转速测量	交流测速发电机		400 ~ 4000r/min	<1% 满量程	示值误差在小范围内可调整预扭弹簧转角
	直流测速发电机		1400r/min	1.5%	有电刷压降形成不灵敏区，电刷及整流子磨损影响转速表精度
	离心式转速表		30 ~ 24000r/min	±1%	结构简单，价格便宜，不受电磁干扰，精度较低
	频闪式转速表		1.5×10^5 r/min	<1%	体积小、量程宽，使用简便，是非接触测量
	光电式	反射式转速表	30 ~ 4800r/min	±1 脉冲	非接触测量，要求被测轴径大于 3mm
		直射式转速表	1000r/min		在被测轴上装有测速圆盘
	激光式	测频法转速仪	几万 ~ 几十万 r/min	±1 脉冲/s	适合高转速测量，低转速测量误差大
		测周法转速仪	1000r/min		适合低转速测量

（4）时间、位移计算测速法　即通过测量物体经过的距离和所需时间来求得运动物体的平均速度。

3. 加速度的测量

在机械系统中，通过测量加速度可以判断运动机械所承受的负荷大小，以便正确设计其机械强度和按指标正确控制其运动，以免机件损坏等。加速度的测量一般是通过利用各种物理效应制成的加速度传感器和数据处理系统及显示仪表来完成，也有通过对速度或位移进行微分运算来实现加速度测量的。常用加速度传感器的性能与特点见表 5-5。

表 5-5　常用加速度传感器的性能与特点

方法	传感器	尺寸	重量	频率范围/Hz	加速度测量范围	特点及适用性
压电法	压电式	小	轻	1 ~ 50000	10^{-5} ~ 10^5g	频响高，灵敏度高，适宜宽带随机振动及快变的振动测量
电阻法	应变式	小 ~ 大	轻 ~ 重	0 ~ 2000	3 ~ 150g	线性好，灵敏度高，不适宜高频、冲击、宽带随机振动测量
	压阻式	小	轻	$0\sim30\times10^3$	±（25 ~ 2500）g	稳定，精度高，适宜恒定加速度、冲击及小构件的精密测量
	电位器式	大	重	0 ~ 10	±（0.5 ~ 30）g	线性好，输出大，适宜精度要求及级频率低的加速度测量
电感法	电感式	小 ~ 大	轻 ~ 重	<200	±（10 ~ 200）g	结构简单，灵敏度高，适宜频率较低的振动加速度测量
电容法	电容式	小	轻	50 ~ 5000	1 ~ 10000g	适宜频响宽、精度高的加速度测量
谐振法	振弦式	小	轻	700 ~ 1200	（10^{-6} ~ 15）g	用于惯性导航系统，地震，爆破，地基震动等

（续）

方法	传感器	尺寸	重量	频率范围/Hz	加速度测量范围	特点及适用性
磁电法	磁电感应	大	重	200～1000	±（0.05～10）g	电路简单，性能稳定，尺寸大，用于低加速度测量
力平衡	伺服式	中	中	0～500	（0～±50）g	精度高，线性好，用于超低频、低值加速度测量
光纤法	光纤式	小	轻	几百	最小可测 10^{-6}g	灵敏度高，电绝缘性能好，抗电磁干扰，适宜微小振动测量

4. 力的测量

凡是能使物体的运动状态或物体所具有的动量发生改变或者使物体发生变形的作用都称为力。按照力产生原因的不同，可分为重力、弹性力、惯性力、膨胀力、摩擦力、浮力及电磁力等。力的测量方法可归纳为力平衡法、测位移法和利用某些物理效应测力等。

（1）力平衡法　力平衡法是基于比较测量的原理，用一个已知力来平衡待测的未知力，从而得出待测力的值。常用的有机械式力平衡装置（如梁式天平等）与液压和气压式测力装置。

（2）测位移法　测位移法是通过测量未知力所引起的位移从而间接地测得未知力值。

（3）利用某些物理效应测力　物体在力的作用下会产生某些物理效应，如应变效应、压磁效应、压电效应等，可以利用这些等效间接测量力值，各种类型的测力传感器就是基于这些效应。

测力传感器通常将力转换为正比于作用力大小的电信号，使用十分方便，在工程领域及其他各种场合应用最为广泛。依据不同的物理效应和检测原理，测力传感器可分为电阻应变式、压磁式、压电式与振弦式等。

5. 转矩的测量

使机械元件转动的力矩或力偶称为转动力矩，简称转矩。机械元件在转矩作用下都会产生一定程度的扭转变形，故转矩有时又称扭矩。转矩的测量方法可以分为平衡力法、能量转换法和传递法。其中传递法涉及的转矩测量仪器种类最多，应用也最广泛。

（1）平衡力法及平衡力类转矩测量装置　匀速运转的动力机械或制动机械，在其机体上必然同时作用着与转矩大小相等、方向相反的平衡力矩。通过测量机体上的平衡力矩（实际上是测量力和力臂）来确定动力机械主轴上工作转矩的方法称为平衡力法。

平衡力法转矩测量装置又称为测功器，一般由旋转机、平衡支承和平衡力测量机构组成。按照安装在平衡支承上的机器种类，可分为电力测功器与水力测功器等。平衡支承有滚动支承、双滚动支承、扇形支承、液压支承及气压支承等。平衡力测量机构有砝码、游码、摆锤及力传感器等。

平衡力法直接从机体上测转矩，不存在从旋转件到静止件的转矩传递问题。但它仅适合测量匀速工作情况下的转矩，不能测动态转矩。

（2）能量转换法　依据能量守恒定律，通过测量其他形式的能量如电能、热能参数来测量旋转机械的机械能，进而获得与转矩有关的能量系数（如电能系数）来确定被测转矩大小的方法称为能量转换法。能量转换法是间接测量方法，测量误差比较大，一般只在电机和液机转矩测量方面有较多的应用。

（3）传递法　传递法是指利用弹性元件在传递转矩时物理参数的变化与转矩的对应关系来测量转矩的一类方法。常用弹性元件为扭轴，故传递法又称扭轴法。根据被测物理参数不同，基于传递法的转矩测量仪器有多种类型，如应变式、压磁式及扭转角式转矩测量装置等。在现代测量中，这类转矩测量仪的应用最为广泛。

6. 振动的测量

机械振动是指物体（或物体的一部分）沿直线或曲线在平衡位置附近所做的周期性往复运动。按振动产生的原因，可分为自由振动、受迫振动和自激振动；按振动的规律，可分为简谐振动、周期振动、瞬态振动和随机振动；按系统的自由度，可分为单自由度系统振动、多自由度系统振动和连续弹性体振动；按系统结构参数的特性，可分为线性振动和非线性振动。

振动测量方法按振动信号转换的方式可分为电测法、机械法和光学法，见表5-6。

表5-6　振动测量方法的原理及特点

名称	原　理	优缺点及应用
电测法	将被测对象的振动量转换成电量，然后用电量测试仪器进行测量	灵敏度高，频率范围及动态、线性范围宽，便于分析和遥测，但易受电磁场干扰，是目前最广泛采用的方法
机械法	利用杠杆原理将振动量放大后直接记录下来	抗干扰能力强，频率范围及动态、线性范围窄，测试时会给工件加上一定的负荷，影响测试结果，用于低频大振幅振动及扭振的测量
光学法	利用光杠杆原理、读数显微镜、光波干涉原理及激光多普勒效应等进行测量	不受电磁场干扰，测量精度高，适于对质量轻、不宜安装传感器的试件作非接触测量，在精密测量和传感器、测振仪标定中用得较多

目前广泛应用的振动测量方法是电测法。电测法振动测量系统框图如图5-27所示。图中，测振传感器是将被测对象的机械振动量转换为与之有确定关系的电量的装置。电测法的测振传感器又称为拾振器。按检测量的不同，拾振器可分为加速度计、速度拾振器和位移拾振器等几种；按能量转化的原理来分，拾振器又有压电式、电动式、电磁式和光电式等许多种类；从工作方式上，拾振器又可分为接触式和非接触式以及相对测量式和绝对测量式。在各类拾振器中，压电式和应变式加速度计应用较为广泛。

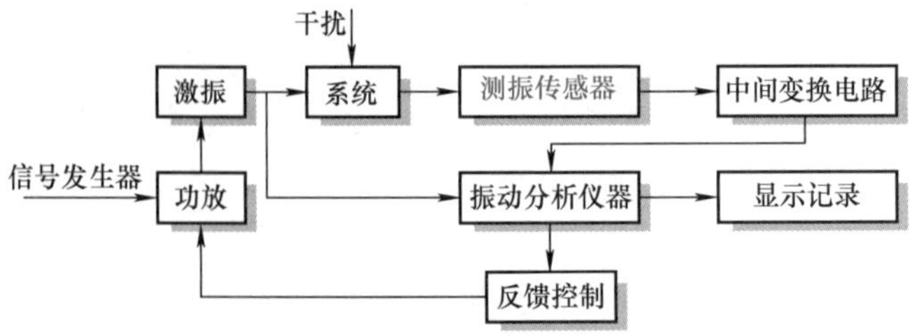

图5-27　电测法振动测量系统框图

激振器是对试件施加激振力从而激起试件振动的装置，常用的激振器有电动式、电磁式和电液式几种。从拾振器检测到的振动信号和从激振点检测到的力信号需经过适当的分析处理以提取出各种有用的信息，常用的振动分析仪器有测振仪、频率分析仪、FFT分析仪和虚拟频谱分析仪等。

7. 噪声的测量

噪声通常是指任意的随机干扰。在进行噪声测量时，常用声压级、声强级和声功率级表示其强弱，用频率或频谱表示其成分。噪声的测量主要是声压级、声功率级及其噪声频谱的测量。一套声压级测量仪器包括传声器、声级计、频率分析仪及校准器等。声功率级不是直接由仪器测量出来的，而是在特定条件下通过测量的声压级计算出来的。可以利用声级计和滤波器进行简易的噪声频率分析，还可以将声级计的输出接信号分析仪进行精密的频率分析。

传声器是将声波信号转换成相应电信号的传感器，其原理是用变换器把由声压引起的振动膜振动变成电参数的变化。根据变换器的形式不同，常用的传声器有电容式、动圈式、压电式和永电体式等。电容式传声器是精密测量中最常用的一种传声器，其稳定性、可靠性、耐震性以及频率特性均较好，其幅频特性平直部分的频率范围为 10Hz ~ 20kHz；动圈式传声器的精度、灵敏度较低，体积大，其突出特点是输出阻抗小，所以接较长的电缆也不降低其灵敏度，温度和湿度的变化对其灵敏度也无太大影响；压电式传声器的膜片较厚，其固有频率低，灵敏度较高，频响曲线平坦，结构简单，价格便宜，广泛用于普通声级计中；永电体式传声器的特点是尺寸小、价格便宜，可用于精密测量，适于高湿度测量环境。

声级计是用一定频率和时间计权来测量声压级的仪器，其工作原理如图 5-28 所示。被测的声压信号通过传声器转换成电压信号，然后经衰减器、放大器以及相应的计权网络、滤波器，或者输入记录仪器，或者经过均方根值检波器 RMS 直接推动以分贝标定的指示表头。

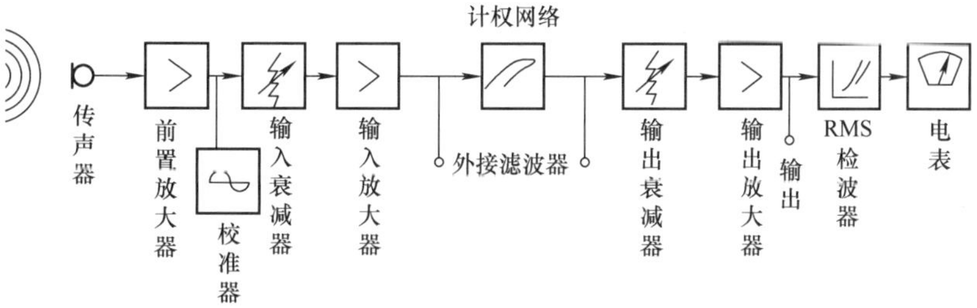

图 5-28　声级计工作原理

频谱仪是测量噪声频谱的仪器，其基本组成大致与声级计相似，但设置了完整的计权网络（滤波器）。借助于滤波器的功能，可将声频范围内的频率分成不同的频带进行测量。

5.3.3　感测信号的变换与调理

由于受被测对象本身的条件、传感器的工作原理和特性上的局限性以及在测试过程中由于内部或外界环境等因素的影响，被测物理量经传感器输出的信号通常是很微弱的电信号、非电压信号（电阻、电容、电感等）、调制信号或引入了各种噪声的信号。信号调理电路的作用是对传感器输出的信号进行加工、调节和变换，实现微弱信号的放大、非电压信号转换为电压信号、各种信号的相互转换、滤除噪声和调制信号的解调以及非线性校正，使其成为便于传输和处理的形式，供显示环节、A/D 转换环节、记录环节或其他环节使用。

1. 电桥

电桥是最常见的信号调理电路之一，能将电阻、电容和电感的变化转换为电压或电流的形式输出，其电路简单可靠，具有很高的精度和灵敏度，在测试系统中被广泛采用。

电桥按激励电源的不同可分为直流电桥和交流电桥。直流电桥又可分为恒压源电桥和横流源电桥。电桥按工作状态不同可分为平衡电桥和不平衡电桥。电桥的平衡是指电桥的输出电压为零的状态。电桥按工作桥臂的个数不同可分为单臂电桥、半桥（双臂）和全桥。典型的测量电桥电路如图5-29所示。E为电桥的供电电源，可为直流电源或交流电源。Z_1、Z_2、Z_3、Z_4为电抗元件，是电阻、电容、电感元件或它们的组合，称为电桥的四个桥臂。四个桥臂中有一个或多个桥臂是传感器的敏感元件，其他为使电桥平衡而选择的固定阻抗元件。

测量电桥的特点如下：①能把电阻、电容、电感等电抗参数的变化，变换为电压或电流的变化，便于信号的放大和处理；②能测量出微弱的阻抗变化量；③可以通过采用对称差动式传感器结构组成差动半桥或全桥来实现非线性误差的补偿，并提高电桥输出的灵敏度。

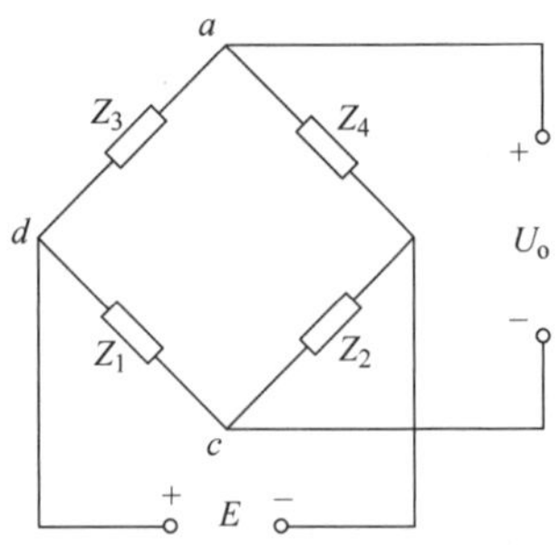

图5-29　测量电桥电路

2. 测量放大器

测量放大器是指用来放大传感器输出的微弱信号的电路，通常被置于靠近传感器或转换器的位置。传感器的输出信号不仅微弱、内阻高，而且常伴有较高的共模干扰电压，因此测量放大器应具有如下性能：①稳定而足够的放大倍数；②高输入阻抗；③高共模抑制比；④低输入失调电压或电流；⑤低温飘和低噪声。

（1）基本测量放大器　基本测量放大器可分为直流测量放大器和交流测量放大器，包括反相放大、同相放大和差动放大器，均由集成运算放大器构成，如图5-30所示。反相放大器的特点是性能稳定，抗高频干扰能力强，提高输入阻抗与提高增益之间存在矛盾；同相放大器的特点是输入阻抗高，输出阻抗低，抗高频干扰能力强，广泛用于前置放大级；差动放大器的特点是能有效抑制共模干扰信号，电路结构简单，但输入阻抗较低，增益调节困难。上述三种放大器一般适用于信号回路不受干扰或信噪比较大的场合。

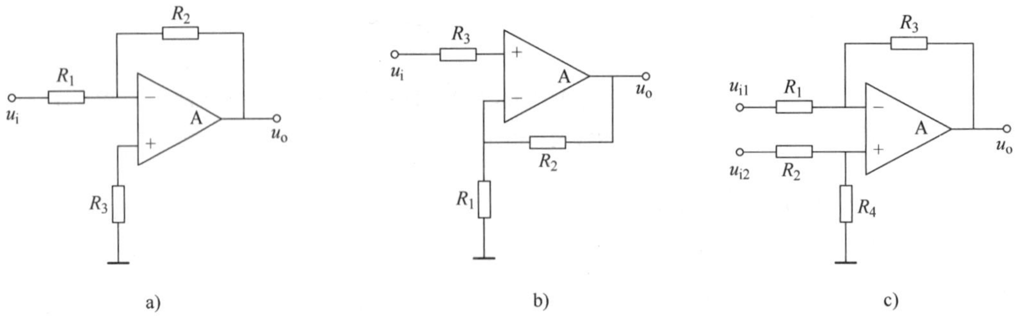

图5-30　基本测量放大器

a）反相放大器　b）同相放大器　c）差动放大器

（2）数据放大器　各种非电量的测量，通常由传感器转换为电压（电流）信号，此输出信号一般都较弱，而且伴随有很大的共模干扰电压。因此，在传感器后面大都需要接数据放大器，主要作用是对传感器信号进行精密的电压放大，同时对共模干扰信号进行抑制，以提高信号质量。数据放大器是专门精密差分电压的放大器，具有高共模抑制比、高输入阻抗、低噪声、低线性误差、低失调漂移、增益设置灵活和使用方便等特点，广泛用于传感器的信号放大，特别是微弱信号具有较大共模干扰的场合。数据放大器的基本电路结构如图5-31所示，主要由两级差分放大电路构成。运放 A_1、A_2为同相差分输入方式。同相输入可以大幅度提高电路的输入阻抗，减少电路对微弱输入信号的衰减；差分输入可以使电路只对差模信号放大，而对共模输入信号只起跟随作用，使得送到后级的差模信号与共模信号的幅值之比（即共模抑制比）得到提高。运放 A_3组成了差动放大电路，从而使数据放大器比简单的差分放大器具有更好的共模抑制比。

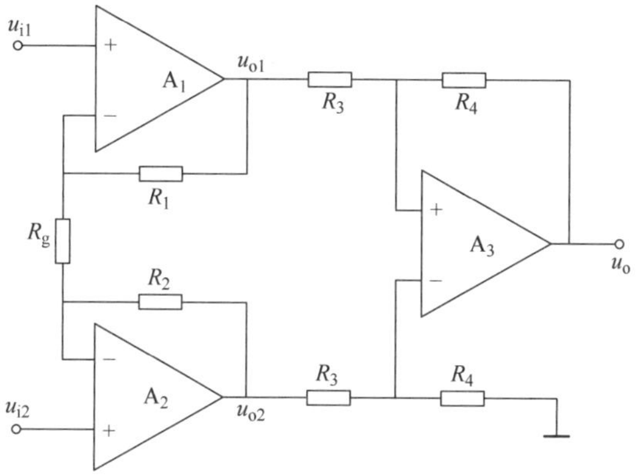

图5-31 数据放大器的基本电路结构

（3）隔离放大器 在有强电或强电磁干扰的环境中，传感器的输出信号中混杂着许多干扰和噪声，而这些干扰和噪声大都来自地回路、静电耦合及电磁耦合。隔离放大器采用浮置式（浮置式电源、浮置式放大器输入端）设计，其输入、输出和电源电路之间没有直接的电路耦合，其主要作用是将共模电压和干扰信号隔离，同时又放大有用信号。隔离放大器按耦合方式不同可分为变压器电磁耦合、电容耦合和光电耦合三种。

3. 信号滤波

传感器工作环境中的强电和电磁干扰，以及传感器和放大电路本身的影响，使被测信号中往往夹杂多种频率成分的噪声，严重时会导致测量结果失真，因此需要采用滤波措施来抑制噪声，提高系统信噪比。滤波器是具有频率选择作用的电路或运算处理系统，它能使一部分频率范围内的信号通过，而使另一部分频率范围内的信号衰减。在滤波器中，把信号能够通过的频率范围称为通频带或通带，信号受到很大衰减或完全被抑制的频率范围称为阻带，通带和阻带之间的分界频率称为截止频率。

滤波器具有如下基本功能：①去除无用信号、噪声、干扰信号以及信号处理过程中引入的信号（如载波等）；②分离不同频率的有用信号；③对测量仪器或控制系统的频率特性进行补偿。

滤波器的分类方式有多种：

1）按所处理的信号不同可分为模拟滤波器和数字滤波器两种。模拟滤波器由模拟电路组成，处理的信号是模拟信号；数字滤波器可由数字电路组成，还可以由软件编程来实现，处理的信号是数字信号。

2）按信号选通的频率范围可分为低通、高通、带通和带阻滤波器四种。各种滤波器的实际幅频特性如图 5-32 所示，其幅频特性由通带、阻带和过渡带组成，A_0 为通带内的增益，ω_p 为通带截止角频率，ω_c 为转折角频率，ω_r 为阻带截止角频率。

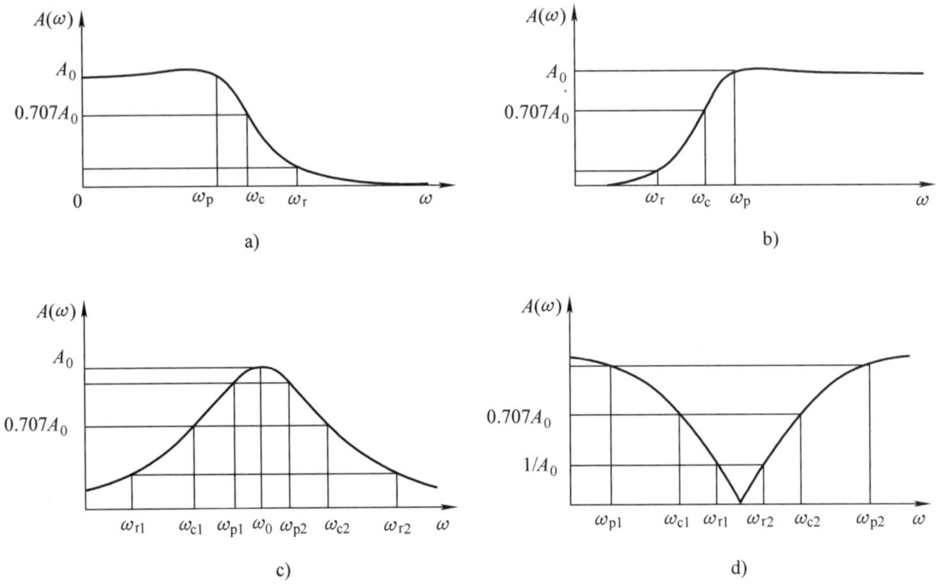

图 5-32　四种滤波器的幅频特性

a）低通滤波器　b）高通滤波器　c）带通滤波器　d）带阻滤波器

3）按所采用的元器件不同可分为无源和有源滤波器两种。

无源滤波器是仅由无源元件（R、L 和 C）组成的滤波器。优点是：电路比较简单，不需要直流电源供电，可靠性高；缺点是：通带内的信号有能量损耗，负载效应比较明显，使用电感元件时容易引起电磁感应，在低频域使用时电感的体积和质量较大。

有源滤波器是由无源元件（一般用 R 和 C）和有源器件（如集成运算放大器）组成。优点是：通带内的信号不仅没有能量损耗，而且还可以放大，负载效应不明显，多级相连时相互影响很小，利用简单的级联方法很容易构成高阶滤波器，并且滤波器的体积小、重量轻、不需要磁屏蔽；缺点是：通带范围受有源器件的带宽限制，而且需要直流电源供电，可靠性不如无源滤波器高，在高压、高频、大功率的场合不适用。

4. 非线性校正

传感器的输入量（被测物理量）与输出量之间的关系，在很多情况下都不是线性的。造成非线性的原因，一是传感器的转换原理是非线性的，二是采用的测量电路存在非线性。传感器的非线性带来的主要问题有：①传感器精度低、灵敏度不同（对不同输入）。②读数误差大，调试不方便。③对线性控制系统造成不良影响。因为非线性环节的加入，使得线性系统的结构发生变化，进而影响控制效果。

解决传感器非线性问题主要有以下方法：①缩小测量范围，减少非线性误差；②采用非均匀指示刻度仪表显示检测量；③模拟校正，即用硬件实现非线性校正；④数字校正，即用软件算法实现非线性校正。

模拟校正可分为开环校正和闭环校正，它是通过增加非线性校正环节，有效地补偿或抵消传感器带来的非线性影响，最终使得检测器的输入与输出之间呈现线性关系。模拟校正虽然可以校正传感器的非线性，但是硬件电路复杂、精度低、调试困难和通用性差。数字校正是用软件算法实现非线性校正，其特点是补偿精度高、成本低、通用性强，常用的方法有线性插值法、二次抛物线法和曲线拟合法等。

5.3.4 自动化仪表概述

1. 自动化仪表的概念及分类

自动化仪表是指在工业生产过程中，对工艺参数进行检测、显示、记录或控制的仪表，又称工业仪表或（工业）过程检测控制仪表。微电子技术、计算机技术、网络通信技术和信息处理技术等日新月异发展的新技术对自动化仪表的革新产生了深远的影响，已成为工业自动化仪器仪表发展的新的推动力，使工业自动化仪表不仅能够更高速、更灵敏、更可靠、更简捷地获取对象的全方位信息，而且完全突破了传统的光、机、电的框架，朝着智能化、网络化、总线化、开放性的方向发展。

自动化仪表大都基于平衡原理，包括力平衡、力矩平衡和电平衡等。仪表的感受部分（传感器）将被测参数（如温度、压力、流量等），经变送器转换成容易放大的测量量（如电压量、电流量和机械量等），再经过放大。放大后的量值，一部分传入显示部件，一部分经反馈部件与测量量进行比较，以达到平衡的目的。

自动化仪表的分类方法很多，根据不同原则可以进行相应的分类。按仪表所使用的能源，可分为气动仪表、电动仪表和液动仪表（很少见）；按仪表组合形式，可分为基地式仪表、单元组合仪表和综合控制装置；按仪表安装形式，可分为现场仪表、盘装仪表和架装仪表；按仪表是否引入微处理器，可分为智能仪表与非智能仪表；按仪表信号的形式，可分为模拟仪表和数字仪表；按被测量生产过程的参数，可分为温度测量仪表、压力测量仪表、流量测量仪表、物位测量仪表、机械量测量仪表、流程分析仪器等；按其在工业生产过程的功能，可分为检测仪表、显示仪表、调节仪表等。

检测仪表主要用于检测工业生产过程的参数，如温度、压力、流量、物位和机械量等，有时也带有记录和调节功能；显示仪表是将检测仪表的输出信号显示出来以供观察的仪表，与检测仪表、变送器和传感器配套使用；调节仪表又称调节器，其作用是将生产过程中的被测参数与设定参数进行比较，然后按一定的调节规律发出调节信号给执行器。

2. 自动化仪表的主要性能指标

在保证可靠工作的前提下，衡量自动化仪表性能优劣的主要指标有精度、非线性误差、变差、灵敏度、分辨力和动态误差等。

（1）精度　又称精确度，表示仪表测量结果与被测量真值的一致程度。根据仪表的使用要求，规定在正常使用条件下允许的最大误差为允许误差，一般用相对百分误差来表示

$$\delta_{允} = \pm\frac{\Delta x_{max}}{N}\times 100\%$$

式中　$\delta_{允}$——仪表的允许误差；

Δx_{max}——仪表允许的最大绝对误差；

N——仪表的量程。

仪表精度按国家统一规定的允许误差划分成若干等级，例如0.1级、0.2级、0.5级、1.0级、1.5级等。精确度等级数值越小，精确度越高。

（2）非线性误差 是衡量仪表实际特性偏离其理论线性特性程度的指标，采用实际值与理论值之间的绝对误差最大值和仪表量程之比的百分数表示

$$\text{非线性误差} = \frac{\Delta x'_{max}}{N} \times 100\%$$

式中 $\Delta x'_{max}$——实际特性曲线与理论直线之间的最大偏差。

（3）变差 是指仪表在正反行程的测量过程中，同一被测变量所指示的两个结果之间的偏差。变差的大小是采用在同一被测量值下正反行程仪表指示值绝对误差的最大值与仪表标尺范围之比的百分数表示

$$\text{变差} = \frac{\Delta x''_{max}}{N} \times 100\%$$

式中 $\Delta x''_{max}$——仪表在同一参数测量时正反行程指示值的最大绝对误差。

（4）灵敏度 表示测量仪表对被测参数变化的灵敏程度，取仪表的输出信号 Δy 与引起此输出信号的被测参数变化量 Δx 之比表示

$$\text{灵敏度} = \frac{\Delta y}{\Delta x} \times 100\%$$

（5）分辨力 数字式仪表的分辨力常指引起仪表的最末一位改变一个数值的被测参数的变化量。

（6）动态误差 以上介绍的仪表的精度、非线性误差、变差、灵敏度和分辨力都是仪表的静态误差。动态误差是指检测系统受到外部干扰，被测变量在干扰情况下仪表测量值和参数实际值之间的差异。

5.3.5 虚拟仪器概述

1. 虚拟仪器的概念及特点

电子测量仪器经历了模拟仪器、数字仪器、智能仪器和以软件为核心的虚拟仪器的发展历程。美国国家仪器公司在20世纪80年代最早提出了虚拟仪器的概念。虚拟仪器是指在以通用计算机为核心的硬件平台上，利用高性能的模块化硬件，结合高效灵活的软件，完成各种测试、测量和自动化的应用。虚拟仪器的核心思想是利用计算机的硬件和软件资源，使本来由硬件实现的功能软件化（虚拟化），以便最大限度地降低系统成本，增强系统的功能和灵活性。“软件即仪器”这一口号正是基于软件在虚拟仪器系统中的重要作用而提出的。

与传统硬件化仪器相比，虚拟仪器主要有以下特点：功能软件化、功能软件模块化、模块控件化、仪器控件模块化、接口硬件标准化、系统集成化、程序设计图形化、计算机可视化和硬件接口软件驱动化。虚拟仪器与传统仪器的比较见表5-7。

虚拟仪器的国内外发展呈现两条主线：一是向高速度、高精度、大型自动测试设备方向发展，即基于GPIB总线虚拟仪器→基于VXI总线虚拟仪器→基于PXI总线虚拟仪器；二是向高性能、低成本、普及型方向发展，即PC插卡式虚拟仪器→并行接口虚拟仪器→串行接口（包括RS232C、RS485和USB等）和网络接口虚拟仪器。

表 5-7 虚拟仪器与传统仪器的比较

传统仪器	虚拟仪器
灵活性差，与其他设备仪器的连接十分有限	可方便地与网络、外设及其他设备连接
功能由仪器厂商定义，功能较弱	功能由用户根据需要自己定义，功能强大
人机交互能力差	具有良好的人机交互能力
数据分析处理能力弱	具有强大的数据分析处理能力
数据存储能力弱，大部分仪器完全没有	所有仪器具有强大的数据存储能力
硬件是仪器的核心	软件是仪器的核心
价格高，性价比低	价格低廉，性价比高
系统封闭，功能固定，可扩展性差	基于计算机技术开发的功能块可构成多种仪器
开发和维护费用高	基于软件体系的结构，大大节省开发维护费用
开发周期长	开发周期短
集成度低	集成度高，可形成仪器库

2. 虚拟仪器的构成

虚拟仪器通常由硬件设备与接口、设备驱动软件和虚拟仪器面板组成，如图 5-33 所示。其中，硬件设备与接口是各种以计算机为基础的内置功能插卡、通用接口总线卡、串行接口卡、VXI 总线仪器接口等设备，或者是其他各种可程控的外置测试设备；设备驱动软件是直接控制各种硬件接口的驱动程序，通过底层设备驱动软件与真实的仪器系统进行通信；虚拟仪器面板用来在计算机屏幕上显示与真实仪器面板操作元素相对应的各种控件。

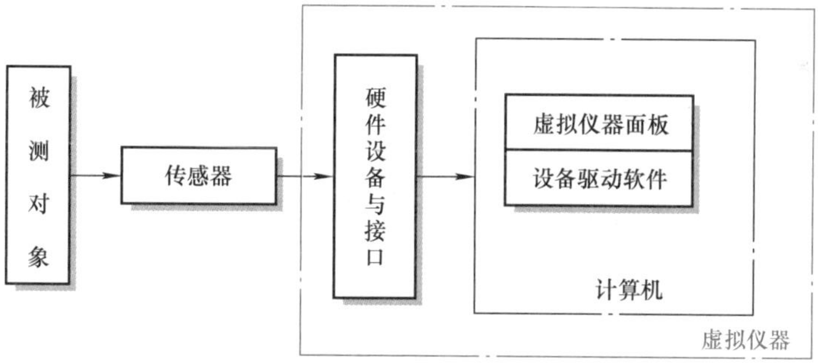

图 5-33 虚拟仪器的结构组成

按照接口硬件设备的不同，虚拟仪器的构成方式通常有以下几种：

（1）PC－DAQ 系统　以数据采集板、信号调理电路及计算机为仪器硬件平台组成的测试系统。

（2）GPIB 系统　以 GPIB 标准总线仪器和计算机硬件平台为基础，即由一台 PC、一块 GPIB 接口板卡和若干台 GPIB 仪器通过标准 GPIB 电缆连接而成的测试系统。

（3）VXI 系统　以 VXI 标准总线仪器与计算机为硬件平台组成的测试系统。

（4）PXI 系统　以 PXI 标准总线仪器与计算机为硬件平台组成的测试系统。

（5）串口系统　以串口标准总线仪器与计算机为硬件平台组成的测试系统。

（6）现场总线系统　以现场总线仪器与计算机为硬件平台组成的测试系统。

(7) 上述几种典型构成方式的任意组合

3. 虚拟仪器的软件

虚拟仪器的软件框架从底层到顶层，包括三部分：VISA库、仪器驱动程序与应用软件。VISA库实质就是标准的I/O函数库及其相关规范的总称，是计算机与仪器之间的软件层连接；仪器驱动程序是完成对某一特定仪器控制与通信的软件程序集，是应用程序实现仪器控制的桥梁；应用软件建立在仪器驱动程序之上，直接面对操作用户，通过提供直观友好的测控操作界面、丰富的数据分析与处理功能，来完成自动测试任务。

虚拟仪器软件的开发工具主要有两类：①文本式编程语言类，如Visual C++、Visual Basic、Labwindows / CVI等；②图形化编程语言类，如NI公司的LabVIEW、HP公司的VEE等。前者需要用户自己开发或另外购买仪表软件面板、信号处理或数据处理等虚拟仪器常用的控件或函数，对开发人员的编程能力要求高，而且开发周期较长；后者提供了基于图形的虚拟仪器编程环境，开发者能方便地完成与各种软硬件的连接，更能提供强大的数据处理能力，并将分析结果有效地显示给用户。

5.4 机电控制基础

5.4.1 机电控制概述

在机械制造自动化中，控制系统的受控对象主要是机械运动过程，控制器一般采用嵌入式微处理机，这类控制系统称为机电控制系统。典型的机电控制系统有伺服系统、数控机床以及工业机器人等。

1. 自动控制的概念及基本术语

控制是指由人或用控制装置使受控对象按照一定目的来动作所进行的操作，可分为人工控制和自动控制。所谓自动控制，是指在无人直接参与的情况下，利用控制装置操纵被控对象（被控量），使其按照预定的规律运动或变化。自动控制系统则是为实现某一控制目标所需要的所有物理部件的有机组合体。

对自动控制系统的基本要求主要是稳定性、快速性和准确性。稳定性是指自动控制系统动态过程的振荡倾向及其恢复平衡状态的能力；快速性是指当自动控制系统输出量与给定的输入量之间产生偏差时，消除这种偏差的快慢程度；准确性是指自动控制系统在瞬态过程结束后，系统输出量与给定的输入量之间的偏差程度，反映了系统的控制精度，一般用稳态误差来衡量。

在描述自动控制系统时，常涉及以下基本术语：

(1) 被控量（被控参数） 要求被控对象保持恒定或是按一定规律变化的物理量，如电动机的转速等。被控量一般是输出量，是时间的函数。

(2) 给定信号（参考输入信号） 控制系统的输入信号，是时间的函数。

(3) 偏差信号 是比较元件的输出信号，即给定信号与反馈（测量）信号之差。

(4) 误差信号 系统被控量的希望值与实际值之差。

(5) 干扰信号 破坏系统平衡，导致系统的被控量偏离其给定值的因素。

(6) 反馈信号 从系统的输出端引入，经过变换（或直接）回送至输入端与给定信号进行比较的信号。

2. 自动控制系统的基本方式

自动控制系统就其基本结构形式而言，可分为两种类型：开环控制系统和闭环控制系统，如图5-34所示。

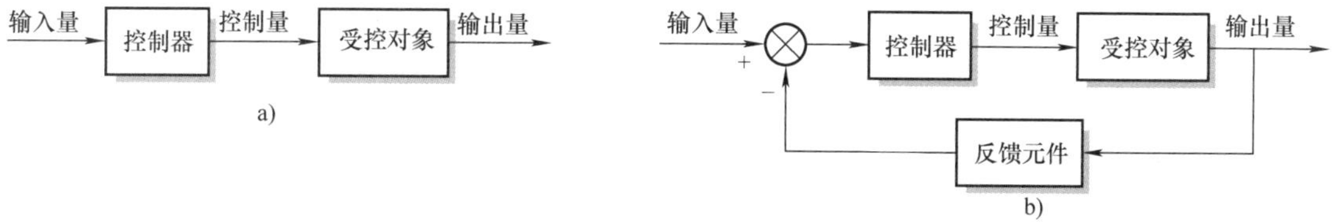

图5-34 开环控制系统与闭环控制系统
a）开环控制系统 b）闭环控制系统

开环控制是指在控制器与受控对象之间只有正向控制作用而无反馈控制作用，即系统的输出量对控制量无影响，相应的控制系统称为开环控制系统。开环控制系统的优点是结构简单，稳定性好，调试方便，成本低；缺点是抗干扰能力差，控制精度较低。开环控制系统一般用于对控制性能要求不高、系统输入输出之间的关系固定、干扰较小或可以预测并能进行补偿的场合。

闭环控制是指在控制器与受控对象之间既有正向作用又有反馈作用，即系统的输出量对控制量有直接影响，相应的控制系统称为闭环控制系统。闭环控制系统按照控制器的结构，可分为串联反馈控制系统、串并联反馈控制系统以及复合控制系统等。闭环控制系统的优点是控制精度高、抗干扰能力强及使用范围广；缺点是结构复杂、元件较多、成本及稳定性要求较高。

3. 自动控制系统的分类

自动控制系统有多种多样，按照不同的标准可以分成不同的类型。

按照输入信号的变化形式，自动控制系统可分为恒值控制系统、程序控制系统和随动控制系统。恒值控制系统又称自动调节系统，其输入信号是个不变的常数，要求输出信号尽可能保持在期望值上，如恒温控制系统等；程序控制系统的输入信号是按照预先设定的时间函数变化，要求输出信号准确或以一定的精度跟踪变化，如机械加工中的数控机床及计算机绘图仪就是典型的程序控制系统；随动控制系统又称伺服系统，其输入信号是随时间任意变化的函数，要求系统的输出信号紧紧跟随输入量的变化，如跟踪卫星的雷达天线控制系统及火炮自动跟踪系统就是随动控制系统。

按照系统中传递信号的变化特征，自动控制系统可分为连续控制系统和离散控制系统。连续控制系统的特点是系统中各环节间的信号均是时间 t 的连续函数，其运动规律可用微分方程描述；离散控制系统的特点是系统中某处或几处的信号是脉冲序列或数字编码的形式，其运动规律可用差分方程描述。

按照系统特性，自动控制系统可分为线性控制系统和非线性控制系统。凡是同时满足叠加性与均匀性（或齐次性）的系统称为线性控制系统。叠加性是指当几个输入信号同时作用于系统时，系统的响应等于每个输入信号单独作用于系统时所产生的响应之和；均匀性是指当输入信号按倍数变化时，系统响应也按同一倍数变化。凡是不同时满足叠加性与均匀性的系统称为非线性控制系统。典型的非线性特性有饱和特性、死区特性、间隙特性、继电特性与磁滞特性等。

按系统参数是否随时间变化，自动控制系统可分为定常系统和时变系统。定常系统又称时不变系统，是指描述系统运动的微分或差分方程系数均为常数的系统，其特点是系统的响应特性只取决于输入信号的形状和系统的特性，而与输入信号施加的时刻无关；时变系统是指系统的参数或结构随时间而变化的系统，其特点是系统的响应特性不仅取决于输入信号的形状和系统的特性，而且还与输入信号施加的时刻有关。

4. 闭环控制系统的组成

典型的闭环控制系统如图 5-35 所示，由给定装置、比较元件、校正装置、放大元件、执行机构、检测元件和被控对象等组成。

（1）给定装置　其功能是给出与期望的被控量相对应的系统输入量（即参考输入信号或给定值）。

（2）比较元件　其功能是将检测元件测量到的被控量实际值与给定装置提供的给定值进行比较，求出它们之间的偏差。

（3）放大元件　其功能是对偏差信号进行放大，以便推动执行机构去控制被控对象。

（4）执行机构　其功能是执行控制作用并驱动被控对象，使被控量按照预定的规律变化。

（5）检测元件　其功能是测量被控制的物理量并将其反馈到系统输入端。在闭环控制系统中，检测元件及相关的元器件构成系统的反馈装置。

（6）校正装置　其功能是对偏差信号进行加工处理和运算，以便形成合适的控制作用或适当的控制规律，从而使系统的被控量按预定的规律变化。通常在控制系统中，将校正装置和放大器组合在一起构成一个器件，称为控制器。

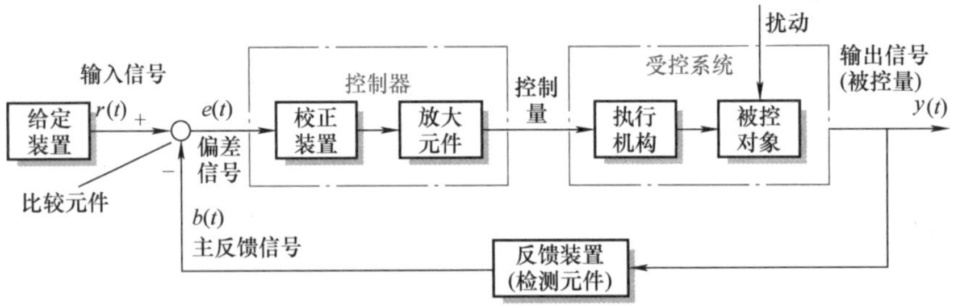

图 5-35　闭环控制系统的组成

5.4.2　机电控制策略

控制策略是机电系统控制器的核心，选择合适的控制方法是成功开发产品的重要保证。控制策略以自动控制理论为基础，可划分为传统控制策略、现代控制策略和智能控制策略，见表 5-8。

1. 传统控制策略

仅以 PID 控制、串级控制和前馈控制为例进行介绍。

（1）PID 控制　PID 控制是指比例（P）、积分（I）和微分（D）控制，是以系统的偏差为自变量，通过比例运算、积分运算和微分运算计算出控制量的控制。比例（P）代表了当前的信息，起纠正偏差的作用，使过程反应迅速；积分（I）代表了过去积累的信息，它能消除静差，改善系统静态特性；微分（D）代表了将来的信息，在信号变化时有超前控制作用。PID 控制器原理如图 5-36 所示，图中 $e(t)$ 为系统偏差，$u(t)$ 为控制量。

表 5-8　自动控制理论发展阶段

项　目	20 世纪 40～50 年代	20 世纪 60～70 年代	20 世纪 80 年代以后
理论基础	传统控制理论	现代控制理论	智能控制理论
研究对象	单变量控制	多变量控制	多层次多变量控制
分析方法	传递函数、频域法	状态方程、时域法	智能算子、多级控制
研究重点	反馈控制	最优、随机、自适应控制	大系统理论、智能控制
核心装置	自动调节器	计算机	智能机器系统
应用	单机自动化	机组自动化	综合自动化

PID 控制器的优点是结构简单、稳定性好、工作可靠及调整方便；缺点是不适用于有大时间滞后的控制对象，参数变化较大甚至结构也变化的对象，以及系统复杂、环境复杂、控制性能要求高的场合。

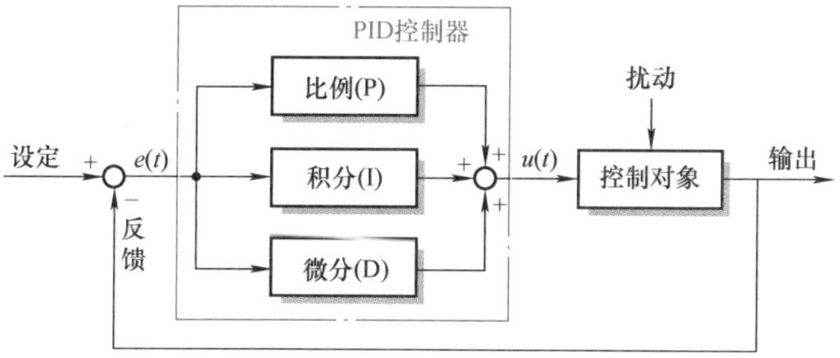

图 5-36　PID 控制器原理图

在很多情况下，PID 控制并不一定需要全部三个单元，可以取其中的 1～2 个单元，方便灵活地改变控制策略，实施 P、PI、PD 或 PID 控制。但比例控制单元是必不可少的。针对 PID 算法的缺陷，实践中形成了许多新的改进算法，如为克服微分带来的高频干扰的滤波 PID 控制等。此外，PID 控制还与其他控制策略结合形成了许多复合控制策略，如模糊 PID 复合控制等。

（2）串级控制　对于复杂的系统仅采用单回路控制已经不能适应控制要求，为此需要在单回路的基础上，采用其他措施组成复杂控制系统，即多回路系统。这里仅介绍串级控制的原理。

串级控制系统是指不止采用一个调节器，而是将两个或几个调节器相串联，并将一个调节器的输出作为下一个调节器设定值的控制系统。一般的串级控制系统如图 5-37 所示。与简单的单回路控制系统相比，串级控制系统在其结构上形成了两个闭环：一个闭环在里面，称为内回路或者副回路；另一个闭环在外，称为外回路或者主回路。副回路在控制过程中负责粗调，主回路则完成细调，串级控制就是通过这两条回路的配合控制完成普通单回路控制系统很难达到的控制效果。在串级控制中，无论是主回路还是副回路，都有着各自的控制对象、测量变送器和调节器。

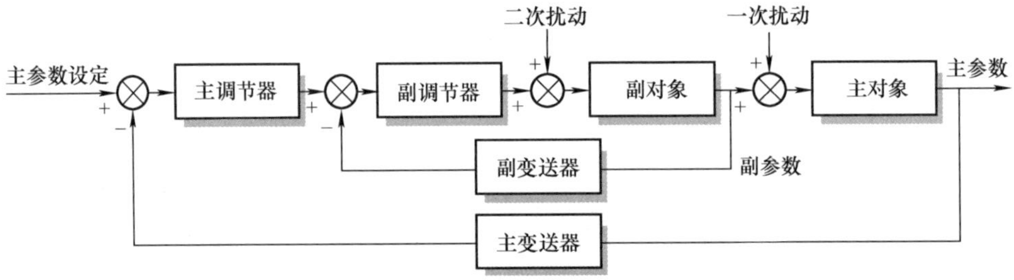

图 5-37 一般串级控制系统

串级控制系统具有很多优点：首先，串级控制对进入副回路的扰动有很强的克服能力；其次，由于副回路的存在，减小了控制对象的时间参数，从而提高了系统的响应速度；再者，串级控制提高了系统的工作频率，改善了系统的控制质量；最后，串级系统有一定自适应能力。

（3）前馈控制　在反馈控制系统中，控制器是按照被控变量相对于给定值的偏差而进行工作的，这就使得控制作用总是落后于干扰对控制系统的影响。前馈控制系统是根据扰动或设定值的变化按补偿原理而工作的控制系统，其特点是当扰动产生后，被控量还未变化之前，根据扰动作用的大小进行控制，以补偿扰动作用对被控变量的影响。

前馈控制系统与反馈控制系统的对比：前馈控制属于“开环”控制系统，反馈控制是“闭环”控制系统；前馈控制系统检测干扰量，反馈控制系统检测被控量；前馈控制使用的是视对象特性而定的“专用”控制器，又称前馈补偿装置，反馈控制一般只要用通用调节器；一种前馈作用只能克服一种干扰，前馈控制比反馈控制及时、有效，反馈则可克服所有干扰；前馈控制是基于不变性的，因此前馈控制理论上可以无差，反馈必定有差。

单纯的前馈往往不能很好地补偿干扰，这主要表现在单纯前馈不存在被控变量的反馈。通过前馈和反馈控制构成的复合控制，能迅速有效地补偿外部干扰对整个系统的影响，并有利于提高控制精度，如图 5-38 所示。

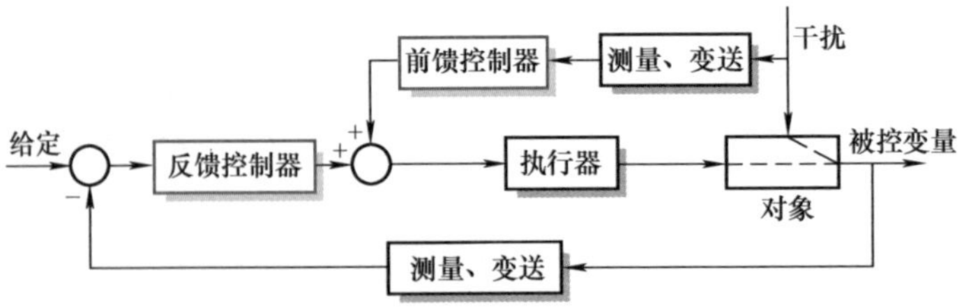

图 5-38 前馈－反馈控制系统框图

2. 现代控制策略

仅以自适应控制、鲁棒控制和变结构控制为例进行介绍。

（1）自适应控制　自适应控制是针对对象特性的变化、漂移和环境干扰对系统的影响而提出来的，其基本思想是通过在线辨识使这种影响逐渐降低以至消除。从应用角度考察各种自适应系统，大体上可归纳为两类：模型参考自适应控制和自校正控制。

模型参考自适应控制由参考模型、控制对象、可调控制器和自适应控制回路组成，如图

5-39所示。设计的特点是：对系统性能指标的要求完全通过参考模型来表达，即参考模型的输出（状态）就是系统的理想输出（状态）。当运行过程中对象的参数或特性变化时，误差进入自适应机构，经过由自适应规律所决定的运算产生适当的调整作用，改变控制器的参数或者对控制对象产生等效的附加控制作用，力图使被控过程的动态特性与参考模型一致。

自校正控制的附加调节回路由辨识器和控制器设计组成，如图5-40所示。辨识器根据对象的输入和输出信号在线估计对象的参数。以对象参数的估计值 $\hat{\theta}$ 作为对象参数的真值 θ，送入控制器设计机构，按设计好的控制规律进行计算，计算结果 v 送入可调控制器，形成新的控制输出以补偿对象特性的变化。

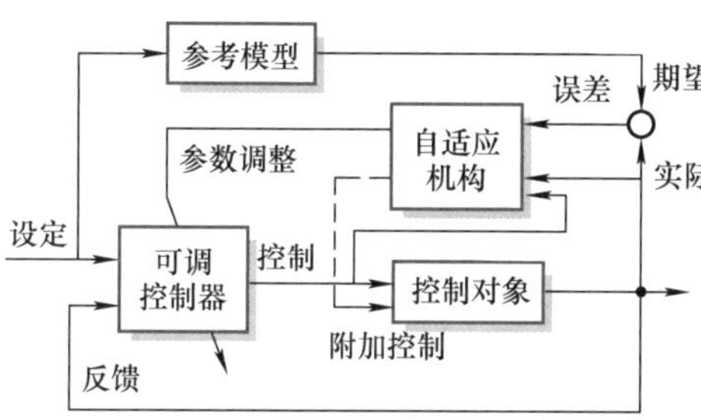

图5-39　模型参考自适应控制结构图

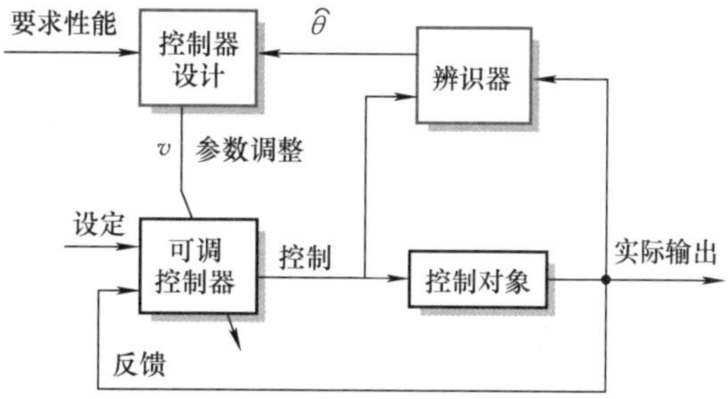

图5-40　自校正控制结构图

自适应控制是一种逐渐修正、渐进趋向期望性能的过程，适用于模型和干扰变化缓慢的情况，对于模型参数变化快、环境干扰强的工业场合以及比较复杂的生产过程难于应用。

（2）鲁棒控制　由于工作状况变动、外部干扰以及建模误差的缘故，实际工业过程的精确模型很难得到，而系统的各种故障也将导致模型的不确定性，因此说模型的不确定性在控制系统中广泛存在。如何设计一个固定的控制器，使具有不确定性的对象满足控制品质，也就是鲁棒控制，成为国内外科研人员的研究课题。

控制系统鲁棒性是指控制系统在某种类型的扰动作用下，包括自身模型的扰动下，系统某个性能指标保持不变的能力，即抗干扰能力较强。对于实际工程系统，人们最关心的问题是一个控制系统当其模型参数发生大幅度变化或其结构发生变化时能否仍保持渐近稳定，即稳定鲁棒性；进而还要求在模型扰动下系统的品质指标仍然保持在某个许可范围内，即品质鲁棒性。

鲁棒控制的早期研究，主要针对单变量系统（SISO）在微小摄动下的不确定性，具有代表性的是Zames提出的微分灵敏度分析。然而，实际工业过程中的故障将导致系统中参数的变化，这种变化是有界摄动而不是无穷小摄动，因此产生了以讨论参数在有界摄动下系统性能保持和控制为内容的现代鲁棒控制。鲁棒控制理论的主要研究方法有Kharitonov区间理论、H∞控制理论及结构奇异值理论（μ理论）等。

鲁棒控制方法适用于稳定性和可靠性作为首要目标的应用，同时过程的动态特性已知且不确定因素的变化范围可以预估，如飞机和空间飞行器；在过程控制应用中，某些控制系统也可以用鲁棒控制方法设计，特别是对那些比较关键且不确定因素变化范围大和稳定裕度小的对象。

（3）变结构控制　变结构控制本质上是一类特殊的非线性控制，其非线性表现为控制的不连续性。变结构控制与其他控制的不同之处在于系统的“结构”并不固定，而是可以在动态过程中，根据系统当时的状态（如偏差及各阶导数等），以跃变的方式有目的地不断变化，迫使系统按照预定滑动模态的状态轨迹运动，如图5-41所示。变结构控制中的“结构”是系统在状态空间（相空间）中的状态轨迹（相轨迹）的总体几何性质。变结构控制过程由两个阶段的运动组成：第一段是正常的运动，如图5-41b中*AB*段，它全部位于切换面之外或有限次穿过切换面；第二段是滑动模态，如图5-41b中*BO*段，完全位于切换面上的滑动模区之内。过渡过程的品质决定于这两段运动的品质，每段品质均与所选的切换函数$s(x)$及控制函数$u^+(x)$和$u^-(x)$有关。

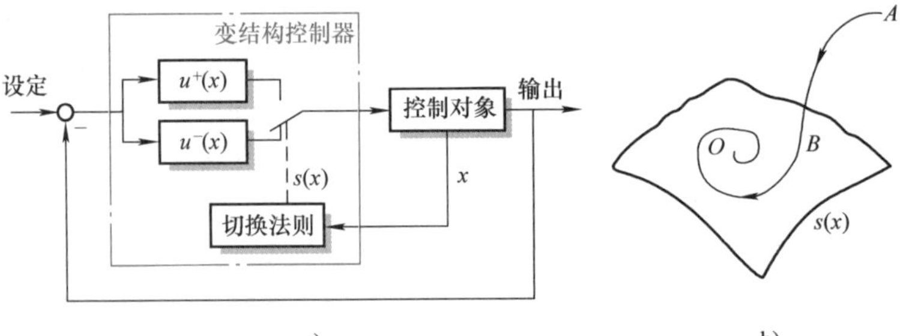

图5-41 变结构控制原理示意图

a）系统结构图 b）两阶段控制过程

由于滑动模态可以进行设计且与控制对象参数及扰动无关，变结构控制具有快速响应、对参数及外扰变化不灵敏、无需系统在线辨识以及物理实现简单等优点，在非线性控制和数控机床、机器人等伺服控制以及电动机转速控制等领域中获得了许多成功的应用。

变结构控制的问题是状态轨迹到达滑膜平面后，难以严格沿着滑膜面向平衡点滑动，而要在滑膜面两侧来回穿越，产生颤动；变结构控制的设计也比较复杂。

3. 智能控制策略

仅以模糊控制、专家控制和神经网络控制为例进行介绍。

（1）模糊控制 传统的控制系统分析与设计大多依赖于被控对象的精确数学模型，如传递函数或状态方程。但许多实际系统和过程都比较复杂，例如工业过程的被控对象具有非线性、时变、大延迟等特性，很难建立精确的数学模型和设计出合适的控制器。然而这些过程系统由有经验的操作者或专家来操作或控制却往往能达到较好的工作状态，其操作（控制）规则常常以模糊的形式体现在操作人员的经验中。

模糊控制是以模糊集合论、模糊语言变量和模糊逻辑推理为基础的一类非线性控制策略。模糊控制不需要建立控制对象精确的数学模型，只要求把专家对特定的被控对象或过程的控制策略总结成一系列“IF（条件）THEN（作用）”形式表示的控制规则，然后由模糊推理将控制规则根据其隶属度转换为精确的数学形式，从而可以实现计算机控制。模糊控制系统鲁棒性强，尤其适用于非线性、时变、滞后系统的控制。模糊控制系统的基本结构如图5-42所示，模糊控制器由模糊化、规则库、模糊推理和模糊判决四个功能模块组成。

模糊控制由于理论研究较成熟、实现较简单、适用面广而获得了广泛的应用，在工业控制领域、家用电器自动化领域和其他很多行业中已经被普遍接受并产生了积极的效益。模糊控制存在的问题是：①模糊控制的设计尚缺乏系统性，这对复杂系统的控制是难以奏效的，

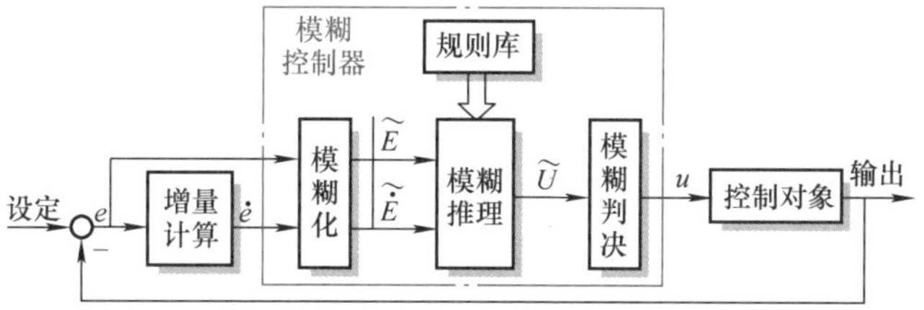

图5-42 模糊控制系统的基本结构

难以建立一套系统的模糊控制理论，以解决模糊控制的机理、稳定性分析、系统化设计方法等一系列问题；②如何获得模糊规则及隶属函数即系统的设计办法，完全凭经验进行；③信息简单的模糊处理将导致系统的控制精度降低和动态品质变差，要提高精度就必然增加量化级数，导致规则搜索范围扩大，降低决策速度，甚至不能进行实时控制；④如何保证模糊控制系统的稳定性，即模糊控制中关于稳定性和鲁棒性问题还有待解决。

（2）专家控制 1983年，瑞典学者K. J. Astromss首先把人工智能中的专家系统引入智能控制领域，并于1986年提出专家控制的概念。专家控制是指将专家系统的设计规范和运行机制与自动控制理论和技术相结合而形成的实时控制系统的设计与实现方法。

专家控制的基本思想可以作一个形象的比喻：专家控制是试图在控制闭环中加入一个有经验的控制工程师，系统能为他提供一个“控制工具箱”，即可对控制、辨识、测量、监视、诊断等各种方法和算法选择方便，调用自如。因此，专家控制器可以看成是对一个“控制专家”在解决控制问题或进行控制操作时的思路、方法、经验与策略的模拟。

按专家控制在控制系统中的作用和功能，可将专家控制器分为直接型专家控制器和间接型专家控制器两种类型。直接型专家控制器结构如图5-43所示，专家控制器用于取代常规控制器，直接控制生产过程或被控对象；间接型专家控制器结构如图5-44所示，专家控制器用于和常规控制器相结合，组成对生产过程或被控对象进行间接控制的智能控制系统。

专家控制已经获得了许多成功应用，其成果令人鼓舞，但它在理论上还很不完善，并未形成有普遍意义的理论体系和设计方法。对许多工业过程，专家控制都表现出是一个颇为行之有效的控制策略。

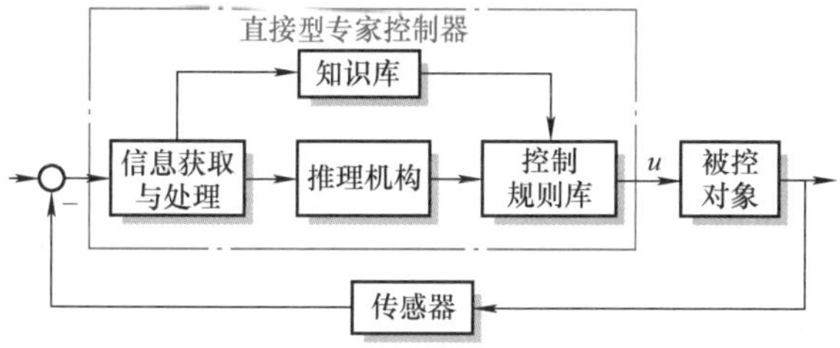

图5-43 直接型专家控制器结构

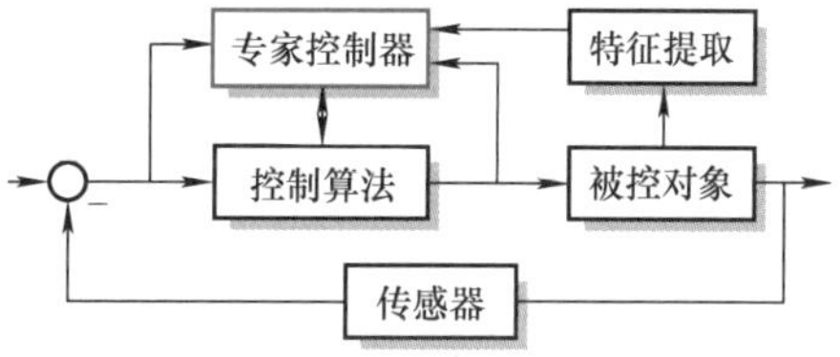

图5-44 间接型专家控制器结构

（3）神经网络控制 神经网络是一种模拟人脑神经系统结构与功能建立起来的模型，是由大量模拟生物神经元的人工神经元互连而成的网络，具有某些仿人的特征和功能。神经网络控制是（人工）神经网络理论与控制理论相结合的产物，是基本不依赖于模型的一类控制，为解决复杂的非线性、不确定、不确知系统在不确定、不确知环境中的控制问题开辟了新途径。

神经网络用于控制的优越性主要表现在：①很强的自学习与自组织能力，能进行在线或离线的学习；②能处理那些难以用模型或规则描述的对象；③采用并行分布式信息处理方式，具有很强的容错性；④本质上是非线性系统，可以实现任意非线性映射；⑤具有很强的信息综合能力，能够同时处理大量不同类型的输入，能够很好地解决输入信息之间的互补性和冗余性问题；⑥硬件实现愈趋方便，大规模集成电路技术的发展为神经网络的硬件实现提供了技术手段。

神经网络的结构形式较多，如单层感知器、多层感知器、自适应线性神经元、三层前馈网络、全局及局部递归型神经网络、基本及改进型 Elman 网络、CMAC 神经网络等。对于不同结构的神经网络控制系统，神经网络本身在系统中的位置和功能各不相同，学习方法也不尽相同。常见的神经网络控制系统包括：神经网络监督控制、神经网络直接逆控制、神经网络自适应控制、神经网络内膜控制、神经网络预测控制和神经网络混合控制等。图 5-45 所示为用于工业机械臂轨迹跟踪学习控制的 CMAC 反馈控制结构。

5.4.3　伺服控制基础

绝大部分机电一体化系统或产品（如数控机床，工业机器人等）都具有伺服功能，机电一体化系统中的伺服控制是为执行机构按设计要求实现运动而提供控制和动力的重要环节。

1. 伺服控制的概念及分类

伺服控制是指对物体运动的位置、速度及加速度等参数的有效控制。在很多情况下，伺服控制系统专指被控制量（系统的输出量）是机械对象的位置、速度、加速度的反馈控制系统，其作用是使输出的机械位移（或转角）准确地跟踪输入的位移（或转角）。

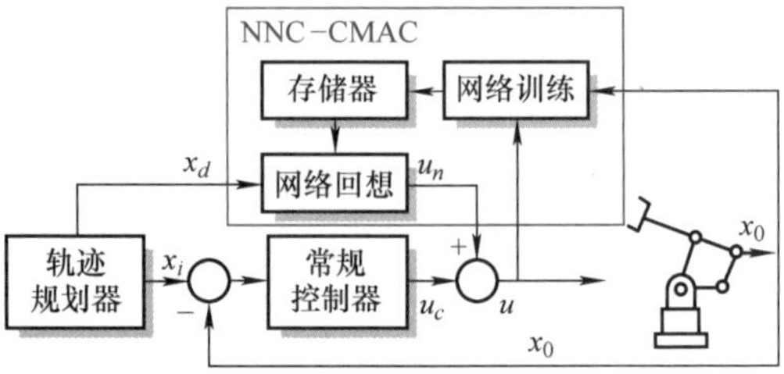

图 5-45　CMAC 反馈控制

伺服控制系统最初用于船舶的自动驾驶、火炮控制和指挥仪中，后来逐渐推广到很多领域，特别是自动车床、天线位置控制、导弹和飞船的制导等。采用伺服系统主要是为了达到下面几个目的：①以小功率指令信号去控制大功率负载，火炮控制和船舵控制就是典型的例子；②在没有机械连接的情况下，由输入轴控制位于远处的输出轴，实现远距同步传动；③使输出机械位移精确地跟踪电信号，如记录和指示仪表等。

伺服控制系统的分类方法很多，按所用驱动元件的不同可分为电气、液压和气动伺服系统。电气伺服系统根据电动机类型的不同又可分为直流、交流和步进电动机控制伺服系统；按被控变量不同可分为位置、速度和转矩控制伺服系统；按自动控制原理不同可分为开环控制、闭环控制和半闭环控制伺服系统。

2. 伺服控制系统的组成

机电一体化伺服控制系统的结构、类型繁多，但从自动控制理论的角度来分析，伺服控制系统一般由操作员界面、控制器、执行器、反馈检测等几部分组成，如图 5-46 所示。

操作员界面是操作员与控制系统之间进行联系的工具，包括输入设备和显示设备，用户

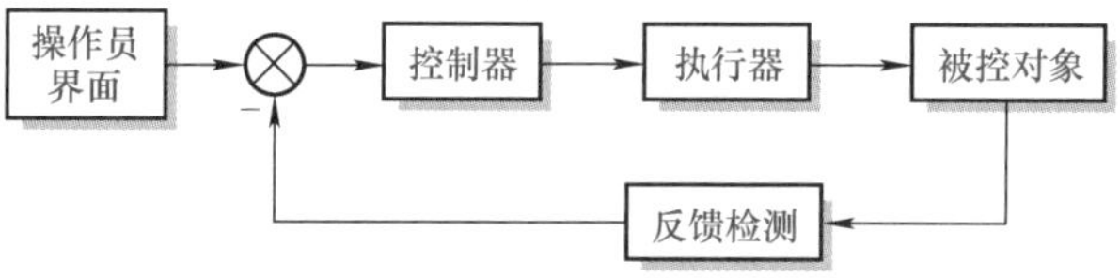

图 5-46　伺服控制系统的机构框图

通过操作员界面设置或查看伺服控制系统的各种工作参数或状态信息。

控制器通常是计算机或 PID 控制电路，其主要任务是对比较元件输出的偏差信号进行变换处理，以控制执行元件按要求动作。伺服控制器有许多种，有一些是针对特定应用而设计的专用控制器，如针对数控机床、自动焊接、激光切割等特殊操作或应用而设计的专用控制器，更多的是为实现通用功能的控制器。常见的通用控制器有运动控制芯片、可编程序控制器、嵌入式微控制器、嵌入式 DSP 处理器和工业控制计算机等。

执行器模块的作用是按控制信号的要求，将输入的各种形式的能量转换成机械能，驱动被控对象工作。机电一体化系统中的执行器一般指各种电动机或液压、气动伺服机构等。其中电动机的种类很多，最常用的有直流有刷电动机、交流伺服电动机、交流感应电动机和步进电动机等。

被控对象是指机械参数量，包括位移、速度、加速度、力和力矩等。

反馈检测模块将运动部件的实际位置、方向、速度、基准位置和极限位置等参数进行检测，转换为电信号反馈给控制器模块。

3. 伺服控制系统的基本要求

对伺服控制系统的基本要求有精度、稳定性、响应特性和工作频率等。

伺服控制系统的精度是指输出量能跟随输入量的精确程度，以误差的形式表现，可概括为动态误差、稳态误差和静态误差三个方面。

伺服控制系统的稳定性是指当作用在系统上的干扰消失以后，系统能够恢复到原来稳定状态的能力；或者当给系统一个新的输入指令后，系统达到新的稳定运行状态的能力。

伺服控制系统的响应特性指的是输出量跟随输入指令变化的反应速度，决定了系统的工作效率。响应速度与许多因素有关，如计算机的运行速度、运动系统的阻尼和质量等。

工作频率通常是指系统允许输入信号的频率范围。当工作频率信号输入时，系统能够按技术要求正常工作；而其他频率信号输入时，系统不能正常工作。

5.4.4　工业控制技术概述

工业现场控制设备需要按照一定的顺序和逻辑对传感器、开关、阀门等输入/输出（I/O）设备进行检测或控制。随着计算机技术、通信技术和控制技术的发展，传统的控制领域正经历着一场前所未有的变革，开始向网络化方向发展。控制系统的结构从最初的 CCS（集中式控制系统），到第二代的 DCS（分布式控制系统），发展到现在流行的 FCS（现场总线控制系统）。

1. 集中式控制系统

集中式控制系统有一个中央控制器，所有的 I/O 设备都由中央控制器统一控制，中央控制器通过并行线路（也称为点对点线路）与现场设备通信。当 I/O 设备比较少时，集中式控制系统的控制简单、容易实现。但随着 I/O 设备的增加，集中式控制系统的缺点开始突出：点对点的通信方式需要使用大量电缆，线路复杂、维护工作量大；随着 I/O 设备的增多，中央控制器很难及时查询和控制，信号同步和并行控制等变得复杂；可靠性差，外围设备故障需要整个系统停机检修或更换，中央控制器故障将导致整个系统瘫痪。

2. 分布式控制系统

分布式控制系统是一个由过程控制级和过程监控级组成的以通信网络为纽带的多级计算机系统，综合了计算机、通信、显示和控制等 4C 技术，其基本思想是分散控制、集中操作、分级管理、配置灵活以及组态方便。分布式控制系统由多台独立的处理器组成，这些处理器可以完成生产过程中的传感、监视、控制的不同要求。在 DCS 结构中，处理器和 I/O 设备大多是分散的，DCS 相当于一个控制网络，原来由 CCS 的中央控制器完成的整个任务被分散到 DCS 的多个控制器/计算机中，各控制器/计算机间通过网络连接实现数据交换。

系统网络是 DCS 的基础和核心。对于 DCS 的系统网络来说，它必须满足实时性的要求，即在确定的时间限度内完成信息的传送；系统网络还必须非常可靠，无论在任何情况下，网络通信都不能中断，因此多数厂家的 DCS 均采用双总线、环形或双重星形的网络拓扑结构；在系统实际运行过程中，各个节点的上网和下网是随时可能发生的，特别是操作员站，这样，网络重构会经常进行，而这种操作绝对不能影响系统的正常运行，因此，系统网络应该具有很强在线网络重构功能。DCS 具有以下特点：

（1）高可靠性　由于 DCS 将系统控制功能分散在各台计算机上实现，系统结构采用容错设计，因此某一台计算机出现的故障不会导致系统其他功能的丧失。此外，由于系统中各台计算机所承担的任务比较单一，可以针对需要实现的功能采用具有特定结构和软件的专用计算机，从而使系统中每台计算机的可靠性也得到提高。

（2）开放性　DCS 采用标准化、模块化和系列化设计，系统中各台计算机采用局域网方式通信，实现信息传输，当需要改变或扩充系统功能时，可将新增计算机方便地连入系统通信网络或从网络中卸下，几乎不影响系统其他计算机的工作。

（3）协调性　各控制器/计算机之间通过通信网络传送各种数据，整个系统信息共享，协调工作，以完成控制系统的总体功能和优化处理。

3. 现场总线控制系统

现场总线是指安装在制造或过程区域的现场装置与控制室内的自动控制装置之间用于数字式、串行、多点通信的数据总线。基于现场总线的控制系统被称为现场总线控制系统。

FCS 本质是信息化处理现场，核心是总线协议，基础是数字智能现场装置。FCS 既是一个开放的网络通信系统，又是一个全分布的自动控制系统。现场总线作为智能设备的联系纽带，把挂接在总线上并作为网络节点的智能设备连接为网络系统，并进一步构成自动化系统，实现基本控制、参数修改、报警、显示、监控、优化及控管一体化的综合自动化功能。FCS 具有以下特点：

（1）总线式结构　现场总线在一对传输线（总线）上挂接多台现场设备，双向传输数字信号，简化了布线，节约了安装费用，维护简便。

（2）开放性、互操作性与互换性　现场总线采用统一的协议标准，属于开放式的网络。不同厂家的网络产品可以方便地接入同一网络，在同一控制系统中进行互操作，不同生产厂家性能类似的设备可以实现相互替换，简化了系统集成。

（3）彻底的分散控制　现场总线控制系统将控制功能下放到作为网络节点的现场智能仪表和设备中，做到彻底的分散控制，提高了系统的灵活性、自治性和安全可靠性。

（4）信息综合、组态灵活　通过数字化传输现场数据，FCS 能获取现场仪表的各种状态、诊断信息，实现实时的系统监控和管理及故障诊断。此外，FCS 引入了功能块的概念，通过统一的组态方法，使系统组态简单灵活，不同现场设备中的功能块可以构成完整的控制回路。

（5）多种传输介质和拓扑结构　由于采用数字通信方式，因此 FCS 可用多种传输介质进行通信。根据控制系统中节点的分布情况，可应用多种网络拓扑结构。

5.5　数控系统

5.5.1　数控技术概况

数控技术是指用数字化信号（记录在媒介上的数字信息及数字指令）对设备运行及其加工过程进行控制的一种自动化技术。它是一种可编程的自动控制方式，所控制的量既有位置、角度、速度等机械量，也有温度、压力、流量、颜色等物理量，这些量的大小不仅可用数字表示，而且是可测的。如果一台装置（如切削机床、锻压机械、切割机、绘图机）实现其自动工作的命令是以数字形式来描述的，则称其为数控装置。

数控技术是机械、电子、自动控制理论、计算机和检测技术密切结合的机电一体化高新技术，它能把机械装备的功能、可靠性、效率和产品质量提高到一个新水平，使机械、电子行业发生了深刻的变化。可以说，数控技术是实现制造过程自动化的基础，是自动化柔性系统的核心，数控技术是现代集成制造系统的重要组成部分。

总之，数控技术已成为当今工业设备、制造业中不可忽视的关键高新技术，对我国今后的技术进步和科学发展具有重要的先导作用，需大力发展。

5.5.2　数控装置

下面以数控机床为例，说明数控装置的基本组成，如图 5-47 所示。

①为加工零件的图样，作为数控装置工作的原始数据。

②为程序编制部分。

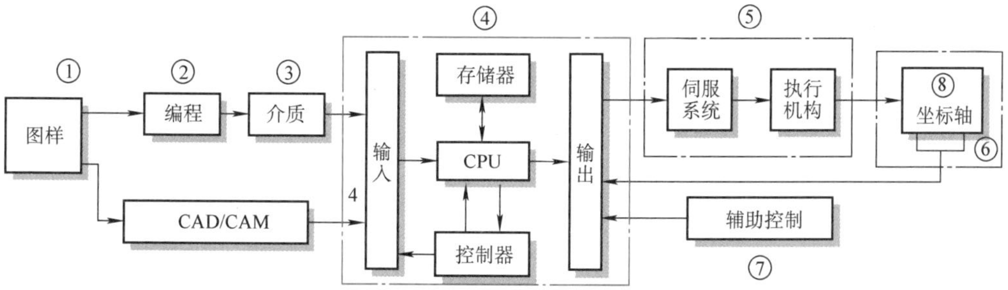

图 5-47　数控装置的基本组成框图

③为控制介质，也称为信息载体，通常用穿孔纸带、磁带、软磁盘或光盘作为记载控制指令的介质。控制介质上存储的加工零件所需要的全部操作信息，是数控系统用来指挥和控制设备进行加工运动的唯一指令信息。但在现代CAD/CAM系统中，可不经控制介质，而是将计算机辅助设计的结果及自动编制的程序加以后置处理，直接输入数控装置。

④为数控系统，它是数控机床的核心环节。数控系统的作用是接收介质输入的信息，经处理运算后去控制机床运行。按软、硬件构成特征，数控系统可分为硬线数控与软线数控。传统的数控系统即系统的核心数字控制装置是由各种逻辑元件、记忆元件组成的随机逻辑电路，是采用固定接线的硬件结构，数控功能是由硬件来实现的，这类数控系统称之为硬件数控（硬线数控）。随着半导体技术、计算机技术的发展，微处理器和微型计算机功能增强，价格下降，数字控制装置已发展成为计算机数字控制（Computer Numerical Control）装置，即所谓的CNC装置，它由软件来实现部分或全部数控功能。

⑤为伺服驱动系统，它包括伺服驱动电路（伺服控制线路、功率放大线路）和伺服电动机等驱动执行机构。它们与工作本体上的机械部件组成数控设备的进给系统，其作用是把数控装置发来的速度和位移指令（脉冲信号）转换成执行部件的进给速度、方向和位移。数控装置可以以足够高的速度和精度进行计算并发出足够小的脉冲信号，伺服驱动电路把数控装置发出的微弱电信号（5V左右，毫安级）放大成强电的驱动电信号（几十至上百伏，安培级）去驱动执行元件——伺服电动机。伺服系统执行元件主要有功率步进电动机、电液脉冲马达、直流伺服电动机和交流伺服电动机等，其作用是将电控信号的变化转换成电动机输出轴的角速度和角位移的变化，从而带动工作本体的机械部件做进给运动。

⑥为坐标轴或执行机构的测量装置。前者用以测量坐标轴（如工作台）的实际位置，并将测量结果反馈到数控系统（或伺服驱动系统），形成全闭环控制；后者用以测量伺服电动机轴的位置，并予以反馈，形成半闭环控制。测量反馈装置的引入，有效地改善了系统的动态特性，大大提高了零件的加工精度。

⑦为辅助控制单元，用于控制其他部件的工作，如主轴的起停、刀具交换等。

⑧为坐标轴（如工作台轴）。

数控系统的工作本体是加工运动的实际执行部件，主要包括主运动部件、进给运动执行部件、工作台、床身及其部件和床身立柱等支撑部件，此外还有冷却、润滑、转位和夹紧等辅助装置，存放刀具的刀架、刀库或交换刀具的自动换刀机构等。对工作本体的要求是：应有足够的刚度和抗振性，要有足够的精度，热变形小，传动系统结构要简单，便于实现自动控制。

数字控制系统有如下特点：

1）可用不同的字长表示不同精度的信息，表达信息准确。

2）可进行逻辑运算、数学运算，可进行复杂的信息处理。

3）由于有逻辑处理功能，可根据不同的指令进行不同方式的信息处理，从而可用软件来改变信息处理的方式或过程，而不用改动电路或机械机构，从而使机械设备具有“柔性”。

由于数字控制系统具有上述优点，已被广泛应用于机械运动的轨迹控制。轨迹控制是机床数控系统和工业机器人的主要控制内容。此外，数字控制系统的逻辑处理功能可方便地用于机械系统的开关量控制。

5.5.3 数控应用

由于数控和计算机控制的设备在技术上的优越性，可以说凡需要精密位置或运动控制的装置就要用到数控技术。目前数控系统在以下几种机械的位置控制方面得到日益广泛的应用：

（1）金属切削机床　数控技术已成功地用于车、钻、铣、磨和锯床以及成形铣床、加工中心上。

（2）坐标测量机　坐标测量机使用的数字控制系统与金属切削机床的很相似。坐标测量机是用精密定位功能来测量实际表面与理论表面之间的偏差的。传感器代替了机床上的刀具。测量轮廓表面时，测量机沿被测曲面移动，一个位移传感器跟踪着实际表面的轮廓。当编程表面的坐标值（即理想曲面的坐标值）和实际表面的坐标值一致时，传感器的输出信号为零；如果实际的和理论的坐标值不一致，则传感器即输出数字信号，这些数字信号输入计算机和存储器中的信号相比较，就能得出偏差值。计算机输出记录下来的网格点的编号和偏差值，可用打印机打出，或用绘图仪绘出实测图形或偏差图形。

（3）机器人　机器人的执行器（机械手）沿一系列点位运动，这些点的位置以数字形式存储起来，由伺服控制系统驱动机器人的各个关节，使机械手完成简单的工作，并可再现这些动作，所以机械手的成功也依赖于高精度、可重复的数字控制系统。

（4）自动绘图机　自动绘图机实质上是一个两坐标的描绘轮廓的装置。其中数控技术被用来将图样、曲线图表等转换为绘图笔的运动轨迹。此时，绘图笔代替了数控机床上的刀具。

（5）数控焊接机　数控焊接机采用的控制原理和多坐标数控机床相同。五坐标数控焊接机已在宇航工业中用来沿曲面边缘进行焊接。控制器控制着位置和速度，并用与机床相同的方法编制程序。

此外，数控技术被广泛用于火焰切割、塑料工业等工业生产各个领域中，提高了生产效率，减少了废品。

5.5.4 数控系统分类

下面以数控机床的数控系统为例说明数控系统分类。

1. 按机床的运动轨迹分类

（1）点位控制系统　点位控制系统只控制机床移动部件的终点位置，而不管移动所走的轨迹如何，可以一个坐标移动，也可以两个坐标同时移动，在移动过程中不进行切削。数控钻床、数控镗床、数控压力机等都属于点位控制系统。

（2）直线切削控制系统　直线切削控制系统控制刀具或工作台以适当的速度按平行于坐标轴的方向直线移动，并可对工件进行切削。这类系统也能按45°进行斜线切削，但不能按任意斜率进行切削。简易数控车床、数控镗床就属于直线切削控制系统。

（3）连续切削控制系统　连续切削控制系统又称轮廓控制系统，它能对刀具与工件相对移动的轨迹进行连续控制，能加工曲面、凸轮、锥度等复杂形状零件，数控铣床、数控车床、数控磨床均采用连续切削控制系统。

2. 按伺服系统的控制方式分类

伺服系统包括驱动机构和机床移动部件，它是数控系统的执行部分，按其控制原理可分为以下三类：

（1）开环控制系统　典型的开环控制系统如图5-48所示，是采用步进电动机的伺服系统。对于数控装置发来的每一个进给脉冲，经驱动线路放大并驱动步进电动机转动一个步距，再经减速齿轮带动丝杠旋转，并通过丝杠螺母副传动工作台移动。可以看出，工作台的移动量与进给脉冲的数量成正比。显然这种开环控制系统的精度不太高，但开环控制系统结构简单，调试容易，造价低，在数控机床的发展过程中占有一定的重要地位，现在仍普遍应用。

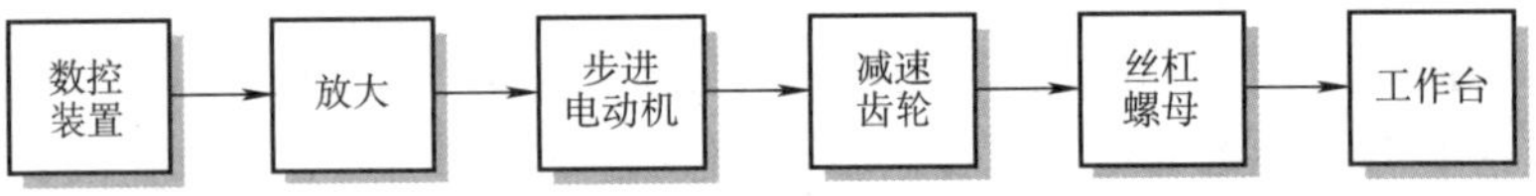

图5-48　开环控制系统框图

（2）半闭环控制系统　如图5-49所示，它采用装在丝杠或伺服电动机上的角位移测量元件，测量丝杠或电动机轴的转动量，从而间接地测量工作台的移动量。半闭环调试方便，稳定性好，角位移测量元件简单、廉价，所以配备传动精度较高的齿轮、丝杠的半闭环系统得到了广泛的应用。

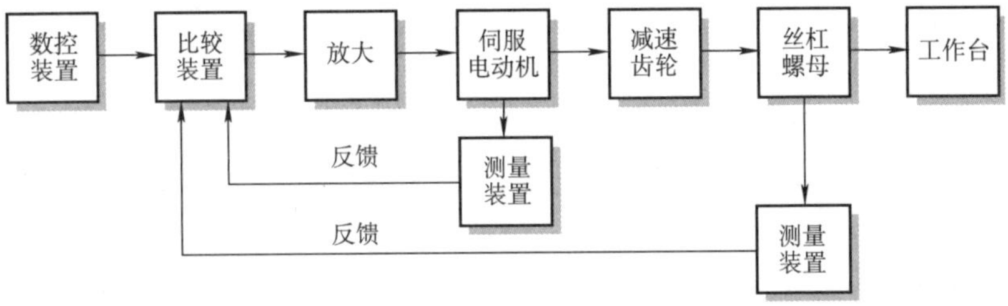

图5-49　半闭环控制系统框图

（3）闭环控制系统　如图5-50所示，它采用直线位移测量元件测量机床工作台的位置，并将测量结果送回与数控装置的命令值相比较，二者不相等而有差值时，将此差值放大后控制伺服电动机带动工作台继续移动，直至测量值与命令值的差值为零或接近于零时停止移动。

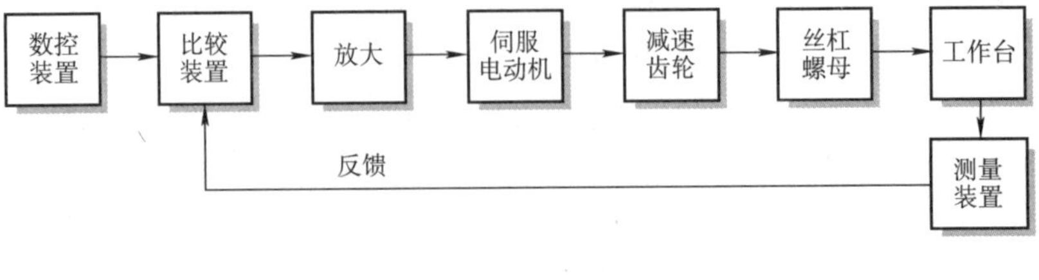

图5-50　闭环控制系统框图

5.6 机器人技术

机器人技术是近40年来迅速发展起来的综合性技术，它综合了机械学、电子学、计算机科学、自动控制工程、人工智能、仿生学等多个学科的最新研究成果，代表了机电一体化的最高成就，是当今世界科学技术发展最活跃的领域之一。

5.6.1 机器人的定义、组成及分类

机器人学是关于设计、制造和应用机器人的一门正在发展中的新兴学科，是一门多学科的综合性高新技术，是当代研究十分活跃、应用日益广泛的领域，机器人的应用情况也标志着一个国家制造业及其工业自动化的水平。

1. 工业机器人定义

目前，国际上关于机器人的定义有多种，综合各国对工业机器人（Industrial Robot）的定义，都包含有可编程、计算机控制和机械装置三方面的共同点，因此本书定义为：工业机器人是一种可以搬运物料、零件、工具或完成多种操作功能的专用机械装置；由计算机进行控制，是无人参与的自主自动化控制系统；它是可编程、具有柔性的自动化系统，可以允许进行人机联系。可以通俗地理解为“机器人是技术系统的一种类别，它能以其动作复现人的动作和职能；它与传统的自动机（或自动系统）的区别在于有更大的功能性和多目的用途，可以反复调整以执行不同的功能”。这一概念反映了人类研制机器人的最终目标是为了创造一种能够综合人的所有动作和智能特征，延伸人的活动范围，具有通用性、柔性和灵活性的自动机械。

根据上述的定义，可以理解机器人具有以下特征：

1）机器人是模仿人或动物肢体动作的机器，能像人那样使用工具和机械。因此机床和汽车不是机器人。

2）机器人具有智力或感觉与识别能力。一般玩具机器人由于没有感觉和识别能力，所以不属于真正的机器人。

3）机器人集中了机械工程、电子技术、计算机技术、自动控制理论以及人工智能等多学科的最新研究成果，代表了机电一体化的最高成就，是当代科学技术发展最活跃的领域之一。

2. 机器人的组成

一个机器人系统一般由操作机（机械本体）、驱动单元、控制器和为机器人进行作业而连接的外部设备组成。图5-51所示为一台工业机器人。

工业机器人一般都由机器人本体、驱动系统和控制系统组成。有些机器人还有行进系统、感知系统和人工智能系统。各组成部分说明如下：

（1）手部　手部又称抓取机构、夹持器或终端效应器，用以直接抓取工件或工具。在手部可安装某些专用工具，如焊枪、喷枪、电钻、电动螺钉（母）拧紧器，这些可视为专用的特殊手部。工业机器人所用手部有机械式、真空、磁力及粘附式手爪。

（2）腕部　腕部是连接手部与臂部的部件，用以支承和调整末端执行器（手部）的姿态，确定物件的姿态（方向）。

(3) 臂部 臂部是支撑腕部的部件，由操作机的动力关节和连接杆件等构成，用以承受工件和工具的负荷，改变它们的空间位置并将它们送至预定的位置。

(4) 机身 机身又称为立柱，是支撑臂部的部件，用以扩大臂部的活动范围。

(5) 机座及行走机构 机座及行走机构是支撑整个工业机器人的基础件，用以确定或改变整台机器人的位置。

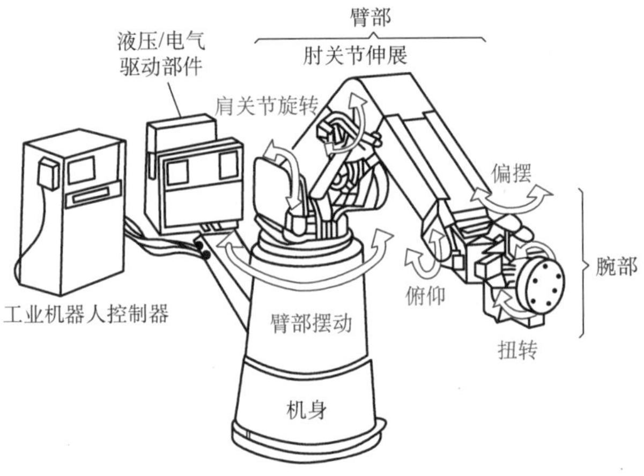

图 5-51 工业机器人的构造

以上手部、腕部、臂部、机身、机座及行走机构等构成了机器人本体，又称操作机，是机器人完成作业的实体，它具有与人手臂相似的动作功能。

(6) 驱动系统 驱动系统是工业机器人的动力源，又称为移动器，由驱动器、减速器及检测元件等组成，是用来为操作机及各部件提供动力和运动的装置。

(7) 控制系统 控制系统是控制工业机器人按预定要求进行动作的装置，也是由人操作起动、停机及示教机器人的一种装置，其核心是计算机控制系统。

此外，人工智能系统是智能机器人所具有的，它包括了感觉系统和决策、规划智能系统。

3. 分类

现有的机器人分类方法概括起来有下面几种：

(1) 按自动化功能层次分类

1) 专用机器人。这是以固定程序在固定地点工作的机器人，其动作少，工作对象单一，结构简单，造价低，适用于在大量生产系统中工作。

2) 通用机器人。这是具有独立的控制系统，动作灵活多样，通过改变控制程序能完成多种作业的机器人。它的工作范围大，定位精度高，通用性能强，但结构复杂，适用于柔性制造系统。

3) 示教再现机器人。这是具有记忆功能、能完成复杂动作的机器人。它在由人示教操作后，能按示教的顺序、位置、条件与其他信息反复重现示教作业。

4) 智能机器人。这是具有各种感觉功能和识别功能，能作出决策并自动进行反馈纠正的机器人。它采用计算机控制，依赖识别、学习、推理和适应环境等智能来决定其行动或作业。

(2) 按驱动方式分类 可分为气压传动机器人、电气传动机器人、液压传动机器人以及复合传动机器人。

(3) 按控制方式分类

1) 固定程序控制机器人。它采用固定程序的继电器控制器或固定逻辑控制器组成控制系统，按预先设定的顺序、条件和位置，逐次执行各阶段动作，但不能用编程的方法改变已设定的信息。

2) 可编程序控制机器人。这是可利用编程方法改变动作顺序和位置的机器人，其控制系统具有程序选择环节来调用存储系统中相应的程序。它适用于比较复杂的工作场合，并能随着工作对象的不同需要在较大范围内调整机器人的动作。它可以实现点位控制和连续轨迹控制，这方面的功能与NC机床类似。

（4）根据受控运动方式分类

1）点位控制（PTP）型机器人。机器人受控运动方式为自一个点位目标移向另一个点位目标，只在目标点上完成操作，例如点焊，要求在目标点上有足够定位精度。相邻目标点间的运动方式，一种是各关节驱动机以最快速度趋近终点，各关节视其转动角位移大小不同，到达终点有先有后；另一种是各关节同时趋近终点，由于各关节运动时间相同，所以角位移大的，运动速度最高。点位控制型机器人主要用于点焊、搬运。

2）连续控制（CP）型机器人。机器人各关节同时作受控运动，机器人终端按预期的轨迹和速度运动，为此各关节控制系统需要获取驱动机的角位移和角速度信号。连续控制型机器人主要用于弧焊、喷漆、打飞边毛刺和检测。

此外还有传感器控制、非自适应控制、自适应控制、智能控制等类型的机器人。

4. 工业机器人的发展

工业机器人的发展已经经历了三代：

1）第一代工业机器人主要是指示教再现控制的操作机器人，即为了让机器人完成期望的作业，首先由操作者对操作机器人的运行轨迹、作业顺序、作业工艺条件等进行键入指令或通过示教盒进行示教。操作机器人控制系统将示教指令储存起来，应用时根据再现指令逐条取出示教指令，经过编译，在一定精度范围内复现示教动作。目前国内外工业中应用的机器人，绝大多数都是这一类。

2）第二代工业机器人是具有感受功能，包括光觉、视觉、力觉、触觉、声觉、语音识别等功能的工业机器人，它可以根据感受信息调整控制算法。这一类工业机器人已经在实验室内研制成功，并开始得到试用，但由于成本较高，其工业应用的普及还要有一个过程。

3）第三代工业机器人是智能化的高级机器人。这类机器人目前还处于研究开发阶段。

从以上的论述可以看出，未来的机器人正在向着更高的智能、更强的自主性、更全面的感觉能力（例如视觉、听觉、触觉乃至对硬度、湿度和温度的感觉）的更类人的方向发展。

5.6.2 机器人的运动轴系和自由度

1. 工业机器人的运动轴系

机器人执行机构的运动轴系通常分为四类：直角坐标系（图5-52a）、圆柱坐标系（两个直线坐标轴和一个回转坐标轴）（图5-52b）、球坐标系（一个直线坐标轴和两个回转坐标轴）（图5-52c）和关节系（三个回转坐标轴）（图5-52d）。

与运动轴系相对应，机器人操作机可分为四种坐标形式的操作机，其特点如下：

（1）直角坐标型操作机　它可在空间三个相互垂直的方向X、Y、Z上做独立移动运动，其控制简单，易达到高精度，但操作灵活性差，运动速度较低，操作范围较小。

（2）圆柱坐标型操作机　这类操作机在水平转台上装有立柱，水平臂可沿立柱上下运动并可在水平方向伸缩。其操作范围较大，运动速度较高，但随着水平臂沿水平方向伸长，基线位移分辨精度越来越低。

（3）球坐标型操作机　它又称为极坐标型操作机，工作臂不仅可绕垂直轴旋转，还可

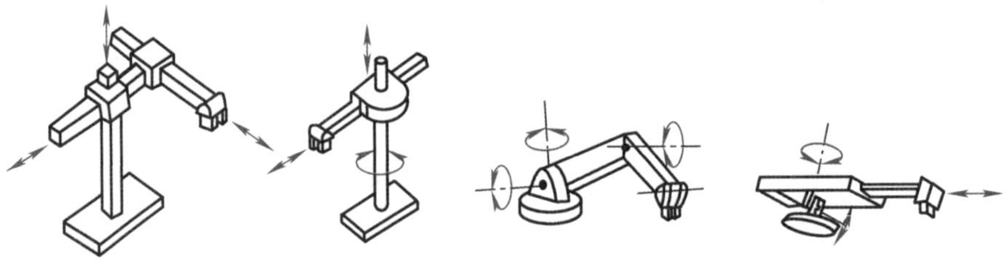

a) b) c) d)

图 5-52 机器人运动轴系

a）直角坐标系 b）圆柱坐标系 c）球坐标系 d）关节系

绕水平轴作俯仰运动，且能沿手臂轴线作伸缩运动。其操作比圆柱坐标型更为灵活，但旋转关节反映在末端执行器上的线位移分辨精度是一个变量。

（4）关节型操作机 其由多个关节连接的机座、大臂、小臂和手腕等构成，大、小臂既可在垂直于机座的平面内运动，也可实现绕垂直轴的转动，其操作灵活性最好，运动速度较高，操作范围大，但精度受手臂位姿的影响，实现高精度运动较困难。

2. 机器人的自由度

物体上任何一点都与坐标轴的正交集合有关。物体能够对坐标系进行独立运动的数目称为自由度。物体所能进行的运动（见图 5-53）有：沿着坐标轴 Ox、Oy 和 Oz 的三个平移运动 T_1、T_2 和 T_3，绕着坐标轴的三个旋转运动 R_1、R_2 和 R_3，这意味着物体能够运用三个平移和三个旋转，相对于坐标系进行定向和运动。

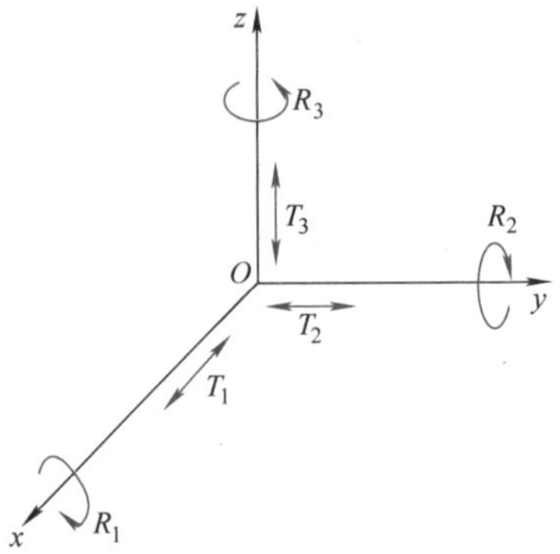

图 5-53 刚体的六个自由度

自由度是机器人的一个重要技术指标，它是由机器人的结构决定的机器人的机动性。要确定一个机器人的几何状态，需要有三个位置自由度和三个姿态自由度。将机器人的这六个自由度称为位姿。

人们期望机器人能够以准确的方位把它的端部执行装置或与它连接的工具移动到给定点。如果机器人的用途预先是不知道的，那么它应当具有六个自由度；不过，如果工具本身具有某种特别结构，那么就可能不需要六个自由度。例如，要把一个球放到空间某个给定位置，有三个自由度就足够了。又如，要对某个旋转钻头进行定位与定向，就需要五个自由度，这个钻头可表示为某个绕着它的主轴旋转的圆柱体。

为了使工业机器人能够控制必要的动作并按顺序运动，需要六个基本运动轴，即所谓六个自由度。这六个自由度用来模仿人手臂的各种功能动作。但并非所有的机器人都需要具备全部六个自由度。这六个基本运动中三个是腕部的，三个是臂部和机身的，以图 5-54 所示的球坐标机器人为例，说明如下：

（1）垂直俯仰运动 这是整个臂部围绕一个水平轴的支点（肩关节）在垂直方向上做俯仰运动。

（2）径向往复移动 这是臂部的伸缩运动。对于关节型机器人来说，是用前臂绕肘关节的回转来完成的。

（3）往复旋转运动 这是围绕垂直轴的旋转运动（工业机器人臂部的左右旋转）。

机器人机械手的手臂一般具有三个自由度，其他的自由度数为末端执行装置所具有。当要求某一机器人钻孔时，其钻头必须转动。不过，这一转动总是由外部的电动机带动的。因此，不把它看作机器人的一个自由度。这同样适用于机器人的机械手。机械手的夹手应能开闭。不过，也不能把夹手的这个开闭所用的自由度当作机器人的自由度之一，因为这个自由度只对夹手的操作起作用。这一点是很重要的，必须记住。

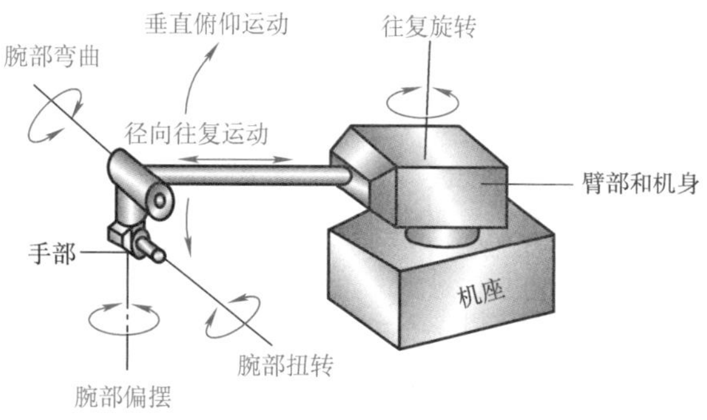

图5-54　工业机器人典型的六个运动自由度

5.6.3　工业机器人的驱动与控制系统

机器人的控制器相当于人的大脑，它指挥机器人的动作，并协调机器人与生产系统之间的关系，对示教再现型机器人来说，包括示教、存储、再现、操作各环节。它按控制信号对伺服执行机构发出指令，包括动作的顺序、应到达的位置与路径、动作的时间等。必要时需对机器人的动作进行监视，当发生错误或故障时发出报警信号。控制器还对生产系统（加工机械或其他设备）的状况作出反应，产生相应的动作。控制器是反映机器人功能和水平的核心部分。

1. 工业机器人驱动系统

工业机器人驱动系统按动力源分为液压驱动、气动驱动和电动驱动三种基本驱动类型，根据需要也可采用由这三种基本驱动类型组合成的复合式驱动系统。

工业机器人驱动系统的选用，应根据工业机器人的性能要求、控制功能、运行的功耗、应用环境、作业要求、性能价格比以及其他因素综合加以考虑。在充分考虑各种驱动系统特点的基础上，要保证工业机器人性能规范性、可行性和可靠性。

电动机驱动方式应用类型一般可分为普通（交、直流）电动机驱动、步进电动机驱动、直流伺服电动机驱动、交流伺服电动机驱动等。

伺服电动机驱动单元一般由伺服电动机、传感器、减速器（也可无减速装置）和制动器组成。它经输出轴输出转矩和运动，驱动机器人操作机的某一关节运动。随着伺服功率放大器成本的降低，许多新设计的机器人大多选用通用性强、动作灵活的多关节型结构，每一个关节（或称每一个自由度）采用一台电动机和一个微处理器进行驱动和控制。

在工业机器人中，直流伺服电动机、交流伺服电动机都采用闭环控制，常用于位置精度和速度要求高的机器人中。步进电动机主要适于开环控制系统，一般用于位置和速度精度要求不高、价格较低的机器人中。

2. 工业机器人控制系统

（1）机器人控制系统功能　机器人控制系统是机器人的重要组成部分，用于实现对操作机的控制，以完成特定的工作任务，其基本功能有：坐标设置功能、记忆功能、示教功能、与外部设备联系功能、人机接口、传感器接口、位置伺服功能和故障诊断安全保护功能。

（2）机器人控制系统组成　控制系统组成如图5-55所示。

（3）机器人控制系统分类　机器人控制系统有多种的不同分类方式，图5-56所示是按控制方式的一种分类。

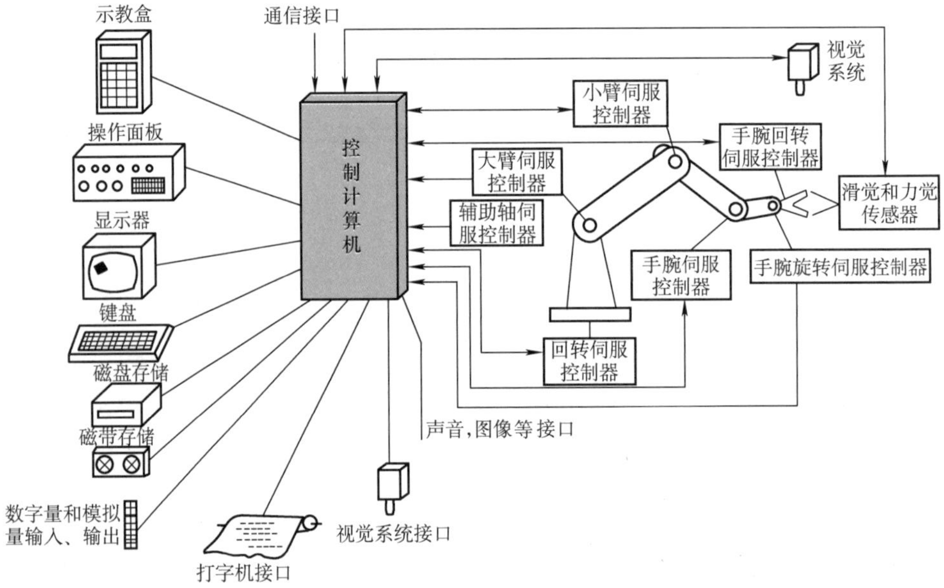

图 5-55　机器人控制系统组成框图

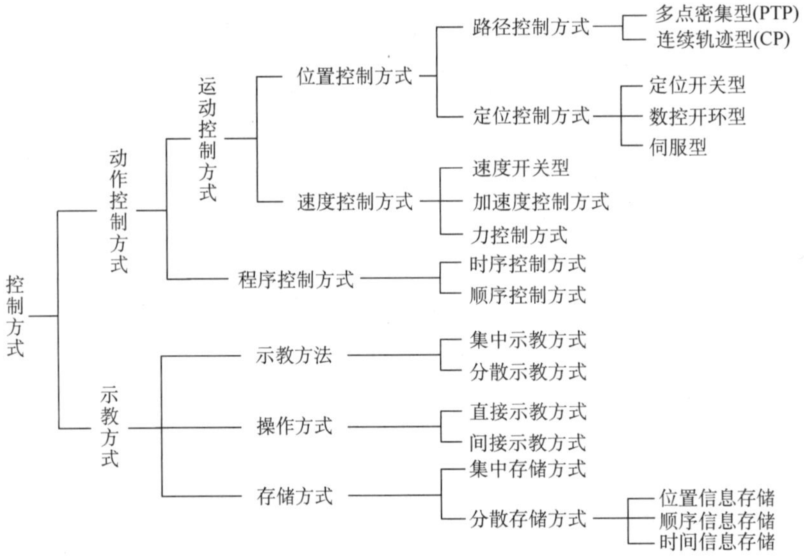

图 5-56　工业机器人的控制方式

5.6.4　工业机器人的应用

各种工业机器人可以以单机形式使用，也可以作为生产系统中的一个构成部分使用。随着社会需求发展的变化，工业机器人因其灵活性好，将在柔性自动化制造系统中应用得越来越多。

机器人技术应用非常广泛，不同的机器人的应用领域不同，尤其是工业机器人，在制造业中得到广泛应用。

1. 单机形式使用

(1) 点焊、弧焊机器人　这类机器人应用在汽车、摩托车、工程机械、锅炉等的制造领域，如点焊汽车底盘、车体及其他部件，弧焊机器人也可用于装配。

(2) 喷涂机器人　喷涂机器人应用于汽车、建材、家电、机械行业。例如，汽车整车自动喷漆，汽车的发动机、保险杠、弹簧、板簧、驾驶室等自动喷漆，卫生陶瓷等自动喷釉，玻璃纤维加强水泥预制板的喷涂，电视机、电冰箱、洗衣机、计算机、手机等外壳自动喷漆，减速器等自动喷漆，汽车灯、车门防水帘、车身底板、塑料件等自动涂胶等。

(3) 搬运机器人　搬运机器人应用于机械、汽车制造业，用以完成产品和物料的自动输送。

(4) 网络机器人　网络机器人应用在通信和远距离控制方面，承担环境观测等工作。

(5) 其他机器人　如军用机器人，爆炸物处理机器人、检测航路和障碍物机器人、加油机器人、水下机器人、探月车等。

2. 机械制造系统中的应用

(1) 选择与布局设计原则　刚性自动化适合于大批量生产，生产的零件种类数目很少，可以为之设计专门的工装设备，能达到很高的生产率，汽车的生产就是一个例子。柔性自动化适合于中批量生产，生产的零件种类数目居中。可编程自动化适合小批量生产，生产的零件种类数目可以很大。在三种类型的自动化中，工业机器人属于可编程自动化之类。工业机器人是一种具有通用目的的可编程的多功能操作机，其设计目的是使操作机按照可变的程序运动，从而完成多种多样的任务，例如传送零件、装配、焊接、喷漆等。当机器人本身是一个可编程自动化的装置时，它又可以应用于柔性自动化乃至于刚性自动化系统中。

机械制造系统的硬件由许多装备组成，作为系统的一个组成部分，工业机器人要与系统的其他部分（如机床、输送带等）协调工作。因此在进行工业机器人的选择和系统布局设计上应考虑以下原则：满足作业技术参数要求；性能价格比高；满足系统的生产节拍要求；在作业不发生干涉的约束条件下，优化工业机器人与其前后相连接装备之间的布置，从而减小机器人规格，减小制造系统的占地面积（或空间），缩短机器的运动路径。

(2) 工业机器人应用实例

1）柔性制造系统（FMS）中的应用实例。图 5-57 为加工齿轮用 FMS，由 1 台拉床、2 台车床、3 台插齿机、3 台剃齿机和 1 台去毛刺机完成圆柱齿轮的加工。用 3 台工业机器人分别实现车床群、插齿机群和剃齿机群的上、下料，机床间由滑道输送部件，并设置多个塔

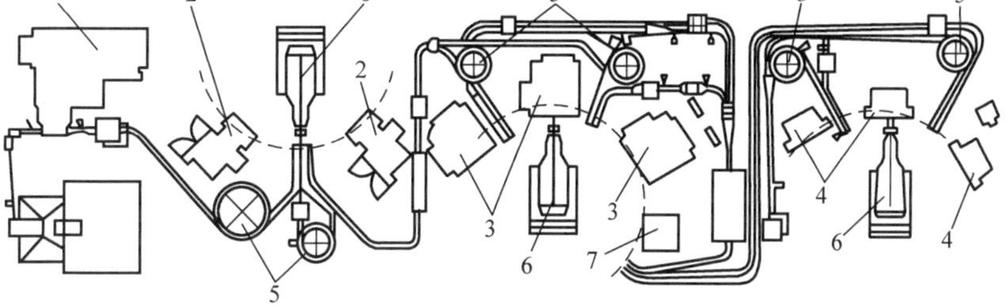

图 5-57　加工齿轮用 FMS

1—拉床　2—车床　3—插齿机　4—剃齿机　5—塔式存储架　6—机器人　7—去毛刺机

式存储架。

2）装配系统中的应用实例。图5-58为采用具有视觉、触觉的双臂智能机器人进行吸尘器装配作业的例子。视觉信息系统采用了八台工业用电视摄像机，用来识别工件，其中1～7为固定式，8为可转式。触觉信息由手臂上的20个传感器获取，两臂（各有八个自由度）配合完成复杂的作业。

此外，工业机器人可以代替人去处理一些危险作业，如在放射线、火灾、海洋、宇宙等环境中使用。图5-59为用于核工业的步行机器人。

随着计算机技术不断向智能化方向发展，机器人应用领域的不断扩展、深化及在系统（FMS、CIMS）中的群体应用，工业机器人也在不断向智能化方向发展，以适应敏捷制造，适应多样化、个性化的需求并适应多变的非结构环境作业，向非制造领域进军。

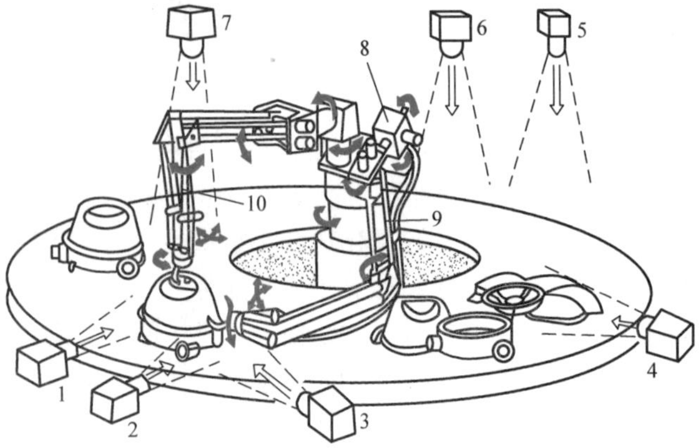

图5-58　装配系统中的双臂智能机器人
1～7—固定式电视摄像机　8—可转式电视摄像机
9—抓握手臂　10—感知手臂

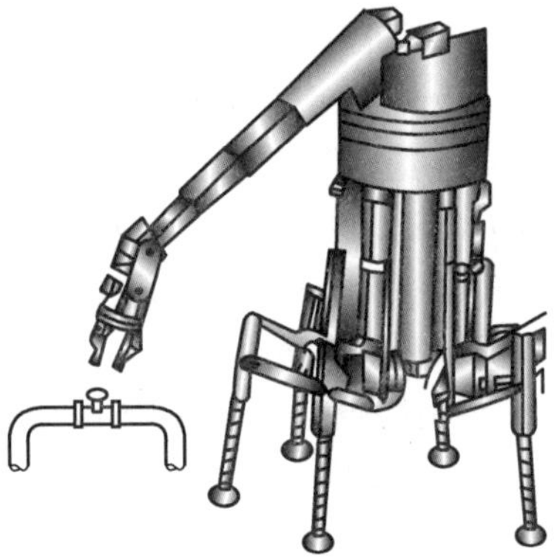

图5-59　核工业中的步行机器人

5.7　柔性制造技术

5.7.1　概述

1. 制造自动化技术的发展历程

制造自动化技术的发展同制造技术的发展是密切相关的。回顾历史，制造自动化技术服务的生产模式经历了以下几个主要发展阶段：

1）用机器代替手工，从手工作坊到专业工厂。

2）从单件生产方式发展到大量生产方式。

3）从大量生产方式发展到多品种、小批量的柔性自动化生产方式。

4）目前已是高效、敏捷与集成经营生产方式。

制造自动化的历史和发展可分为图5-60所示的五个阶段。

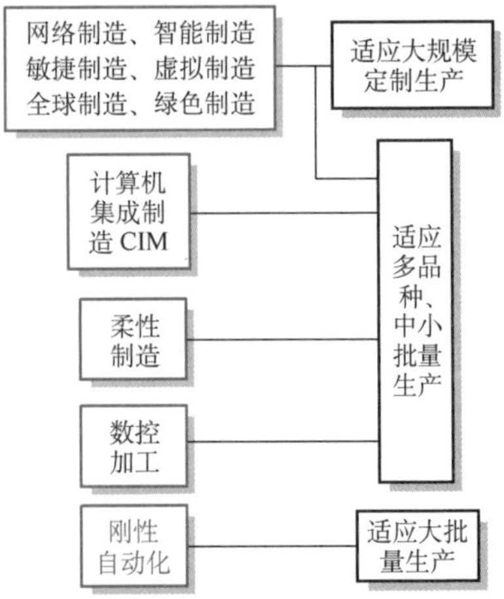

图5-60　制造自动化的历史与发展

第一阶段：刚性自动化。这个阶段包括自动单机和刚性自动线。该阶段在20世纪40～50年代已相当成熟。应用传统的机械设计与制造工艺方法，采用专用机床和组合机床、自动单机或自动化生产线进行大批量生产。其特征是高生产率和刚性结构，很难实现生产产品的改变。引入的新技术包括继电器程序控制、组合机床等。

第二阶段：数控加工。这个阶段包括数控（NC）和计算机数控（CNC）。数控加工设备包括数控机床、加工中心等，特点是柔性好、加工质量高，适应于多品种、中小批量（包括单件产品）的生产。引入的新技术包括数控技术、计算机编程技术等。

第三阶段：柔性制造。该阶段特征是强调制造过程的柔性和高效率，适应于多品种、中小批量的生产。涉及的主要技术包括成组技术（GT）、计算机直接数控和分布式数控（DNC）、柔性制造单元（FMC）、柔性制造系统（FMS）、柔性加工线（FML）、离散系统理论和方法、仿真技术、车间计划与控制、制造过程监控技术、计算机控制与通信网络等。

第四阶段：计算机集成制造（CIM）和计算机集成制造系统（CIMS）。其特征是强调制造全过程的系统性和集成性，以触决现代企业生存与竞争的TQCS问题。CIMS涉及的学科技术非常广泛，包括现代制造技术、管理技术、计算机技术、信息技术、自动化技术和系统工程技术等。

第五阶段：新的制造自动化模式。这些模式包括智能制造、敏捷制造、虚拟制造、网络制造、全球制造、绿色制造等。

其中柔性制造技术作为第三阶段的制造技术，目前已经得到了很大的发展。通常使用普通加工设备进行多品种、小批量生产时，在零件的整个生产过程中，坯料和在制品的运输、存放时间约占生产时间的95%，而在机床上的时间仅为5%，这5%中真正进行切削的加工时间只占30%，其他70%时间用于零件的定位、装夹、换刀、测量、机床的调整和维修，以及清铁屑、待料等。数控机床只是减少了机床上切削时间和工序间加工设备更换时用于零件搬运、存放的时间。因此，为了进一步提高劳动生产率，缩短零件生产周期，充分提高机床利用率，必须在中小批量生产领域里进一步提高自动化程度。根据这些生产要求，一种新的制造系统——柔性制造系统（FMS）出现并迅速发展起来。FMS自20世纪60年代问世以来，就显示出了强大的生命力。它克服了传统的刚性自动线只适用于大量生产的局限性，表现出了对多品种、中小批量生产制造自动化的适应能力。现在世界上已有大量的FMS在运行。国际上以柔性生产方式生产的产品产值，已占制造总产值的75%以上，其中在美国占78%，在日本占80%，且有不断增长的趋势。

2. 柔性制造技术

柔性制造技术（Flexible Manufacturing Technology，FMT）是一种主要用于多品种、中小批量或变批量生产的制造自动化技术，它是对有效地且适应性地将各种不同形状的加工对象转化为成品的各种技术的总称。FMT的根本特征是“柔性”，是指制造系统（企业）对系统内部及外部环境的一种适应能力，也是指制造系统能够适应产品变化的能力，可分为瞬时、短期和长期三种柔性。瞬时柔性是指设备出现故障后，自动排除故障或将零件转移到另一台设备上继续进行加工的能力；短期柔性是指系统在短时期（如间隔几小时或几天）内，适应加工对象变化的能力，包括在任意时刻混合地进行加工两种以上零件的能力；长期柔性则是指系统在长期使用（几周或一个月）中，能加工各种不同零件的能力。迄今为止，柔性还只能定性地加以分析，还没有科学的量化指标。因此，凡具备上述三种柔性特征之一的具有物料流或信息流的自动化制造系统都可以称为柔性自动化。目前的研究主要围绕FMT的系统结构、控制、管理和优化运行等方面进行。

FMT是电子计算机技术在生产过程及其装备上的应用，是将微电子技术、智能化技术与传统加工技术融合在一起，具有先进性、柔性化、自动化、效率高的制造技术。FMT是从机械转换、刀具更换、夹具可调、模具转位等硬件柔性化的基础上发展起来的，已成为自动变换、人机对话转换、智能化任意变化地对不同加工对象实现程序化柔性制造加工的一种崭新技术，是自动化制造系统的基本单元技术。

FMT有多种不同的应用形式。按照制造系统的规模、柔性和其他特征，柔性自动化具有如下形式：如独立制造岛（AMI）、柔性制造单元（FMC）、柔性生产线（FML）、准柔性制造系统（P. FMS）、柔性制造系统（FMS）和以FMS为主体的自动化工厂（FA）。与刚性自动化的工序分散、固定节拍和流水线生产的特征相反，柔性自动化的共同特征是：工序相对集中，没有固定的生产节拍，物料的非顺序输送。柔性自动化的目标是：在中小批量生产条件下，接近大量生产方式由刚性自动化所达到的高效率和低成本，并同时具有刚性自动化所没有的灵活性。

3. FMS主要特点

FMS有两个主要特点，即柔性和自动化。FMS与传统的单一品种自动生产线（相对而言，可称为刚性自动生产线，如由机械式、液压式自动机床或组合机床等构成的自动生产线）的不同之处主要在于它具有柔性。有关专家认为，一个理想的FMS应具备8种柔性：

（1）设备柔性　设备柔性是指系统中的加工设备具有适应加工对象变化的能力。其衡量指标是当加工对象的类、族、品种变化时，加工设备所需刀、夹具、辅具的准备和更换时间；硬件、软件的交换与调整时间；加工程序的准备与调校时间等。

（2）工艺柔性　工艺柔性是指系统能以多种方法加工某一族工件的能力。工艺柔性也称加工柔性或混流柔性，其衡量指标是系统不采用成批生产方式而同时加工的工件品种数。

（3）产品柔性　产品柔性是指系统能够迅速地转换新产品的生产的能力，也称反应柔性。其衡量指标是系统从加工一种工件转向加工另一种工件时所需的时间。

（4）工序柔性　工序柔性是指系统改变每种工件加工工序先后顺序的能力。其衡量指标是系统以实时方式进行工艺决策和现场调度的水平。

（5）运行柔性　运行柔性是指系统处理其局部故障，并维持断续生产原定工件族的能力。其衡量指标是系统发生故障时生产率的下降程度或处理故障所需的时间。

（6）批量柔性　批量柔性是指系统在成本核算上能适应不同批量的能力。其衡量指标是系统保持经济效益的最小运行批量。

（7）扩展柔性　扩展柔性是指系统能根据生产需要方便地进行模块化组建和扩展的能力。其衡量指标是系统扩展的规模大小和难易程度。

（8）生产柔性　生产柔性是指系统适应生产对象变换的范围和综合能力。其衡量指标是前述七项柔性的总和。

5.7.2 柔性制造系统的组成及分类

1. 柔性制造系统的组成

柔性制造系统的目的在于对产品设计、生产目标和计划、工作站、物料搬运和加工路线等的变化进行实时调整。

一个柔性制造系统（FMS）由下列三部分组成：加工系统、物流系统和计算机控制管理系统，如图5-61所示。

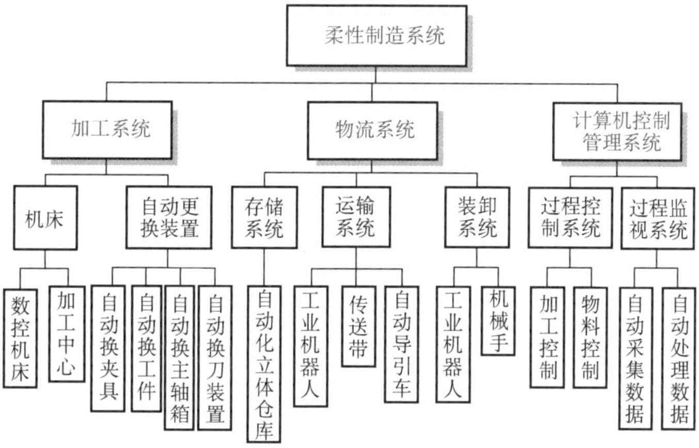

图5-61　柔性制造系统的组成

（1）加工系统　加工系统通常由若干台加工零件的CNC机床或CNC板材加工设备组成。加工系统的功能是以任意顺序自动加工各种工件，并能自动地更换工件和刀具。

以加工箱体形零件为主的FMS，配备有数控加工中心（有时也有CNC铣床）；以加工旋转零件为主的FMS，多数配备有CNC车削中心和CNC车床（有时也有CNC磨床）；混合加工箱体零件和旋转体零件的FMS，既配备有CNC加工中心，也配备有CNC车削中心和CNC车床；加工专门零件（如齿轮）的FMS，则除配备有CNC车床外还配备CNC齿轮加工机床。在现有的FMS中，加工箱体类零件的FMS占的比重较大，其原因在于箱体、框架类零件采用FMS加工时经济效益特别显著。

柔性制造系统的加工能力由它所拥有的加工设备的性能所决定，而加工设备所需的功能、加工尺寸范围和精度都由待加工的零件族的精度决定。从物料输送和系统的连接方便性考虑，FMS最好采用具有托盘装置的机床。同时，机床刀具库的容量也应能够满足加工的需要。从控制角度看，机床与外部环境的通信能力，即信息交换的种类、数量以及通信接口支持的网络标准也是机床的重要特性之一。

（2）物流系统　在FMS中，需要经常将工件装夹在托板（有的称随行夹具）上进行输送和搬动，通过物料输送系统可以实现工件在机床之间、加工单元之间、自动仓库与机床或加工单元之间，以及托板存放站与机床之间的输送和搬运。物流系统一般由三个部分组成，即运输系统、存储系统和装卸系统。

1）运输系统。运输系统根据上级计算机的指令和下级设备（如加工中心、自动仓库、缓冲站、三坐标测量机等）的反馈信息，自动将物料通过输送设备准确适时地送到指定位置，完成物料在工作站间的流动，以实现各种加工处理顺序和要求。

工件输送包括两部分：一是把零件毛坯、原材料、工具和配套件等由外界搬运进系统，以及将加工好的成品及换下的工具从系统中搬走；二是零件、工具和配套件等在系统内部的搬运。在一般情况下，前者需要人工干预，即工件送入系统和夹具上装夹工件都是人工操作，而后者可以在计算机的统一管理和控制下自动完成。运输系统所用的运输工具为运输小车、辊式运送带、传送带和搬运机器人等。

2）存储系统。在柔性制造系统中，在制工件中有相当数量的工件不处在加工和处理状态，即有不少工件处于等待状态，这些处于等待状态的毛坯、半成品、成品、成品组件等需要进行存储或暂存。工件的存储包括物品在仓库中的保管和生产过程中在制品的临时性停放。这就要求在FMS的物料系统中设置适当的中央料库和托盘库以及各种形式的缓冲储区，以保证系统的柔性。在FMS中，中央料库和托盘库（夹具库）一般是自动化立体仓库。在自动化制造系统中，以自动化立体仓库为中心组成的一个毛坯、半成品、配套件或成品的自动存储、自动检索系统是物流系统的核心之一。它由库房、堆垛起重机、控制计算机、状态检测器、条形码扫描器等设备组成，是一个计算机统一控制进行作业和管理的仓库系统。在该系统中，堆垛起重机将根据主计算机的控制指令动作，主计算机与各物料搬运装置的计算机联机并负责进行数据处理和物料管理工作。自动化立体仓库不仅因为对占地的立体使用，解决了地皮不足的难题，而且由于实现了出库作业的自动化和迅速处理存储信息的能力，克服了人手缺乏、库存管理的困难。

3）装卸系统。物流系统必须为柔性制造系统提供装卸装置，一方面完成工件在托盘（随行夹具）上的装卸，另一方面实现输送装置与加工设备之间的连接。工件装卸站是装卸系统的主要组成部分之一，是工件进出系统的地方，在这里，装卸工作通常是采用人工操作完成的。FMS如果采用托板装夹运送工件，则工件装卸站必需有可与小车等托板运送系统交换托板的工位。工件装卸站工位上安装有传感器，与FMS的控制管理系统连接，指示工位上是否有托板。工件装卸站边上有工件装卸站终端，也与FMS的控制管理系统连接，用于装卸工装卸结束的信息输入，以及要求装卸工装卸的指令输出。

（3）计算机控制管理系统　计算机控制管理系统包括过程控制及过程监控两个系统。其功能分别为：过程控制系统进行加工系统及物流系统的自动控制；过程监控系统进行在线状态数据自动采集和处理。信息系统的核心是一个分布式数据库管理系统和控制系统，整个系统采用分级控制结构，即FMS中的信息由多级计算机进行处理和控制。其主要任务是：组织和指挥制造流程，并对制造流程进行控制和监视；向FMS的加工系统、物流系统（存储系统、运输系统及装卸系统）提供全部控制信息并进行过程监视，反馈各种在线检测数据，以便修正控制信息，保证安全运行。

2. FMS单元控制系统

图5-62所示为典型的较大规模的FMS单元控制系统，分三级控制。它的第一级主要是对机床和工件装卸机器人进行控制，包括对各种加工作业的控制和监测；第二级相当于DNC控制，包括对整个系统运行的管理、对工件流动的控制、对工件程序的分配以及对第一级生产数据的收集；第三级控制负责生产管理，主要是编制日程进度计划，把生产所需的信息，如工件的种类和数量、每批生产的期限，以及刀具、夹具种类和数量等，送到第一级系统管理计算机。主计算机可以与CAD相连，因此，也可以利用CAD的工件设计数据进行数控编程，然后把数控数据送到第二级控制系统。

FMS的原理图如图5-63所示。FMS工作过程可以这样来描述：柔性制造系统接到上一级控制系统的有关生产计划信息和技术信息后，由其信息系统进行数据信息的处理、分配，并按照所给的程序对物流系统进行控制。

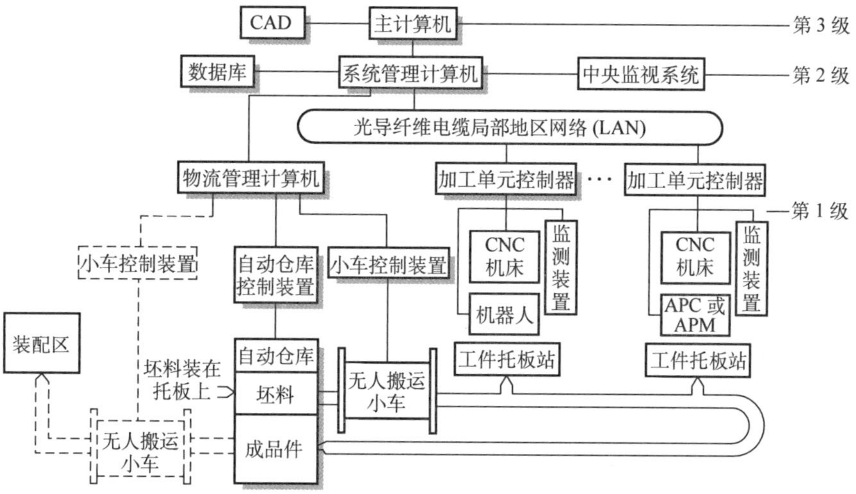

图 5-62　FMS 单元控制系统

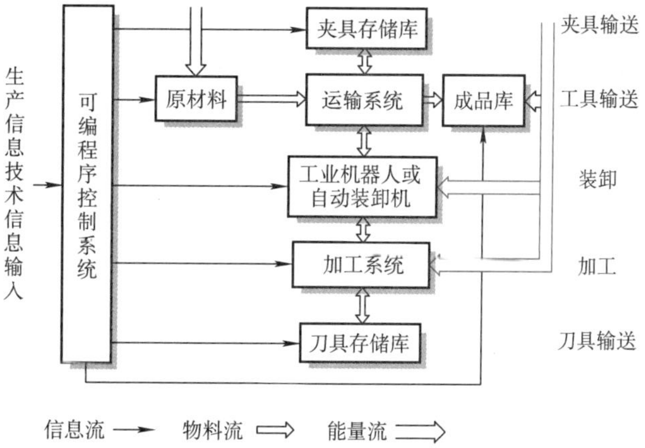

图 5-63　FMS 原理图

物料库和夹具库根据生产的品种及调度计划信息提供相应品种的毛坯，选出加工所需要的夹具。毛坯的托盘由输送系统送出。工业机器人或自动装卸机按照信息系统的指令和工件及夹具的编码信息，自动识别和选择所装卸的工件及夹具，并将其安装到相应机床上。

机床的加工程序识别装置根据送来的工件及加工程序编码，选择所需的加工程序，并进行检验。全部加工完毕后，由装卸及运输系统将产品送入成品库，同时把加工质量、数量信息送到监视和记录装置，托盘被送回托盘库。

当需要改变加工产品时，只要改变传输给信息系统的生产计划信息、技术信息和加工程序，整个系统即能迅速、自动地按照新要求来完成新产品的加工。中央计算机控制着系统中物料的循环，执行进度安排、调度和传送协调等功能。它不断收集每个工位上的统计数据和其他制造信息，以便作出系统的控制决策。FMS 在加工自动化的基础上实现物流和信息流的自动化，其“柔性”是指生产组织形式和自动化制造设备对加工任务（工件）的适应性。

3. FMS 分类

目前 FMS 的分类方法很多，还没有统一的标准。按照 FMS 承担的制造任务，可以将 FMS 分成柔性零件加工系统、柔性装配系统、柔性检测系统。通常讨论的 FMS 是指柔性零件加工系统。FMS 按其加工设备的规模、投资强度和用途划分为五个级别。它们是：

（1）柔性制造模块（FMM，Flexible Manufacturing Module）　FMM 是一台扩展了许多

自动化功能（如托盘交换器、托盘库或料库、刀库、上下料机械手等）的数控加工设备，它是最小规模的柔性制造设备，相当于功能齐全的加工中心、车削中心或磨削中心等。

（2）柔性制造单元（FMC，Flexible Manufacturing Cell） FMC是在加工中心基础上发展起来的。一般由1台计算机控制，由1~2台加工中心或FMM和自动储运系统组成。它们之间由小规模的工件自动输送装置进行连接，并用计算机对它们进行生产控制和管理。FMC适宜加工的零件种类一般为500~800种，每种零件的年产量约为20~50件。

（3）柔性制造系统（FMS） FMS一般包括4台或更多的数控加工设备、FMM或FMC，是规模更大的FMC或由FMC为子系统构成的系统。FMS的控制、管理功能也比FMC强，对数据管理与通信网络的要求高。它由计算机控制系统、物料储运系统和一组数控机床组成。它无固定加工顺序和节拍，在不停机状态下也能适应加工对象的变换。FMS具有自动变换加工程序、自动变换加工对象、自动适应不同加工顺序和生产节拍、高效率自动加工和自动换刀、自动监控加工质量和自动诊断故障等众多功能。FMS适宜加工的零件种类一般为几种至上百种，每种零件的年产量约为40~2000种。

（4）柔性制造生产线（FML，Flexible Manufacturing Line） 其规模与FMS相同或比FMS大，但加工设备在采用通用数控机床的同时，更多地采用数控组合机床（数控专用机床、可换主轴箱机床、模块化多动力头数控机床等），所以这种柔性制造生产线也被称为柔性自动线（FTL，Flexible Transfer Line），工件输送路线多为单线固定。FML的特点是柔性较低，专用性较强，生产率较高，生产量较大，相当于数控化的自动生产线，一般用于少品种、中大批量生产。因此可以说FML相当于专用FMS。

（5）柔性制造工厂（FMF，Flexible Manufacturing Factory） FMF由以FMS为主的系统构成，柔性制造由FMS扩大到全厂范围，并通过计算机系统的有机联系，实现全厂范围内生产管理过程、设计过程、制造过程和物料储运过程的全点自动化，即实现自动化工厂（FA，Factory Automation）的目标。

5.7.3 柔性制造系统实例

这里向读者介绍某大学教学实验柔性生产线系统。该教学实验柔性生产线加工的产品有水晶内雕工艺品（原料为长50mm，宽80mm，高分别为50mm、65mm、80mm的三种规格水晶玻璃块）、有机玻璃标牌（原料为长155mm、宽85mm、高12mm的有机玻璃板）和金属标牌（原料为长155mm、宽85mm、高12mm的45钢钢板）。该系统主要作为教学和科研使用，如图5-64所示。

图5-64 教学柔性生产线系统现场

该教学柔性生产线配置有生产加工子系统、物流储运子系统、控制子系统。它的组成如图5-65所示。生产加工子系统中的数控激光内雕机、数控外雕机、数控雕铣机分别用于生产水晶内雕工艺品、有机玻璃标牌、金属标牌。每个加工设备负责加工其中一种工件，但每种加工设备都可以根据中央控制计算机下达的不同生产任务调用不同的加工程序，生产出多种多样的成品；物流储运子系统实现托盘、工件的有序运输和仓储，上下料机器人、自动导向（AGV，Automatic Guide Vehicle）运料小车的存在大大增加了物流储运系统的灵活性。物流储运系统的工作状态是可以通过控制系统随机调度的，工件可以不必按固定的节拍上下生产线，甚至可以多种工件混流输送，这给工件流的最优调度提供了可能。上述两个子系统都是在控制子系统的集中控制和调度下协调工作的。控制子系统包括过程控制及过程监测两部分。过程控制负责进行加工设备和物流储运设备的自动控制或调度。过程监测负责在线数据自动采集和处理，必要时把采集的数据传送给过程控制系统。

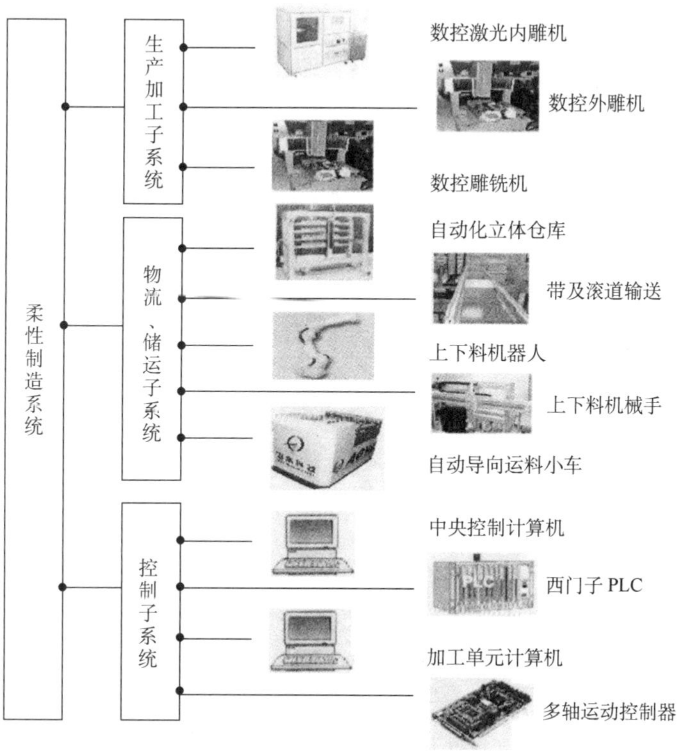

图5-65　教学柔性生产线的组成

该柔性制造系统的控制子系统采取分布式控制和集中协调的控制方案。系统配有的中央控制计算机用于实现柔性生产线各子系统的协调控制。用户可以通过操作中央控制计算机中的控制软件把生产指令和调度任务下达给整条生产线，生产线据此自动组织生产。它可以实现传统生产方式难以实现的多品种、中小批量、高效率、混流生产。该教学柔性线的控制网络如图5-66所示。

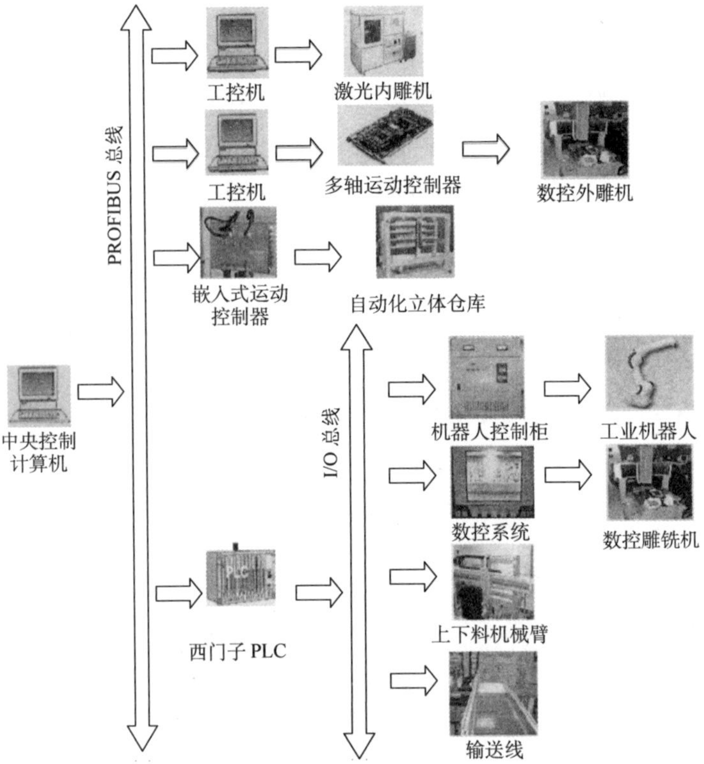

图 5-66 教学柔性线的控制网络框图

复习思考题

1. 与传统机械产品相比，机电一体化产品有哪些显著特征？
2. 步进电动机及其控制系统有什么优点？
3. 阐述描述传感器静态特性的技术指标。
4. PLC 有什么特点？
5. 简述检测系统的组成。
6. 阐述转矩的测量方法。
7. 滤波器是如何进行分类的？
8. 阐述虚拟仪器的构成及其软件开发方式。
9. 阐述自动控制系统的分类。
10. 简述闭环系统的组成。
11. 阐述前馈控制的概念及其特点。
12. 神经网络用于控制的优越性主要体现在哪些方面？
13. 现场总线控制系统有什么特点？
14. 以数控机床为例，说明数控装置的基本组成。
15. 阐述工业机器人的组成。
16. 阐述柔性制造系统的主要特点。

第6章 制造过程的生产管理模式

6.1 概述

什么是管理？我们引用一些简单的结论来加以说明。凡有人群的地方就有管理，自从人类出现了分工就存在着管理的需求。管理是人类社会需求的产物，又是劳动分工的产物，其本质是对关系的管理。管理是一项活动，又是一个过程，有着目的和内容。所谓管理，就是主体人为了实现预定的目标而协调客体间关系的过程。管理是历史的，是人类历史长河中前辈思考出来又留给后人的思想资源。管理是科学的，从对历史上的管理活动所作的分析看，管理是有规律可循的。管理是艺术的，它有很强的实践性，将千变万化的管理现象真实地反映出来。因此，管理的属性是辩证性、历史性、科学性、艺术性和实践性的统一，并且已经形成了一门独立的科学，称为管理科学。

管理包括管理活动、管理技术、管理知识。其中，管理活动是从事系统策划、整体调配以及效绩决策等的智力活动和具体行为；管理技术是指一套运作程序，具有特殊的目标性和工具性；管理知识是指一组原理原则，它是通过理性的认知与经验的验证而获得的，具有观念的概括性和系统性。

企业管理是一种指导与控制企业复杂的生产过程的科学方法，是指企业经营者根据一定的理论、原则、法令、法规、程序，运用一定的方式和方法，对企业所能支配的人、财、物、信息、能量等有形资产和无形资产，进行有效地计划、组织、指挥、协调和控制，使各项要素得以合理配置，以求达到企业所预期实现的战略目标和策略目标。

现代化的企业管理是由管理的思想、目标、方针、组织、制度、方法、手段、装备八个子系统组成的互联、互促、互制约以及协调的整合体系，如图6-1所示。

从管理理念的发展来看，管理已经历了三大阶段，即分工理论、集成/综合理论和量子论三个阶段。由斯密、泰勒、法约尔等总结创造的分工理论，其核心思想是分工出效率，分工可以降低对员工的技能要求，分工可以分散管理风险，是工业社会阶段的主要管理思想支柱。但是，随着企业的规模化和全球化的发展，企业管理的递阶层次越来越庞大，有的多达10~20层，惊人的管理成本早已抵消了分工带来的效益。20世纪70年代初，以哈林顿为代表的集成/综合管理理论兴起，它强调了两个基本点，即系统的观点——企业是由各个生产环节组成的一个不可分割的整体，需要统一考虑，应当环环相扣、协调运转；信息的观

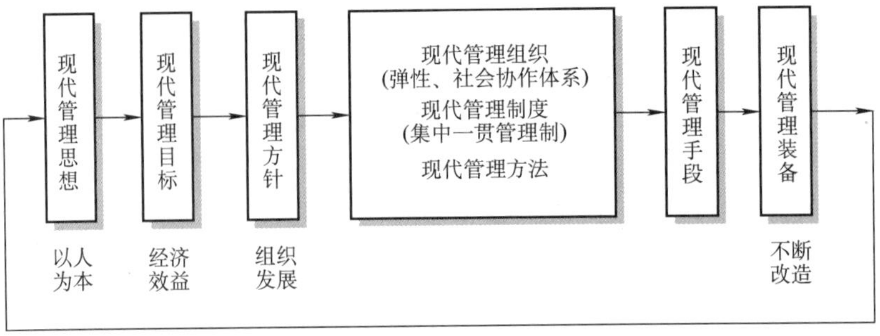

图6-1 现代企业管理体系

点——企业的生产制造过程本质上是信息采集、传递、加工和处理的过程。于是，在信息革命的支撑下，基于信息集成、过程集成和企业间集成的新的管理理念和模式蓬勃发展，如集成的、并行的、敏捷的、虚拟的、网络化的管理新理念。随着知识经济的兴起与发展，知识管理的新理念正在形成。其基本思路是，知识是由人创造和生产的，而创造和生产知识的人具有个性和社会性双重属性，必须针对人力资源的特性创造新的管理模式。

所谓模式，就是榜样或模板，尤其是特别清晰和典型的榜样。模式是众多同类系统模仿的“典范”，它应该全面反映系统的各个方面。企业管理模式是一种系统化的指导与控制方法，它把企业中的人、财、物和信息等资源高质量、低成本、快速及时地变换成市场需要的各种商品和服务，如图6-2所示的制造系统模型，输入包括有关的各种资源，输出是各种产品及服务，反馈有产品及服务性能品质反馈、顾客及用户需求和意见反馈。从系统论的观点看，管理过程就是为了某一目标而有效地控制各种活动，在保证质量及合理成本条件下，及时、高效地将产品及服务推到市场。

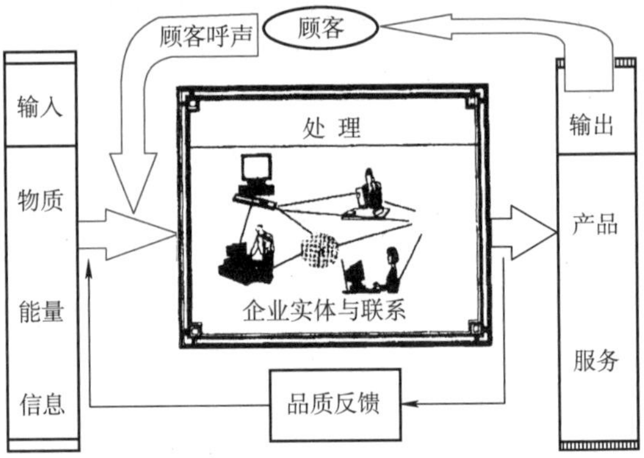

图6-2 制造系统模型

制造系统是一种人造的开放式系统，体现了人类的意志、原则和规律。制造系统是建立在某种理性哲理即模式的基础上，是某种制造模式的物理实现。

制造管理模式决定了制造系统的结构和运行方式，具有十分重要的意义。

制造管理模式可以理解为客观制造系统在人头脑中的主观影像，是人们设计新的制造系统（企业）或者改造现有制造系统时所依据的基本概念、原则和理论，以及制造系统在运行过程中所遵循的规律。

不同管理模式是为了适应某些管理过程，或在特定的管理理论指导下发展起来的。理想的管理模式应该是需求和供给处处、时时维持平衡，库存为零。这里需求、供给和库存均是广义的，可以是最终产品，也可以指半成品或资金等。真正的广义零库存是不可能的，因为它是一种复杂的过程，而人的认知能力和企业的能力均是有限的。

6.2 制造业生产模式的演变

6.2.1 制造业生产模式的发展

人类制造业及制造系统生产模式的发展已有了漫长的历史。但长期以来，人类社会处于手工技术和手工业的水平，制造业及制造生产模式的真正形成与发展还只有近两百年的历史。回顾历史，人类制造业生产方式的发展大致经历了四个主要阶段。

1. 手工与单件生产阶段

在人类发展的历史进程中，很长一段时间人类生产力主要是人力，所采用的生产模式是家庭作坊式的手工生产模式，直到1776年瓦特制造出第一台有实用价值的蒸汽机之后，制造业发生了革命性的变化，人类进入了机器生产的时代。从手工业到机器作业，从而脱离了家庭作坊式的手工生产模式，生产率有了较大的提高，揭开了近代工业化大生产的序幕，其基本特征为：

1）手工操作通用机床，按用户要求进行单件生产，生产的产品的可靠性和零件的互换性差，可靠性和一致性不能得到保证。

2）劳动生产率低，生产成本高。

3）生产者是整台机器的作坊业主。

4）工厂组织结构松散，管理层次简单。

2. 大批量生产阶段

从19世纪中叶到20世纪中叶，在E. Whitney提出的“互换性”和“大批大量生产”，Oliver Evons将传送带引入生产系统和F. Taylor倡导的“科学管理”的基础上，Henry Ford开创了汽车装配自动流水生产线，从而导致了一种新的生产模式即大量生产方式（Mass Production）的产生。这种模式推动了工业化进程，为社会提供了大量的经济产品，促进了市场经济的高度发展，使制造业开始了第一次生产方式的转换。其主要特征是：

1）实行从产品设计、加工制造到管理的标准化和专业化生产。

2）采用移动式的装配线和高效的专用设备。

3）实行纵向一体化管理。把一切与最终产品相关的工作都归并到厂内自制。

但这种生产模式在降低生产成本、提高劳动生产率的同时，是以损失产品的多样性为代价的。

3. 柔性自动化生产阶段

从20世纪50年代开始，随着生产环境的变化，人们逐渐认识到刚性自动化的不足，大量生产少数产品品种的局限性越来越大，对大批量生产方式的缺点有了进一步的认识，包括：劳动分工过细，导致了大量功能障碍；对市场和用户需求的应变能力较低；纵向一体化的组织结构形成了臃肿官僚的“大而全”的塔形多层体制。市场的多变性和顾客需求的个性化、产品品种和工艺过程的多样化以及生产计划与调度的动态性，迫使人们寻找新的生产方式，提高工业企业的柔性和生产率，并试图从技术的角度改变大批量生产模式的不足。1952年美国麻省理工学院试制成功第一台数控铣床，揭开了柔性自动化生产的序幕。1968年英国莫林公司和美国辛辛那提公司建造了第一条由计算机集中控制的自动化制造系统，定名为柔性制造系统。20世纪70年代，出现了各种微型机数控系统、柔性制造单元、柔性生产线和自动化工厂。以上这些技术进步和发展，标志着柔性生产的开始。与大批量生产模式相比，它工序相对集中，没有固定的节拍，物料非顺序输送将高效率与高柔性融于一体，生产成本低，具有较强的灵活性和适应性。

4. 高效、敏捷与集成经营生产阶段

自20世纪70年代以来，不同时期不同国家的经济增长、繁荣与停滞、衰退交替出现，企业所处的外部环境日趋复杂多变，使得企业面临一系列前所未有的挑战。这个阶段的特征为：

1）市场需求波动，消费者行为更加具有选择性，产品需求朝多样化发展。开放—自由表达—多样化潮流的发展，是消费者价值观念结构性变化的必然结果，消费者不仅要求产品体现个性，且其需求的变化十分迅速。

2）市场对产品性能、质量要求更高，产品寿命缩短。

3）国际合作成为科学发展的强大势头。科学技术、经济、生产及市场的全球化、一体化、社会化已成为必然趋势，国家间的市场界线即将消失，企业经营处于全球化竞争环境之中，科技的发展对经济和社会的影响将空前广泛，愈加深刻。

4）竞争日趋激烈。技术的迅速发展、市场的用户化、经济的全球化及基于不同基础上的企业竞争行为等组合作用的结果，使竞争形势瞬息万变，其速度远远超过了现有企业内部因素变化的速度，使得企业的生存与发展越来越取决于对市场变化的响应速度。

5）技术迅猛发展。大量新技术不断涌现并向各个领域渗透，科技内部的交叉和联系，以及科学技术与社会相互作用的进一步增强，使技术、知识及产品的更新速度加快，特别是计算机技术、信息技术的发展，引起人类生产力的飞跃和社会生产方式的巨变，成为推动企业全面变革的主导力量。

先进制造生产模式主要有：以空间换取时间、多专业、多人员协同一致工作的并行工程（CE，Concurrent Engineering）；集单件生产与批量生产优点于一体的精益生产（Lean Production），和以灵活应变为目标，基于柔性技术、知识化熟练工人及创新管理机制的敏捷技术与企业（Agile Technology & Enterprise）；从仿生学角度提出了仿生制造；从分形理论（Fractal Theory）提出了分形公司；为了保护环境又提出绿色制造等管理模式。

这些新的制造系统与管理模式各有特色与侧重点，但都是以并行思维（Concurrent Thinking）和交叉学科为基础，在协同攻关（Team Work）的组织形式、虚拟公司的概念和技术融合聚变的创新方法指导下，通过互补性合作，以适应环境的变化，并将系统空间扩大到顾客与供应商。采取简化过程，在更大的时空范围中优化资源，得到非线性的高深层次的附加效益。它们既反映了上市时间这一市场机制中最本质的需求，又抓住了信息技术给人们提供的人－机交互式处理复杂问题这一个最本质的机遇。

它们的共同特点是：

1）从以技术为中心向以人为中心转变，使技术的发展更加符合人类社会发展的需要。

2）企业的组织结构将从金字塔式的多层次生产管理结构向分布式扁平的网络结构转变。

3）从传统的顺序工作方式向并行工作方式转变。

4）制造系统的策略将集中在灵活组织社会资源，企业从按功能划分部门的固定组织形式向动态的、自主管理的小组工作组织形式转变。

5）质量是企业尊严和品牌价值的起点，快速响应市场的竞争策略是制胜的法宝。

6）企业从单纯竞争走向既有竞争又有结盟之路。

7）技术创新将成为未来企业竞争的焦点。

6.2.2 先进制造生产模式的战略目标

先进制造生产模式，其本质就是集成经营。集成经营是在新的市场环境下，将企业经营所涉及的各种资源、过程与组织进行一体化的并行处理。通过集成使企业获得精细、敏捷、优质与高效的特征，在更大的空间范围与更深的层次上有效地共享资源，以适应环境变化对质量、成本、服务及速度的新要求；通过增强生产或企业范围内的系统一致性、整体性和灵活性来提高企业的应变力，以求得快速响应不可预测的市场的变化。

先进制造生产模式的主要战略目标可以概括如下：

1. 获取生产有效性为首要目标

卖方市场的特征使大批量制造生产模式的生产有效性成为既定满足的条件，致力于生产效率的提高成为了大批量制造生产模式的中心任务。当今复杂多变的市场环境，特别是消费者需求的主体化与多样化倾向使得制造生产的有效性问题突现出来。先进制造生产模式不得不将生产有效性置于首位，由此导致制造价值定向（从面向产品到面向顾客）、制造战略重点（从成本、质量到时间）、制造原则（从分工到集成）、制造指导思想（从技术主导到组织创新和人因发挥）等出现一系列的变化。

2. 以制造资源集成为基本制造原则

制造是一种多人协作的生产过程，这就决定了“分工”与“集成”是一对相互依存的组织制造的基本形式。制造分工与专业化可大大提高生产效率，但同时却造成了制造资源（技术、组织和人员）的严重割裂，前者曾使大批量生产模式获得过巨大成功，而后者则使大批量生产模式在新的市场环境下陷入困境。

3. 经济性源于制造资源的快速有效集成

经济性是任何一种制造活动都要追求的主要目标。先进制造生产模式的经济性体现在制造资源快速有效集成所表现出的制造技术的充分运用、各种形式浪费的减少、人的积极性的发挥、供货时间的缩短和顾客满意度的提高等。

4. 着眼于组织创新和人因发挥

与以技术为主导的大批量制造生产模式不同的是，先进制造生产模式更强调组织和人因的作用。技术、人员和组织是制造生产中不可缺少的三大必备资源。技术是实现制造的基本手段，人是制造生产的主体，组织则反映制造活动中人与人的相互关系。技术作为用于实际目的的知识体系，它本身就源于人的实践活动，也只有通过被人所掌握与应用才能发挥其作用。而在制造活动中人的行为又受到他所在组织的影响、诱导、制约和激励。所以，制造技术的有效应用有赖于人的主动积极性，而人因的发挥在很大程度上取决于组织的作用。显然，先进制造生产模式着眼于组织与人因是抓住了问题的关键。

5. 重视发挥新技术和计算机信息的作用

抓住计算机发展和应用所提供的契机，以最新技术（如CAD、CAM、CAE、CAID、CAPP、MRP、GT、CE以及FMS等）、全面质量管理（TQM）以及计算机网络作为工具和手段，将这些当今先进的技术与组织变革和人因改善有效集成起来，便可发挥出巨大潜能。

6.2.3　先进制造生产模式的核心问题

任何事物发展的各个阶段，均有其创新和继承、个性和共性两个方面，先进制造生产模式也不例外，它虽有创新却继承了过去的某些原理。从管理角度来看，先进制造生产模式有待解决的核心问题是：组织创新、集成经营、质量保证体系、重组工程、以人为本、人机分工、人机匹配，用分工协作代替全能，用并行或交叉作业代替串行作业。

1. 组织创新

未来企业之间的竞争，除了比谁的资源和技术具有关键性外，另一个决定性的因素就是组织的创新优化。现代企业组织结构的特性主要体现在以下几个方面：

（1）灵活性　利用不同地区的现有资源，迅速组合成没有围墙的、超越空间约束的、靠电子手段联系的统一指挥的经营实体——虚拟企业和虚拟单元。

（2）分散性　为了使资源信息快速、准确地提供给组织内各个潜在的决策者，也为了使决策者能迅速调动所需资源，需要用信息网络将组织成员连接起来，形成组织结构的网络化。

（3）动态性　企业的组织结构将从传统的、递阶层次的“机械结构型”向更适合市场竞争的“化学分子型”和“生物细胞型”转变，成为扁平的多元化“神经网络”。这种组织结构在整个产品生产周期是动态变化的，可及时重组和解体。

（4）并行性　产品开发工作在时间坐标上相互重叠与交叉，小组内的成员并行工作，协同完成产品设计、制造、销售等任务。

（5）独立性　项目组在企业内是相对独立的，项目负责人有权决策项目内的活动。

（6）简单性　项目组内以简单的工艺流程来代替传统的整个工厂集中控制的复杂的流程。

2. 集成经营

代表精细、敏捷与柔性的集成经营是在新的市场环境下，运用系统集成思想与技术，将企业经营所涉及的各种资源、过程与活动进行一体化的并行处理。企业这种快速有效集成经营形式与传统企业的概念完全不同。集成经营要有先进的工业信息网络。它的组织形式是一种动态联盟，要妥善处理知识产权和无形资产的评估、保护、转移和归属，成员间相互信任与合作是成功的关键，利益驱动是各成员参加联盟的推动力。它需要创造良好的外部环境和改善内部管理，建立新的投资及投资评价观以及获得信息技术的支持等。

3. 新的质量保证体系

在目前消费者需求主体化、个性化和多样化的趋势下，对先进制造生产模式而言，质量成为多元化问题，甚至是国际化问题，需要有新的质量保证体系，其中有：

（1）新的三维质量观　这包括全面质量满意、适度质量和质量的时间性。全面质量满意，指在产品整个生命周期中用户的满意度、企业本身的满意度（即指一般员工、管理者以及所有者或股东三种人的满意度）以及社会和国家的满意度（因为质量不只是企业与消费者之间的问题，还涉及包括非消费者在内的大多数人，质量如果不能与自然和社会环境相适应，不能满足社会和国家的需要，企业最终仍会走上失败之路）。适度质量，这是质量的经济性问题。过高的、超过需要的质量会造成资源浪费，而过低则达不到全面质量满意。因此，在解决了全面质量满意的测度之后，如何确定适度的质量水平就十分必要。质量的时间性，指市场瞬息万变，消费者的价值观也在变化，因此质量具有时间性，在目前时间点上是适度质量的产品，若干时间后则可能是不良质量的产品。

（2）新的质量保障体系　先进制造生产模式的产生与发展以及人类质量观念的不断更新，要求新的质量保障体系必须是着眼于战略层次的、内容丰富的开放系统。建立先进制造生产模式下的质量保障体系应遵循以下三个基本原则：

1）人本原则。人因的发挥、信任员工、自主管理和员工参与都是人本原则的具体体现，这一切都有赖于对员工的质量培训与质量教育。质量教育是质量保障体系的一项重要内容。

2）过程监控。新的质量保障体系的着眼点必须从过程的结果（产品质量）转移到管理过程本身，以过程质量确保产品质量。只有识别、组织、建立和协调各项质量过程网络及其接口，才能创造、改进和提供稳定的质量，这就是过程监控原则。

3）体系管理。任何一个企业（组织），只有依据实际的环境条件，策划、建立和实施质量体系，实施体系管理，才能管理有效，因此，必须实行体系管理。

4. 生产过程重组

生产过程重组（重组工程）是对现有生产过程进行根本性的再思考和彻底的再设计，以求大幅度地提高生产过程所追求的主要绩效：成本、质量、服务和速度。它有四个基本观点：

（1）过程观点　生产过程涉及为达到生产目的而实施的一组逻辑上相关的任务，包括人、物流、能源、设备等的逻辑组合和实现特定目标的工作程序，这些必是有机联系的。

（2）根本性的再思考　要摒弃过时的生产观点和管理思想，重新深入思考“企业应该做什么”这一类基本问题。

（3）彻底的再设计　就是要进行全面创新，而不仅仅是在某些方面的改进。

（4）大幅度提高绩效　这是重组生产过程的目的，也是衡量生产过程重组成功与否的标志。

5. 以人为本

在先进制造系统中，人的因素越来越受到广泛重视，人的积极性能否充分发挥对先进制造生产方式至关重要。要改变传统的管理职能，将对人的监督、控制和奖惩改变为对人的不断关心、激励和培训。需要企业采取如下措施：

（1）优化组合各种不同特点和专业特长的人才　一个好的团队应该充分考虑到人才之间性格、专长和能力的互补，这样组合起来的群体作用会大大超过个体之和，反之会对企业的高效运作起破坏作用。

（2）创建以人为中心的企业文化和价值观　员工应从控制对象转变为授权对象，尽可能让他们参与过程运营的日常决策，创建更加开放、更加简捷的交流报告机制。

（3）组建跨学科项目团队　传统的工作模式，即长期从事一项工作会使员工与此项工作无关的能力丧失，墨守陈规和强求一致会扼杀人的创造力，人们将不知不觉地被同化，员工的创造性和主观能动性越来越低。在新的生产模式中，跨学科的团队的建设将大大解放创造力，激发员工的积极性。团队必须具备开放式思维、网络式思维和动态思维，从而为员工的学习和创新提供动力源泉。这种网络团队要求员工掌握多门学科知识，具有对各种挑战的应变能力，以并行方式集成每一个人的全部知识和技能，使员工具有很强的创新能力和很高的工作效率。

（4）促进团队之间的互相信任 团队之间的互相信任是团队成员合作的基础。信任是减少偷懒行为和增强合作绩效的最有效机制。它能充分发挥人的积极性与潜力，从而使团队产生个人效用和他人效用同步增长。所以说，以人为本、尊重人与信任人是团队顺利工作的前提。应在团队内部建立竞争与合作并存的机制，促进团队在已有核心能力的基础上不断创新。

6. 人机分工和人机匹配

首先是人机分工原则。人和机器各有所长，在制造系统中要加以分工，相互匹配，使总体功能优化。其分工原则：不宜用人的工作完全由机器完成；人可简易完成，机器极难完成或不能完成的工作，应由人去完成；人、机均可完成的工作，可根据技术、经济条件，选择以机为主，人作后备，以提高系统的可靠性，或者由人完成，条件具备时再向前者转化。

其次是人机系统均要考虑人文因素。制造系统作为人机系统，其总体功能发挥的状况，取决于人的作用的发挥状况。但人与机器不同，他发挥作用的积极性、主动性、创造性和能力，取决于以下人文因素：激励政策、良好企业文化和工作作风的建立、充分的员工培训和继续教育、合理的组织结构和岗位责任、合理的运作规则和程序、宜人的工作条件和环境等。

7. 用分工协作代替全能

每个企业放弃全能，保留专长，各自发挥自身优势。利用企业间的分工协作，优势互补，实现共同目标。协作范围可以跨行业、跨地区以至跨国界。协作领域可以是产品零部件配套生产、新技术研究和新产品开发。企业间协作关系不是依赖于指令，而是由共同利益驱动，由协约来保证。

8. 用并行或交叉作业代替串行作业

任何工程作业均有其流程特性，即先行工序与后续工序的顺序不能颠倒，亦不能同时进行。在符合流程特性的前提下，将串行作业改为并行或交叉作业，是缩短工作总周期的一种广为应用的方法。

如在生产技术准备工作中，通过一体化和并行地设计产品及其相关过程（包括制造过程和支持过程）；利用计算机网络和模拟仿真技术，对分布式进行的各种相关工作环节，按其流程顺序传送和反馈彼此相关信息；通过反复地相互迭代设计和仿真检验，使整个技术准备工作同时完成，以缩短工作周期。

6.3 先进制造生产模式

6.3.1 并行工程

并行工程（CE，Concurrent Engineering），有的地方称为同期工程（Simultaneous Engineering）。并行作业的思想早就存在，作为一种工程界的科学方法始于20世纪80年代中期。制造系统与制造工程中的并行工程指的是对产品开发生命周期中的一切过程和活动，借助信息技术的支持，在集成的基础上实行并行交叉方式的作业，从而缩短产品开发的周期，缩短产品投入市场的时间。并行工程是一种加速新产品开发过程的制造系统模式，是制造业在竞争中赢得生存和发展的重要手段。传统的产品开发是一个串行工程，信息是单向、串行地流动，设计、制造过程中缺乏必要和及时的信息反馈。在设计早期不能全面考虑下游的可制造性、可装配性等多种因素，致使经常需要对设计进行更改，构成从概念设计到设计修改的大循环，而且可能在不同环节多次重复同一过程，造成设计改动量大、产品开发周期长、成本高，难以满足日益激烈的市场竞争需求。串行方式已经严重影响企业的发展。并行工程的概念正是在这种情况下提出的。

对于并行工程的定义有多种说法，至今并没有统一。1986 年美国国防部先进计划局 DARPA（Defense Advanced Research Projects Agency）制订了一项为期五年的并行工程的起动计划 DICE（DARPA Initiative in Concurrent Engineering）。R. I. Winner 在美国防务分析研究所的研究报告中对并行工程作了如下的定义：并行工程是一种对产品及其相关过程（包括制造过程和有关的支持过程）进行平行、一体化设计的系统化工作模式。这种模式力图使开发人员从一开始就考虑到产品的生命周期（从产品的概念形成到其报废消亡）中的一切因素，包括质量、成本、进度计划和用户需求。

这个定义明确地指出：系统化方法是并行工程的核心，它把产品设计的早期阶段，特别是顾客需求这个最初的也是最重要的阶段包括到系统中来。这是因为，产品开发的早期阶段设计工作的正确与否决定了未来产品价值的主要部分（据统计约占 50%），可是，它们所花费的费用只占很少的部分（据统计约占 10%）。产品开发生命周期中不同阶段对最终产品价值的影响如图 6-3 所示。

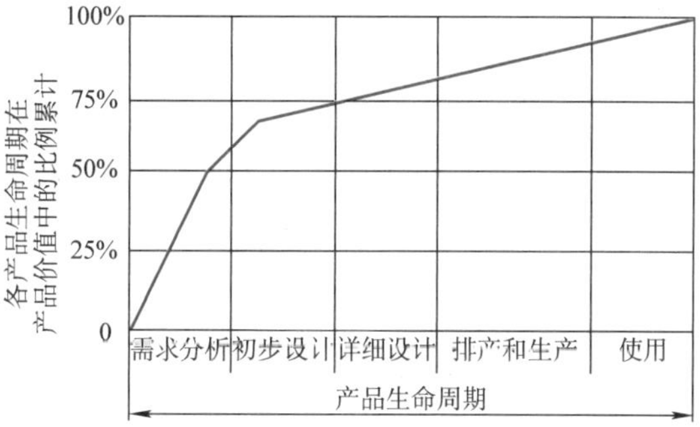

图 6-3 产品开发生命周期中不同阶段对最终产品价值的影响

并行工程的本质是分析和优化产品开发过程，并在信息集成的基础上实现过程集成。对传统设计和生产方式，概念设计的开支很小，但它却是决定最终成本的最主要因素；而最后的生产阶段花费的成本最多，但对最终成本的动态影响却很小。这说明按照传统的设计和生产方式，即使在生产过程中做很大努力提高效率，成本却很难下降。而并行工程对设计阶段高度重视，虽花费较高成本，但却提高了生产的一次成功率，生产过程中避免了传统方式中常常出现的反复修改和浪费，从而使生产准备和制造时间大大缩短，生产成本显著下降。并行设计是并行工程的哲理在产品设计开发活动中的具体体现。

并行工程有如下特性：

（1）并行特性　把时间上有先后顺序的活动转变为同时考虑和尽可能同时并行处理的活动。并行性有两方面含义：其一是在设计过程中通过专家把关，同时考虑产品生命周期的各个方面；其二是在设计阶段同时进行工艺（包括加工工艺、装配工艺和检验工艺）过程设计，并对工艺设计的结果进行计算机仿真，直至用原型法生产出产品的样件。

（2）整体特性　将制造系统看成是一个有机整体，设计、制造、管理等过程不再是一个个相互孤立的单元，而是将其纳入一个系统考虑。设计过程不仅要给出图样和其他设计资料，还要考虑质量控制、成本核算、进度计划等。把产品开发的各种活动作为一个集成的过程进行管理和控制，以达到整体最优的目的。

（3）协同特性 特别强调人们的群体协同作用，包括与产品全生命周期（设计、工艺、制造、质量、销售、服务等）的有关部门人员组成的小组或小组群协同工作，充分利用各种技术和方法的集成。这种途径生产出来的产品不仅有良好的性能，而且产品研制的周期也将显著缩短。

（4）约束特性 在设计变量（如几何参数、性能指标、产品中各零部件）之间的关系上，考虑产品设计的几何、工艺及工程实施上的各种相互关系的约束和联系。

实施并行工程的优点有：

1）缩短产品投放市场的时间。并行工程技术的主要特点是可以大大缩短产品的开发和生产准备时间，使两者部分相重合。

2）降低成本。并行工程可在三个方面降低成本。首先，可以将错误限制在设计阶段；其次，并行工程不同于传统“反复试制样机”的做法，而是靠软件仿真和快速样件生成实现“一次达到目的”，省去了昂贵的样机试制费用；第三，由于在设计时即考虑加工、装配、检验、维修等因素，产品在上市前的成本将会降低，上市后的运行费用也会降低。

3）提高质量。采用并行工程技术，尽可能将所有质量问题消灭在设计阶段，使所设计的产品便于制造，易于维护。

4）保证功能的实用性。在设计过程中，同时有销售人员参加，有时甚至还包括用户，这样才能保证去除冗余功能，降低设备的复杂性，提高产品的可靠性和实用性。

5）增强市场竞争能力。并行工程可以较快推出适销对路的产品，能够降低生产制造成本，能够保证产品质量，提高企业的生产柔性，因而，企业的市场竞争力得到加强。

美国国防分析研究所 IDA（Institute for Defense Analyses）的研究结果表明，并行工程的效益是显著的，表现在：

1）设计质量的改进，可使早期生产中工程更改次数减少一半以上。

2）由于产品设计及其有关过程的并行进行，产品开发周期可缩短 40%～60%。

3）多功能小组一体化的产品及其相关过程的设计，使制造成本降低 30%～40%。

要使产品开发的过程加快而且反复少，必须做到：

1）采取有效的技术与工具加快每一过程。

2）弄清每一过程，掌握内在规律，力争不产生或少产生差错，减少系统的不确定性。

3）通过正确而又及时的反馈机制与方法，减少产品开发中的反复。

上述前两项主要由单元技术与方法来解决，如计算机辅助设计（CAD）、计算机辅助工艺计划（CAPP）、管理信息系统（MIS）等。第三项任务主要靠系统工程与系统理论的方法来解决。因此，并行工程是系统工程与系统理论在制造业中的应用。系统工程是一种科学方法，为了更好地达到某项复杂任务的目标，系统工程提出了一套完整的方法，对该项任务的构成要素、组织结构、信息流动和控制机制等进行科学的分析与有效的设计。

现实世界中，人们有两种不同的工作方式：串行作业和并行作业。制造系统与制造工程中的串行作业与并行作业如图 6-4 所示。串行工程与并行工程各自的主要特点如下：

1）传统的串行作业方式是一个时间一件工作；并行作业方式则是一个时间多件工作。

2）传统的串行作业方式是工作区间相互独立，顺序进行；并行作业是工作区间相互交叉与重叠。

3）传统串行作业是多工种（专业）相互独立地工作；并行作业是多工种的多功能小组协同一致地工作。资源有限的现实条件下，要集中力量首先做好时间常数大的过程的交互，或时间常数不大但是它们却相互接近的过程的交互。为了快速做出合格的产品，要加快上游信息过程状态的交互，保证最终产品一次成功。

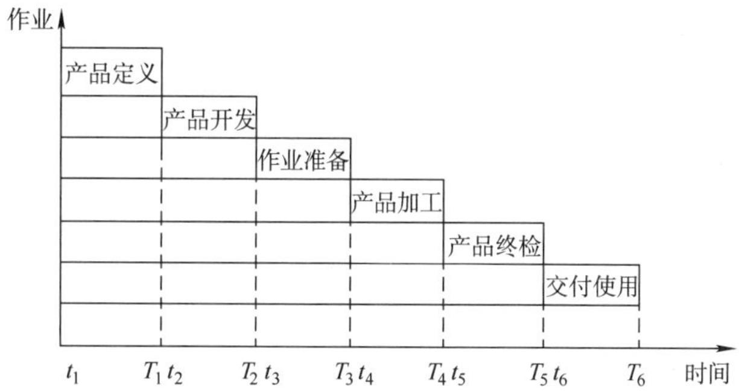

a)

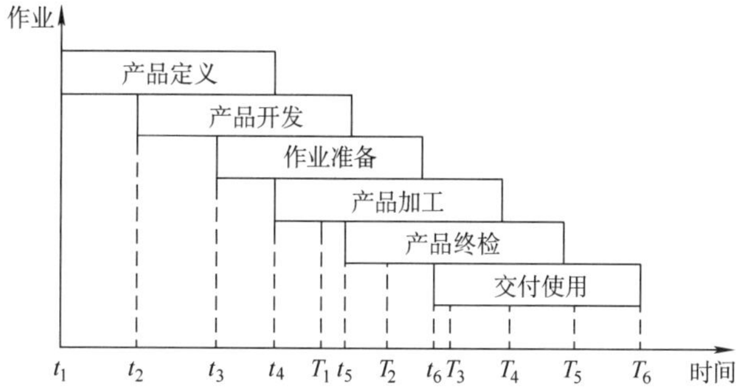

b)

图6-4　串行与并行

a）串行　b）并行

人们清楚地看到：要使并行工程取得成功，约束的规划、推理及管理是非常重要的。从这一意义上说，并行工程也可以看成是为了取得满意的产品，在产品开发的生命周期中，对一组范围广泛的约束进行规划、优化推理和决策的过程。这里的约束有两类：资源的不等式约束（如仓库面积只有$100m^2$）和客观规律的等式约束（如力等于质量乘加速度 $F=ma$）。推理有严格的逻辑推理和启发式的智能推理。

（1）资源的分类　资源一般分成物质资源、时间资源和空间资源。如图6-5所示的资源分类情况，物质资源有材料资源、人力资源。材料资源指的是地下资源处理后的原材料及其制成品：零件和设备。人力资源是信息时代最重要的资源，分成技术人员与技艺人员两种。

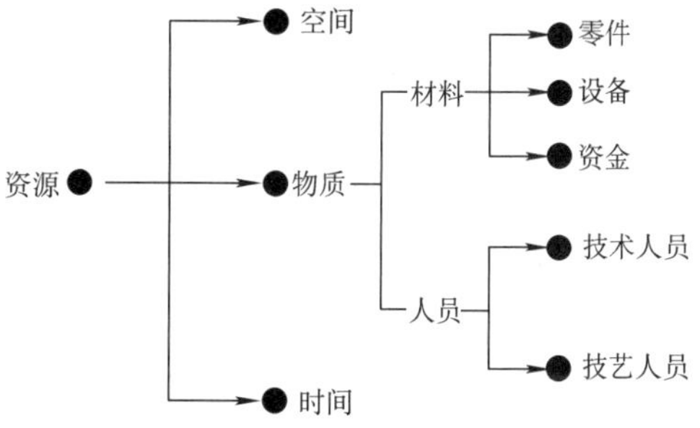

图6-5　资源分类

（2）资源约束的规划与调度　为了做好资源的规划与调度，首先要建立资源约束的模型，进而分析模型、发现关键的约束变量、消除冗余的约束变量，这样可以大大缩小问题的范围与求解空间，最后找出满意的解答。资源约束的规划与调度的基本过程如图6-6所示。

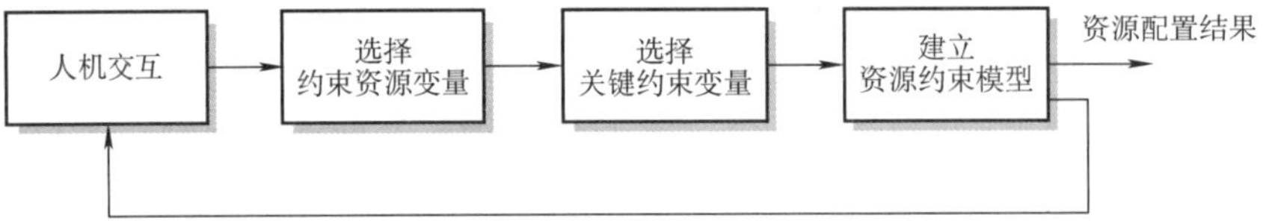

图6-6　资源约束的规划与调度

值得指出的是：这里指的资源约束，是指选择有限的、有竞争的那些资源作为约束变量，而不是根据自然物理规律来选择资源约束变量。例如，空气不是资源，因为它是无限的（工程实际意义上），不存在竞争。但是，谁也清楚人们离开了空气是无法生存的。先进制造系统是一种非常庞大的、复杂的非线性系统，约束变量非常多，约束空间非常大。在建立约束模型选择资源变量时，一定要简化，选择有竞争的那些资源作为约束变量，而不是根据自然物理规律来选择。

6.3.2　敏捷制造

敏捷制造（AM，Agile Manufacturing）是美国Lehigh大学和美国通用汽车公司于1988年首次提出的制造生产新概念，在美国政府的资助和众多企业参与下，它们于1991年提交了研究报告。该研究报告系统地描述了敏捷制造的基本思想和如何实现敏捷生产的构想，并得到企业界和学术界的广泛认可，被誉为“21世纪制造企业的主要形式”。1992年美国政府将其作为“21世纪制造企业的战略”，其核心观点是利用美国信息技术的优势，夺回制造业的世界领先地位。

敏捷制造是一种全新的制造概念。虽然敏捷制造一提出即受到广泛的重视和研究，但到目前为止，由于敏捷制造的内涵是一种哲理，正处于一个不断发展的过程，因此，还没有一个关于敏捷制造的公认定义。按照字面理解，敏捷（Agile）一词是“聪明、机动和快速”的含义。敏捷性（Agility）则指制造企业能快速满足顾客对高质量、高性能产品和服务的要求，并能从急剧变化的市场中击败其他竞争对手，从而能盈利和获胜的能力。敏捷制造思想的出发点是基于对多元化和个性化市场发展趋势的分析，认为制造系统应尽可能具有高的柔性和快速反应能力（即敏捷性），从而在变幻莫测、竞争激烈的市场中具有高的竞争能力。因此，敏捷制造是制造系统为实现快速反应和灵活多变的目标而采取的一种新的制造模式。

美国机械工程师学会（ASME）主办的《机械工程》杂志1994年期刊中，对敏捷制造作了如下定义：“敏捷制造就是指制造系统在满足低成本和高质量的同时，对变幻莫测市场需求的快速反应”。因此，敏捷制造的企业，其敏捷能力应当反映在以下几个方面：

1）对市场的快速反应能力。判断和预见市场变化并对其快速地做出反应的能力。

2）竞争力。企业获得一定生产力、效率和有效参与竞争所需的技能。

3）柔性。以同样的设备与人员生产不同产品或实现不同目标的能力。

4）快速。以最短的时间执行任务（如产品开发、制造、供货等）的能力。

5）企业策略上的敏捷性。企业针对竞争规则及手段的变化、新的竞争对手的出现、国家政策法规的变化、社会形态的变化等做出快速反应的能力。

6）企业日常运行的敏捷性。企业对影响其日常运行的各种变化，如用户对产品规格、配置及售后服务要求的变化、用户订货量和供货时间的变化、原料供货出现问题及设备出现故障等做出快速反应的能力。

AM的基本思想是把动态灵活的虚拟组织结构、先进的柔性生产技术和高素质的人员进行全方位的集成，从而使企业能够从容应付快速变化和不可预测的市场需求。它是一种提高企业竞争能力的全新制造组织模式。由此企业、组织管理、产品以及生产等概念都发生了全新的变化。

敏捷制造要求企业不同于传统观念上的有围墙的有形空间构成的实体空间，而是通过网络建立起来的信息交流高速公路，建立“虚拟企业”，将制造系统空间扩展到全国乃至全世界，以竞争能力和信誉为依据选择合作伙伴，组成动态公司。从策略上讲不强调企业全能，也不强调一个产品从头到尾都是自己开发、制造。

组织管理上，敏捷制造力图简化过程，不断改进过程；提倡以“人”为中心，用分散决策代替集中控制，用协商机制代替递阶控制机制；提高经营管理目标，精益求精、尽善尽美地满足用户的特殊需要。敏捷企业强调技术和管理的结合，在先进柔性制造技术的基础上，通过企业内部的多功能项目组与企业外部的多功能项目组——虚拟公司，把全球范围内的各种资源集成在一起，实现技术、管理和人的集成。敏捷企业的基层组织是多学科群体，是以任务为中心的一种动态组合。敏捷企业强调权力分散，把职权下放到项目组。提倡“基于统观全局的管理”模式，要求各个项目组都能了解全局的远景，胸怀企业全局，明确工作的目标、任务和时间要求，而完成任务的中间过程则完全可以自主。

关于产品，敏捷制造的产品进入市场以后，可以根据用户的需要进行改变，得到新的功能和性能，即使用柔性的、模块化的产品设计方法，依靠极大丰富的通信资源和软件资源，进行性能和制造过程仿真。敏捷制造的产品保证用户在整个产品生命周期内满意，企业的这种质量跟踪将持续到产品报废为止，甚至包括产品的更新换代。

在敏捷制造的生产方面，产品成本与批量无关。从产品看是单件生产，而从具体的实际和制造部门看，却是大批量生产。高度柔性的、模块化的、可伸缩的制造系统的规模是有限的，但在同一系统内可生产出产品的品种却是无限的。

在敏捷制造系统的设计过程中，敏捷性的要求可概括为三重含义：可重组（Reconfigurable）、可重用（Reusable）、可缩放（Scalable），即通常所说的“RRS”要求。围绕这三个要求，Rick Dove提出如下十条准则，作为促使企业必须实施敏捷制造的因素：①市场分割；②对任意大小批量的订单的生产；③将大批用户都处理成个人的信息容量；④缩短产品生命周期；⑤产品和服务的交融；⑥全球市场网；⑦公司之间既合作又竞争；⑧适合大批量用户化生产的销售基础结构；⑨集团重新组织的热潮；⑩将流行的社会价值观变成公司内部因素的压力。

根据美国Lehigh大学Iacocca研究所Roger N. Nagel教授的观点，敏捷制造企业具有以下特征：

1. 开放的体系结构

敏捷制造企业为了快速完成各种项目任务，需要建立多部门参与的工作小组与其他企业进行多方动态合作，使企业系统成为一个开放式的体系结构，以便支持企业的多部门工作小组和多方动态合作的活动。

2. 全企业集成

敏捷制造企业主要以面向任务和项目工作小组的形式来组织生产活动，每个项目工作小组都有相应的权利、责任和利益。为了避免混乱，企业管理部门必须对项目工作小组及相应的低层职能部门进行直辖和控制。要求管理部门能够及时而迅速地掌握各项目工作小组和相应的低层职能部门的运行情况和存在的问题，并能迅速地把协调与控制信息传递给项目工作小组和相应的低层职能部门。为了实现这种协调与控制，整个企业需要集成起来，这种集成应该是从信息、功能以及人员等方面对企业进行全方位的集成。

3. 技术的领先

为了能够抓住市场机遇，灵活快速地制造出令用户满意的产品，敏捷制造企业必须拥有先进的技术实力。否则，在市场机遇出现时，很难成为多方动态合作的伙伴，因为敏捷制造企业所寻找的合作伙伴应该是某方面技术上的先驱者。

4. 技术的敏感

敏捷制造企业需要通过灵敏的技术装备及时抓住市场机遇，从而在激烈的市场竞争中获胜。一个成功的企业决不能容忍它的技术装备的灵敏性落后于竞争对手。

5. 缩短循环周期

为了缩短对用户需求的响应时间，敏捷制造企业需要不断地检查自身，努力缩短所有活动过程的时间，包括产品的设计过程、制造过程以及企业的管理过程等。

6. 柔性的重构

当市场机遇出现时，敏捷制造企业需要迅速地将雇员按项目任务组织起来，并重新配置设计、制造与市场销售等职能部门，实现企业的柔性重构。

7. 产品设计一次成功

产品的设计往往是企业的瓶颈，为了能够对市场变化作出快速反应，敏捷制造企业必须保证产品设计的一次成功。计算机辅助技术（如 CAD、CAPP、CAM 等）、计算机模拟仿真技术以及并行设计的组织方式将是保证产品设计一次成功的有效手段。

8. 可存取和可使用的信息

为了保证工作小组的有效性，工作小组及其成员，包括本企业的雇员和其他企业的合作雇员，必须能够迅速地存取和使用本企业的各种信息，这种信息共享模式所带来的经济效益将远大于信息限制与保密所带来的效益。

9. 产品终身质量保证

由于越来越多的企业都能够有效地保证产品无缺陷，质量一词的含义已不再仅仅是零缺陷，而是零缺陷与用户满意的结合。因此，企业仅仅依靠零缺陷的质量将无法在市场中获得竞争优势，敏捷制造企业必须对出售的产品在其使用寿命期内实行终生保证，确保用户满意。

10. 考虑长期利益的管理与领导

面对快速多变、竞争激烈的市场，敏捷制造企业需要具有远见卓识的领导指出企业的前进方向和发展目标，提出达到这一目标的企业战略和战术，并鼓励项目工作小组发挥积极性和创造性去解决可能遇到的一切问题。在具有远见卓识的领导的带领下，敏捷制造企业将能够看准前进方向，抓住市场机遇，不断获取竞争的胜利。

11. 根据用户需求建立组织机构

在敏捷制造企业中，企业计划是根据用户需求迅速开发产品并进行生产的计划，这就要求整个企业的每一个员工都有责任迅速准确地支持并行工作小组的工作，保证企业计划的顺利完成，从而实现对用户需求的快速响应。

12. 并行工程

为了能够快速响应市场需求，敏捷制造企业的各个部门应该并行工作，而不是顺序地工作，这些部门不仅包括设计部门和制造部门，而且包括市场、财务、人力资源等所有部门。

13. 动态多方合作

由于市场需求的多样化和个性化，企业间将同时存在各式各样的合作项目，为了保证合作的有效性，企业应提供一种责权利统一的标准合作程序，并对合作进行评价。由于这种合作是有限的、不固定的，合作的程度也不尽相同，因此称为动态多方合作。

14. 继续教育

在敏捷制造企业中，雇员及其知识被视为企业的主要资产。为了企业的前途，企业人力资源管理部门应根据实际情况作出年度培训及教育计划。

15. 尊重雇员

在敏捷制造企业中，企业将雇员的知识和创造力看作企业的主要资产，并不断对其进行评价，加以培养和完善。为了充分发挥雇员的知识和创造力的作用，企业将实施各种尊重员工的政策。

16. 向工作小组及其成员放权

为了快速响应市场需求，敏捷制造企业必须以面向项目任务的工作小组形式来组织工作，这就要求过去层层集中的一部分权力下放给工作小组及其成员，允许他们在适当的时候独立决策。

17. 雇员的知识面广阔

在敏捷制造企业中，企业的竞争能力将主要取决于雇员的知识和适应能力。比如，产品的生产过程决非仅仅依赖于机器设备等物质因素，还要依靠设计和制造等人员的经验和知识。只有当企业雇员具有更多的知识和更强的适应能力，而企业又能充分利用这些知识时，企业才能在快速多变的市场中具有竞争优势。

18. 工作环境良好

企业应该提供良好的工作环境，使企业的雇员能心情愉快地工作，充分发挥其主观能动性和创造性。

敏捷制造企业的基本特征可归纳如下：

（1）产品批量大小与成本关系不大　在今后的市场中，产品需求的多样化和个性化将越来越突出。敏捷制造企业敏捷性的一个突出表现就是可以灵活多变地满足多样化的产品需求，企业可以通过可重组、重用和扩充的柔性加工设备以及动态多变的组织方式等措施来加以保证。

（2）新产品快速上市　制造企业除了能按照用户要求生产出新产品外，还必须快速占领市场。敏捷制造企业敏捷性的一个重要含义即是快速响应能力。企业可以通过并行工作方式、快速原型制造、虚拟产品制造、动态联盟及创新的技术等措施完成这一目标。

（3）全生命周期顾客满意质量　企业可以通过并行设计、质量功能配置（QFD，Quality Function Deployment）、价值分析、仿真等手段，在产品的设计、制造、销售、服务、维修、回收等整个生命周期内的各个环节使顾客满意。

6.3.3 精益生产

精益生产（LP，Lean Production）是首先在日本成功实施，后来由美国麻省理工学院（MIT）于20世纪90年代提出的一种新型制造系统模式。1985年，MIT启动了一个重要的研究计划——“国际汽车研究计划”（IMVP，International Motor Vehicle Program），对日本的丰田生产方式和美国的大量生产方式进行了对比分析，并于1990年首先在《改变世界的机器：精益生产的传奇》一书中提出了精益生产的概念。该书系统、深入地分析了造成日本和美国汽车工业差距的主要原因，在日本丰田汽车公司生产方式的基础上，归纳出精益生产方式，并进行了详尽论述。精益生产其实质是丰田生产方式，它总结了日本推广应用丰田生产方式的精髓，将各类相关的生产系统归纳为精益生产方式。

精益生产中“Lean”的直译是“瘦肉”，其中心思想是在各个环节均需去掉无用的东西，每个员工及其岗位的安排原则必须保证增值，不能增值的岗位加以撤除。精益生产是制造系统重构设计的典型策略之一。简而言之，精益生产是以满足市场需求为出发点，以充分发挥人的作用为根本，对企业所拥有的生产资源进行合理的配置，使企业适应市场的应变能力不断增强，从而获得最高经济效益的一种生产模式。

精益生产工厂追求的目标是：尽善尽美、精益求精，实现无库存、无废品、低成本的生产。MIT的研究报告中指出：精益生产工厂设计一种新型的汽车，在人员、场地面积、设备投资等方面只有大量生产方式的一半。为实现这种理想的目标，在20世纪50年代只有通过精心的组织与管理来实现。而在今天的信息时代，则有强有力的自动化的工具与方法支持。

以满足市场需求为出发点。传统企业的经营观念是以产品为出发点，而精益生产要求企业的一切活动均以适应市场变化、满足用户需求为出发点，用户需要什么就生产什么，用户需要多少就生产多少，并从价格、质量、交货速度、售后服务等各个方面满足用户的需求。

精益生产模式的根本是：以顾客为“上帝”，通过详细周密的市场调查使产品面向顾客，并与顾客保持密切联系，将顾客需求作为产品开发的主要因素，甚至将顾客引入产品开发过程，从价格、质量、交货速度、售后服务等各个方面满足顾客需求。

精益生产的内涵体现在以下几个方面：

1. 以“人”为中心的人－机系统

“人”包括整个制造系统所涉及的所有人，如本企业各层次的工作人员以及协作单位的员工、销售商和用户等。由于人是制造系统的重要组成部分，是一切活动的主体，强调以人为中心，认为人是生产中最宝贵的资源，是解决问题的根本动力。强调人与机器共同解决问题，但人是主要的。具体做法有：

1）企业把人看作比机器更为重要的固定资产。为此，在员工有效工作的40年（进厂到退休）内，创造工作条件和工作压力，不断提高他们的技能，充分发挥他们的创造性。

2）当生产线上出现质量问题时，雇员及工作小组有能力与权力停机，并同小组人员一起检查问题与解决问题并将信息反馈回来，无需等待中层或高层经理逐级下达命令。

2. 简化一切过程

视一切同近期与远期目标无关的活动与过程为“垃圾”，并力图把它们消除在萌芽状态。不断排除一切非生产性的费用，合理安排物流过程，消除一切中间库，实现没有中间存储的、不停流动的、无阻力的生产流程；在信息流与决策流上，基于同样的理由，不顾一切阻力地拆除一切无用的工作位置与中间层的管理人员。具体做法有：

1）采用精良的组织方式。从组织机构上实行精简化，去掉一切多余的环节和人员。从纵向减少层次，横向打破部门壁垒，从递阶式管理结构转化为扁平的网络状管理结构。精简组织机构，去掉一切不增值的岗位和人员。

2）精良的设计方式。精益生产强调以小组工作（Team Work）的工作方式进行产品的设计开发，并成立高效率的产品开发小组。这些小组成员来自于公司各职能部门，各人发挥其特长，集体合作完成某一开发项目的任务。简化产品开发过程，采用并行设计的手段，强调设计环节和制造环节的信息交流，减少设计和制造的返工，缩短产品的制造周期，提高产品质量，在新产品开发上主张敢于冒风险。

3）采用“准时制（JIT，Just In Time）”生产方式。精益生产组织形式采用“拉取”（Pull）方式进行组织，而不是传统的“推动”（Push）方式。后工序只在必要的时候到前工序提取必要的物品，而前工序也只生产要被取走的物品。同样，车间与车间之间、供应商与生产厂之间、总装厂与协作厂之间都采取准时制生产管理方式，要求从原材料供应商，到协作厂配套零、部件，到各个车间以及各个工序之间提供半成品，都需要不早不晚，在准确的时间、准确的地点、提供准确的数量和高质量的物品给准确的人。基于这样的原则，重新进行整个车间的布局和设备布置，使零部件生产和装配都能以最短的路径和效率实现。实现“在必要的时刻生产必要数量的必要产品”，从而彻底消除产品制造过程中的浪费，以及由之衍生出来的种种间接浪费，实现生产过程的合理性、高效性和灵活性。JIT方式是一个完整的技术综合体，包括经营理念、生产组织、物流控制、质量管理、成本控制、库存管理、现场管理等在内的较为完整的生产管理技术与方法体系。

3. 精良的协作方式

在大批量生产方式中，总装厂和协作厂之间是一种松散的配合关系，经常存在突出的利益矛盾，从而导致各种各样的问题。精益生产在这一方面得到了很大改善，具体做法是：

1）根据长期合作关系及一贯表现选定协作厂，而不是靠投标方式。总装厂和协作厂之间是一种比较稳定、利益上休戚相关的关系。

2）利益分配方面，总装厂和协作厂共同讨论，在照顾各方面都能取得合理利润的情况下，确定各部分所能分到的成本价格，并在各自所分得的目标价格前提下，应用价值工程方法进行成本分析，努力降低成本。如果某协作厂成本降低得多，可以得到更多利润，总装厂并不会因此而改变其目标价格；如果成本减低的成果是总装厂和协作厂共同努力的结果，则二者共同分享额外利润。二者之间达成一种稳定团结、共同奋斗、争取盈利的关系。

3）交货方式采取JIT的方式。协作厂将协作件直接、及时地送到总装线上，从而力求“零库存”目标。

4）由于总装厂和协作厂之间相互依存的关系，协作厂通过“协作厂协会”的组织相互坦诚地交流最新的观念和技术，并通过不断努力与总装厂共同提高生产水平，协调总装厂与协作厂的关系，避免相互之间的利益冲突。

4. 同供应商建立良好的合作与伙伴关系

以价格关系为依据的委托—受委托的关系，被长年累月建立的深信不疑的伙伴关系所取代。在产品开发的开始就选好供应商，并将他们加入到开发的过程中。由此供应商掌握着成本和生产过程的内部信息，通过共同的分析来提高成本分析的可靠性。

5. 高度灵活的自动化机械

精益生产主张采用小型的、高度灵活的自动化设备，并强调人与组织管理是发挥自动化设备效益的先决条件。MIT 研究报告中指出：自动化的程度对提高企业效益不是唯一的因素，有时是不重要的，关键的是要“对症下药”和提高人员的素质。

6. 综合的质量保证系统

精益生产认为：在流水线上工作的人员是质量保障的基础。为此，每一个小组为他们工作的质量负责并自己承担质量的检验，从而取消了昂贵的专用检验场地和成品后处理区。只有这样做，才可能生产高质量产品，才能使出现的故障立即追溯到它们的根本原因所在，从而得到根本的解决。同大批量生产相比，精益生产中高质量的措施不会引起高成本。

7. 持续不断地改进和优化

MIT 研究报告指出：精益生产与大批量生产之间的根本区别在于目标的制定。大批量生产模式的目标是足够好，而精益生产的目标是力求不断完善。实现的方法是不断改进，逐步优化。

精益生产的目标、手段与结果如图 6-7 所示。

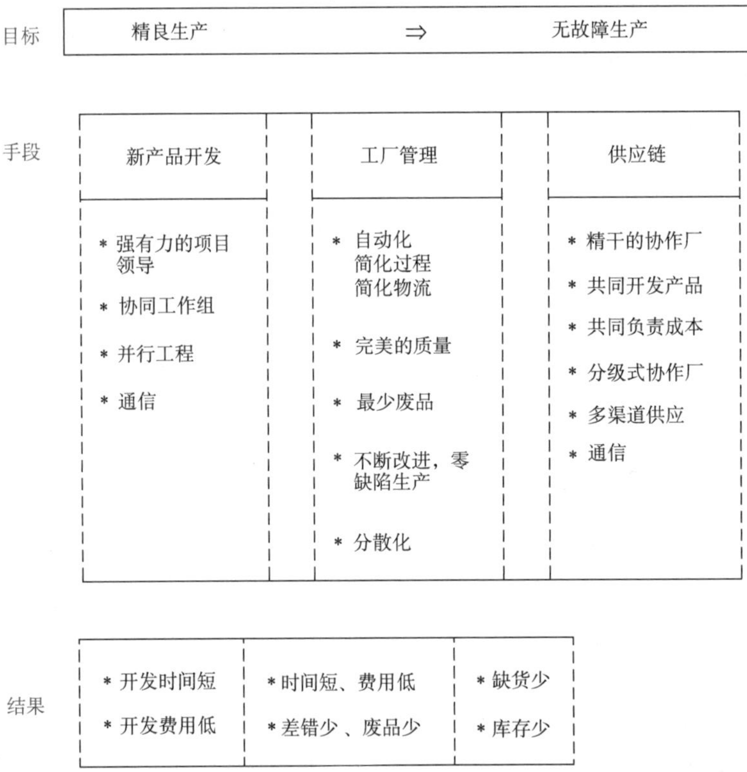

图 6-7 精益生产的目标、手段与结果

目前人们将精益生产的系统空间扩大到整个企业，提出精益企业。现代企业是多目标的，有局部的目标，例如企业目标，还有全局的目标，如环境保护和社会效率；有近期效益，还有远期效益。在资源有限的条件下，这些目标是相互冲突的。为此，必须用价值模型来统一和综合这些冲突的目标。在价值模型驱动下，将一切对企业价值起增值作用的企业活动集成起来形成一条企业价值链（Value Chain），随着时间的推进形成企业价值流（Value Stream）。精益企业的模式就是使这股价值流不断增加的管理模式。

6.3.4 智能制造系统

智能制造系统（IMS，Intelligent Manufacturing System）是为适应以下几方面的情况需要而兴起的：一方面是制造信息的爆炸性的增长，以及处理信息的工作量的猛增，这要求制造系统表现出更大的智能性；另一方面是专业人才的缺乏和专门知识的短缺，严重制约了制造工业的发展，不但在发展中国家是如此，在发达国家，由于制造企业向第三世界转移，同样也造成本国技术力量的空虚；第三是动荡不定的市场和激烈的竞争要求制造企业在生产活动中表现出更高的机敏性和智能性；第四，计算机集成制造系统（CIMS）的实施和制造业的全球化的发展，遇到两个重大的障碍，即目前已形成的“自动化孤岛”的连接和全局优化问题，以及各国、各地区的标准、数据和人—机接口的统一的问题，而这些问题的解决也有赖于智能制造的发展。

智能制造包括智能制造技术（IMT）和智能制造系统（IMS）。智能制造系统是一种由智能机器和人类专家共同组成的人机一体化智能系统，它在制造过程中能以一种高度柔性与集成的方式，借助计算机模拟人类专家的智能活动进行分析、推理、判断、构思和决策等，从而取代或延伸制造环境中人的部分脑力劳动。同时，收集、存储、完善、共享、继承和发展人类专家的智能。

与传统的制造系统相比，智能制造系统具有以下特征：

（1）自组织能力　自组织能力是指IMS中的各种智能设备，能够按照工作任务的要求，自行集结成一种最合适的结构，并按照最优的方式运行。完成任务以后，该结构随即自行解散，以备在下一个任务中集结成新的结构。自组织能力是IMS的一个重要标志。

（2）自律能力　IMS能根据周围环境和自身作业状况的信息进行监测和处理，并根据处理结果自行调整控制策略，以采用最佳行动方案。这种自律能力使整个制造系统具备抗干扰、自适应和容错等能力。

（3）自学习和自维护能力　IMS能以原有专家知识为基础，在实践中不断进行学习、不断完善系统知识库，并删除库中有误的知识，使知识库趋向最优。同时，还能对系统故障进行诊断、排除和修复。

（4）整个制造环境的智能集成　IMS在强调各生产环节智能化的同时，更注重整个制造环境的智能集成。这是IMS与面向制造过程中的特定环节、特定问题的“智能化孤岛”的根本区别。IMS涵盖了产品的市场、开发、制造、服务与管理整个过程，把它们集成为一个整体，系统地加以研究，实现整体的智能化。

IMS的研究是从人工智能在制造中的应用开始的，但又不同于人工智能。人工智能在制造领域的应用，是面向制造过程中特定对象的，研究的结果导致了“自动化孤岛”的出现，人工智能在其中是起辅助和支持的作用。而IMS是以部分取代制造中人的脑力劳动为研究目标的，并且要求系统能在一定范围内独立地适应周围环境并开展工作。

6.3.5 绿色制造

环境、资源、人口是当今人类社会面临的三大主要问题，而环境的恶化程度与日俱增，正在对人类社会的生存与发展造成严重的威胁。近年来的研究和实践使人们认识到环境问题绝不是孤立存在的，它和资源、人口两大问题有着根本性的内在联系。而关于资源问题，它不仅涉及人类世界有限的资源如何利用，而且它又是产生环境问题的主要根源。因此，最有效地利用资源和最低限度地产生废弃物，是当前世界上环境问题的治本之道。

制造业在将可用资源（包括能源）通过制造过程，转化为可供人们使用的工业品的同时，会伴随产生废弃物，废弃物是制造业对环境污染的主要根源。由于制造业量大面广，因而对环境的总体影响很大。可以说，制造业一方面是创造人类财富的支柱产业，但同时又是当前环境污染的主要源头。

飞速发展的工业技术使人类已面临环境污染、生态破坏和资源短缺的危机。美国能源部报告预测：全球能源消耗未来20年将增加60%，在对环境的影响方面造成全球环境污染排放物的70%以上来自制造业，它们每年产生约55亿吨无害废物和7亿吨有害废物，报废产品的数量则更是惊人。因此，如何使制造业尽可能少地产生环境污染，实行可持续发展是当前制造科学所面临的重大问题。因此，无污染、低消耗的新型制造模式——绿色制造（GM，Green Manufacturing）一经提出，便引起制造科学研究领域的广泛关注，成为研究的热点方向之一。

绿色化是21世纪制造系统模式的必然选择和发展趋势。关于绿色制造，由于提出和研究的历史较短，其概念和内涵尚处于探索发展阶段，因而至今还没有统一的定义。根据近年来的研究成果，将绿色制造定义如下：绿色制造是一种综合考虑环境影响和资源效率的现代制造模式，其目标是使产品在从设计、制造、包装、运输、使用到报废处理的整个生命周期中，对环境的影响最小，资源效率最高，即尽可能少用不可再生资源，使环境（尤其是空气和水）的污染最少，能耗最少。

由上述定义可得出绿色制造涉及的问题领域有三部分：一是制造问题，包括产品生命周期全过程；二是环境保护问题；三是资源优化利用问题。绿色制造是这三部分内容的交叉。绿色制造相比于传统制造的本质特征在于绿色制造除保证一般的制造系统功能外，还要保证对环境污染最小。

近年来，围绕生态环境问题提出了“可持续发展”这一新概念。关于“可持续发展”的定义，目前比较权威的是世界环境与发展委员会（WCED）向联合国第112届大会提交的研究报告《我们共同的未来》中正式提出的“可持续发展”的定义：“既满足当代人的需求，又不对子孙后代满足其需要之能力构成危害的发展”。

从不同的角度出发，可持续发展还有其他一些定义，其中世界资源研究所在1992年提出的定义是：可持续发展是要建立极少产生废料和污染物的工艺或技术系统。

可持续发展的思想具有极为丰富的内涵。它将生态环境与经济发展联结为一个互为因果的有机整体，认为经济发展应考虑自然生态环境的长期承载能力，使环境和资源既能满足经济发展的需要，又使其作为人类生存的要素之一而直接满足人类长远生存的需要，从而形成一种综合性的发展战略。

由以上可持续发展的定义和内涵可知，绿色制造是可持续发展极其重要的组成部分。

绿色制造的体系结构中包括绿色资源、绿色生产过程和绿色产品三部分主要内容及两个层次的全过程控制。

两个层次的全过程控制中，一个是指具体的制造过程即物料转化过程，是充分利用资源，减少环境污染，实现具体绿色制造的过程；另一个是指在构思、设计、制造、装配、包装、运输、销售、售后服务及产品报废后回收整个产品周期中，每个环节均充分考虑资源和环境问题，以实现最大限度地优化利用资源和减少环境污染的广义绿色制造过程。

绿色制造的三部分内容是绿色材料、绿色能源和绿色的生产过程（绿色设计、绿色工艺技术、绿色生产设备、绿色包装、绿色管理等）。

绿色制造追求的两个目标是：通过资源综合利用及节能降耗措施延缓资源能源的枯竭，实现持续利用；减少废料和污染物的生成和排放，降低整个生产活动给人类和环境带来的危害，最终实现经济效益和环境效益的最优化。

复习思考题

1. 阐述现代企业管理的含义及体系。
2. 简要说明制造系统的定义及模型。
3. 阐述制造业生产模式的发展阶段及特点。
4. 概括说明先进制造生产模式的战略目标。
5. 阐述先进制造生产模式的含义及核心问题。
6. 阐述并行工程的内涵及特征。
7. 简述敏捷制造的定义及特点。
8. 简要说明精益生产的定义及内涵。
9. 阐述智能制造系统的含义及特征。
10. 简要说明绿色制造的含义及体系结构。

第7章 现代机械工程教育

7.1 机械工程教育规模

机械工程教育的发展经历了一个不断改革、调整和提高的过程。在发展国民经济的第一个五年计划期间，为满足建设需要，在高等学校中增设了许多机械工程方面的专业和专业点，新办了大批中专和技工学校，扩大了招生量。到1954年，全国高等学校机械专业在校生达到20788人。1958年，机械工程教育在数量上又有了很大的增长，在校学生人数达到65733人。1961年前后，随着国民经济的调整、巩固、充实和提高，机械工程教育事业又进行了调整，并得到了积极稳步的发展。到1965年，全国高等学校中机械工程专业在校生已达到88593人。但在“文化大革命”时期教育事业遭到破坏，高等学校取消招生考试，改为推荐入学，质量下降，数量锐减。1976年全国高等学校机械工程专业在校生降为53099人，仅为1965年的59.9%。

1977年，国家恢复了高等院校统一考试招生制度。1978年以后，教育成为“四化”建设的战略重点之一。高等教育方面采取了多层次、多规格、多种形式办学的方法，充分发挥办学的潜力。高等院校通过举办分校、夜大学、函授大学、电视大学、大专班及干部专修班等，成倍地扩大招生人数。迄今为止，全国机械工程教育已形成了以本科教育为主，高等职业、中等专业及技工等为辅的基本教育和培养高层次机械工程人才的硕士、博士研究生教育的完整体系，基本满足了我国社会主义经济建设对机械工程人才的需求。国家还派出了许多工程机械专业的学生去国外进行学习，有许多学生学成回国后成为机械工业发展的骨干力量。

7.2 机械工程学科划分及基础理论

7.2.1 机械工程学科划分

按照国务院学位委员会和教育部1997年颁布的《授予博士、硕士学位和培养研究生的学科、专业目录》(1997年6月下发，1998年10月和2005年12月两次补充修订)，我国学位授予和研究生培养按“学科门类”“一级学科（学科大类）”和“二级学科”（专业）三个层次来设置，共设立了12个学科门类，分别是哲学、经济学、法学、教育学、文学、历史学、理学、工学、农学、医学、军事学和管理学。在12个学科门类之下共设有89个一级学科和387个二级学科。学位按学科门类授予，如工学学士、理学硕士、法学博士等。2011年，国务院学位委员会和教育部颁布了新的《学位授予和人才培养学科目录（2011年）》，艺术学首次从文学学科门类中独立出来，单列为艺术学学科门类，学位授予和人才培养学科门类从原来的12个增加到13个。

在工学学科门类中，共设有32个一级学科和115个二级学科。这32个一级学科分别是力学、机械工程、光学工程、仪器科学与技术、材料科学与工程、冶金工程、动力工程及工程热物理、电气工程、电子科学与技术、信息与通信工程、控制科学与工程、计算机科学与技术、建筑学、土木工程、水利工程、测绘科学与技术、化学工程与技术、地质资源与地质工程、矿业工程、石油与天然气工程、纺织科学与工程、轻工技术与工程、交通运输工程、船舶与海洋工程、航空宇航科学与技术、兵器科学与技术、核科学与技术、农业工程、林业工程、环境科学与工程、生物医学工程和食品科学与工程。其中，在机械工程一级学科中设有机械制造及其自动化、机械电子工程、机械设计及理论和车辆工程四个二级学科。这四个学科各有所长，偏重不同，优势互补。机械制造及其自动化以工艺流程、工装夹具为主，机械电子工程以信息处理、自动控制为主，机械设计及理论以人机工程、结构设计为主，车辆工程以汽车技术、设计理论为主。

7.2.2 机械工程学科基础理论

机械工程学科以有关的自然科学和技术科学为理论基础，结合生产实践中的技术经验，研究和解决在开发、设计、制造、安装、运用和修理各种机械中的全部理论和实际问题。机械工程学科的基础理论有画法几何、机械制图、机械原理、机械设计、热力学、燃烧学、流体力学、摩擦学、互换性、机械振动、传动、金属工艺学及电子学等。机械工程的核心是机械设计技术、机械工艺技术和有关的管理技术，材料是基础，而电子学和计算机科学与技术则是手段。

1. 画法几何（Descriptive Geometry）

画法几何是研究在平面上用图形表示形体和解决空间几何问题的理论和方法的学科。画法几何是机械制图的投影理论基础，它应用投影的方法研究多面正投影图、轴测图、透视图和标高投影图的绘制原理，其中多面正投影图是主要研究内容。

2. 机械制图（Mechanical Drawing）

机械制图是用图样确切表示机械的结构形状、尺寸大小、工作原理和技术要求的学科。图样由图形、符号、文字和数字等组成，是表达设计意图和制造要求以及交流经验的技术文件，常被称为工程界的语言。

为了能对图样中涉及的格式、文字、图线、图形简化和符号含义有一致的理解，人们制定出统一的图样规格，并使其发展成为机械制图标准。各国一般都有自己的国家标准，国际上有国际标准化组织（ISO）制定的标准。

3. 机械原理（Mechanical Principle）

机械原理是研究机械中机构的结构和运动，以及机器结构、受力、质量和运动的学科。这一学科的主要组成部分为机构学和机械动力学。机构学的研究对象是机器中的各种常用机构，如连杆机构、凸轮机构、齿轮机构和间歇运动机构等；研究内容是机构结构的组成原理和运动确定性，以及机构的运动分析和综合。机械动力学的研究对象是机器或机器的组合；研究内容是确定机器在已知力作用下的真实运动规律及其调节、摩擦力和机械效率以及惯性力的平衡等问题。

4. 机械设计（Machine Design）

机械设计是机械工程的重要组成部分，是研究和设计各种设备中机械基础件的一门学科。具体内容包括：

1）零（部）件的联（连）接，如螺纹联接、销联接、键联结、花键联结、过盈配合连接、弹性环连接、焊接和胶接等。

2）传递运动和能量的带传动、摩擦传动、链传动、谐波传动、齿轮传动、绳传动和螺旋传动等机械传动，传动轴、联轴器、离合器和制动器等相应的轴系零（部）件，以及起支承作用的零（部）件，如轴承、箱体和机座等。

3）起润滑作用的润滑系统和密封等。

4）弹簧等其他零（部）件。

机械设计综合运用各有关学科的成果，研究各种基础件的原理、结构、特点、应用、失效形式、承载能力和设计程序；研究设计基础件的理论、方法和准则，并由此建立本学科的结合实际的理论体系，成为研究和设计机械的重要基础。

随着机械工业的发展，以及新的设计理论和方法、新材料、新工艺的出现，机械设计进入了新的发展阶段。有限元法、断裂力学分析、弹性流体动压润滑、优化设计、可靠性设计、计算机辅助设计、系统分析和设计方法学等理论，已逐渐用于机械零件的研究和设计。更好地实现多种学科的综合、实现宏观与微观相结合、探求新的原理和结构、更多地采用动态设计和精确设计、更有效地利用电子计算机、进一步发展设计理论和方法，是这一学科发展的重要趋向。

5. 热力学（Thermodynamics）

热力学是研究热现象中物质系统在平衡时的性质和建立能量的平衡关系，以及状态发生变化时系统与外界相互作用（包括能量传递和转换）的学科。工程热力学是热力学最先发展的一个分支，它主要研究热能与机械能和其他能量之间相互转换的规律及其应用，是机械工程的重要基础学科之一，其基本任务是：通过对热力系统、热力平衡、热力状态、热力过程、热力循环和工质的分析研究，改进和完善热力发动机、制冷机和热泵的工作循环，不断提高热能利用率和热功转换效率。

工程热力学是关于热现象的宏观理论，研究的方法是宏观的，它以归纳无数事实所得到的热力学第一定律（各种形式能量在相互转换时总能量守恒）、热力学第二定律（能量贬值）和热力学第三定律（绝对零度不可达到）作为推理的基础，通过物质的压力、温度、比体积等宏观参数和受热、冷却、膨胀及收缩等整体行为，对宏观现象和热力过程进行研究。

6. 燃烧学（Combustion Science）

燃烧学是研究着火、熄火和燃烧机理的学科。燃烧是指燃料与氧化剂发生强烈化学反应，并伴有发光发热的现象。燃烧不单纯是化学反应，而是反应、流动、传热和传质并存以及相互作用的综合现象。燃烧学的研究内容通常包括：燃烧过程的热力学，燃烧反应的动力学，着火和熄火理论，预混气体的层流和湍流燃烧，液滴和煤粒燃烧，液雾、煤粉和流化床燃烧，推进剂燃烧，爆燃燃烧，边界层和射流中的燃烧，以及燃烧的激光诊断等。

燃烧学是一门正在发展中的学科。能源、航天、航空、环境工程和火灾防治等方面提出了许多有待解决的重大问题，诸如高强度燃烧、低品位燃料燃烧（以重油代轻油、以煤代油及以劣质煤代优质煤等）、煤浆（油-煤、水-煤、油-水及煤等）燃烧、流化床燃烧、催化燃烧、渗流燃烧、燃烧污染物排放和控制、火灾起因和防止等。燃烧学的进一步发展与湍流理论、多相流体力学、辐射传热学和复杂反应的化学动力学等学科的发展相互渗透。

7. 流体力学（Fluid Mechanics）

流体力学是研究流体的平衡和运动的学科。流体力学主要研究流体（液体和气体）在静止或运动时的基本规律，以及流体与所接触的物体之间的相互作用。在机械工程中，诸如流体机械、锅炉、内燃机和液压传动、管道等的设计、测试和控制，以及润滑、噪声、燃烧、传热和射流等方面都需要运用流体力学的知识。

流体力学包括流体静力学、流体运动学和流体动力学。流体静力学研究流体静止时的规律；流体运动学是从几何观点研究流体运动的规律；流体动力学是研究流体运动的规律和流体与边界之间的相互作用。流体动力学按其研究对象的不同，又可分为水力学、空气动力学和气体动力学。实际流体具有黏性和压缩性，因而十分复杂。为简化起见，可把流体简化为不可压缩的和无黏性的两种基本模型，相应地可把流体动力学分为无黏性不可压缩流体动力学和黏性不可压缩流体动力学等，前者又称为经典流体动力学。近代又形成了高速气体动力学、稀薄气体动力学、等离子体动力学、化学流体力学、生物流体力学和多相流体力学等分支。

8. 摩擦学（Tribology）

摩擦学是研究表面摩擦行为的学科。摩擦学主要研究相对运动相互作用表面间的摩擦、润滑和磨损，以及三者间相互关系的基础理论和实践，包括设计和计算、润滑材料和润滑方法、摩擦材料和表面状态以及摩擦故障的诊断、监测和预报等。世界上使用的能源大约有1/3~1/2 消耗于摩擦。如果能够尽力减少无用的摩擦消耗，便可大量节省能源。另外，机械产品的易损零件大部分是由于磨损超过限度而报废和更换的，如果能控制和减少磨损，则既能减少设备维修次数和费用，又能节省制造零件及其所需材料的费用。不过，摩擦也有可供利用的一面。

摩擦学研究的对象很广泛，在机械工程中主要包括：

1）动、静摩擦副，如滑动轴承、齿轮传动、螺纹联接、电气触头和磁带的录音头等。

2）零件表面受工作介质摩擦或碰撞、冲击，如犁耙和水轮机转轮等。

3）机械制造工艺的摩擦学问题，如金属成形加工、切削加工和超精加工等。

4）弹性体摩擦副，如汽车轮胎与路面的摩擦、弹性密封的动力渗漏等。

5）特殊工况条件下的摩擦学问题，如宇宙探索中遇到的高真空、低温和离子辐射等，深海作业的高压、腐蚀、润滑剂稀释和防漏密封等。

9. 互换性与测量技术（Interchangeability and Measurement Techniques）

互换性与测量技术是将实现互换性生产的标准化领域与计量学领域的有关知识结合在一起的综合性应用技术基础学科。互换性是指机械制造中按规定的几何和力学性能等参数的允许变动量来制造零件和部件，使其在装配或维修更换时不需要选配或辅助加工便能装配成机器并满足技术要求的性能。几何参数包括尺寸大小、几何形状、相互位置、表面粗糙度、角度和锥度等；力学性能参数通常指硬度、强度和刚度等。机器的零件和部件的各种参数不可能也不必要达到绝对的准确值，只要实际值保持在规定的变动范围之内就能满足技术要求。在机械制造中，遵循互换性原则不仅能显著提高劳动生产率，而且能有效保证产品质量和降低成本。互换性是机械制造中的重要生产原则与有效技术措施。

按互换的目的，互换性可分为装配互换性和功能互换性。装配互换性是规定几何参数公差达到装配要求的互换；功能互换性是既规定几何参数公差，又规定性能参数公差达到使用要求的互换。装配互换性的研究对象主要是零件基本要素（构成零件的点、线、面）和通用零部件（轴承、键和花键、螺纹及齿轮等）的几何参数公差及其检验方法的标准化问题。随着对机械产品质量和性能要求的不断提高，除装配互换性外，还要求零件和部件有一定的工作稳定性和可靠性。例如对齿轮传动，既要规定影响传动准确性、工作平稳性和负载均匀性的几何参数误差，又要规定材料、硬度、热处理形式及噪声大小等力学性能参数的允许值及其范围。功能互换性的研究有助于提高产品质量和生产水平。

10. 机械振动（Mechanical Vibration）

机械振动是物体或质点在其平衡位置附近所做的往复运动。振动的强弱用振动量来衡量。振动量可以是振动体的位移、速度或加速度。振动量如果超过允许范围，机械设备将产生较大的动载荷和噪声，从而影响其工作性能和使用寿命，严重时会导致零、部件的早期失效。例如，涡轮机叶片因振动而产生的断裂可以引起严重事故。由于现代机械结构日益复杂，运动速度日益提高，振动的危害更为突出。反之，利用振动原理工作的机械设备，则应能产生预期的振动。在机械工程领域中，除固体振动外还有流体振动，如空气压缩机的喘振，以及固体和流体混合的振动。

机械振动有不同的分类方法，按产生振动的原因可分为自由振动、受迫振动和自激振动；按振动的规律可分为简谐振动、非谐周期振动和随机振动；按振动系统结构参数的特性可分为线性振动和非线性振动；按振动位移的特征可分为扭转振动和直线振动。

11. 传动（Transmission）

传动是传递动力和运动的装置，也可用来分配能量、改变转速和运动形式。机器通常是通过它将动力机产生的动力和运动传递给机器的工作部分。设置传动的原因为：机器工作部分所要求的速度和转矩与动力机的的速度和转矩不一致；有的机器工作部分常需要改变速度；动力机的输出轴一般只做回转运动，而机器工作部分有的需要其他运动形式，如直线运动、螺旋运动或间歇运动等。传动可以由一台动力机带动若干个机器工作部分，或由几台动力机带动一个机器工作部分。

传动分为机械传动、流体传动和电力传动三大类。机械传动是利用机件直接实现传动，其中齿轮传动和链传动属于啮合传动；摩擦轮传动和带传动属于摩擦传动。流体传动是以液体或气体为工作介质的传动，又可分为依靠液体静压力作用的液压传动、依靠液体动力作用的液力传动和依靠气体压力作用的气压传动。电力传动是利用电动机将电能变为机械能，以驱动机器工作部分的传动。

12. 金属工艺学（Metal Processing Technology）

金属工艺学是研究在机械制造中金属材料（或坯料、半成品等）的冶炼、铸造、锻压、焊接、热处理、切削加工及机械装配等工艺过程和方法的一门学科。金属工艺学的主要研究内容包括：各种工艺方法的规律性及其在机械制造中的应用和联系，金属机件的加工工艺过程和结构工艺性，常用金属材料性能对加工工艺的影响，工艺方法的综合比较等。

13. **机械工程材料**（Material for Mechanical Engineering）

机械工程材料包括用于制造各类机械零件、构件的材料和在机械制造过程中所应用的工艺材料。机械工程材料涉及面很广，按属性可分为金属材料和非金属材料两大类。金属材料包括钢铁材料和非铁金属。非铁金属用量虽只占金属材料的5%，但因具有良好的导热性、导电性，以及优异的化学稳定性和高的比强度等，因而在机械工程中占有重要的地位。非金属材料又可分为无机非金属材料和有机高分子材料。此外，还有由两种或多种不同材料组合而成的复合材料。这种材料由于复合效应，具有比单一材料优越的综合性能，成为一类新型的工程材料。

机械工程材料也可按用途分类，如结构材料（结构钢）、工模具材料（工具钢）、耐蚀材料（不锈钢）、耐热材料（耐热钢）、耐磨材料（耐磨钢）和减摩材料等。由于材料与工艺紧密联系，也可结合工艺特点来进行分类，如铸造合金材料、超塑性材料、粉末冶金材料等。机械产品的可靠性和先进性，除设计因素外，在很大程度上取决于所选用材料的质量和性能。新型材料的发展是发展新型产品和提高产品质量的物质基础。各种高强度材料的发展，为发展大型结构构件和逐步提高材料的使用强度等级、减轻产品自重提供了条件。现代发展起来的新型纤维材料、功能性高分子材料、非晶质材料、单晶体材料、精细陶瓷和新合金材料等，对于研制新一代的机械产品有重要意义。

14. **电子学**（Electronics）

电子学是一门以应用为主要目的的科学和技术。电子学是以电子运动和电磁波及其相互作用的研究和利用为核心而发展起来的。电子学是研究电子在真空、气体、液体、固体和等离子体中运动时产生的物理现象，电磁波在真空、气体、液体、固体和等离子体中传播时发生的物理效应，以及电子和电磁波的相互作用的物理规律的一门科学。电子学不仅致力于这些物理现象、物理效应和物理规律的研究，还致力于这些物理现象、物理效应和物理规律的应用。电子学作为科学技术的门类之一具有十分鲜明的应用目的性。

15. **计算机科学与技术**（Computer Science and Technique）

计算机科学与技术是一门实用性很强、发展极其迅速的面向广大社会的技术学科，它建立在数学、电子学（特别是微电子学）、磁学、光学及精密机械等多门学科的基础之上。但是，它并不是简单地应用某些学科的知识，而是经过高度综合形成一整套有关信息表示、变换、存储、处理、控制和利用的理论、方法和技术。

计算机科学是研究计算机及其周围各种现象与规模的科学，主要包括理论计算机科学、计算机系统结构、软件和人工智能等。计算机技术则泛指计算机领域中所应用的技术方法和技术手段，包括计算机的系统技术、软件技术、部件技术、器件技术和组装技术等。计算机科学与技术包括五个分支学科，即理论计算机科学、计算机系统结构、计算机组织与实现、计算机软件和计算机应用。

7.3 机械类专业本科生培养

7.3.1 我国大学分类

人才培养和科学研究是大学的主要功能。在为社会培养高级专门人才方面大学是不可替代的，而在产出高水平科技成果方面大学也是难以替代的。

我国现有2000多所普通高等学校。按学校较强的学科门类，可将大学分为综合、工科、农业、林业、医药、师范、语言、财经、政法、体育、艺术及民族等类。另外，按学校科研规模的大小，大学可分为四种类型，它们分别是：

（1）研究型大学　学术水平最高、科研成果最多、以研究生培养为主的大学。

（2）研究教学型大学　学术水平和科研成果仅次于研究型大学，研究生和本科生培养并重的大学。

（3）教学研究型大学　教学为主、科研为辅，教学科研协调发展的大学。

（4）教学型大学　本科教学为主的大学。

“211 工程”是国家为了提高高等教育水平，加快经济建设，促进科学技术和文化发展，增强综合国力和国际竞争能力，实现高层次人才培养基本立足于国内而在高等教育领域进行的规模最大的重点建设工程。“211 工程”的计划目标是在“九五”期间，面向21世纪重点建设100所左右的高等学校以及一批重点学科。至2000年左右，教育质量、科学研究、管理水平及办学效益等方面要有较大提高，在教育改革方面有明显进展，力争在21世纪初有一批高等学校和学科、专业接近或达到世界一流大学的水平。自国家推行“211 工程”以来，重点大学的概念逐渐让位于“211 工程”大学的概念。

“985 工程”是国家为建设若干所世界一流大学和一批国际知名的高水平研究型大学而实施的高等教育建设工程。“985 工程”的主要内容包括机制创新、队伍建设、平台和基地建设、条件支撑和国际交流与合作五个方面。“985 工程”建设的总体思路是：以建设若干所世界一流大学和一批国际知名的高水平研究型大学为目标，建立高等学校新的管理体制和运行机制，牢牢抓住本世纪头20年的重要战略机遇期，集中资源，突出重点，体现特色，发挥优势，坚持跨越式发展，走有中国特色的建设世界一流大学之路。最初入选“985 工程”的高校有9所，截至2011年末，“985 工程”共有39所高校。此后，教育部表示“985 工程”和“211 工程”的规模已经稳定，将不会再新增高校。

“2011 计划”也称高等学校创新能力提升计划，是继“985 工程”“211 工程”之后，国务院在高等教育系统启动的第三项国家工程。该项目是针对新时期中国高等学校已进入内涵式发展的新形势下又一项体现国家意志的重大战略举措。实施该项目，对于大力提升高等学校的创新能力，全面提高高等教育质量，深入实施科教兴国、人才强国战略，都具有十分重要的意义。项目以人才、学科、科研三位一体创新能力提升为核心任务，通过构建面向科学前沿、文化传承创新、行业产业以及区域发展重大需求的四类协同创新模式，深化高校的机制体制改革，转变高校创新方式，建立起能冲击世界一流的新优势。2013年4月，教育部公布“2011 计划”的首批入选名单，全国四大类共计14个协同创新中心获得认定建设，牵头高校和主要协同单位成为首批“2011 计划”。2014年8月，全国又有四大类共计24个协同创新中心获得认定建设。

7.3.2　机械类本科专业的培养目标、要求和主要课程

《普通高等学校本科专业目录》是高等教育工作的基本指导性文件之一。它规定了专业划分、名称及所属门类，是设置和调整专业、实施人才培养、安排招生、授予学位、指导就业、进行教育统计和人才需求预测等工作的重要依据。

按照教育部颁布的《普通高等学校本科专业目录（2012年）》，本科学科分为学科门类、学科类和专业三级。学科门类是最大的学科，学科门类下设学科类，学科类下设专业，专业是学科的最小单位。共设哲学、经济学、法学、教育学、文学、历史学、理学、工学、农学、医学、管理学和艺术学12个学科门类，92个学科类，506种专业。

工学门类中包括力学类、机械类、仪器类、材料类、能源动力类、电气类、电子信息类、自动化类、计算机类、土木类、水利类、测绘类、化工与制药类、地质类、矿业类、纺织类、轻工类、交通运输类、海洋工程类、航空航天类、兵器类、核工程类、农业工程类、林业工程类、环境科学与工程类、生物医学工程类、食品科学与工程类、建筑类、安全科学与工程类、生物工程类及公安技术类等31个学科类。

机械学科类之下共设有机械工程、机械设计制造及其自动化、材料成型及控制工程、机械电子工程、工业设计、过程装备与控制工程、车辆工程和汽车服务工程等8个本科专业。

各专业的培养目标、培养要求和主要课程分别如下：

1. 机械工程（专业代码：080201）

培养目标：具备机械设计、制造、自动化基础知识与应用能力，能在工业生产第一线从事机械工程及自动化领域内的设计制造、科技开发、应用研究、运行管理和经营销售等方面工作的高级工程技术人才。

毕业生应获得以下方面的知识和能力：①具有扎实的自然学科基础，较好的人文、艺术和社会科学基础及良好的文字表达能力；②较系统地掌握本专业领域宽广的技术理论基础知识；③具有本专业必需的制图、计算、测试、文献检索等基本技能及较强的计算机和外语应用能力；④具有本专业领域内某专业方向所必需的专业知识，了解其科学前沿及发展趋势；⑤具有较强的自学能力、创新意识和较强的综合素质；⑥具有较强的组织、管理能力和敏锐的市场意识。

主要课程：工程力学、机械设计基础、工程热力学、现代控制理论、材料加工工艺与设备、测试技术、计算机系列课程、经营与管理及电工与电子技术基础等。

2. 机械设计制造及其自动化（专业代码：080202）

培养目标：掌握机械设计制造基础知识与应用能力，能在工业生产第一线从事机械制造领域内的设计制造、科技开发、应用研究、运行管理和经营销售等方面工作的高级工程技术人才。

培养要求：主要学习机械设计与制造的基础理论，学习微电子技术、计算机技术和信息处理技术的基本知识，受到现代机械工程师的基本训练，具有进行机械产品设计、制造及设备控制、生产组织管理的基本能力。

毕业生应获得以下方面的知识和能力：①具有较扎实的自然科学基础，较好的人文、艺术和社会科学基础及正确运用本国语言、文字的表达能力；②较系统地掌握本专业领域宽广的技术理论基础知识，主要包括力学、机械学、电工与电子技术、机械工程材料、机械设计工程学、机械制造基础、自动化基础、市场经济及企业管理等基础知识；③具有本专业必需的制图、计算、实验、测试、文献检索和基本工艺操作等基本技能及较强的计算机和外语应用能力；④具有本专业领域内某个专业方向所必需的专业知识，了解其科学前沿及发展趋势；⑤具有初步的科学研究、科技开发及组织管理能力；⑥具有较强的自学能力和创新意识。

主干学科：力学、机械工程。

主要课程：工程力学、机械设计基础、电工与电子技术、微型计算机原理及应用、机械工程材料及机械制造技术基础。

主要实践性教学环节：包括军训、金工实习、电工电子实习、认识实习、生产实习、社会实践、课程设计及毕业设计（论文）等，一般应安排40周以上。

主要专业实验：现代制造技术综合实验，测试与信息处理实验。

3. *材料成型及控制工程（专业代码：080203）*

培养目标：掌握机械热加工基础知识与应用能力，能在工业生产第一线从事热加工领域内的设计制造、试验研究、运行管理和经营销售等方面工作的高级工程技术人才。

培养要求：主要学习材料科学及各类热加工工艺的基础理论与技术、有关设备的设计方法，受到现代机械工程师的基本训练，具有从事各类热加工工艺及设备设计、生产组织管理的基本能力。

毕业生应获得以下方面的知识和能力：①具有较扎实的自然科学基础，较好的人文、艺术和社会科学基础及正确运用本国语言、文字的表达能力；②较系统地掌握本专业领域宽广的技术理论基础知识，主要包括力学、机械学、电工与电子技术、热加工工艺基础、自动化基础、市场经济及企业管理等基础知识；③具有本专业必需的制图、计算、测试、文献检索和基本工艺操作等基本技能及较强的计算机和外语应用能力；④具有本专业领域内某个专业方向所必需的专业知识，了解科学前沿及发展趋势；⑤具有较强的自学能力、创新意识和较高的综合素质。

主干学科：机械工程、材料科学与工程。

主要课程：工程力学、机械原理及机械零件、电工与电子技术、微型计算机原理及应用、热加工工艺基础、热加工工艺设备及设计、检测技术及控制工程和CAD/CAM基础。

主要实践性教学环节：包括军训、金工实习、电工电子实习、认识实习、生产实习、社会实践、课程设计及毕业设计（论文）等，一般应安排40周以上。

主要专业实验：塑性成形工艺过程综合实验、铸造工艺过程综合实验、焊接工艺过程综合实验、材料性能及检验和CAD上机实验。

4. *机械电子工程（专业代码：080204）*

培养目标：培养具备机械、电子、控制等学科的基础理论和专业知识，具有解决机电工程实际问题的能力，能在机械设计、机械制造、测控技术、电子信息技术、自动化仪表、智能设备、计算机应用等领域，从事设计制造、科技开发、应用研究、运行管理等方面工作的应用型人才。

培养要求：主要学习机械工程、控制科学工程、电气工程和计算机科学与技术学科的基本理论和基本知识，受到课程设计、金工实习、电工实习和生产实习等方面的基本训练，掌握在机电领域从事机电系统的设计、生产、管理、规划、组织及商务的基本能力。

毕业生应获得以下方面的知识和能力：①掌握机械、电子、控制、计算机等学科的基本理论、基本知识；②具有机电一体化产品和系统的设计制造、使用、维护的综合能力；③具有较好的计算机应用技能和较高的外语能力；④掌握电子、液压、气动以及信息技术在工艺设备中的应用知识；⑤了解先进制造技术、控制技术、电子信息技术的专业基础知识；⑥了解机械电子工程学科前沿及发展趋势；⑦具有一定的科学研究和实际工作能力，具有一定的批判性思维能力。

主干学科：机械工程、电子科学与技术、控制科学与工程。

核心课程：电路、工程力学、机械设计、液压与气动传动、单片机原理与接口技术、机床电气控制与 PLC、机械工程测试技术、微机控制技术及机电系统智能控制技术等。

主要实践性教学环节：金工实习、电工电子实习、机械测绘、电气控制与 PLC 课程设计、机械设计课程设计、单片机原理与接口技术课程设计、毕业实习及毕业设计（论文）。

主要专业实验：电路实验、模拟电子技术实验、数字电子技术实验、力学实验、单片机原理与接口技术实验、机床电气控制与 PLC 实验和机械工程测试技术实验。

5. 工业设计（专业代码：080205）

培养目标：掌握工业设计的基础理论、知识与应用能力，能在企事业单位、专业设计部门、科研单位从事工业产品造型设计、视觉传达设计、环境设计和教学科研工作的应用型高级专门人才。

培养要求：主要学习工业设计的基础理论与知识，具有应用造型设计原理和法则处理各种产品的造型与色彩、形式与外观、结构与功能、结构与材料、外形与工艺、产品与人、产品与环境、市场的关系，并将这些关系统一表现在产品的造型设计上的基本能力。

毕业生应获得以下方面的知识和能力：①具有较扎实的自然科学基础，较好的人文、艺术和社会科学基础及正确运用本国语言、文字的表达能力；②较系统地掌握本专业领域宽广的技术理论基础知识，主要包括工业设计工程基础、设计表现基础、设计基础、设计理论、人机工程、设计材料及加工、计算机辅助设计、市场经济及企业管理等基础知识；③具有新产品的研究与开发的初步能力，有较强的表现技能、动手能力、美的鉴赏与创造能力以及较强的计算机和外语应用能力；④具有较强的自学能力和较高的综合素质。

主干学科：机械工程、艺术学。

主要课程：力学、电工学、机械设计基础、工业美术、造型设计基础、工程材料、人机工程学、心理学、计算机辅助设计、视觉传达设计及环境设计。

主要实践性教学环节：包括军训、金工实习、电工电子实习、认识实习、生产实习、社会实践、课程设计和毕业设计（论文）等，一般应安排 40 周以上。

6. 过程装备与控制工程（专业代码：080206）

培养目标：掌握化学工程、机械工程、控制工程和管理工程等方面的知识，能在化工、石油、能源、轻工、环保、医药、食品、机械及劳动安全等部门从事工程设计、技术开发、生产技术、经营管理以及工程科学研究等方面工作的高级工程技术人才。

培养要求：主要学习化学、物理、物理化学、化工计算、工程热力学、化工原理、流体力学、粉体力学、工程力学、机械设计及计算机控制技术方面的基本理论和知识，受到工程设计、测控技能和工程科学研究的基本训练，掌握对化工单元设备及成套装备的优化设计、创新改造和新型化工装置技术开发研究的基本能力。

毕业生应获得以下方面的知识和能力：①掌握化学工程、动力工程及工程热物理、机械工程、控制工程等学科的基本理论和知识；②掌握化工单元设备和成套装备的设计方法与控制技术；③具有对新装备、新技术进行开发研究与创新设计以及对化工装置项目进行成本评估与投资决策的初步能力；④熟悉国家关于化工装置设计、开发、研究、环境保护和安全防灾等方面的方针、政策和法规；⑤了解化工装备与控制工程的理论前沿，了解新装置、新技术、新工艺的发展动态；⑥掌握文献检索、资料查询的基本方法，具有一定的科学研究和实际工作能力；⑦具有创新意识和独立获取知识的能力。

主干学科：化学工程与技术、动力工程及工程热物理。

主要课程：化学、物理、物理化学、化工计算、化工原理、工程热力学、流体力学、粉体力学、工程力学、机械设计、计算机应用技术、计算机控制技术、化工装置设计及控制与管理技术等。

主要实践性教学环节：包括金工实习、认识实习、生产实习、机械设计课程设计、化工工艺及设备课程设计及毕业设计（论文）等，一般安排35~45周。

主要专业实验：流体力学实验、热力学实验、粉体力学实验、设备强度实验、微机测量与控制实验及化工装置实验等。

7. 车辆工程（专业代码：080207）

培养目标：具有扎实的基础理论、宽厚的专业知识、良好的职业素养、较强的工程实践、一定的工程技术研究及创新能力，能具备从事车辆工程领域内的设计制造、科研开发、应用研究、试验测试及市场营销等方面工作的高级工程技术人才。

毕业生获得以下方面的知识和能力：①具有扎实的与本专业相关的自然科学、计算机科学与技术和工程技术的基础知识；②掌握车辆工程技术领域内的基础理论和专业知识，熟悉相关技术领域的专门知识，以及掌握机械工程、控制工程、车辆工程三个专业方向所共有的基础知识、实践技能和设计方法；③应在车辆设计技术、车辆制造技术、车辆电子技术以及生产组织与管理技术等某一专业方向上进行深入学习，具有良好地应用该专业方向知识的能力；④具有良好的机械产品设计、生产工艺编制、品质控制知识，可以借助现代工程设计分析软件完成工程任务的应用能力；⑤具有创新意识，具有终身获取新知识的欲望和能力，具有跟踪车辆工程应用前沿的能力，具有工程应用创新能力；⑥了解与本专业相关的一些重要的法律、法规和技术标准；⑦具有较好的人文社会科学素质和较强的组织管理能力；⑧具有团队合作意识、独立工作能力、撰写工程技术和设计文档的能力。

主干学科：机械工程、车辆工程。

主要课程：工程力学、制图学、电工与电子技术、计算机技术、工程材料、机械原理、机械设计、制造技术基础、汽车构造、汽车理论、汽车设计、车辆电器与电子技术、汽车试验技术及汽车CAD/CAE/CAM等。

主要实践性教学环节：金工实习、电工电子实习、车辆拆装实习、机械设计课程设计、车辆驾驶训练、毕业实习及毕业设计（论文）。

8. 汽车服务工程（专业代码：080208）

培养目标：具备现代汽车检测与维修、营销、售后服务、运行管理等汽车服务方面专业知识与能力，掌握汽车技术、汽车服务方面的专业基本技能，从事汽车技术服务、汽车贸易等职业的应用创新型高级专门人才。

毕业生获得以下方面的知识和能力：①具有扎实的自然科学基础、较好的人文与社会科学基础，及正确应用本国语言、文字的表达能力；②较系统地掌握本专业领域内的技术理论基础知识，主要包括工程制图、工程力学、电工电子技术、汽车应用材料、机械设计基础及工业微型计算机原理与应用等；③具有本专业领域内的专业知识和技能，了解其科学前沿及发展趋势；④具有本专业必需的制图、计算、实验、测试、文献检索及计算机应用能力；⑤

掌握一门外语，具有本专业所需的听、说、读、写能力；⑥具有较强的创新意识，具备初步的科学研究、科技开发及组织管理能力。

主干学科：汽车工程、机械工程。

主要课程：工程力学、电工电子技术、汽车构造、发动机原理与汽车理论、汽车电气设备、汽车电控技术、汽车营销学、汽车维修工程、汽车检测与故障诊断、汽车应用工程、汽车再生工程及汽车事故工程。

主要实践性教学环节：金工实习、电工电子实习、汽车拆装实习、机械设计课程设计、汽车市场调查与商务实习、汽车维修实习、毕业实习及毕业论文（设计）。

7.3.3 机械类主要课程安排

机械类专业大学本科学生的培养主要由课程授课和工程实践环节完成。全部课程授课的学时数约为2500学时，工程实践环节则约为1500学时。

1. 课程体系

机械类专业的课程体系由基础教育系列、专业教育系列和工程教育系列三大系列构成。基础教育系列课程包括数学与自然科学课程群、工程技术基础课程群、人文社会科学课程群三部分，约占总学时的70%；专业教育系列包括专业平台课程群，约占总学时的25%；工程教育系列包括专题选修课程群，约占总学时的5%。

基础教育系列课程服务于专业教育，为后续课做准备。同时通过基础课程学习，还能培养学生掌握自然科学、工程技术和人文社会科学的基本理论和实验研究方法，掌握科学技术的方法论，培养学生自己获得知识的能力和将知识变为解决问题的能力。

专业教育系列课程反映学科专业的共性知识基础，是大学专业培养的核心，是学生毕业后进入某一具体工作和职业角色的知识平台。课程之间既相对独立，又互相联系，能构成专业知识体系框架。通过专业平台课学习，学生能够奠定良好的专业理论和知识基础，并能培养学生的专业素质、创新能力以及分析和解决工程技术问题的能力。一些学校又称专业教育系列课程为专业核心课程，并分设计与制造、信息与控制两大系列。

工程教育系列课程不具有专业或“专业模块”的含义。工程教育系列课程和毕业设计相配合，是一个进行工程意识和工程能力训练的考察环节，是模拟择业进入职业角色的具体实践过程。

2. 课程安排

1）机械设计制造及自动化专业的课程安排。

① 数学与自然科学课程群主要包括：高等数学、大学物理、大学物理实验、概率论与数理统计和线性代数等课程。

② 工程技术基础课程群主要包括：画法几何与机械制图、工程材料、机械制造基础、理论力学、材料力学、机械原理、机械设计、微机原理、数据库基础和C语言及程序设计等课程。

③ 人文社会科学课程群主要包括：马克思主义哲学原理、马克思主义政治经济学、毛泽东思想概论、邓小平理论概论、思想道德修养、英语、专业英语、体育、管理基础、法律基础、机械工程概论和军事理论等课程。

④ 专业平台课程群主要包括：电工学与电子学、热力学、传感器与测试技术、现代机

械设计理论及应用、机电一体化导论、互换性原理与技术测量、机械工程控制基础、机械制造工程学和液压传动等课程。

专题选修课程群分专题设置。

① 机械制造及自动化专题主要包括：机械制造装备及自动化、现代制造技术导论、工业机器人、数控技术、机床电气控制、精密与超精密加工、特种加工、切削原理及过程控制、磨削机理和质量管理等课程。

② 机械设计及理论专题主要包括：弹性力学及有限元、机械优化设计、机械可靠性设计、机械 CAD 开发及应用和结构分析与设计等课程。

③ 车辆工程专题主要包括：汽车构造、汽车理论、汽车设计、汽车电子技术、车辆人机工程学和内燃机工作原理与设计等课程。

④ 机械电子工程专题包括：机器人学导论、物流系统自动化、计算机控制技术、微机接口技术、人工智能与故障诊断和电力拖动与控制等课程。

⑤ 液压气动控制工程专题包括：现代控制理论、流体传动与控制、气动技术、液压伺服系统和液压系统微机控制等课程。

另外还设置若干任选的课程，如：现代化学导论、现代生物学导论、计算机仿真、网络化设计与制造、纳米技术、机械振动、三维造型技术、快速原型制造和激光技术与应用等，根据各校条件和特色有较大不同。

2）材料成型与控制工程专业的课程安排。材料成型与控制工程专业的基础教育系列课程与上述基本相同。其专业平台课程如下：材料成型自动控制基础、材料成型机械设备、材料成型过程计算机模拟、金属学及热处理、金属凝固理论、材料成型过程自动化、材料成型工艺学、材料成型力学和材料成型金属学等。

3）机械类专业的工程实践环节。机械类专业的工程实践环节主要包括实验、上机、金工实习、课程设计（机械制图课程、机械原理课程、机械设计课程）、生产实习、毕业实习和毕业设计（论文）。到工厂实习是工科大学学生的重要工程实践环节。通过工厂实习，深化学生在课堂上、书本上学到的知识，了解现代大工业生产的环境、工艺、装备、管理和技术操作，培养观察事物、分析问题、解决问题的能力，树立工程意识。毕业设计（论文）则是综合运用大学四年学习的知识，解决一个具体工程技术问题的演练和实践。通过这一过程，使学生掌握分析、解决工程技术问题的方法和步骤，进一步培养学生的独立工作能力、团队精神和合作能力、创造性、严谨细致的工作作风和良好的工程素质。

7.4 机械工程学科研究生培养

7.4.1 我国的学位制度和研究生培养目标

为了促进我国科学专门人才的成长，促进各门学科学术水平的提高和教育、科学事业的发展，以适应社会主义现代化建设的需要，我国制定并于 1980 年 2 月由第五届全国人民代表大会常务委员会通过了《中华人民共和国学位条例》，由此确立了我国的学位制度。现行条例是 2004 年 8 月由第十届全国人民代表大会常务委员会修正通过的，条例规定我国学位分学士、硕士、博士三级。对各级学位获得者的具体要求如下：

高等学校本科毕业生，成绩优良，达到下述学术水平者，授予学士学位：

1）较好地掌握本门学科的基础理论、专门知识和基本技能。

2）具有从事科学研究工作或担负专门技术工作的初步能力。

高等学校和科学研究机构的研究生，或具有研究生毕业同等学力的人员，通过硕士学位的课程考试和论文答辩，成绩合格，达到下述学术水平者，授予硕士学位：

1）在本门学科上掌握坚实的基础理论和系统的专门知识。

2）具有从事科学研究工作或独立担负专门技术工作的能力。

高等学校和科学研究机构的研究生，或具有研究生毕业同等学力的人员，通过博士学位的课程考试和论文答辩，成绩合格，达到下述学术水平者，授予博士学位：

1）在本门学科上掌握坚实宽广的基础理论和系统深入的专门知识。

2）具有独立从事科学研究工作的能力。

3）在科学或专门技术上做出创造性的成果。

7.4.2 研究生培养过程

1. 试验型研究生课题进行过程

选题	前沿性、先进性、可行性
查阅资料	全面、系统、完整记录
综述	发展、现状、方向、有分析、有见解
理论预研	基于已有知识的推理和估计
探索性实验设计	关键点
探索性实验	推理和估计的初步验证
论文总体设计	构架，相对独立部分的划分
研究方案设计	
实验和观察	完整记录、资料保存
结果分析和理论解释	
补充实验	
论文撰写	规范性、逻辑性

2. 分析型研究生课题进行过程

选题	前沿性、先进性、可行性
查阅资料	全面、系统、完整记录
综述	发展、现状、方向、有分析、有见解
重要理论结果和准备知识	
论文总体设计	构架，部分的划分，
研究方案设计	主要论点、论据，应用的分析方法
推理分析	基于已有知识的推理
实验验证	实验，仿真或别人实验结果的举证
分析结果的整理和提高	
研究总结和结论	
论文撰写	规范性、逻辑性

要求：选题合理、综述完整、理论分析和实验正确、推理严谨、结果可靠、工作量足够、成果丰富、成果有意义、创新性明显、论文撰写质量高。

7.5　机械类专业的人才择业

教育部高校学生司发布的2011年机械类本科学生就业情况见表7-1、表7-2。

表7-1　按就业去向的就业率情况（%）

专　业	就业率	华北	东北	华东	中南	西南	西北	读研	出国退学
机械设计制造及其自动化	94.99	9.09	6.41	22.82	22.47	6.61	3.59	21.96	2.07
材料成型及控制工程	95.78	7.19	8.29	19.17	20.16	6.71	3.14	29.61	1.54
工业设计	90.39	12.13	6.71	25.75	17.48	3.99	3.24	17.19	3.93
过程装备与控制工程	94.93	12.17	9.02	24.55	12.80	5.68	6.66	22.76	1.32
机械工程及自动化	94.40	10.59	8.07	25.93	13.86	3.57	3.66	25.78	2.94

表7-2　按就业单位性质的就业率情况（%）

专　业	就业率	机关	科教文卫	其他事业	企业	其他就业	部队	暂不就业
机械设计制造及自动化	94.99	0.18	1.60	1.46	62.10	2.30	3.06	0.27
材料成型及控制工程	95.78	0.29	0.64	1.92	58.77	2.16	0.66	0.21
工业设计	90.39	0.57	1.76	1.58	55.93	8.88	0.19	0.37
过程装备与控制工程	94.93	0.32	3.09	1.91	62.29	2.63	0.64	0.28
机械工程及自动化	94.40	0.40	1.77	1.97	57.65	1.31	2.39	0.21

7.6　21世纪的机械工程教育

机械工程是一门历史悠久、应用广泛、影响深远的重要科学，在科学和技术发展史上，从人类有史以来，就成为生产活动中最受关注的科学。第一次工业革命、第二次工业革命乃至当前的信息革命，无不直接或间接地同机械工程的发展有密切关系。现代科技的发展和相关科学的交叉、渗透、融合，极大地充实和丰富了机械工程科学的基础，拓宽和发展了研究领域。因此，机械工程各个学科和专业对相关人才的培养提出了新的更高的要求，与过去相比有如下新的特点：

1. *更加突出环境与背景的作用*

美国制造业面临市场竞争的挑战，为找回失去的竞争优势，提出“回归工程实践”的口号。针对第二次世界大战后较多强调加强基础科学的情况，他们对工程教育和教学内容体系提出新的要求，呼吁“大工程条件下的工程”，即包括设计、制造、工程管理、市场、环境等方面的工程，要求人才在保持较宽学科基础的前提下，具有较强的工程设计训练，掌握设计和开发有竞争力产品集成知识的系统方法，并具有开发市场的能力。因此，要求学生必须考虑背景的影响，这种影响应该体现在工程结果的计算和设计中。这种背景包括企业的和组织的背景，引入包括顾客的愿望，包括社会、政治、经济及文化因素。

2. 更加突出能力的培养与训练

主要体现在思维方式、实践能力、创新能力、学习能力和群体协作能力等方面，这也是现代机械工程对工程教育在能力方面提出的根本要求。

现代机械工程的系统性大大加强，要求工程技术人员具有整合的系统思维能力。现代机械制造业向技术密集型和知识密集型产业转变，未来的产品是基于信息和知识的产品，尤其是基于新知识的产品，需要工程技术人员具有更强的创新能力。未来的机械设计制造技术将进一步向系统化、自动化、集成化、智能化、全球化及生态化发展，面对迅速变化的世界，工程技术人员的知识越广博，理解力和创造力越强，经验越丰富，就越有能力应对未来。

3. 更加重视工程的伦理教育

可持续发展工程教育是美国工程师协会联合会于1994年8月发表的一份政策声明的主题。其意义是站在工程的立场，在加速人类工业文明繁荣昌盛的同时，正视世界人口剧增、粮食短缺、资源枯竭、能源缺乏、污染加剧及生态失衡等问题，致力于开发旨在资源节约化、能源与生产过程清洁化、废物再生化、环境无害化、农业生态化及社会公平协调等的可持续发展理论和技术，从工程伦理角度协调全社会创造新的价值观念、行为方式和工业规范。在工程教育方面则是造就新一代具有环境文明意识，并拥有相应科技知识的现代工程技术人员。

4. 更加关注技术与管理科学的结合

现代制造的各种先进生产模式都是与现代工业工程的发展分不开的。现代制造系统为了满足多品种小批量、快速响应市场变化的需求，要求人们必须对制造过程中的技术、人/组织、管理集成考虑，必须用系统的观点和工业工程的方法进行处理，更加强调人的作用。在工程教育中，进一步加强管埋理念和管理技术的内容，特别是面向全球化、知识化的新一代管理思想的教育，包括多种文化环境的兼容性和适应性。

整个工程教育的核心要围绕着创新型人才来开展。创新型人才的需求模型如图7-1所示，这个基本需求可以简单概括为一个主体（创新性人才）、三大支撑（知识、能力、素质）和十项指标。

机械工程创新人才教育以培养学生的全面素质为目标，以人文素质为核心，包括科学素质、专业基础、专业方向和社会应用，如图7-2所示。

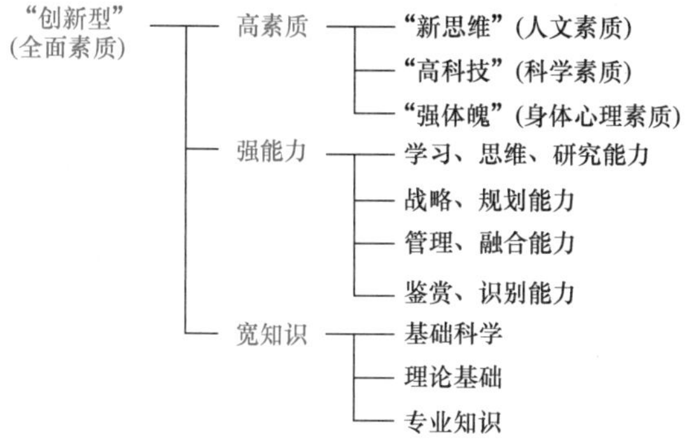

图7-1　创新型人才的需求模型

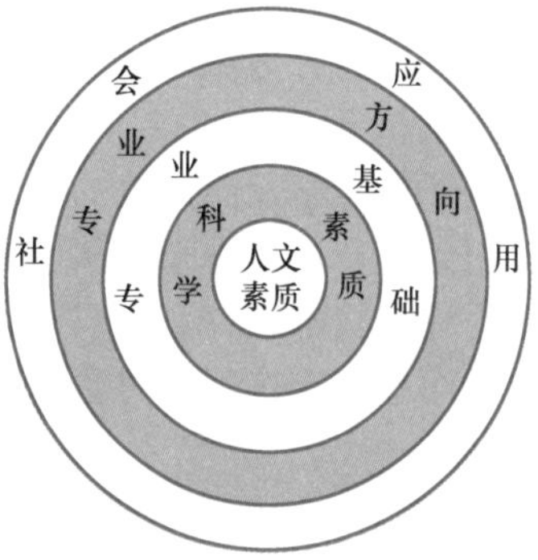

图7-2　机械工程创新人才功能模型

未来学生的综合素质分为三大素质，即人文素质、科学素质和身体心理素质。创新型人才的素质结构模型如图7-3所示。

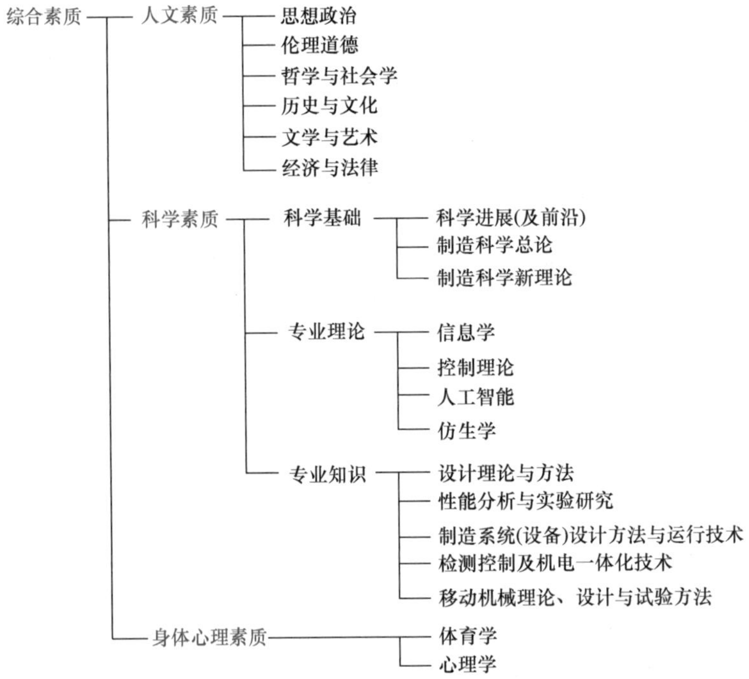

图 7-3　创新型人才的素质结构模型

对于机械工程创新人才的知识结构要求、能力结构要求如图 7-4、图 7-5 所示。

上述人才的需要，推动了工程教育不断调整与改革。主要体现在如下几个方面：

1. 工程教育、科学研究和工业生产这三大社会活动出现了向“一体化”回归的趋势

现代生产中，科技转化为生产力的周期缩短，生产技术更新速度加快，增强了生产对于科技和教育的依赖，使工程教育和科学研究将不再是外在于生产的社会活动，而将成为扩大了的生产过程的必要环节。这要求工程院校除了承担培养人才和发展科技的任务外，还应介入新产业和新产品的开发，向企业提供各种技术教育；大力发展各种开放式的教育、科研、生产联合体和合作教育；建立一支既懂教育、科研，又懂工业生产的教师队伍。

2. 工程技术综合应用的趋势及对策

新的世纪中，生产和生活的自动化、信息化和智能化将达到更高的水平。人类将在更大的程度上不直接面对机器操作，而是借助遥控系统、自动化系统、专家系统和各种各样的智能机械（包括机器人），去驾驭各种能量交换过程和机械加工过程。许多产品的生产过程将是机械、电子、光学及流体等的结合，一切可能的技术，如物理的、化学的、生物的，都必将综合应用到生产过程中来，从而要求大大拓宽工程教育的专业面，拓宽学生的技术基础，发展通用的综合技术教育。相应地，要求建立纵横交叉的学科结构，不仅要有按学科分级的学科体系，而且要有按工程对象而跨学科综合的学科体系，后者应跟随工程对象的变化且有重组的活性。

3. 工程教育的社会化趋势及对策

随着时间的推移，人类社会正在离开原始自然，步入技术构成越来越高的社会。在新的世纪中，工程作为一种分析和处理问题的方法（如模型法、模拟法、定量分析法、实验法及设计法等），将进一步由物质生产领域普及到社会生活的各个领域，如环境工程、教育工程、社会工程等。处在这样一种背景下的理工科大学，不仅是人才和科技成果的提供者、新产业的“孵化器”，还将是新社会生活的塑造者；处在这样一种背景下的工程技术人才，将越来越多地参与政府和社会的决策，成为国家和地区发展的智囊。相应地，工程教育的培养目标，将由单纯的技术工作者变为“技术人文主义者”。他们有足够的人文科学和社会科学的素养，有把工程问题置于整个社会系统中进行经济的、政治的、法律的、生态环境的、心理的以至伦理的综合分析与处理的能力。相应地，越来越多的理工科高校将在文理渗透中走向综合性大学发展的道路。

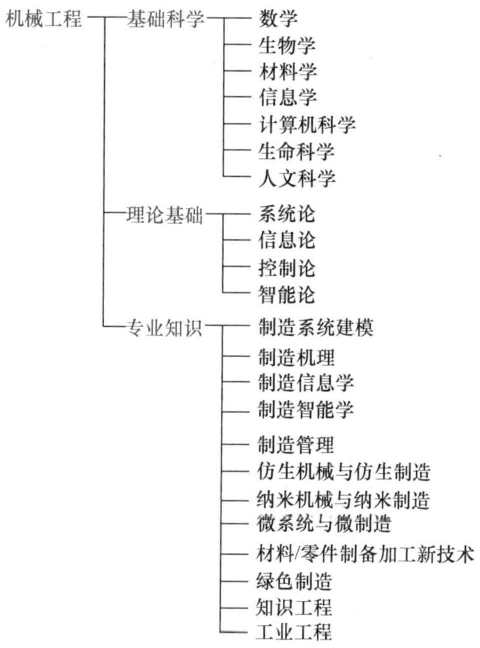

图7-4　机械工程创新人才的知识结构

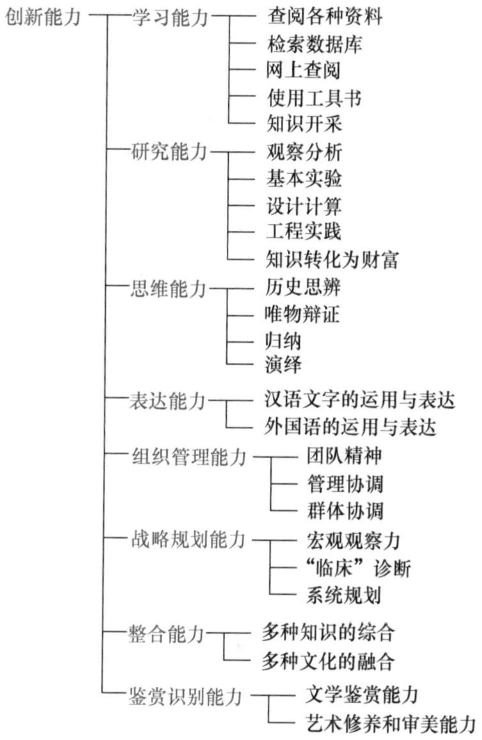

图7-5　机械工程创新人才的能力结构

4. 工程教育的终身化趋势及对策

生活条件的改善和医疗技术的进步，使人的寿命和就业期限不断延长。另一方面，科学技术的发展使工程技术人员在他们的就业期内面对次数越来越多的产品更新换代。因此，在职工程技术人员的继续教育在规模上将接近甚至超过学龄期的工程教育，从而出现两种工程教育体系并存的局面。在这种情况下，学龄期工程教育的内容将趋向基础化，着眼于给学生以自我更新知识、适应生产技术和生活方式变化的基础。工科大学的毕业生是“素材”而不是“成才”。教师队伍知识的不断更新是发展工程教育的前提。这一目标也需通过有组织的继续教育来实现，而不能仅仅凭借教师个人的自学和科研。学龄教育向终身化教育的发展，使21世纪的社会成为名副其实的“学习的社会”。

5. 工程技术中计算机应用的普及及对策

动力机械（热机、电动机）的出现，实现了体力过程的客体化，使人类进入了工业社会。智能机械（电子计算机）的问世，实现了思维过程的客体化，使人类逐渐向信息社会过渡。在新的世纪里，信息的储存和处理，一切可以程序化的思维操作，都将由人脑转交给电脑“代劳”。在这种情况下，工程师的工作方式发生了革命性的变化。工程教育应该培养

“双脑思维”的工程师，能够在“人脑”和“电脑”的配合下，高效率地进行工程的决策、设计、试验、施工和管理，做出前人难以想象的成就。人类的知识总量正以指数函数增长，21世纪这100年中人类社会的变化将超过以往几个世纪的变化，正如牛顿未能预见登月、达尔文未能预见基因工程一样，我们也不可能对100年后的事情做出清晰的勾画。

面对21世纪的挑战，美国工程与技术认证委员会制定了对工程教育培养专业人才的11条评估新标准：①有应用数学、科学与工程等知识的能力；②有进行设计、实验分析与数据处理的能力；③有根据需要去设计一个部件、一个系统或一个过程的能力；④有多种训练的综合能力；⑤有验证、指导及解决工程问题的能力；⑥有对职业道德及社会责任的了解；⑦有有效地表达与交流的能力；⑧有懂得工程问题对全球环境和社会影响的能力；⑨有终生学习的能力；⑩有有关当今时代问题的知识；⑪有应用各种技术和现代工程工具去解决实际问题的能力。这11条标准可认为是一名合格的现代工程师应具备的能力和素质。可以看到，在重视加强数学和科学基础的前提下，当前更强调的侧重点是：工程实践能力，表达交流沟通能力与团队合作精神，终生学习能力，职业道德及社会责任，社会人文和经济管理、环境保护等知识。

所以，21世纪的工科大学生，要在掌握坚实的数理科学基础、重视工程科学知识的同时，注意工程实践训练；既注重专业知识和社会人文、经济、环保等方面知识的学习，又注重综合素质与能力的培养。

学生要适应不同的学习方法。数理基础课程的教学模式强调的是垂直思考、抽象学习、简化分解和个人独自工作。对于面向工程实际和现代工程师培养的教学环节，要学会横向思考，学会联系实际地学习，学会对各部分内容进行综合，学会处理好一些不确定性因素，学会团队合作工作的配合等，要能“主动学习”、合作学习和小组工作，从中学习相关知识和培养综合能力。注意培养自己的创新精神、实践能力、自学能力、交流沟通与表达能力及团队合作精神等。

国内许多学校都在做21世纪工程教育的尝试，已取得许多经验。

新世纪呼唤创新教育，机械工程教育如何应对时代挑战，将是教育工作者的新课题。

复习思考题

1. 简述我国工学学科的划分情况。
2. 简要说明自己所在学校的机械工程学科设置情况。
3. 机械工程学科的基础理论包括哪些？自己已经学习了哪些内容？
4. 简要说明我国大学的分类。
5. 什么是“211工程”？自己所在省有哪些“211工程”大学？
6. 简要说明“2011计划”。
7. 同时属于“211工程”和“985工程”的大学有哪些？
8. 试列举设立研究生院的大学。
9. 简述新世纪机械工程教育的特点。
10. 试阐述创新型人才的素质结构模型。

参考文献

[1] 周骥平，林岗. 机械制造自动化技术［M］. 3版. 北京：机械工业出版社，2014.

[2] 张宪民，陈忠. 机械工程概论［M］. 武汉：华中科技大学出版社，2011.

[3] 王丽莉. 机械工程概论［M］. 2版. 北京：机械工业出版社，2011.

[4] 宗培言，丛东华. 机械工程概论［M］. 北京：机械工业出版社，2001.

[5] 王喜文. 中国制造2025解读［M］. 北京：机械工业出版社，2015.

[6] 赵松年，佟杰新，卢秀春. 现代设计方法［M］. 北京：机械工业出版社，1996.

[7] Parmley R O. 机械设计零件与实用装置图册［M］. 邹平，译. 北京：机械工业出版社，2013.

[8] 朱敏，张同伟，杨波，等. 蛟龙号载入潜水器声学系统［J］. 科学通报，2014，59（35）：3162-3470.

[9] 雷源忠. 我国机械工程研究进展与展望［J］. 机械工程学报，2009，45（5）：1-11.

[10] 路甬祥. 发挥科技支撑引领作用，加快产业结构调整和发展方式转变［J］. 国家行政学院学报，2011（3）：1-9.

[11] 杨春蕾. 全球“再工业化”背景下中国制造业发展对策研究［J］. 苏州大学学报：哲学社会科学版，2013（6）：100-105.

[12] 闻邦椿，周知承，韩清凯，等. 现代机械产品设计在新产品开发中的重要作用——兼论面向产品总体质量的“动态优化、智能化和可视化”三化综合设计法［J］. 机械工程学报，2003，39（10）：43-52.

[13] 付敏，李锐，范德林. 基于TRIZ的产品设计集成创新方法研究综述［J］. 中国工程机械学报，2013，11（2）：170-174.

[14] 马保全，周正干. 航空航天复合材料结构非接触无损检测技术的进展及发展趋势［J］. 航空学报，2014，35（7）：1787-1803.

[15] 曾鹏飞，刘永贤，郝永平，等. 多学科协同过程设计模型的共享与交互技术［J］. 东北大学学报：自然科学版，2009，30（3）：426-433.

[16] 郭东明，孙玉文，贾振元. 高性能精密制造方法及其研究进展［J］. 机械工程学报，2014，50（11）：119-134.

[17] 杨叔子，吴波，李斌. 再论先进制造技术及其发展趋势［J］. 机械工程学报，2006，42（1）：1-5.

[18] 周济，邵新宇，周艳红.《“数控一代”机械产品创新工程》的战略意义和技术路线［J］. 中国机械工程，2012，23（1）：1-6.

[19] 许彧青. 绿色设计［M］. 2版. 北京：北京理工大学出版社，2013.

[20] 孙志礼，张义民. 数控机床性能分析及可靠性设计技术［M］. 北京：机械工业出版社，2011.

[21] 谢里阳. 可靠性设计［M］. 北京：高等教育出版社，2013.

[22] 韩清凯，于涛，孙伟. 机械振动系统的现代动态设计与分析［M］. 北京：科学出版社，2010.

[23] 李彦. 产品创新设计理论及方法［M］. 北京：科学出版社，2012.

[24] 谭建荣，谢友柏，陈定方，等. 机电产品现代设计：理论、方法与技术［M］. 北京：高等教育出版社，2009.

[25] 王安民. 面向先进制造模式的组织设计［M］. 西安：西安电子科技大学出版社，2014.

[26] 于随然，陶璟．产品全生命周期设计与评价［M］．北京：科学出版社，2012.
[27] 张禹，白晓兰，张朝彪，等．基于实例推理的数控车床智能模块组合方法［J］．机械工程学报，2014．50（1）：120－129.
[28] 郭钢，王延军．基于CAD和PDM集成技术的产品快速设计［J］．机械，2011，38（6）：54－59，69.
[29] 王培俊，罗大兵，毛茂林．虚拟设计系统［M］．成都：西南交通大学出版社，2012.
[30] 闻邦椿．机械设计手册［M］．5版．北京：机械工业出版社，2010.
[31] 盛晓敏，邓朝晖．先进制造技术［M］．北京：机械工业出版社，2011.
[32] 宾鸿赞，王润孝．先进制造技术［M］．北京：高等教育出版社，2009.
[33] 袁哲俊，王先逵．精密和超精密加工技术［M］．2版．北京：机械工业出版社，2011.
[34] 濮良贵，陈国定，吴立言．机械设计［M］．9版．北京：高等教育出版社，2013.
[35] 郑堤．数控机床与编程［M］．2版．北京：机械工业出版社，2010.
[36] 王爱玲，王俊元，马维金．现代数控机床伺服及检测技术［M］．3版．北京：国防工业出版社，2009.
[37] 董爱华．可编程控制器原理及应用［M］．2版．北京：中国电力出版社，2014.
[38] 李江全，葛云．工业控制计算机典型应用系统编程实践［M］．北京：电子工业出版社，2012.
[39] 王宏颖．数控原理与系统［M］．北京：机械工业出版社，2013.
[40] 张建民．机电一体化系统设计［M］．4版．北京：高等教育出版社，2014.
[41] 余祖俊，史红梅，朱力强，等．微机检测与控制应用系统设计［M］．北京：机械工业出版社，2011.
[42] 刘延林．柔性制造自动化概论［M］．2版．武汉：华中科技大学出版社，2010.
[43] 曹岩．面向产品整个生命周期的CAD理论技术系统及应用［M］．西安：西北工业大学出版社，2011.

[44] 贾振元，王福吉．机械制造技术基础［M］．北京：科学出版社，2011.
[45] 巩亚东，原所先，史家顺．机械制造技术基础［M］．北京：科学出版社，2010.
[46] 刘英，袁绩乾．机械制造技术基础［M］．2版．北京：机械工业出版社，2008.
[47] 张平宽．机械制造工程学基础［M］．2版．北京：国防工业出版社，2014.
[48] 周杏鹏．传感器与检测技术［M］．北京：清华大学出版社，2010.
[49] 周杏鹏．现代检测技术［M］．北京：高等教育出版社，2010.
[50] 卢艳军．传感与测试技术［M］．北京：清华大学出版社，2012.
[51] 张爱民．自动控制原理［M］．北京：清华大学出版社，2006.
[52] 刘杰，赵春雨，宋伟刚，等．机电一体化技术基础与产品设计［M］．北京：冶金工业出版社，2010.
[53] 武书连．挑大学选专业：2013高考志愿填报指南［M］．北京：中国统计出版社，2012.
[54] 国务院学位委员会办公室．中国学位授予单位名册：2006年版［M］．北京：高等教育出版社，2007.
[55] 朱强，蔡蓉华，何峻．中文核心期刊要目总览：2011年版［M］．北京：北京大学出版社，2011.
[56] 张晋衡．中国大学指南［M］．北京：中国统计出版社，2006.